實戰 VMware vSphere 8 部署與管理

實戰 VMware vSphere 8 部署與管理

作　　者：顧武雄
企劃編輯：江佳慧
文字編輯：王雅雯
設計裝幀：張寶莉
發 行 人：廖文良

發 行 所：碁峰資訊股份有限公司
地　　址：台北市南港區三重路 66 號 7 樓之 6
電　　話：(02)2788-2408
傳　　真：(02)8192-4433
網　　站：www.gotop.com.tw
書　　號：ACA027800
版　　次：2023 年 11 月初版
建議售價：NT$640

國家圖書館出版品預行編目資料

實戰 VMware vSphere 8 部署與管理 / 顧武雄著. -- 初版. -- 臺北市：碁峰資訊, 2023.11
面；　公分
ISBN 978-626-324-646-1(平裝)
1.CST：作業系統　2.CST：電腦軟體
312.54　　112016267

作者序

由 OpenAI 開發的人工智慧聊天機器人 ChatGPT，從 2022 年 11 月推出以來已經席捲了整個 IT 世界，也成為了老少皆知的熱門話題。除了 ChatGPT 之外 Bing Chat 也成為了現今最火熱的聊天機器人。筆者也和許多人一樣不斷嘗試與這些聊天機器人進行各種議題的交談。交談的過程中發現聊天機器人幾乎是有問必答，而給予的答案也大多是正確且通順的。

接下來有關 AI 聊天機器人的應用，業界已經有許多軟體公司開始著手發展針對在企業 IT 網路中的應用，像是建立一個 AI 聊天入口，來回答所有員工有關公司法規、人力資源、客戶管理、研發製造等等的問題，甚至於幫員工製作所需要的簡報、企劃案、電子表單、簽核流程、多媒體等草稿，來提升協同合作與專案任務的執行效率。

想要讓 AI 聊天機器人運用在企業 IT 環境之中並非難事，因為後續會有更多這方面的 API 會來提供給軟體研發的人員，透過與現行應用系統與資料庫服務的整合，來完成各種我們希望能快速達成的 IT 任務。不過請記住這一些應用的背後需要有一個龐大的資料中心。

資料中心是企業 IT 運行的核心，尤其是在未來與 AI 整合的環境之中。因此我們必須建立一個極具完善的資料中心，這個資料中心可以是來自於各個應用系統的整合結果，但它必須是穩固、安全、可靠、流暢以及持續不間斷運行，而這一切的基礎便是來自於私有雲或混合雲的虛擬化平台架構。

無論是私有雲或混合雲的部署，現今最佳的選擇就是 VMware vSphere 8，因為它提供了最佳的工作負載管理機制，讓運行於每一個虛擬機器中的應用系統與服務，能夠在持續不間斷的運行之下獲得最好的效能表現。對於 IT 管理員而言，則提供了一致性的友善操作管理介面，以及可因應各類批量與自動化管理需要的工具。

究竟 VMware vSphere 8 有哪一些優點值得我們 IT 人來發掘與學習呢？請立刻翻閱此書並且動手實戰演練吧！

顧武雄 JoviKu
2023.09

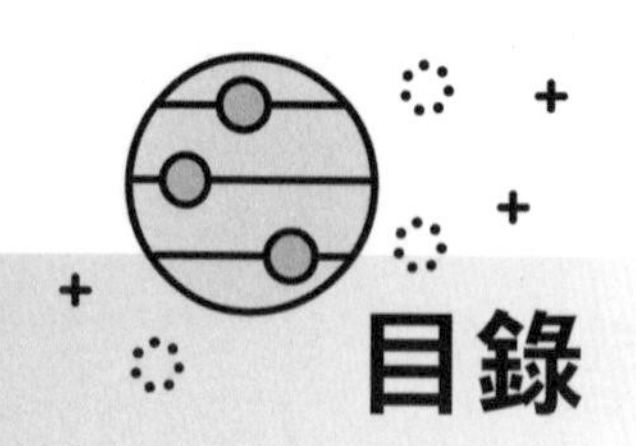

目錄

01 vSphere 8 全新部署與配置實戰

02 vSphere 8 資料中心、主機、虛擬機升級實戰

03 ESXi Host Client 快速上手秘訣

04 vSphere Client 單一登入與虛擬機器管理

05 ESXi 主機運行全面監視

06 ESXCLI 命令工具運用

07 一次學會 vMotion、HA、DRS、FT 實戰演練

08 虛擬機器運行優化技巧

09 主機與虛擬機器進階監視與優化

10 三種虛擬機器加密法實戰運用

11 vSphere 整合 Storage Space 應用管理

12 vSphere 整合開源 TrueNAS Scale 儲存管理

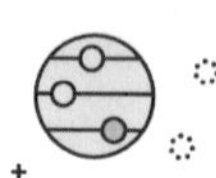

13 vSphere 整合 AOMEI Cyber Backup 實戰指引

14 vSphere Replication 虛擬機器複寫備援實戰

01 chapter

vSphere 8 全新部署與配置實戰

VMware vSphere 相關伺服器皆是以 Linux 核心為基礎所發展而來，這對於以 Windows 平台為主的 IT 人員而言，是否會成為迅速上手的障礙呢？答案是完全不會，因為 vSphere 從部署到管理工具皆提供了友善的介面設計，讓即便是 IT 新手也能夠迅速確實完成基礎的配置。接下來就請跟著筆者的實戰指引，一氣呵成搞定 ESXi 主機與 vCenter Server 的部署與配置。

1.1 簡介

在 IT 的世界裡是否功能越強的系統，從部署到管理的難度就越高呢？針對這個疑問，筆者確實曾經碰過一些功能面設計相當齊全的應用系統，且在同類的競爭產品之中可說是首屈一指，但在最初的部署到後續的維護任務，卻也讓負責的 IT 人員感到相當吃力，其主要的原因大多歸咎於管理工具的設計不良。

上述的案例在如今除了一些極為冷門的應用系統之外其實已經不多，因為各家大廠為了擴大市佔版圖，不僅會全力發展先進的核心技術，也會投入相當多的人力資源在使用者介面(UI)的友善設計、操作流程的簡化、完整 API 的提供，也唯有如此才能獲得更多 IT 管理者的青睞。

話說回來身為全球最多 IT 管理者共同選擇的虛擬化平台 VMware vSphere，對於初次的導入的 IT 新手而言，從部署到維運管理是否皆容易上手呢？答案是肯定的。筆者接觸過各大品牌的虛擬化平台，包括了以 Windows 與 Linux 運行環境為主的客群，vSphere 仍是絕大多數 IT 人心目中的冠軍，其主要原因不僅是它在虛擬化先進技術的領先，更重要的是它讓 IT 人員從部署、更新、維運管理的負擔降到最低，畢竟沒有任何一位 IT 人員願意整天冒著心驚膽跳的心情，來管理一套系統的正常運行。

VMware vSphere 即便來到最新的 8.0 版本，依舊提供了完善的工具讓 IT 新手也能夠輕易地進行 ESXi 主機、vCenter Server 以及虛擬機器的部署。對於部署後的各種維護任務，則可以因應不同 IT 人員的習慣與任務需求，選擇使用先進網頁操作介面的 vSphere Client、ESXi Host Client、vCenter Server Appliance 管理網站，或是使用以文字命令介面為主的 DCUI(Direct Console User Interface)、PowerCLI、ESXCLI、DCLI(Data Center CLI)等工具，在執行較為複雜的自動化批次任務。

接下來筆者將以實戰講解的方式，來完整介紹如何從零開始迅速完成 vSphere 8.0 基礎架構的部署與配置。

小提示 vSphere 8.0 的 Guest OS 中已棄用(Deprecated)了 Windows Vista、Windows 2003/R2、Windows XP，未來的 vSphere 版本將不再支援這些 Guest OS。

1.2 ESXi 硬體需求

首先我們必須完成多台 ESXi 8.0 主機的安裝，這一些主機當中除了一台負責用來運行後續的 vCenter Server Appliance 之外，其餘則是將作為運行各種應用系統與服務的虛擬機器。以下說明 ESXi 8 的基本系統需求。

- CPU：至少一顆雙核心的 CPU。現今大多數主機都可以滿足此需求。如果所使用的 CPU 不相容 ESXi 8.0，則在安裝過程之中將會出現 "Unsupported CPU" 的錯誤訊息而無法繼續。
- 記憶體：至少需要 8GB 以上容量來執行系統。後續若要運行虛擬機器則必須安裝更多的實體記憶體。以運行一台 vCenter Server Appliance 為例，建議至少準備 24GB 以上的記憶體。
- 本機儲存區：任何已支援的 SCSI、SATA 以及 SAS 儲存控制卡所連接的儲存裝置。至於本機磁碟儲存空間建議至少要有 128GB 以上。以運行一台 vCenter Server Appliance 為例，建議至少準備 600GB 以上的儲存空間。
- 為了能夠在本機磁碟發生故障時提供容錯能力，建議搭配磁碟陣列卡並使用 RAID 1 鏡像配置。
- 網卡：任何已相容的 1 Gigabit 以上網速的網卡。若後續有需要啟用 FT(Fault Tolerance) 功能，則此網路所需要使用的網卡便需要 10 Gigabit。
- 開機裝置：可以是擁有 8GB 容量的 USB 或 SD 裝置。也可以是採用 32GB 以上容量的 HDD、SSD 或 NVMe 儲存裝置。此外只要主機的韌體本身支援，則 ESXi 也支援使用超過 2TB 以上的開機磁碟。
- BIOS 配置：已啟用在 BIOS 中 CPU 的 NX/XD bit 功能。

- Guest OS：若虛擬機器要運行 64bit 的 Guest OS，則必須預先在 BIOS 的 64bit CPU 中啟用 Intel VT-x 或 AMD RVI 功能。

請注意！您無法直接在虛擬機器配置中，連接使用 ESXi 主機上的 SATA CD-ROM 裝置，若要使用必須使用 IDE 的模擬模式功能。

想要知道目前主機所安裝的配置是否相容於 ESXi 8.0，可以連線到 VMware Compatibility Guide 網站(http://www.vmware.com/resources/compatibility)來查詢即可。

1.3 ESXi 8 主機安裝

看完了上述有關 ESXi 8.0 安裝的系統需求之後，接下來建議您將所下載的映像燒錄至 CD/DVD 或是 USB 磁碟，然後使用它在準備好的主機上進行開機。成功啟動安裝程式之後，必須在[End User License Agreement]頁面中按下 F11 鍵來同意授權合約才能繼續。

小提示 由於目前 vSphere 8.0 要求一個 CPU 授權最多可使用 32 個實體核心，因此如果您 ESXi 主機 CPU 的核心數量超過 32 個，則需要額外的 CPU 授權。

來到如圖 1-1 所示的[Select a Disk to Install or Upgrade]頁面中，可以檢視到目前包括本機以及遠端已連接的可用硬碟清單，其中採用 SATA 或 SAS 等 I/O 控制介面所連接的磁碟，都會被視為本機(Local)磁碟，如果是使用 Fibre Channel 介面所連接的是儲存設備磁碟則會被視為遠端(Remote)磁碟，或是您也可以選擇將 ESXi 系統安裝在遠端的 iSCSI 磁碟之中來運行，只要預先在主機的 iBFT(iSCSI Boot Firmware Table)介面配置中，完成 iSCSI Target 的 IQN 連線設定即可。

請在正確選取準備用來安裝 ESXi 8.0 系統的磁碟之後，按下 Enter 鍵繼續。若想要查看所選取的硬碟詳細資料，則可以按下 F1 鍵即可。

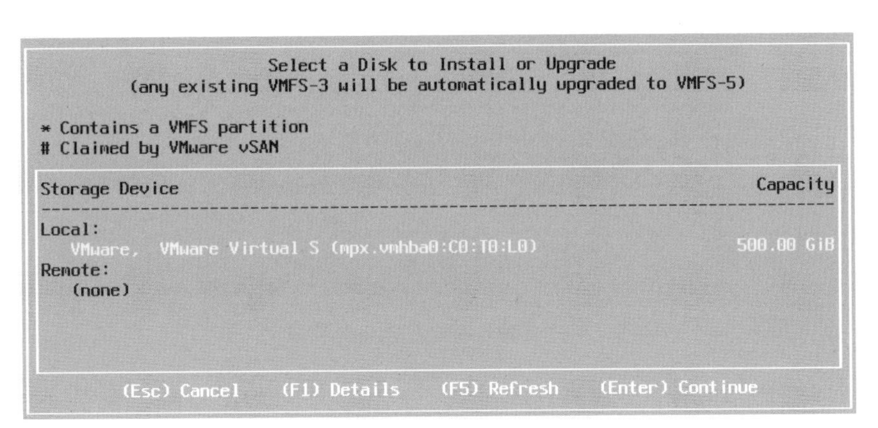

圖 1-1　選擇安裝磁碟

在[Please select a keyboard layout]頁面中，請選擇適用的鍵盤佈局方式，由於沒有中文支援，因此通常是選擇[US Default]。接下來由於系統預設的本機管理員帳號是 root，因此在如圖 1-2 的[Enter a root password]頁面中，便需要設定 root 的登入密碼，而密碼的設定必須符合系統預設密碼原則要求，這一些原則分別說明如下：

- 密碼必須至少包括以下四類字元中的三類字元組合：小寫字母、大寫字母、數字和特殊字元。
- 密碼長度至少為 7 個字元，且必須少於 40 個字元。
- 密碼不得包含字典字組或部分字典字組。
- 密碼不得包含使用者名稱或部分使用者名稱，像是 root 帳號的密碼設定中就不能夠輸入 root 關鍵字。

在完成了 root 密碼的設定之後，後續您便可以從 Direct Console、ESXi Shell、SSH 或 ESXi Host Client 來進行連線存取。

小提示 完成安裝後的 ESXi 主機，管理員便可以透過相關管理工具來修改 Security.PasswordHistory 進階選項，即可自定義現行的密碼原則。

Enter a root password

Root password: ************
Confirm password: ************

Passwords match.

(Esc) Cancel (F9) Back (Enter) Continue

圖 1-2 設定 root 密碼

在[Confirm Install]的頁面中，當按下 F11 鍵將會開始安裝 ESXi 8.0 系統，必須注意的是在安裝的過程之中，系統將會自動重新清除現有的磁碟分割區並建立新的分割區，也就是說如果目前磁碟中還有任何檔案資料都將會被全面清除。在成功完成安裝之後，將會出現如圖 1-3 的[Installation Complete]頁面，請在移除 ESXi 8.0 的安裝媒體之後按下 Enter 鍵來重新開機。

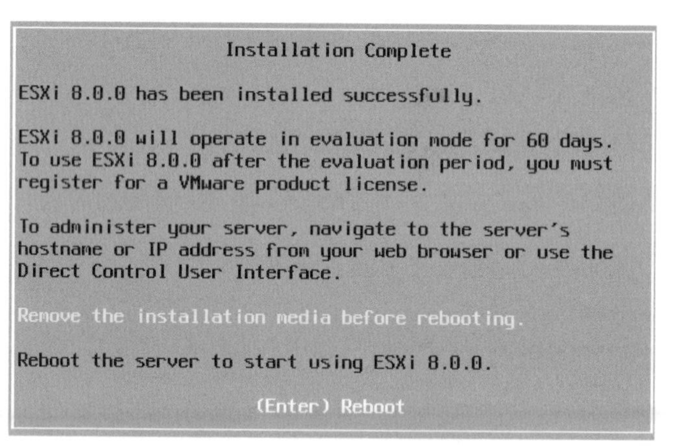

Installation Complete
ESXi 8.0.0 has been installed successfully.
ESXi 8.0.0 will operate in evaluation mode for 60 days.
To use ESXi 8.0.0 after the evaluation period, you must
register for a VMware product license.
To administer your server, navigate to the server's
hostname or IP address from your web browser or use the
Direct Control User Interface.
Remove the installation media before rebooting.
Reboot the server to start using ESXi 8.0.0.
(Enter) Reboot

圖 1-3 完成 ESXi 系統安裝

完成了 ESXi 主機的安裝並重新開機之後，將會來到如圖 1-4 的 Direct Console 介面(簡稱 DCUI)，在此首先可以於上方檢視到有關版本的資訊，包括了核心版本的組件編號(VMKernel Release Build)，值得注意的是未來無論是進行小版本的更新或是大版本的更新，核心版本的組件編號都會往上遞增。後續只要在完成相關的基礎配置，即可開始建立虛擬機器來正式運行所需要的客體作業系統(Guest OS)、應用系統與服務。

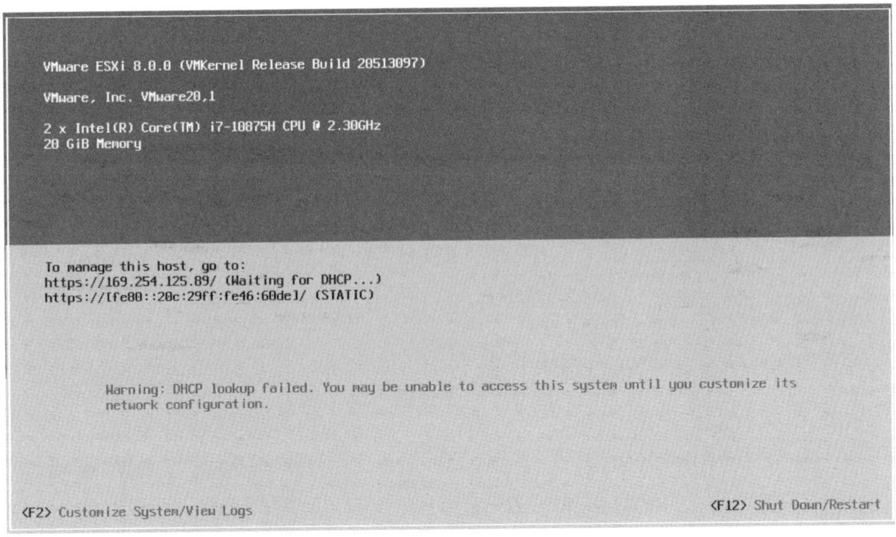

```
VMware ESXi 8.0.0 (VMKernel Release Build 20513097)

VMware, Inc. VMware20,1

2 x Intel(R) Core(TM) i7-10875H CPU @ 2.30GHz
20 GiB Memory

To manage this host, go to:
https://169.254.125.89/ (Waiting for DHCP...)
https://[fe80::20c:29ff:fe46:60de]/ (STATIC)

Warning: DHCP lookup failed. You may be unable to access this system until you customize its
network configuration.

<F2> Customize System/View Logs                                    <F12> Shut Down/Restart
```

圖 1-4　ESXi 主機 DCUI 介面

小提示　ESXi 8.0 最低支援運行 ESX 3.x 及更新版本(虛擬硬體版本 4)相容的虛擬機器。

1.4 網路配置

有關於 ESXi 主機網路的基本配置可區分為幾個部分，分別是管理網路的實體網卡指派、VLAN 設定、IPv4 設定、IPv6 設定、DNS 設定以及自定義 DNS 尾碼。上述的各項設定皆可以在[Configure Network Management]頁面中找到。

在如圖 1-5 的[Network Adapters]頁面中，若是主機已安裝多張實體網卡，那麼便可以自行選擇要使用那一張網卡，來做為預設連接管理網路的網卡。值得注意的是在多張網卡的配置中，還可以進一步透過 vSphere Client 或 ESXi Host Client 等工具，來進階設定網卡之間的容錯備援或負載平衡等功能。

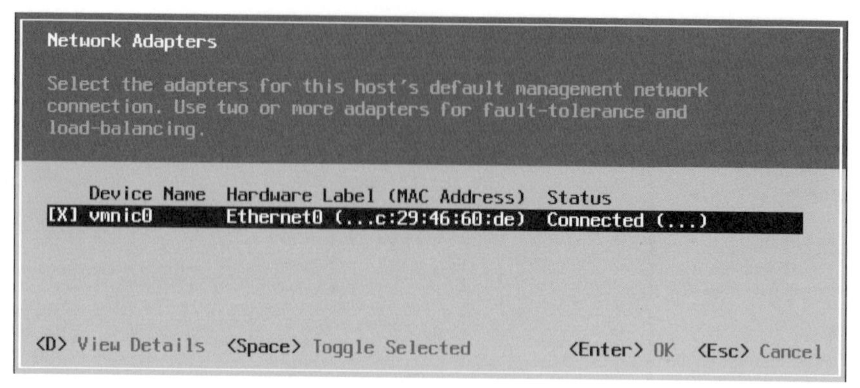

圖 1-5 管理網路選定網卡

在[VLAN(optional)]頁面部分則是一項選用的設定，若您在現行網路的管理中需要為此網路連線配置所使用的 VLAN ID，則可以在此完成輸入。

緊接著請開啟如圖 1-6 的[IPv4 Configuration]頁面。由於系統預設會使用 DHCP 的配置來取得動態 IPv4 位址，因此筆者建議在此修改為使用靜態 IPv4 的設定，並依序輸入 IPv4 的位址、子網路遮罩、預設閘道位址。按下 Enter 鍵。如果目前沒有使用到 IPv6 網路，可以開啟[IPv6 Configuration]頁面並選擇[Disable IPv6]設定，否則請自行選擇採用動態位址還是靜態位址的 IPv6 配置。

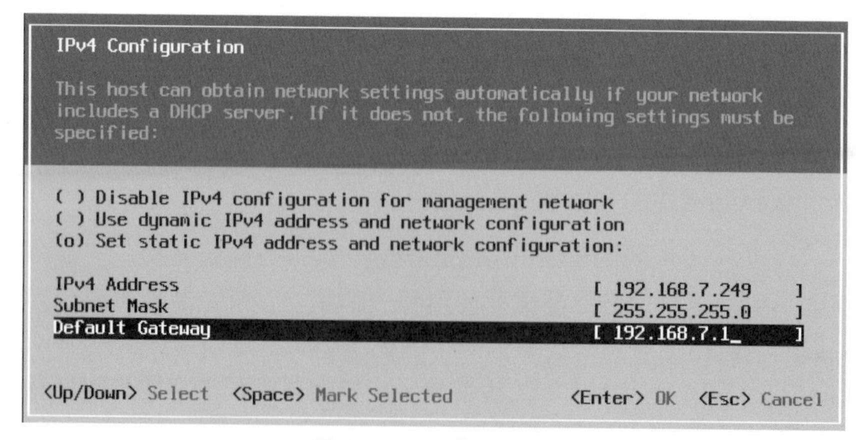

圖 1-6 IPv4 網路設定

在如圖 1-7 的[DNS Configuration]頁面中，建議也改選擇使用手動輸入方式，來依序完成主要 DNS 伺服器、次要 DNS 伺服器以及主機名稱的輸入。按下 Enter 鍵。

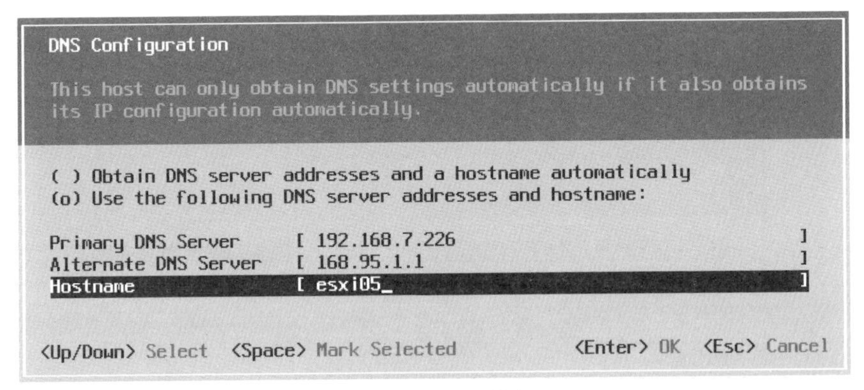

圖 1-7　DNS 設定

在如圖 1-8 的[Custom DNS Suffixes]頁面中，可自定義 DNS 的尾碼設定，請依照後續有關 vCenter Server 部署中 SSO 網域的設定，如此一來便可以讓主機的管理與 vSphere 單一登入的網域一致性。按下 Enter 鍵。

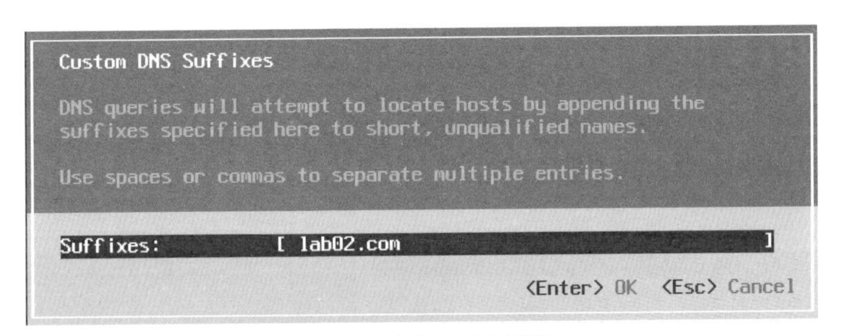

圖 1-8　自訂 DNS 尾碼

一旦上述網路配置都設定完成之後，建議開啟如圖 1-9 的[Test Management Network]頁面，然後採用系統預設值來完成相關閘道位址、DNS 位址以及主機名稱的連線與解析測試。在確認通過測試之後就可以離開[Configure Network Management]頁面，此時系統將會詢問是否要套用前面所完成的設定，若是按下 Y 鍵則會立即重新開機讓這一些設定生效。反之若按下 N 鍵則會取消前面所進行的任何異動設定。

小提示 某些時候您可能需要進行網路連線問題的故障排除，此時您需要的可能不是將主機重新開機，而僅是想要將網路連線重新啟動，這時候便可以善用位在[System Customization]頁面中的[Restart Management Network]選項功能。

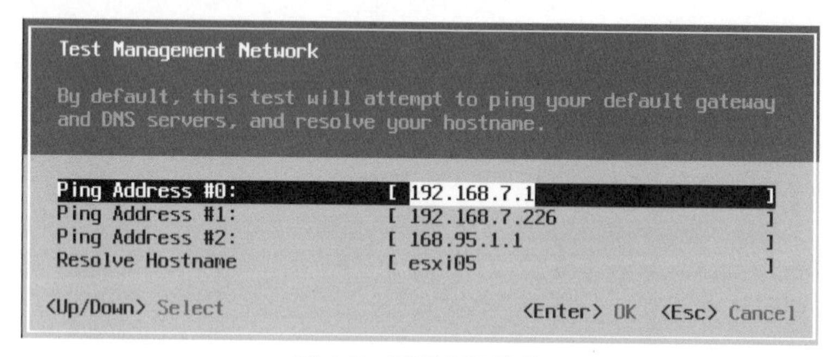

圖 1-9 測試網路連線

1.5 故障排除模式選項

在如圖 1-10 的[Troubleshooting Mode Options]頁面中，首先可以讓管理員來啟用或停用 ESXi Shell、SSH 服務，以方便進行命令的管理模式以及 SSH Client 遠端連線維護。在系統預設的狀態下這兩服務皆是停用，您只要在選取後按下 Enter 鍵便可以進行啟用。

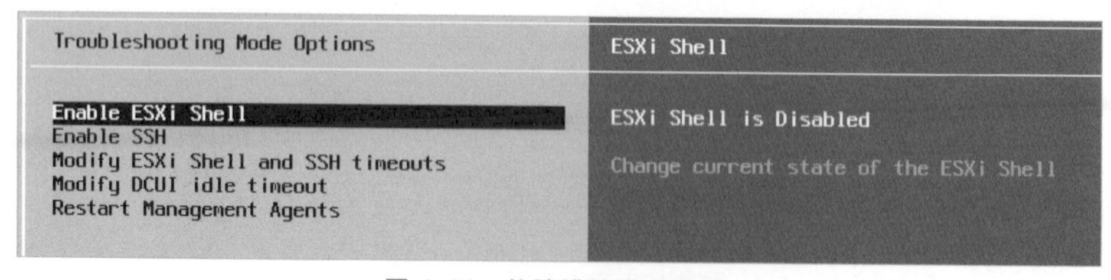

圖 1-10 故障排除模式選項

若因資訊安全因素考量想要進一步設定 ESXi Shell 與 SSH 的逾時配置，可以選取[Modify ESXi Shell and SSH timeouts]選項來開啟如圖 1-11 的設定頁面。在此可以發現共用兩項逾時設定，分別是可用時間(Availability timeout)以及閒置逾時(Idle timeout)，兩者最大的設定值皆是 1440 分鐘，若輸入 0 即表示不啟用該項功能。其中可用時間的逾時設定若到期時，對於已經在執行中的 Shell 執行個體將會被保留，但新的工作階段(Session)要求將不允許。

進一步如果也想要設定 Director Console 的閒置逾時，請開啟[Modify DCUI idle timeout]頁面來設定即可，系統預設值為 10 分鐘，最大的設定值也是 1440 分鐘，若輸入 0 表示不啟用該項功能。一旦逾時到期，無論目前操作頁面停留在哪裡，皆會回到 Director Console 的主頁面。

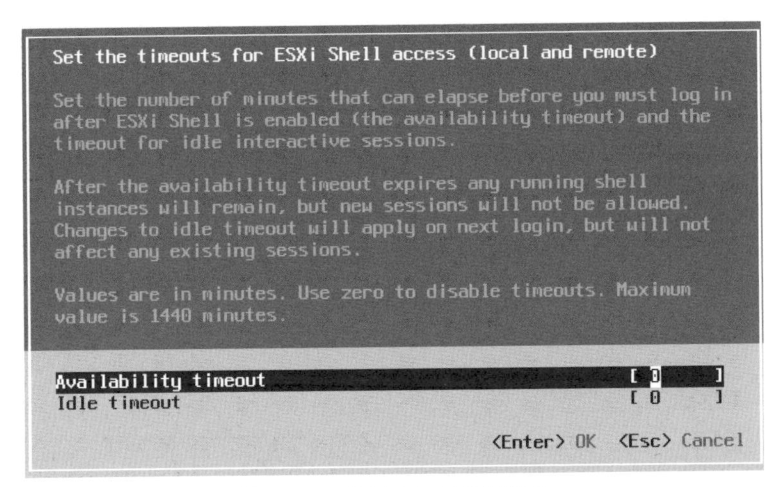

圖 1-11　ESXi Shell 逾時設定

學會了有關於 ESXi Shell 與 SSH 逾時的設定之後，接下來讓我們來看看這兩項命令工具的使用方法。首先在 ESXi 主機端 Director Console 的文字介面視窗之中，若想要進入 ESXi Shell 命令模式下只要按下 Alt + F1 鍵即可，如圖 1-12 只要在完成 root 帳號與密碼的驗證之後，便可以開始執行 ESXi 系統所支援的各種命令以及參數。若要返回文字介面視窗則可以按下 Alt + F1 鍵。

```
ESXi 8.0.0 http://www.vmware.com
Copyright (c) 2007-2022 VMware, Inc.

esxi05 login: root
Password:
The time and date of this login have been sent to the system logs.

WARNING:
   All commands run on the ESXi shell are logged and may be included in
   support bundles. Do not provide passwords directly on the command line.
   Most tools can prompt for secrets or accept them from standard input.

VMware offers supported, powerful system administration tools.  Please
see www.vmware.com/go/sysadmintools for details.

The ESXi Shell can be disabled by an administrative user. See the
vSphere Security documentation for more information.
[root@esxi05:~]
```

圖 1-12　主機端 ESXi Shell

上面介紹的是如何使用主機端的 ESXi Shell 命令模式，如果是要使用遠端連線的方式來進行命令模式的管理，則管理員只要在自己的用戶端電腦上安裝任一款免費的 SSH Client 工具，便可以像如圖 1-13 一樣連線登入到指定的 ESXi 主機之中。

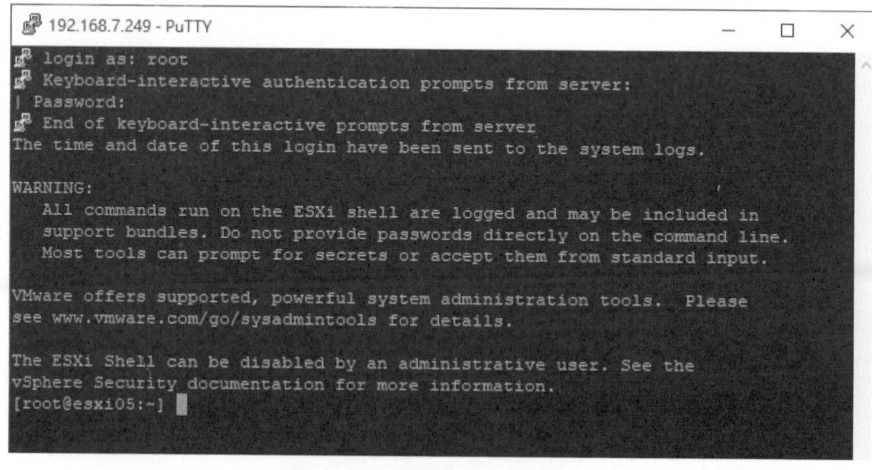

圖 1-13　遠端 SSH 連線登入

1.6 重置、重啟、關機

在某一些情境下您可能會想要將 ESXi 主機的所有配置，恢復成系統原有的預設配置，以便快速完成所有設定的修改與測試。此時您只要在 DCUI 的介面中點選位在[System Customization]頁面的[Reset System Configuration]功能，執行後將會出現如圖 1-14 的確認訊息，一旦按下 F11 鍵系統設定將會立即執行重置。

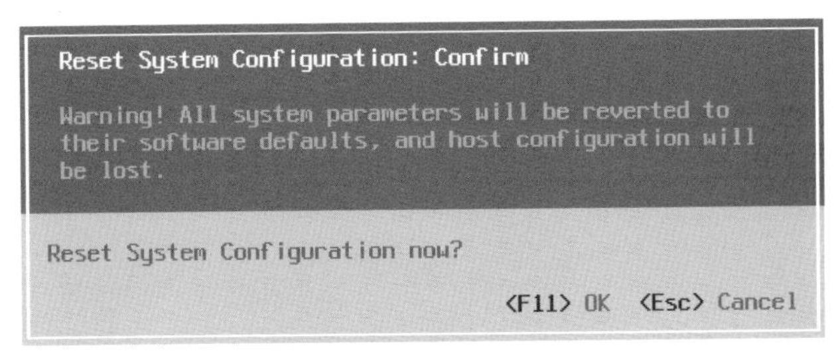

圖 1-14　重置系統配置

對於 ESXi 主機的關機或重新開機，除了可以透過 ESXi Host Client 或 vSphere Client 網站來進行操作之外，您可以在 DCUI 的介面中經由按下 F12 鍵，然後再通過管理員帳密的驗證之後，來開啟如圖 1-15 的[Shut Down/Restart]頁面，在此便可以自行擇按下 F2 鍵來進行關機，或是按下 F11 鍵來執行重新開機。無論您選擇關機還是重新開機，請務必在執行前先行完成主機中所有虛擬機器的正常關機，而不建議在此勾選[Forcefully terminate running VMs]設定來進行強制關機。

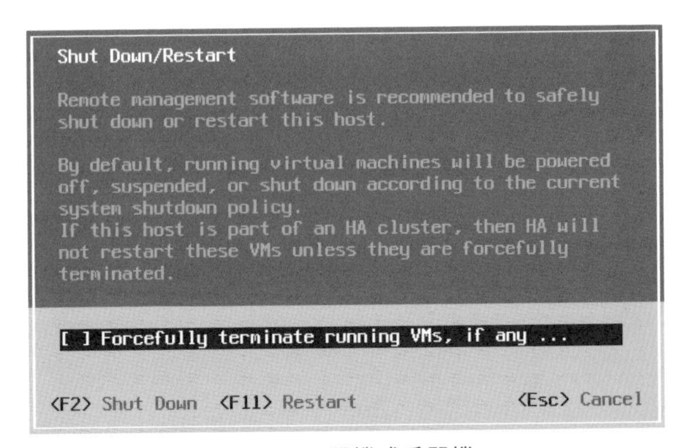

圖 1-15　關機或重開機

1.7 vCenter Server 8.0 系統需求

在完成了多部 ESXi 8.0 主機的安裝與配置之後，後續若要進行集中管理以及使用進階的運行功能，就必須進一步部署 vCenter Server 8.0 並完成與所有 ESXi 主機的連線配置。在開始講解部署步驟之前，同樣的請先來了解一下部署 vCenter Server 的系統需求與注意事項。首先是如表 1-1 的五種部署規模大小的資源需求說明。

表 1-1　不同部署規模的系統需求

部署大小	vCPUs	記憶體大小	儲存區大小	主機數量	虛擬機器數量
Tiny	2	14GB	579GB	10	100
Small	4	21GB	694GB	100	1000
Medium	8	30GB	908GB	400	4000
Large	16	39GB	1358GB	1000	10000
X-Large	24	58GB	2283GB	2000	35000

一切準備就緒之後，接下來我們將要開始進行兩個階段的 vCenter Server 8.0 部署任務。

1.8 vCenter Server 8 部署階段一

首先請在與 vSphere 相同網路的電腦之中，開啟任一相容的 Windows 桌面，並且連續點選 vCenter Server Appliance 8.0 映像(例如：VMware-VCSA-all-8.0.0-20519528.iso)檔案來完成掛載，然後執行位在 vcas-ui-installer\win32 路徑下的 installer.exe，來開啟如圖 1-16 的部署選項安裝頁面。在此分別有安裝(Install)、升級(Upgrade)、移轉(Migrate)以及還原(Restore)四大選項。請點選[Install]圖示繼續。

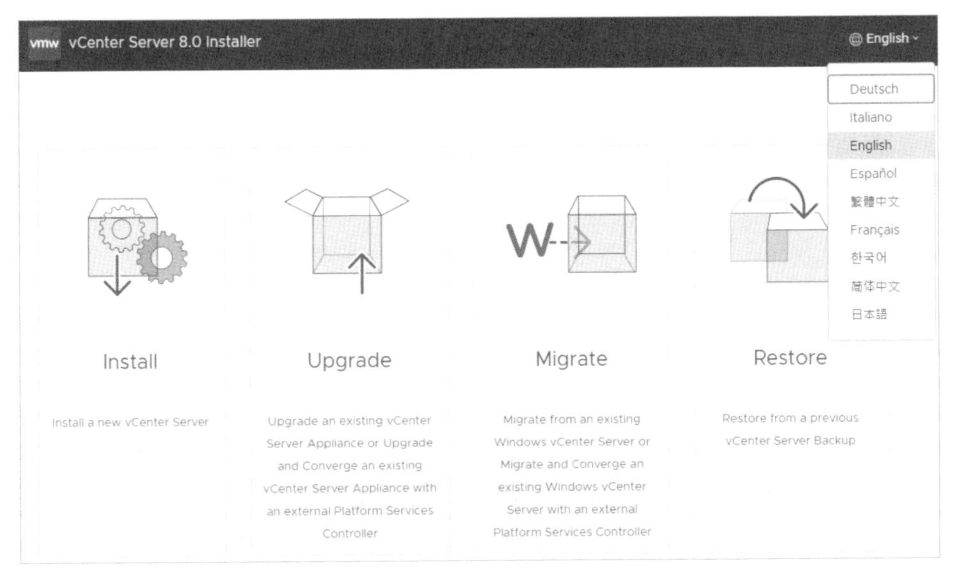

圖 1-16　vCenter Server 8.0 安裝選單

接著在同意授權聲明之後來到在如圖 1-17 的[vCenter Server deployment target]頁面中，請輸入新的 vCenter Server Appliance 8.0 虛擬機器，準備要部署的目標位址、連接埠以及管理員的登入帳密，可以選擇輸入現行 ESXi 或 vCenter Server 的連線資訊，在此筆者以輸入前面新安裝的 ESXi 主機連線設定為例。

有關於 ESXi 主機的準備必須特別留意一項重點，那就是如果您所選定連線的 ESXi 主機是屬於 DRS 叢集下的主機之一，那麼在 vCenter Server 虛擬機器進行部署的過程之中，萬一發生此叢集正好自動執行了 vMotion 的線上移轉任務，便可能導致此部署過程發生例外的錯誤。因此建議在正式執行部署之前，最好能夠先將叢集設定中的完全自動 DRS 功能暫時停用。

確認主機連線資訊設定無誤之後請點選[NEXT]。執行後若出現[Certificate Warning]警示訊息，可點選[Yes]按鈕繼續。

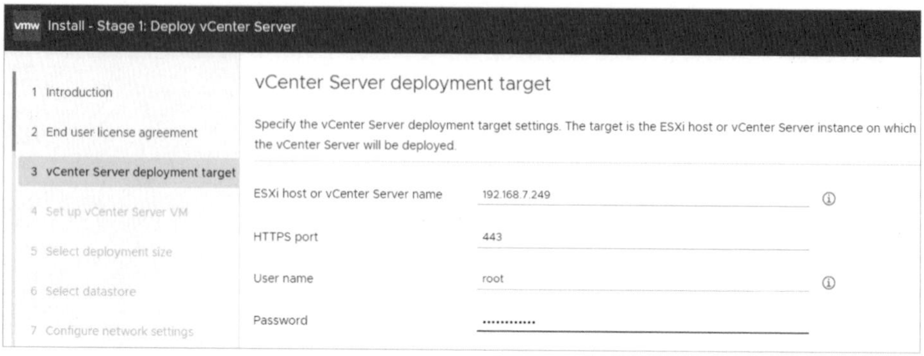

圖 1-17　設定 vCenter Server 部署目標

在如圖 1-18 的[Setup vCenter Server VM]頁面中，除了需要為新的 vCenter Server Appliance 8.0 虛擬機器命名之外，請設定它客體作業系統的 root 帳戶密碼，密碼的輸入原則除了必須至少 8 個字元與最多 20 個字元之外，其中還得至少包括一個大寫字母、一個小寫字母、一個數字、一個特殊字元，且不能夠輸入空白字元。此密碼務必牢記！後續將可以透過此 root 帳密來連線 vCenter Server Appliance 管理網站。點選[NEXT]。

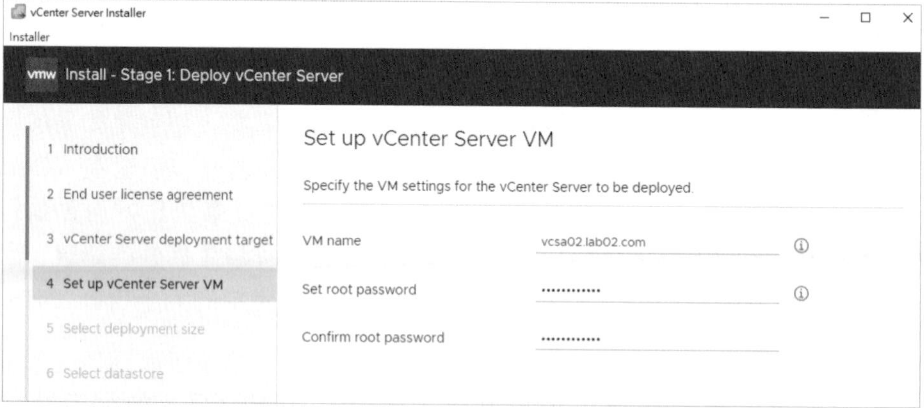

圖 1-18　設定 vCenter Server 虛擬機器

在[Select deployment size]頁面中，可以參考此頁面或前面所介紹過的資源需求表格來選擇部署的大小。以大多數的中小型企業的 IT 規模來說，基本上只要採用預設的[Tiny]選項即可，也就是 ESXi 主機與虛擬機器的數量分別在 10 台以及 100 台的範圍之內。點選[NEXT]。

在如圖 1-19 的[Select datastore]頁面中，請選擇適合儲存新 vCenter Server Appliance 的資料存放區。如果所選擇的資料存放區可用空間，暫時無法滿足上一個步驟中部署大小的完整儲存空間要求，可以將頁面中的[Enable Thin Disk Mode]設定勾選，讓此虛擬機器的大小改採自動成長而不是直接固定大小，而若採用預設固定大小的虛擬磁碟模式，將可以獲得更好的 I/O 存取效能，因為它節省掉每一次計算自動成長空間的資源。點選[NEXT]。

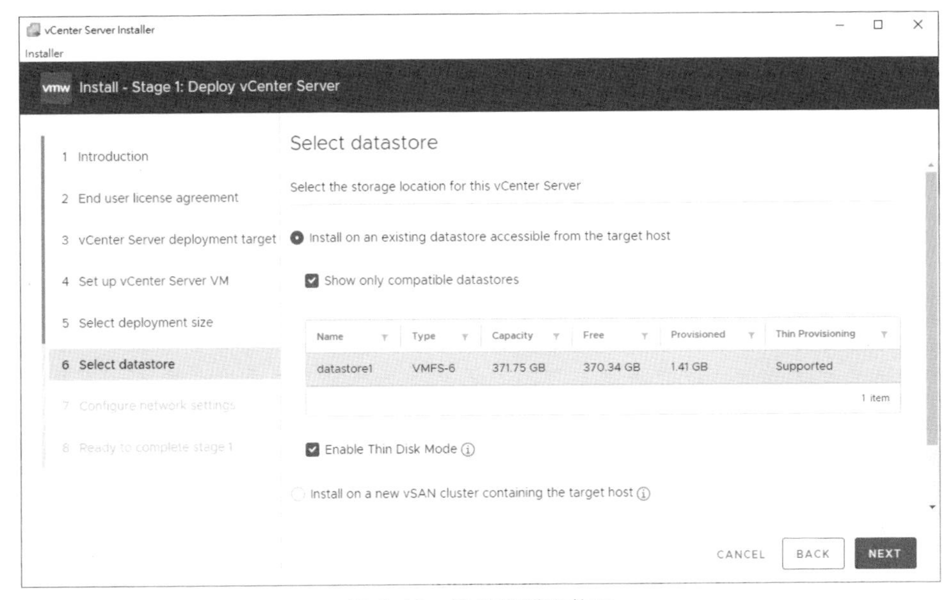

圖 1-19　選擇資料存放區

在如圖 1-20 的[Configure network setting]頁面中，請依序設定 vCenter Server 所要使用網路、IP 版本、IP 位址配置方式、完整網域名稱(FQDN)、IP 位址、子網路遮罩、預設閘道位址、DNS 主機位址、HTTP 以及 HTTPS 連接埠。

在完成上述設定之前，建議您預先在內網的 DNS 主機上，完成 vCenter Server 主機正向 A 記錄與反解記錄的新增，如此在往後的維運中才能夠透過 FQDN 方式進行連線管理，並且也才可以讓後續的 ESXi 主機與相關應用系統進行整合連接。點選[NEXT]。

另外有關[FQDN]的欄位設定，建議完成輸入而不是保留空白，因為如果保留空白系統便會根據 IP 位址來識別主機名稱，而當發生無法解析主機名稱之時，則會自動使用 IP 位址來做為系統名稱。

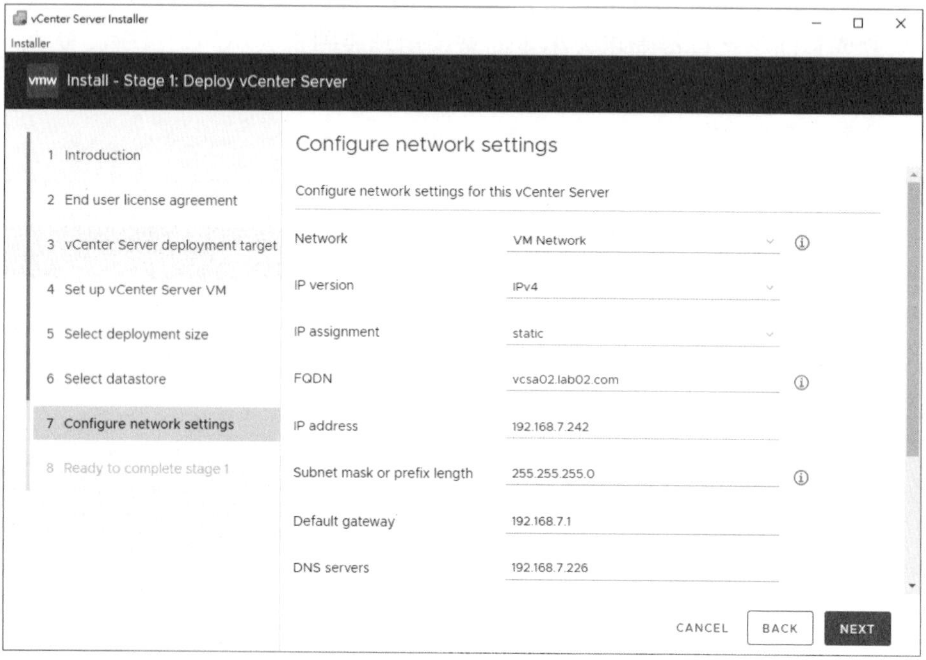

vCenter Server Installer
Installer
vmw Install - Stage 1: Deploy vCenter Server
1 Introduction
2 End user license agreement
3 vCenter Server deployment target
4 Set up vCenter Server VM
5 Select deployment size
6 Select datastore
7 Configure network settings
8 Ready to complete stage 1
Configure network settings
Configure network settings for this vCenter Server
Network VM Network
IP version IPv4
IP assignment static
FQDN vcsa02.lab02.com
IP address 192.168.7.242
Subnet mask or prefix length 255.255.255.0
Default gateway 192.168.7.1
DNS servers 192.168.7.226
CANCEL BACK NEXT

圖 1-20 網路配置

最後在[Ready to complete stage 1]頁面中確認所有設定值沒有問題之後，請點選[FINISH]按鈕。當成功完成部署之後便會出現如圖 1-21 的訊息頁面，在此您可以點選[CONTINUE]來繼續完成階段 2 的部署任務，或是點選[CLOSE]等到往後有時間，再自行連線登入到 vCenter Server Appliance 管理網站繼續完成部署。

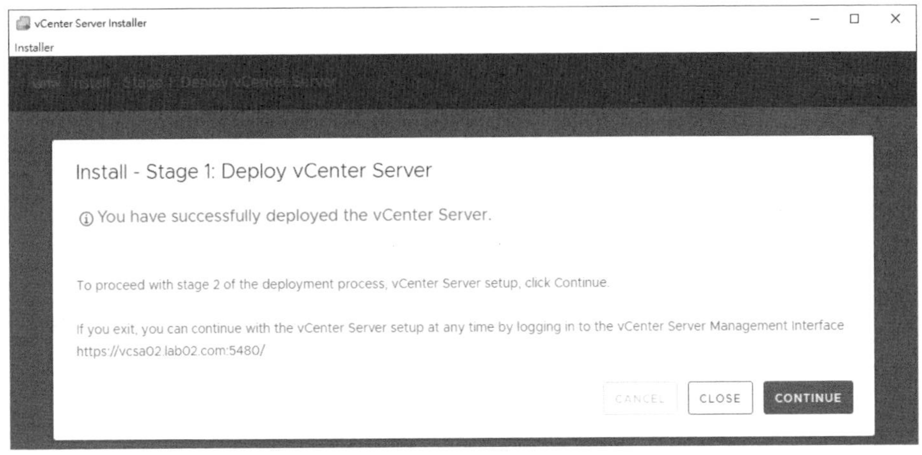

圖 1-21　完成部署階段一

1.9 vCenter Server 8 部署階段二

接下來要進續進行的是部署階段二的相關設定。在此筆者先使用前面部署階段一中所設定的 root 帳號與密碼，開啟網頁瀏覽器來連線登入 vCenter Server Appliance 管理網站(例如：https://vcsa02.lab02.com:5480)。

在登入之後可以發現它所顯示的頁面語言是繁體中文，主要原因是它根據了目前網頁瀏覽器的設定來決定介面語言，而網頁瀏覽器其實也是依據作業系統的語言設定來做為預設值。在如圖 1-22 的[入門-vCenter Server]頁面之中，可以看見系統已提示 "vCenter Server 8.0 已成功安裝，但是必須先完成其他步驟才能使其可供使用"，因此只要點選[設定]圖示便可以繼續未完成的部署階段二任務。

圖 1-22　登入 vCenter Server Appliance 網站

若您是在第一階段部署完成後直接選擇繼續，則將會自動略過上一步驟的選項頁面。在第二階段的部署設定中，首先會來到如圖 1-23 的[vCenter Server configuration]頁面之中，可以設定時間同步的模式，您可以選擇與所在 ESXi 主機的時間進行同步，或是自行指定時間同步的伺服器(NTP Server)。點選[NEXT]。

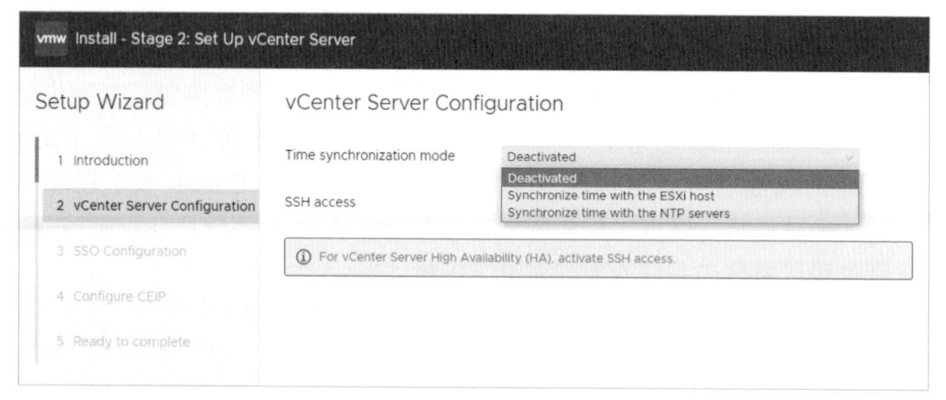

圖 1-23　vCenter Server 配置

在[SSO Configuration]的頁面中，您可以透過選取[Create a new SSO domain]選項，來設定建立全新的單一登入(SSO)網域，只要依序輸入新 SSO 的網域名稱、SSO 網域管理員帳號、SSO 網域管理員密碼即可。此選項配置適用於尚未建立任何 SSO 網域的全新 vSphere 運行環境。

若是已經有現行可用的 vSphere SSO 網域，則可以像如圖 1-24 一樣改選擇[Join an existing SSO domain]設定，並輸入現行 vCenter Server 的主機 IP 位址或 FQDN、HTTPS 連接埠(預設 443)、SSO 網域管理員帳號與密碼。點選[NEXT]。

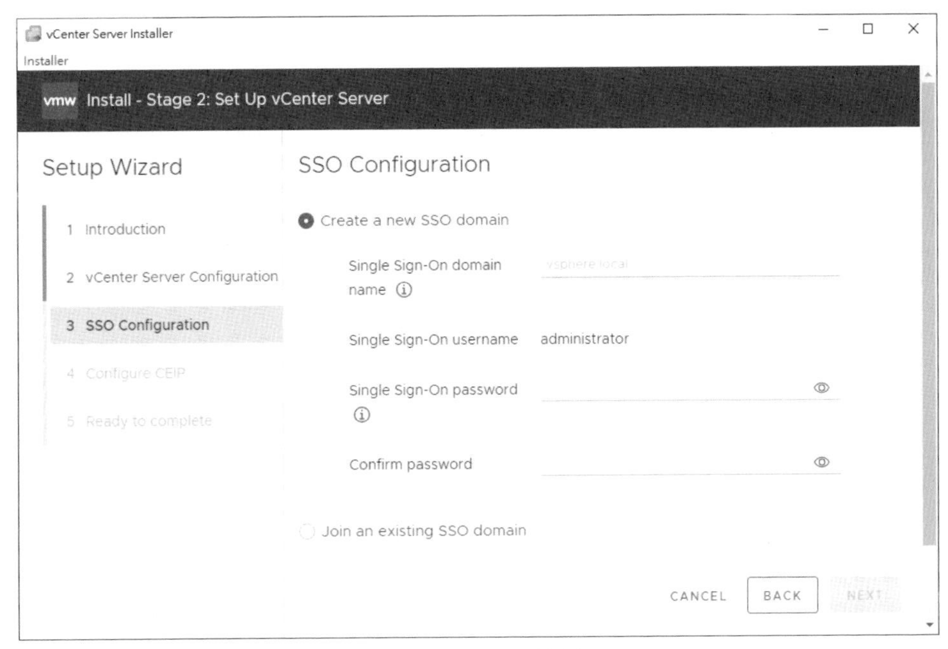

圖 1-24　SSO 配置

在[Configure CEIP]的頁面中可以自行決定是否要加入顧客經驗的改善計劃。點選[NEXT]。最後在[Ready to complete]頁面中確定上述的設定步驟無誤之後，點選[FINISH]開始完成階段 2 的部署。執行後將會出現提示訊息，告知我們在安裝過程無法進行暫停或中止。點選[OK]。

如圖 1-25 即是成功完成最後階段 2 部署任務的訊息頁面，其中在[vCenter Server Getting Started Page]欄位之中所顯示的網址，正是 vCSA 管理網站的首頁(例如：https://vcsa02.lab02.com:443)，往後開啟時您可以省略 443 連接埠的輸入。點選[CLOSE]。

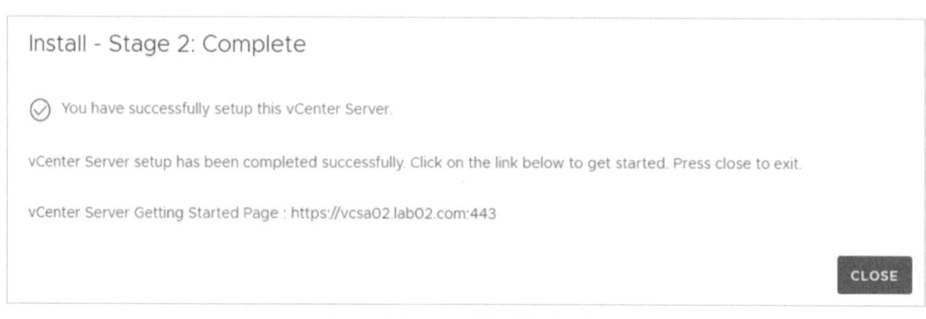

圖 1-25　完成部署階段二

1.10 新增 ESXi 主機管理

當我們以網頁瀏覽器開啟 vSphere Client 的網址時(例如：vcsa02.lab02.com)，便可以在如圖 1-26 的登入頁面之中，輸入部署 vCenter Server Appliance 時所設定的管理員帳號(例如：Administrator@lab02.com)以及密碼。點選[登入]按鈕。

圖 1-26　vSphere Client 登入頁面

成功登入 vSphere Client 之後請點選至 vCenter Server 的節點，然後在如圖 1-27 的[動作]選單之中點選[新增資料中心]，來完成資料中心的建立以便用來管理 ESXi 主機、虛擬機器等資源配置。

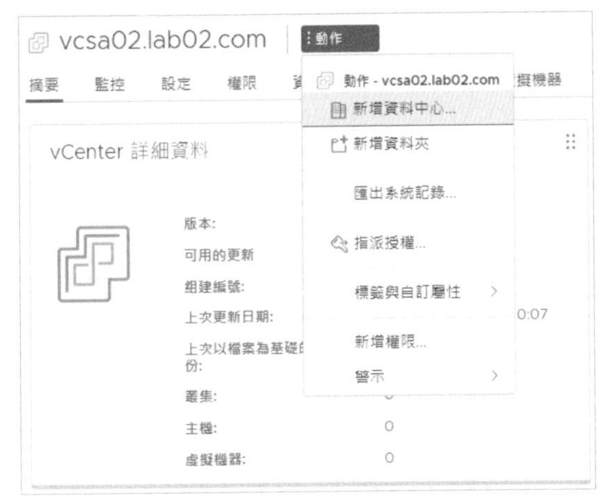

圖 1-27 vCenter Server 動作選單

緊接著請點選至所建立的資料中心節點，然後在如圖 1-28 的[動作]選單之中[新增主機]，來開啟[名稱和位置]的頁面，請輸入所要連接的 ESXi 主機 IP 位址或 FQDN。點選[下一頁]。

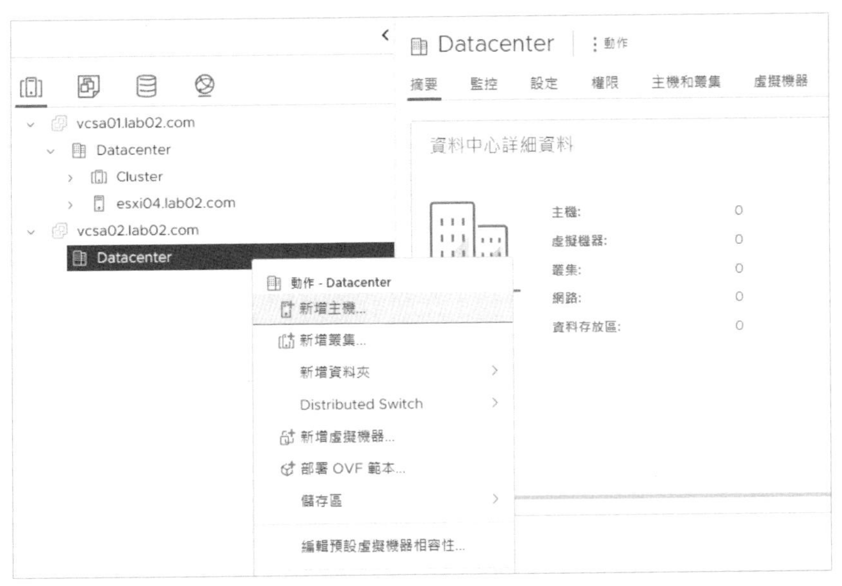

圖 1-28 資料中心動作選單

在如圖 1-29 的[連線設定]頁面中請正確輸入 ESXi 主機的 root 帳號與密碼。點選[下一頁]。當出現有關於憑證的[安全警示]頁面時請點選[是]。在[主機摘要]的頁面中可以檢視到 ESXi 主機的名稱、廠商、型號、版本以及現行的虛擬機器清單。點選[下一頁]。在[指派授權]的頁面中，可以看到目前評估版本授權的期限，後續若有新的合法授權的金鑰，可以從 vSphere Client 或 ESXi Host Client 的[授權]設定中來新增即可。點選[下一頁]。

小提示 當 vSphere Client 所連接的 ESXi 主機評估授權期限到期之時，vCenter Server 將會無法繼續與此 ESXi 主機連線。

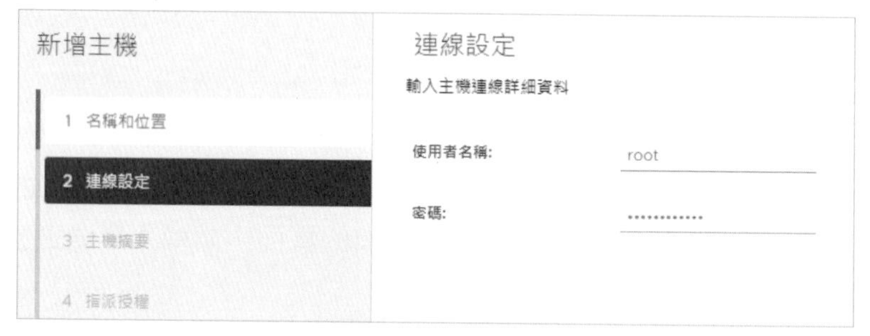

圖 1-29 連線設定

在如圖 1-30 的[鎖定模式]頁面中，可以讓一些講究管理安全的組織透過選擇[正常]模式設定，來限制所有管理人員僅能透過本機主控台與 vCenter Server 來連線管理，或是選定[嚴格]模式讓僅允許 vCenter Server 來連線管理。在預設的狀態下此設定為[已停用]，採此建議初期先使用預設的設定即可。點選[下一頁]。

圖 1-30 鎖定模式

最後在完成 ESXi 主機虛擬機器位置的選取之後，請點選[下一頁]在[即將完成]的頁面中查看前面各項步驟的設定是否正確，若是正確無誤請點選[完成]。如圖 1-31 便是成功將一台 ESXi 主機加入至 vCenter Server 管理之中的範例，如此一來便可以讓許多原本在 ESXi Host Client 中的各項配置管理，皆可以全部在 vSphere Client 來完成即可，並且未來還可以執行進階的部署需求，例如：HA、DRS、FT、vSAN 等等。

圖 1-31　成功連接 ESXi 主機

1.11 登入 vCenter Server Appliance 網站

關於 vCenter Server 的網站可區分成兩個部分，第一個是管理員平日維運時最常使用的 vSphere Client 網站，另一個則是可對於 vCenter Server Appliance 進行基礎配置的管理網站。

如圖 1-32 便是 vCenter Server Appliance 的管理網站登入頁面，它預設的連接埠編號是 5480，因此依據本文的範例筆者就必須在瀏覽器的網址列中輸入 https://vcsa02.lab02.com:5480/。至於[使用者名稱]與[密碼]的欄位，則必須輸入 vCenter Server Appliance 本機的管理員帳密，系統預設管理員帳號為 root。

圖 1-32　登入 vCenter Server Appliance

如圖 1-33 則是 vCenter Server Appliance 管理網站的預設[摘頁]首頁。在此可以檢視到此伺服器從 CPU、記憶體、資料庫、儲存區、交換到 Single Sign-On 的健康狀態。若上述有任何一項出現健康警示，即可展開警示內容來查看問題發生的原因與解決的方法。

圖 1-33　摘要頁面

在網路配置的部分除了可透過 vCenter Server Appliance 虛擬機器的 DCUI 介面來修改之外，也可以在如圖 1-34 的[網路]頁面之中，點選[編輯]超連結來開啟修改設定的頁面。進一步對於往後 FTP 或 HTTP(s)網站的連線，若必須經由 Proxy 才可以進行連線的話，則可以點選位於[Proxy 設定]的[編輯]超連結來開啟設定頁面。

小提示 vCenter Server Appliance 何時需要使用到 FTP 或 HTTP(s)網站的連線，答案是內建的備份、更新功能。

圖 1-34　網路配置

在 vSphere 的平日維護過程中，管理員除了可以透過 Bash Shell 與 SSH 來連線管理 ESXi 主機之外，若想使用同樣的方式來管理 vCenter Server Appliance，就必須預先啟用這兩項服務。啟用的方法除了可從 vCenter Server 伺服端的 DCUI 介面來完成之外，也可以透過 vCenter Server Appliance 管理網站的設定來完成。

怎麼做呢？請在[存取]頁面中點選[編輯]超連結，開啟如圖 1-35 的[編輯存取設定]頁面來完成啟用設定。在此頁面中您還可以進一步修改 Bash Shell 的逾時時間，以及決定另外兩種命令管理模式 DCLI 與 CLI 是否要一併啟用。

圖 1-35　編輯存取設定

1.12 vCenter Server Appliance 備份管理

想要定期備份 vCenter Server Appliance 是相當容易的，除了可以透過第三方的虛擬機器備份軟體來完成之外，也可以直接使用內建在系統的備份功能，來純粹備份資料而非備份整個虛擬機器，管理員只要在登入管理網站之後，點選至[備份]頁面便可以來執行如圖 1-36 的[建立備份排程]設定。

由於在此筆者以備份至遠端的 SMB 共用為例，因此必須預先準備好可以連線的 SMB 共用 UNC 路徑、帳號以及密碼。緊接著再依序分別設定排程的週期、是否啟用密碼保護功能、要保留的備份數目以及是否要連同各種統計資料(Stats)、事件(Events)以及工作(Tasks)一併備份。點選[建立]按鈕。

建立備份排程

備份位置 * SMB://192.168.7.226/vcsa02

備份伺服器認證 使用者名稱 Administrator

密碼 ••••••••••••

排程 每天 01 : 00 上午 Etc/UTC

加密備份 加密密碼 ••••••••••••

確認密碼 ••••••••••••

要保留的備份數目 * 保留所有備份

保留最後一個 3 備份

資料 Stats, Events, and Tasks 39 MB

Inventory and configuration 75 MB

大小總計 (已壓縮) 114 MB

取消 建立

圖 1-36　建立備份排程

針對 vCenter Server Appliance 備份任務的建立，除了可以透過管理網站的操作介面來建立之外，也可以經由 DCLI 命令參數的執行來完成。在此筆者使用以下命令參數的執行，分別完成 SMB 備份位址以及連線帳密的設定，即可快速完成一個備份任務的建立。

```
appliance recovery backup job create --location-type SMB --location
"smb://192.168.7.226/vcsa02" --location-user Administrator --
location-password password
```

在完成備份任務的建立之後，便會再次回到如圖 1-37 的[備份]頁面。您將可以對於現行的備份排程設定進行編輯、停用或是刪除。首次的備份排程建立之後，我們通常都會點選[立即備份]來測試一下備份任務是否能夠順利完成，以及查看備份所需花費的時間。

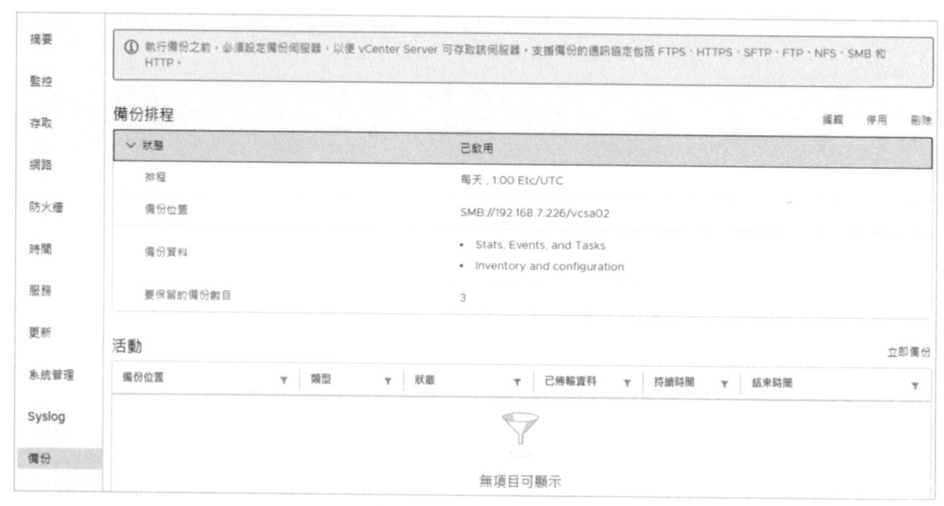

圖 1-37　備份管理

在開啟如圖 1-38 的[立即備份]頁面中，您仍可以決定是否要使用[備份排程中的備份位置和使用者名稱]。此外您一樣可以決定是否要勾選統計、事件以及工作資料的備份。點選[啟動]。

緊接著在[活動]頁面中便可以看到備份任務執行中的相關資訊，包括了任務的啟動類型、執行狀態、已傳輸資料、持續時間、結束時間。其中整體所需花費的時間，還必須依照當下的網速以及備份主機的磁碟 I/O 速度來決定。

立即備份

使用備份排程中的備份位置和使用者名稱。

備份位置 * SMB://192.168.7.226/vcsa02

備份伺服器認證 使用者名稱 Administrator

密碼 ••••••••••••

加密備份 加密密碼 ••••••••••••

確認密碼 ••••••••••••

資料 Stats, Events, and Tasks 39 MB

Inventory and configuration 75 MB

大小總計 (已壓縮) 114 MB

說明

取消 啟動

圖 1-38 立即備份

對於備份的檔案是否能夠真的成功還原，要如何進行驗證呢？您只要透過以下命令參數的執行，便可以針對選定備份路徑中的所有檔案驗證其正確性，而其中最關鍵的參數就是 validate，驗證結果只要出現 "status：OK"，就可以確保備份檔案的還原是沒有問題的。

```
appliance recovery backup validate --location-type SMB --location
"smb://192.168.7.226/vcsa02" --location-user Administrator --
location-password password
```

1.13 vCenter Server Appliance 更新管理

無論您是想要使用 vSphere 8 最新發行的功能，或是解決已知的系統問題，優先更新 vCenter Server 8 版本肯定是必要的計劃。待完成 vCenter Server 8 的更新之後再安排將每一台 ESXi 主機、虛擬機器的 VMware Tools 完成更新即可。

想要更新 vCenter Server 最快的方式，就是在登入 vCenter Server Appliance 管理網站之後，點選至[更新]頁面。在如圖 1-39 的[更新]頁面之中，可以查看到目前的版本詳細資料，接著可以點選[檢查更新]按鈕，來檢查是否有更新的版本可以安裝。檢查結果中可以發現目前可用的更新分別有 8.0.0.10100、8.0.0.10200，並且系統也有出現一則提示訊息 "更新與修補程式是累積的，下表中最新的更新或修補程式將包含所有舊版修補程式"，這表示我們只需要在選定 8.0.0.10200 版本，再點選[暫存和安裝]即可。

小提示 大部分的 vCenter Server 更新程式在完成安裝之後，都是需要重新啟動系統，因此若只是想先下載而不要安裝，可以點選[僅暫存]。

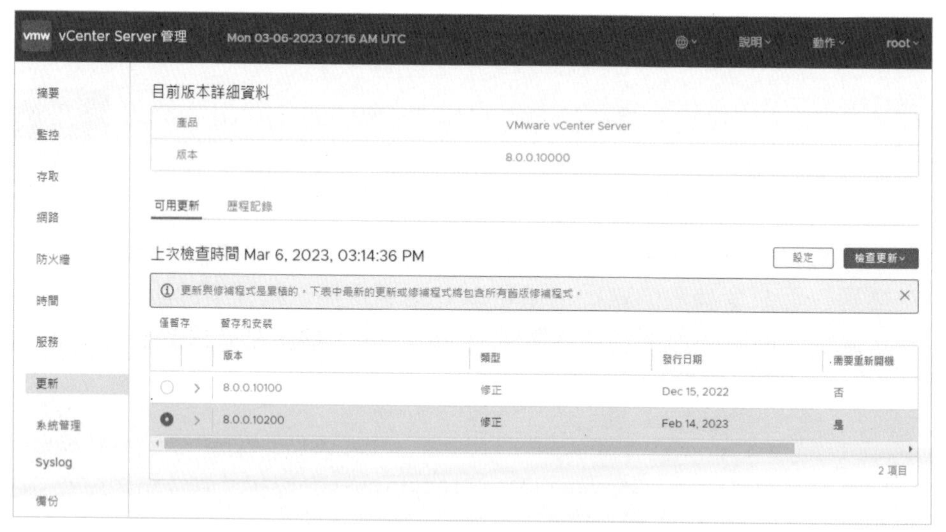

圖 1-39 vCenter Server 更新管理

執行暫存和安裝的操作後，需要確認使用者授權合約、加入 CEIP 以及如圖 1-40 的確認[備份 vCenter Server]頁面設定。點選[完成]按鈕開始進行更新任務。

圖 1-40　備份 vCenter Server 設定

在順利完成 vCenter Server Appliance 的更新安裝之後，請立即回到[摘要]頁面中，來查看最新的版本資訊是否正確，並且檢查在[健全狀況狀態]的清單中是否皆呈現[良好]，以及在[Single Sign-On]中的網域狀態是否已呈現[執行中]。若上述各項狀態資訊皆是正常，即表示已成功完成更新並在運行中。

1.14 vCenter Server Appliance 密碼管理

關於 vCenter Server Appliance 的 root 密碼修改方法有兩種。首先第一種作法是開啟 vCenter Server Appliance 虛擬機器的 DCUI 介面之後，按下 F2 鍵並完成 root 帳號密碼的驗證。在開啟[System Customization]頁面之後，請選取[Configure Root Password]並按下 Enter 鍵即可立即完成密碼修改。

至於第二種作法則是連線登入 vCenter Server 管理網站。接著便可以直接在[動作]選單中點選[變更 root 密碼]。在此網站之中您也可以在如圖 1-41 的[系統管理]頁面中，透過點選[變更]超連結來修改密碼。

圖 1-41 系統管理

如圖 1-42 便是[變更密碼]的設定頁面，您只要輸入目前的密碼再完成兩次新密碼的輸入並點選[儲存]按鈕即可。必須注意的是所設定的密碼必須符合系統的密碼原則要求，這一些原則包括了不得為您先前 5 個密碼中的任何一個、必須至少具有 6 個字元、至少包含一個大寫字母、至少包含一個小寫字母、至少包含一個數字、至少包含一個非英數字元、不允許使用字典字組。

圖 1-42 變更密碼

若需要變更密碼的到期設定請點選[編輯]超連結，來開啟如圖 1-43 的[密碼到期設定]頁面。在此您便可以修改密碼有效性天數的設定，以及進一步設定密碼到期警告的電子郵件通知。

密碼到期設定

密碼到期: 是 否

密碼有效性 (天): 90

到期警告的電子郵件:

取消 儲存

圖 1-43 密碼到期設定

如何正確將 vCenter Server 停機或重新啟動？很簡單，若是在 ESXi Host Client 網站中，請針對選定的 vCenter Server 的虛擬機器，在[動作]選單中點選[客體作業系統]子選單內的[關閉]或[重新啟動]。若使用 vSphere Client 網站，則可在 vCenter Server 虛擬機器的[動作]選單中，點選[電源]子選單中的[關閉客體作業系統]或[重新啟動客體作業系統]。

本章結語

VMware vSphere 的運行基礎是 ESXi 主機與 vCenter Server，因此對於新手 IT 人員而言，除了必須要有實際部署的實戰經驗之外，便需要弄懂這兩者的架構、相依關係以及熟悉其管理工具，才能夠在平日維運的過程之中，對於任何問題的發生時迅速找到解決的方法。

其中管理工具部分包括了最常使用的 Direct Console、vSphere Client 以及 ESXi Host Client、ESXCLI、PowerCLI，一旦上述這一些常用工具的使用技巧熟悉了，便可以隨時對於不同的任務需求選擇最有效率的做法。

02 chapter

vSphere 8 資料中心、主機、虛擬機升級實戰

對於一位 IT 系統人員在平日的維運任務之中，令他最感到恐懼與害怕的計劃之一肯定有 "系統升級" 這個項目，尤其是伺服器系統方面的升級，舉凡常見的作業系統升級、Active Directory 升級、郵件系統升級、資料庫系統升級等等，相信都會讓系統人員不由自主的害怕起來，因為一旦在升級的過程之中發生例外狀況，都將可能影響後續 IT 的正常運行。相較於上述各種常見的系統升級任務，VMware vSphere 的全面升級是否能夠讓 IT 人員輕鬆無懼地完成呢？且看筆者接下來的完整實戰詳解吧。

2.1 簡介

記得以前在系統整合商(SI)擔任工程師的時候，最害怕的就是承接到 Exchange Server 或 SharePoint Server 的升級需求，尤其是橫跨多個版本的升級更是令人擔憂，因為過舊的版本無法直接升級到最新版本，必須分階段來完成才行，過程之中不僅驚險萬分且沒有原廠的支援，只要稍有不慎或發生非預期的事件，都將可能導致整個升級任務失敗，或是升級之後某一些功能無法正常使用。

過去在虛擬化平台技術尚未成熟之前，升級實體主機上的系統確實是一件相當令人擔憂的工作，因為無論進行事前備份還是事後復原，在作業步驟上皆相當麻煩。反之一旦所要升級的相關系統皆運行於虛擬機器之中時，我們只要做好虛擬機器檔案的備份，即便在升級過程之中出現了任何瑕疵，只要迅速還原虛擬機器檔案便可以完成復原操作。

然而當我們今日所要升級的不是一般應用系統，而是虛擬化平台本身時該怎麼辦呢？或許大家會擔心萬一主機系統升級過程發生問題，導致虛擬機器無法繼續上線使用。其實以筆者多年的 VMware vSphere 升級經驗來說，只要先確認好升級所支援的最低版本是否符合，接著再將準備升級的 ESXi 主機上的虛擬機器，先暫時移轉到其他 ESXi 主機來運行，最後再完成一次最新的 vCenter Server Appliance 備份，基本上就可以輕鬆無憂的開始進行一連串的升級任務了。

至於最新版本的 vSphere 8.0 有哪一些關鍵功能，以及升級至此版本之前有哪一些需要特別注意的事項、升級的過程又有哪一些技巧等等，且繼續看接下來的實戰講解吧。

2.2 vSphere 8.0 概觀

首先無論您是 VMware vSphere 現有的客戶，還是準備要進行評估測試的用戶，皆可以開啟以下官網連結來下載 vSphere 8.0 的相關軟體。

- VMware vSphere 8.0 下載網址：
  https://customerconnect.vmware.com/downloads/info/slug/datacenter_cloud_infrastructure/vmware_vsphere/8_0

在 VMware 最新的 vSphere 8.0 版本當中，您可以在每一個叢集之中管理高達 10000 台虛擬機器，Lifecycle Manager 則可以管理 1000 台 ESXi 主機更新。以下是 vSphere 7 Update 3 與 vSphere 8 在延展性的比較表。

表 2-1 VMware vSphere 資源延展性比較

資源	vSphere 7 Update 3	vSphere 8
每一台主機 CPU 數量上限	896	896
每一台主機 RAM 大小上限	24TB	24TB
每一台虛擬機器 vCPU 數量上限	768	768
每一台虛擬機器 vRAM 大小上限	24TB	24TB
每一台虛擬機器 vGPU 數量上限	4	8
Lifecycle Manager 管理主機數量上限	400	1000
每一個叢集管理主機數量上限	96	96
每一個叢集管理虛擬機器數量上限	8000	10000
每一台主機的 VMDirectPath 數量上限	8	32

在功能面部分 vSphere 8.0 首先提供了分佈式服務引擎(Distributed Services Engine)來與數據處理單元(DPU，Data Processing Unit)協同運行，讓 CPU 的負載可以被釋放以提升整體的運行效能。此外由於 DPU 目前已整合至主機的智慧 NIC 控制器之中，可以大幅提升 vSphere 8.0 虛擬網路的效能，尤其是在 VMware NSX 的架構之下可以釋放 20%的 CPU 工作負載。

在設備虛擬化擴展(DVX，Device Virtualization Extensions)的新功能部分，DVX 提供了全新的 API 架構，讓協力廠商可以應用在對於虛擬機器的暫停、恢復、線上移轉以及磁碟與記憶體的快照等管理需求，而不必像前一版的 DirectPathIO 功能使用上受到諸多的限制。

接著則是 vSphere 8.0 在 DRS(Distributed Resource Scheduler)運行效能的提升，主要是通過工作負載記憶體統計的結果，讓虛擬機器的運行在不影響效能與資源消耗的狀態之下得到最佳的置決策。

除了各項資源延展性與運行效能的提升之外，它還額外提供了綠色指標的監視圖表來提升節能的管理需求，管理人員只要從 vSphere Client 網站之中，即可查看到包含 Power.Capacity.UsageVm、Power.Capacity.UsageIdle、Power.Capacity.UsageSystem 等統計圖表。

在 vCenter Server Appliance 的備份還原管理之中，增加了分佈式金鑰庫功能，一旦管理員進行 vCenter Server 的還原操作之時，vCenter Server 便會自動透過分佈式金鑰值來取得最新的叢集狀態和配置，讓配置異動的時間點即便是發生在備份排程之後，也能夠自動還原最新的異動配置。

對於安全性的新功能部份，vSphere 8.0 則是主要提供了三項更新。首先是對於 SSH 服務遠端連線的期限設定，一旦超過期限後想進行連線便會發現 SSH 已經關閉，如此可以有效避免管理員在完成維護任務之後忘了關閉此服務。在 TPM 的管理方面，提供了對於已配置 vTPM 的虛擬機器，當進行複製時可以自由選擇複製或替換 vTPM。在通訊安全的 TLS 協定版本部分，則將只會支援 1.2 或更新的版本。

最後則是 Tanzu Kubernetes Grid 2.0 在工作負載可用區的設計，已允許進行跨 VMware vSphere 叢集來部署 Kubernetes 叢集，藉由可將 Kubernetes 擴展至多個可用區的功能，將有助於提升雲端原生應用程式和工作負載在管理上的彈性，以及簡化叢集生命週期的管理。

2.3 vSphere 8.0 升級前的準備

關於 vSphere 的升級計劃您需要特注意兩個升級前的重要檢查，第一是現行 ESXi 主機的硬體相容性，第二則是現行的 ESXi 與 vCenter Server 的系統版本，是否符合升級路徑中的最低版本要求。

首先是針對 ESXi 主機的硬體相容性檢查，您只要開啟以下的 VMware 硬體相容性查詢網址，便可以針對選定的 ESXi 系統版本，如圖 2-1 來查詢所使用的伺服器品牌以及相關的硬體設備是否相容。

- VMware 硬體相容性查詢網址：
  https://www.vmware.com/resources/compatibility/search.php

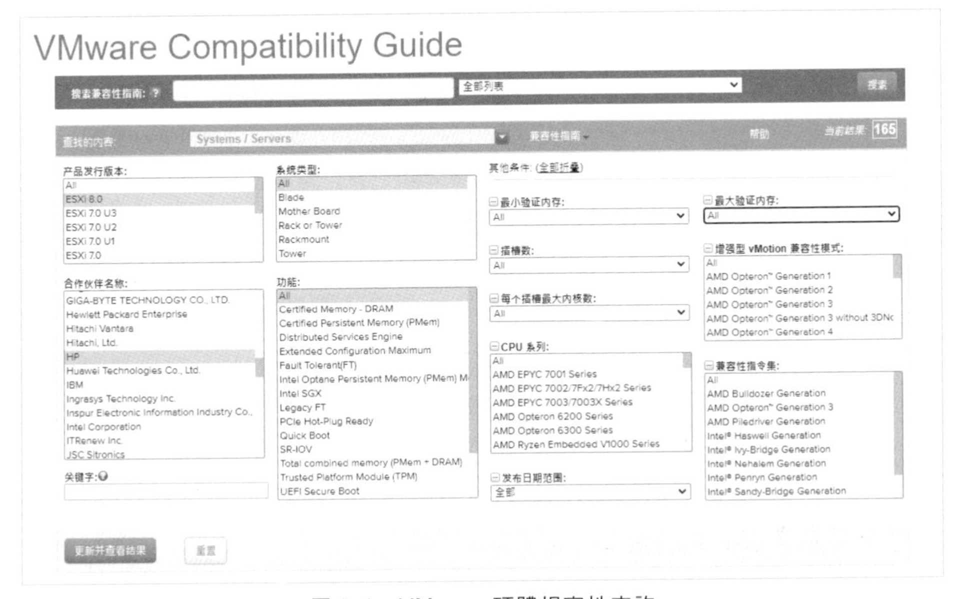

圖 2-1 VMware 硬體相容性查詢

接著是 vCenter Server 8.0 與 ESXi 8.0 主機的升級路徑，則是可以從以下的 VMware vSphere 升級路徑查詢的網站之中得知。如圖 2-2 從這裡顯示的結果中得知最低支援的版本為 6.7。必須注意的是 6.7 與 6.5 版本也已經結束了一般支援(Past End of General Support)，至於更早以前的 6.0 版本則是已經進一步結束了官方的技術指引(Past End of Technical Guidance)。

- VMware vSphere 升級路徑查詢：
  https://interopmatrix.vmware.com/Upgrade

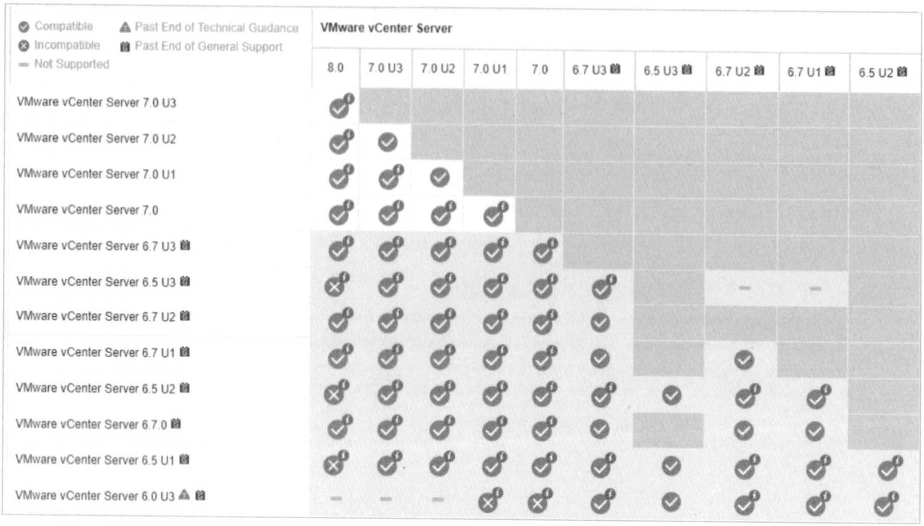

Compatible
Incompatible
Not Supported
Past End of Technical Guidance
Past End of General Support

VMware vCenter Server

8.0 | 7.0 U3 | 7.0 U2 | 7.0 U1 | 7.0 | 6.7 U3 | 6.5 U3 | 6.7 U2 | 6.7 U1 | 6.5 U2

VMware vCenter Server 7.0 U3
VMware vCenter Server 7.0 U2
VMware vCenter Server 7.0 U1
VMware vCenter Server 7.0
VMware vCenter Server 6.7 U3
VMware vCenter Server 6.5 U3
VMware vCenter Server 6.7 U2
VMware vCenter Server 6.7 U1
VMware vCenter Server 6.5 U2
VMware vCenter Server 6.7.0
VMware vCenter Server 6.5 U1
VMware vCenter Server 6.0 U3

圖 2-2 vCenter Server 升級路徑查詢

針對於 vCenter Server Appliance 8.0 安裝程式的執行，不僅提供了 Windows 版本，也提供了 Linux 以及 Mac 的版本，並且可以自由選擇使用圖形介面(GUI)或命令工具(CLI)來進行部署，其中使用 GUI 部署方式的螢幕解析度必須設定在 1024x768 以上。關於它與這三類作業系統的相容性，請參考表 2-2 說明。

針對於 vCenter Server Appliance 8.0 安裝程式的執行，不僅提供了 Windows 版本，也提供了 Linux 以及 Mac 的版本，並且可以自由選擇使用圖形介面(GUI)或命令工具(CLI)來進行部署，其中使用 GUI 部署方式的螢幕解析度必須設定在 1024x768 以上。關於它與這三類作業系統的相容性，請參考表 2-2 說明。

表 2-2 GUI 與 CLI 安裝程式系統需求

作業系統	支援的版本	硬體需求建議
Windows	● Windows 10、11 ● Windows Server 2016 ● Windows Server 2019 ● Windows Server 2022	4GB RAM、2 個具有 2.3 GHz 四核心的 CPU、32GB 硬碟、1 個 NIC

作業系統	支援的版本	硬體需求建議
Linux	● SUSE 15 ● Ubuntu 18.04、20.04、21.10	4GB RAM、1 個具有 2.3GHz 雙核心的 CPU、16GB 硬碟、1 個 NIC ※CLI 安裝程式的執行，需要 64 位元的作業系統。
Mac	● macOS 10.15、11、12 ● macOS Catalina、Big Sur、Monterey	8GB RAM、1 個具有 2.4 GHz 四核心的 CPU、150GB 硬碟、1 個 NIC

請注意！對於在 Mac 10.15 作業系統上的執行，將不支援多個應用裝置的並行 GUI 部署，必須採用依序部署應用裝置方式來完成。

後續筆者將示範在 Windows 10 來啟動 vCenter Server Appliance 8.0 的 GUI 安裝程式，並且必須記得至少使用 1024x768 以上的螢幕解析度，才能夠讓安裝界面的操作過程更加流暢。此外如果您使用的是較舊的 Windows，並且打算以 CLI 命令工具來進行安裝，請預先安裝好 Visual C++可轉散發套件程式庫，此安裝程式位於 ISO 映像中的 vcsa-cli-installer/win32/vcredist 目錄之中。

2.4 升級 vCenter Server

在 VMware vSphere 的升級計劃之中，首先要確認的就是現行與它整合的系統是否皆相容於新版的 vCenter Server、ESXi、VMware Tools、虛擬機器硬體版本，例如第三方的備份系統、監視系統等等。等到確認這一些系統皆準備好了相容的版本之後，再來開始依序安排升級 vCenter Server、ESXi、VMware Tools、虛擬機器硬體即可。

首先就讓我們來進行 vCenter Server 的升級任務，開始之前筆者先登入如圖 2-3 的 vCenter Server Appliance 的管理網站，在[摘要]的頁面之中可以檢視到系統目前的版本資訊、組件編號以及健全狀況。

請注意！在 vCenter Server 完成升級之後，您原先在 vCenter Server Appliance 網站上所設定好的排程備份必須重新設定。

圖 2-3　現行版本資訊

關於 vCenter Server Appliance 7.x 升級至 vCenter Server Appliance 8.0 的過程只需要經歷兩個階段(Stage)，並且透過圖形化介面的操作就可以輕鬆完成，這兩個階段分別是先部署是一個新的 vCenter Server Appliance 8.0 虛擬機器，再完成將現行的 vCenter Server Appliance 7.x 配置資料傳送過去即可大功告成。

請在與 vSphere 相同的網路中，開啟任一相容的 Windows 桌面，並掛載 vCenter Server Appliance 8.0 映像，然後如圖 2-4 執行位在 ISO 映象中 vcas-ui-installer\win32 路徑下的 installer.exe。

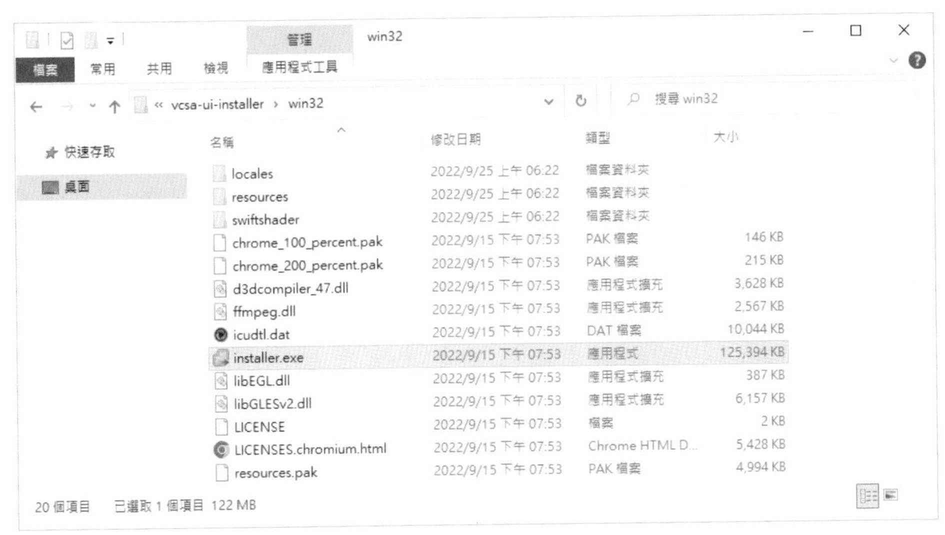

圖 2-4 vCenter Server Appliance 8.0 映象

在如圖 2-5 的[vCenter Server Appliance 8.0 Installer]部署選項安裝頁面，首先在頁面右上方可以先根據喜好的語言，來切換要顯示的語言安裝操作介面。請放心安裝語言介面的設定並不會影響安裝後的顯示語言，因為系統會根據網頁瀏覽器的語言設定，來自動呈現 vCenter Server Appliance 與 vSphere Client 網站操作介面的語言。在此頁面之中分別有安裝(Install)、升級(Upgrade)、移轉(Migrate)以及還原(Restore)四大選向。由於本次的示範是升級因此請點選[Upgrade]繼續。

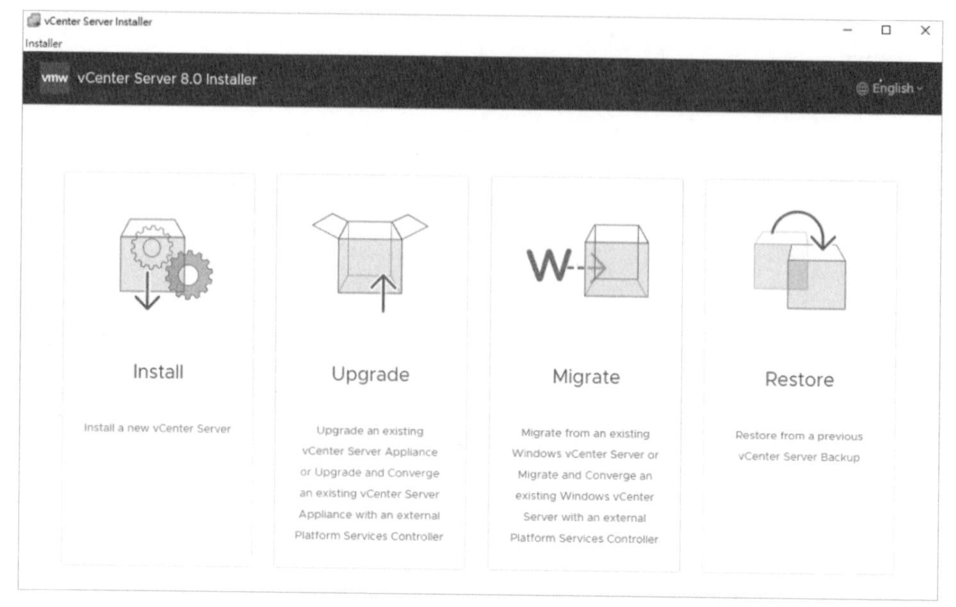

圖 2-5　vCenter Server 安裝主選單

在如圖 2-6 的[Connect to source appliance]頁面中，請先輸入現行準備升級的來源 vCenter Server Appliance 伺服器 FQDN 或 IP 位址以及連接埠。若輸入正確則在點選[Connect to Source]按鈕後，將會開啟如圖 2-7 的進階設定頁面。在此必須進一步輸入現行 SSO 管理員的帳戶、密碼、vCenter Server Appliance 本機 root 帳戶密碼，以及用以管理此來源 vCenter Server Appliance 虛擬機器的 ESXi 主機或 vCenter Server 的連線位址、連接埠、管理員帳戶與密碼。點選[NEXT]。

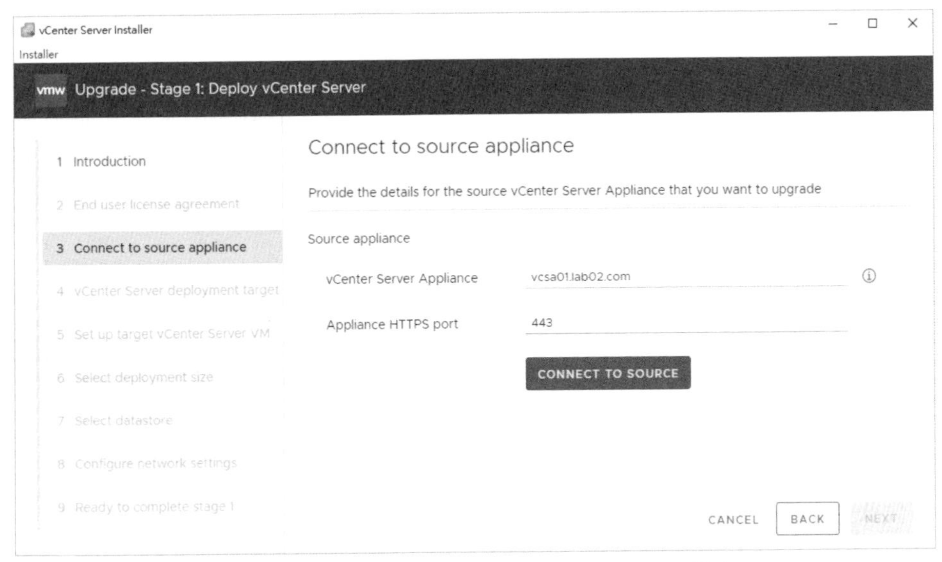

圖 2-6　連線來源 vCenter Server Appliance 設定

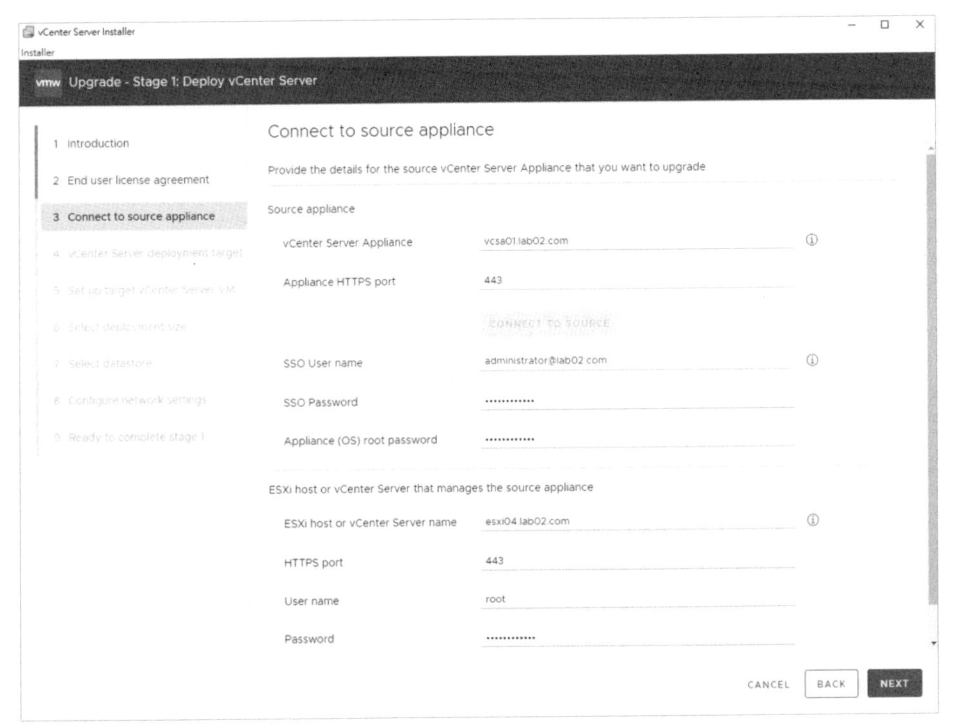

圖 2-7　來源 vCenter Server Appliance 完整設定

上一個步驟中的各項欄位值若輸入正確，則在點選[NEXT]按鈕時會出現憑證警告的 "Certificate Warning" 提示頁面，進一步點選[Yes]後即可開啟如圖 2-8 的[vCenter Server deployment target]頁面。在此請輸入新的 vCenter Server Appliance 虛擬機器準備要部署的目標位址、連接埠以及管理員的登入帳密，其中位址部分可以選擇輸入 ESXi 或 vCenter Server 的連線位址。點選[NEXT]。

vCenter Server Installer
Installer
vmw Upgrade - Stage 1: Deploy vCenter Server
1 Introduction
2 End user license agreement
3 Connect to source appliance
4 vCenter Server deployment target
5 Set up target vCenter Server VM
6 Select deployment size
7 Select datastore
8 Configure network settings
9 Ready to complete stage 1
vCenter Server deployment target
Specify the vCenter Server deployment target settings. The target is the ESXi host or vCenter Server instance on which the vCenter Server will be deployed.
ESXi host or vCenter Server name esxi04.lab02.com
HTTPS port 443
User name root
Password ....
CANCEL BACK NEXT

圖 2-8 vCenter Server 部署目標設定

在如圖 2-9 的[Setup target vCenter Server VM]頁面中，除了需要為全新的 vCenter Server Appliance 虛擬機器命名之外，請設定它的客體作業系統 root 帳戶密碼。此密碼務必牢記！這是因為後續在完成升級部署之後，才可以透過新的 root 帳密來連線 vCenter Server Appliance 的 VAMI(vCenter Server Appliance Management Interface)管理網站，以便隨時可以進行系統運行狀態的檢視、網路配置、系統更新以及系統配置備份等操作。點選[NEXT]。

小提示

關於 vCenter Server Appliance 8.0 的 root 密碼複雜度設定要求，除了必須至少 8 個字元與最多 20 個字元之外，其中還得至少包括一個大寫字母、一個小寫字母、一個數字、一個特殊字元，且不能夠輸入空白字元。

vCenter Server Installer
Installer
Upgrade - Stage 1: Deploy vCenter Server
1 Introduction
2 End user license agreement
3 Connect to source appliance
4 vCenter Server deployment target
5 Set up target vCenter Server VM
6 Select deployment size
7 Select datastore
8 Configure network settings
9 Ready to complete stage 1
Set up target vCenter Server VM
Specify the VM settings for the vCenter Server to be deployed.
VM name vCenter Server 8
Set root password
Confirm root password
CANCEL BACK NEXT

圖 2-9　目標 vCenter Server 虛擬機器設定

在如圖 2-10 的[Select deployment size]頁面中，相較於前一版在主機與虛擬機器的上限是一樣的，不過在記憶體與存放空間的需求則是略增一些，您可以參考表 2-3 說明來選擇部署的大小。在此您可以根據實際運作的 ESXi 主機數量或虛擬機器數量，來挑選適當的部署大小，並且確認目前有足夠的硬體資源可以進行配置。點選[NEXT]。

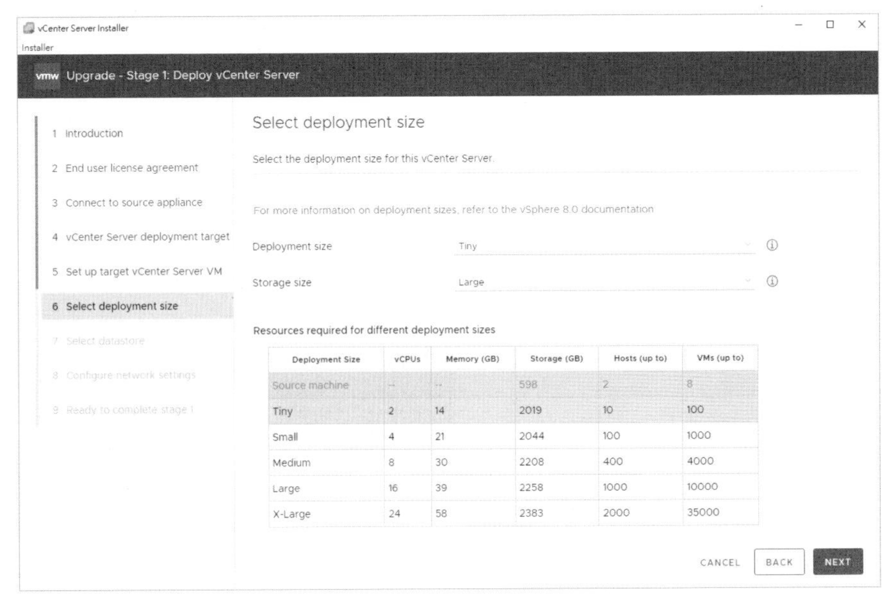

Deployment Size	vCPUs	Memory (GB)	Storage (GB)	Hosts (up to)	VMs (up to)
Source machine	--	--	598	2	8
Tiny	2	14	2019	10	100
Small	4	21	2044	100	1000
Medium	8	30	2208	400	4000
Large	16	39	2258	1000	10000
X-Large	24	58	2383	2000	35000

圖 2-10　vCenter Server 部署大小設定

表 2-3 部署大小與資源需求

部署大小	vCPUs	Memory (GB)	Storage (GB)	主機上限	虛擬機器上限
微型(Tiny)	2	14	2019	10	100
小型(Small)	4	21	2044	100	1000
中型(Medium)	8	30	2208	400	4000
大型(Large)	16	39	2258	1000	10000
超大型(X-Large)	24	58	2383	2000	35000

在如圖 2-11 的[Select datastore]頁面中，請選擇適合 vCenter Server Appliance 虛擬機器的資料存放區。如果所選擇的資料存放區可用空間，暫時無法滿足上一個步驟中部署大小的儲存空間要求，可以將[Enable Thin Disk Mode]選項設定勾選，讓此虛擬機器的大小改採用自動成長，而不是直接產生固定大小的虛擬硬碟。必須注意的是若勾選[Enable Thin Disk Mode]設定，則會稍微影響系統在磁碟的 I/O 效能表現。點選[NEXT]。

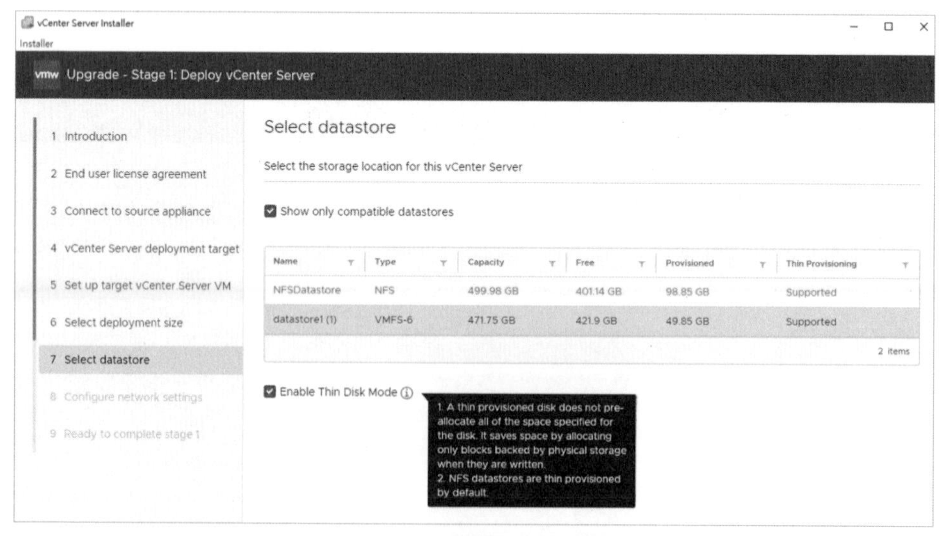

圖 2-11 選擇資料存放區

在如圖 2-12 的[Configure network setting]頁面中，請設定新 vCenter Server Appliance 系統的 IP 網路配置，在此預設將會有採用 IPv4 的 DHCP 配置模式，您可以改選擇[Static]的靜態配置模式，並輸入一個暫時使用的 IP 位址在[Temporary IP address]欄位，等到完成升級任務之後，系統會自動將此 IP 位址修改成原有 vCenter Server Appliance 的設定值。點選[NEXT]。

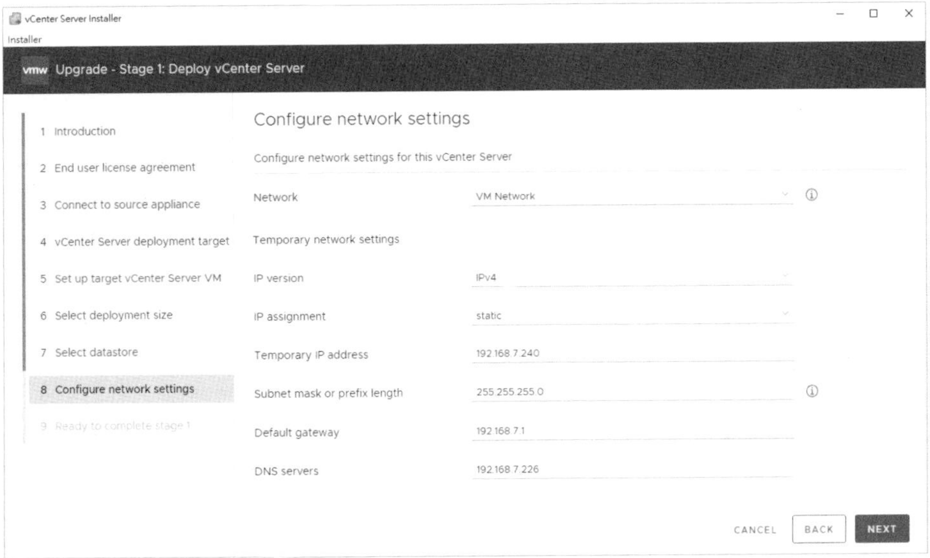

vCenter Server Installer
Installer
vmw Upgrade - Stage 1: Deploy vCenter Server

1 Introduction
2 End user license agreement
3 Connect to source appliance
4 vCenter Server deployment target
5 Set up target vCenter Server VM
6 Select deployment size
7 Select datastore
8 Configure network settings
9 Ready to complete stage 1

Configure network settings
Configure network settings for this vCenter Server
Network　VM Network
Temporary network settings
IP version　IPv4
IP assignment　static
Temporary IP address　192.168.7.240
Subnet mask or prefix length　255.255.255.0
Default gateway　192.168.7.1
DNS servers　192.168.7.226

CANCEL　BACK　NEXT

圖 2-12　配置網路設定

在[Ready to Complete stage 1]頁面中請確認前面步驟中的所有設定值是否正確，若沒有問題請點選[Finish]，以完成第一階段的升級任務。如圖 2-13 在看到了系統所提示的第一階段升級成功的訊息頁面時，若點選[CONTINUE]按鈕將可以立刻繼續進行第二階段的升級設定，若點選[CLOSE]按鈕則可以暫停升級任務，等之後有空時再來進行第二階段的升級操作。管理員可以隨時開啟並登入 vCenter Server 的管理網站(https://FQDN:5480)即可繼續未完成的第二階段配置。

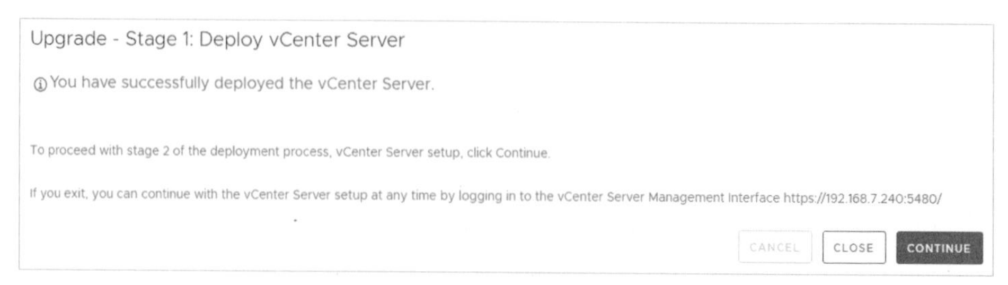

圖 2-13　完成階段 1 升級

如圖 2-14 便是透過繁體中文語系設定的網頁瀏覽器，所開啟的 vCenter Server 管理網站，當看到此頁面的提示訊息即表示尚未完成第二階段的升級任務，請點選[升級]圖示繼續。

圖 2-14　繼續未完成的升級

首先系統會要求輸入連線來源 vCenter Server Appliance 系統的 root 帳密，成功連線之後可能會出現如圖 2-15 的預先檢查結果訊息，這一些警示訊息通常包括了提示您須暫時關閉[Fully Automated DRS]功能，以及提示您在資料移轉的過程之中，並不會將原有 vCenter Server Appliance 系統中的 Lifecycle Manager 相關檔案，複製到新的 vCenter Server Appliance 系統之中，這一些檔案像是 Guest OS 補強更新基準(patches baselines)檔案，以及 ESXi 6.5 與更舊版的主機更新基準檔案等等。點選[CLOSE]。

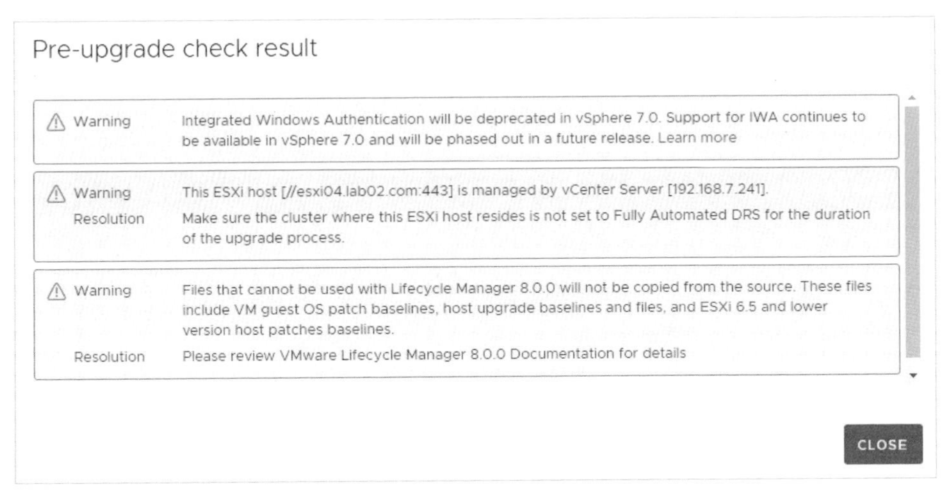

圖 2-15　階段 2 升級前的檢查

在如圖 2-16 的[Select upgrade data]頁面，可以自由選擇準備從來源 vCenter Server Appliance 系統中複製的資料範圍。一般來說我們通常會選擇僅複製配置(Configuration)與清單(Inventory)，而不會包含一些不需要保存的歷史資料，這一些資料類型分別有事件、任務以及效能。連續點選[NEXT]。

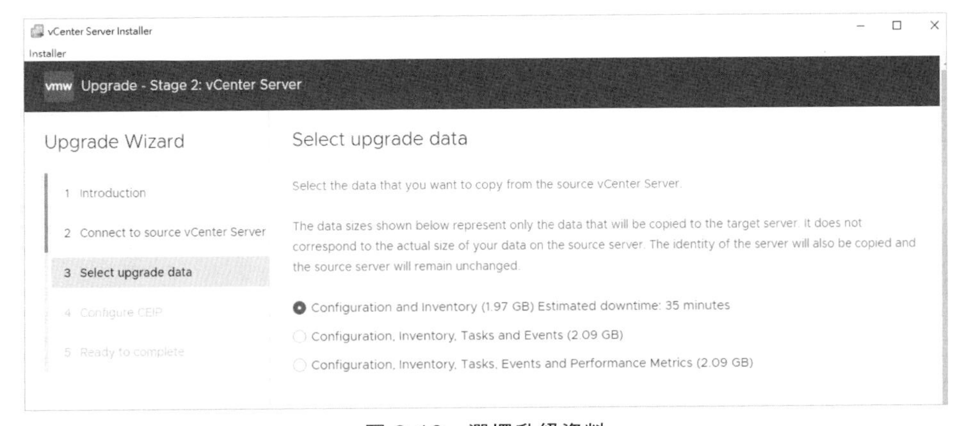

圖 2-16　選擇升級資料

在如圖 2-17 的[Ready to Complete]頁面中，可以看到來源與新 vCenter Server Appliance 的配置，若確認無誤並且已經事先完成了舊 vCenter Server Appliance 虛擬機器的備份之後，請將[I have backed up the source vCenter Server and all the required data from the database]選項打勾，點選[FINISH]開始完成第二階段的資料傳遞任務。

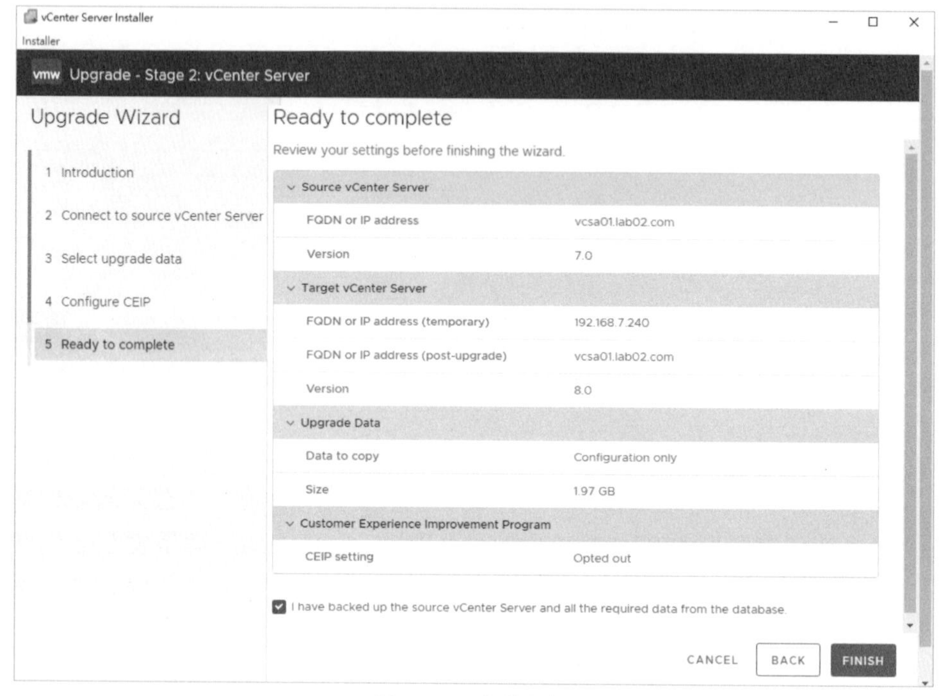

圖 2-17 準備升級

如圖 2-18 便是完成 vCenter Server Appliance 第二階段升級任務的結果頁面。您可以開啟頁面中所提示的網址，來準備開始使用新版的 vCenter Server Appliance。點選[CLOSE]按鈕。

Upgrade - Stage 2: Complete

1. Copy data from source vCenter Server to target vCenter Server

2. Set up target vCenter Server and start services

3. Import copied data to target vCenter Server

Data transfer and vCenter Server setup has been completed successfully. Click on the link below to get started. Press close to exit.

vCenter Server Getting Started Page : https://vcsa01.lab02.com:443

CLOSE

圖 2-18 完成階段 2 升級

完成升級之後可以到三個地方來檢查一下版本資訊。首先請開啟 vCenter Server Appliance 的伺服端控制台。如圖 2-19 在此便可以查看到目前 vCenter Server 版本的完整資訊，以及連線 vCenter Server Appliance 管理網站的 URL。

```
VMware vCenter Server 8.0.0.10000

2 x Intel(R) Core(TM) i7-10875H CPU @ 2.30GHz
13.7 GiB Memory



Please visit the following URL to configure this appliance:
https://192.168.7.240:5480
https://192.168.7.240/ (STATIC)



<F2> Customize System                          <F12> Shut Down/Restart
```

圖 2-19 vCenter Server 文字主控台

接下來可以開啟 vSphere Client 網站的 vCenter Server 節點頁面，便可以如圖 2-20 在[摘要]子頁面之中，同樣查看到 vCenter Server 的版本以及相關資源的配置資訊。

圖 2-20 vSphere Client 網站

最後則是可以開啟 vCenter Server Appliance 管理網站的[首頁]。如圖 2-21 在此不僅可以查看到 vCenter Server 的版本資訊與組件編號，還可以得知目前運行的基本健康狀況以及單一登入的網域資訊。

圖 2-21　vCenter Server Appliance 網站

小提示　關於 vCenter Server Appliance 網站的登入，必須是以主機管理員 root 的帳號來登入而不是 vSphere 網域管理員。

2.5 關於升級 ESXi 主機

關於升級現行 ESXi 6.7/7.0 系統至 ESXi 8.0 的方法，大致可以區分成四種分別說明如下：

1. ISO 就地升級(In-Place Upgrade)：這種直接透過 CD/DVD 或 USB 磁碟在 ESXi 主機端進行升級安裝，是最簡單的做法，相當適合在僅有幾部 ESXi 主機的小型 vSphere 架構環境中。
2. ESXCLI 命令工具：透過 ESXi 主機本身的 ESXCLI 命令，也可以來進行就地升級任務，只要搭配官網所下載的 ESXi depot 封裝檔案，即可在安裝後重新啟動完成升級。值得注意的是無論您打算採用何種就地升級法，即便是對於沒有加入 vCenter 架構中的獨立 ESXi 主機也是適用的。至於接下來所要介紹的其他兩種方法，則一定得在 vCenter 架構的管理模式下才能進行。

3. 自動化部署(Auto Deploy)：當組織內有部署大量的 ESXi 主機於多個營運據點時，藉由 Auto Deploy 的批量部署機制，將可以大幅節省升級的時間，但必須是已啟用 vSphere Enterprise Plus Edition 或 vSphere with Operations Management Enterprise Plus 授權的 vSphere 架構才能夠使用。

4. Lifecycle Manager：使用 vSphere 8.0 內建的 Lifecycle Manager 在 ESXi 升級的過程中，只需要重新啟動一次就可以完成整個升級任務。另一方面它也已藉由簡化系統初始化與自我檢測的時間，來加快 ESXi 主機升級後的啟動速度。

2.6 ISO 映像升級 ESXi 主機

在開始升級 ESXi 主機之前，有哪一些前置任務需要完成呢？答案就是把現行運行中的虛擬機器先移轉到其他 ESXi 主機來運行，然後再開始進行停機與升級。當然如果在這一台 ESXi 主機之中所運行的虛擬機器可以暫時進行關機，那麼也可以在所有虛擬機器皆關機之後，直接透過 vSphere Client 網站來執行此主機的關機操作。如圖 2-22 便是執行[關閉主機]功能時所出現的提示訊息。

關閉主機 | esxi01.lab02.com

您已選取關閉主機 esxi01.lab02.com

記錄此關閉作業的原因:

在此處輸入原因

此主機未處於維護模式。

將未處於維護模式的主機關閉或重新開機將無法安全地停止在此主機上正在執行的虛擬機器。如果該主機屬於 vSAN 叢集，則您可能會無法存取此主機上的 vSAN 資料。 請先將主機置於維護模式，再將主機重新開機或關閉。

關閉選取的主機?

取消 確定

圖 2-22　關閉 ESXi 主機

如果您是選擇採用虛擬機器的標準移轉操作，那麼在成功完成虛擬機器的移轉之後，請在將 ESXi 關機之前先如圖 2-23 執行位在[動作]選單中的[維護模式]\[進入維護模式]。執行後會出現相關提示訊息，點選[確定]按鈕。進入維護模式後的 ESXi 主機，其顯示名稱上會多出 "(維護模式)" 的字眼。等到完成升級之後再來執行結束維護模式即可。

圖 2-23　ESXi 主機功能選單

在完成了以標準操作方法關閉 ESXi 主機之後。接下來請使用 ESXi 8.0 的安裝光碟或 USB 磁碟，來啟動就地升級的安裝操作。值得注意的是如果您的 ESXi 系統是安裝在 VMware 的虛擬機器之中(通常用於測試環境)，則可以在開機時開啟如圖 2-24 的[Boot Manager]介面，並選擇以光碟來載入安裝映像進行開機。

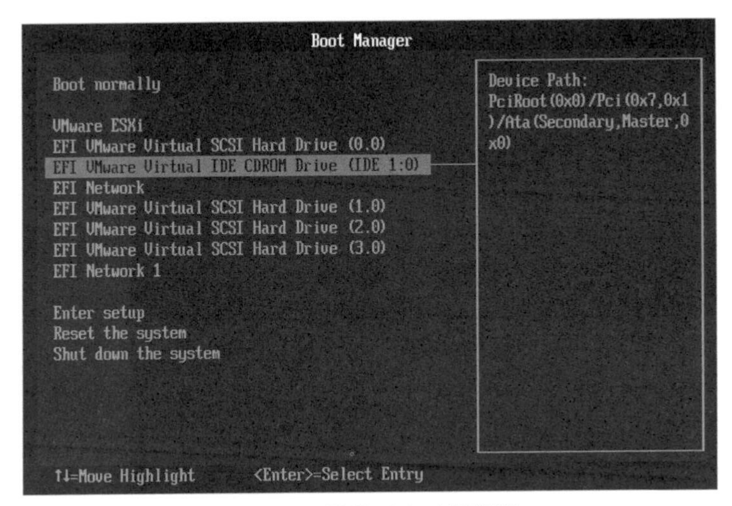

圖 2-24　選擇 ISO 映像開機

在完成 ESXi 安裝啟動之後，便會列出目前本機所有連接的磁碟清單，您只要選取目前已安裝舊版 vSphere ESXi 系統的磁碟，即可開啟如圖 2-25 的[ESXi and VMFS Found]頁面。在此依序便可以決定升級舊系統、保留舊系統或是覆寫舊系統。請在選取[Upgrade ESXi, preserve VMFS datastore]設定之後，按下 Enter 繼續。

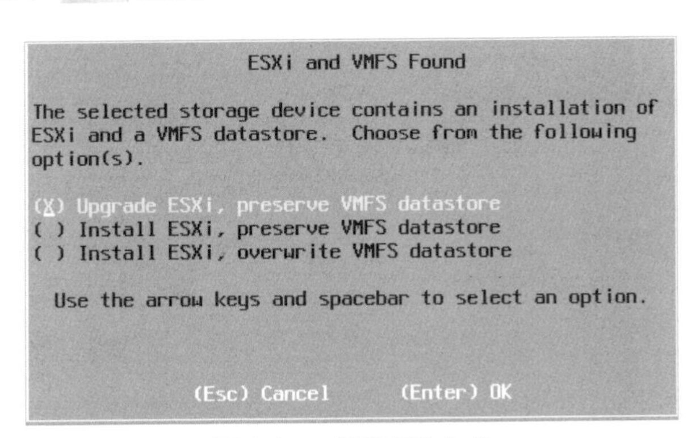

圖 2-25　選擇安裝方式

緊接著會開啟如圖 2-26 所示[Confirm Upgrade]確認頁面，內容中已清楚描述到將把現行的 ESXi 7.0.3 升級至 ESXi 8.0.0。請按下 F11 鍵開始進行升級任務。

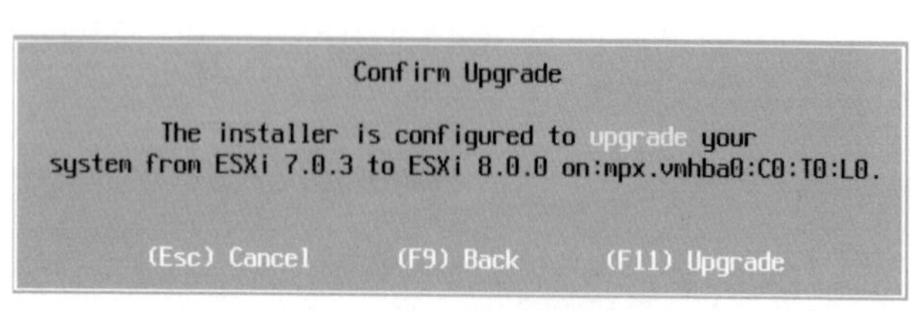

圖 2-26　確認升級

在成功完成了整個 ESXi 的升級操作之後，將會看到[Upgrade Complete]的頁面，請先移除安裝映像之後，再按下 Enter 鍵來重新啟動系統。在完成 ESXi 系統的重新啟動之後，便可以如圖 2-27 在 ESXi 控制台頁面之中，看到目前的版本已是 VMware ESXi 8.0.0。往後如果官方有針對此版本發行新的更新程式，也可以同樣採用此方式來完成更新任務，屆時 Release Build 的編號也將會自動遞增。

小提示

關於 ESXi 主控台在此我們稱之為 Direct Console 使用者介面(簡稱 DCUI)，往後有許多與主機相關的基本配置，皆可以透過此文字操作介面來完成。

VMware ESXi 8.0.0 (VMKernel Release Build 20513097)

VMware, Inc. VMware7,1

2 x Intel(R) Core(TM) i7-10875H CPU @ 2.30GHz
12 GiB Memory

圖 2-27　成功完成升級

針對 ESXi 主機系統的版本資訊，除了可以透過主機端的文字介面控制台來查看之外，也可以透過開啟 vSphere Client 網站的主機節點，來如圖 2-28 在[摘要]頁面之中來進行查看。在此還可以進一步看到主機基本資源的配置與使用狀況。

圖 2-28　vSphere Client 網站

在圖形的管理介面之中除了有最常使用 vSphere Client 網站之外，還有可針對個別主機進行管理的 ESXi Host Client，它的前一版本稱之為 VMware Host Client。如圖 2-29 您只要透過瀏覽器以 HTTPS 方式連線 ESXi 主機 IP，即可開啟此全新的登入頁面。登入時請使用預設的 root 帳號或其他已建立的管理員帳號。

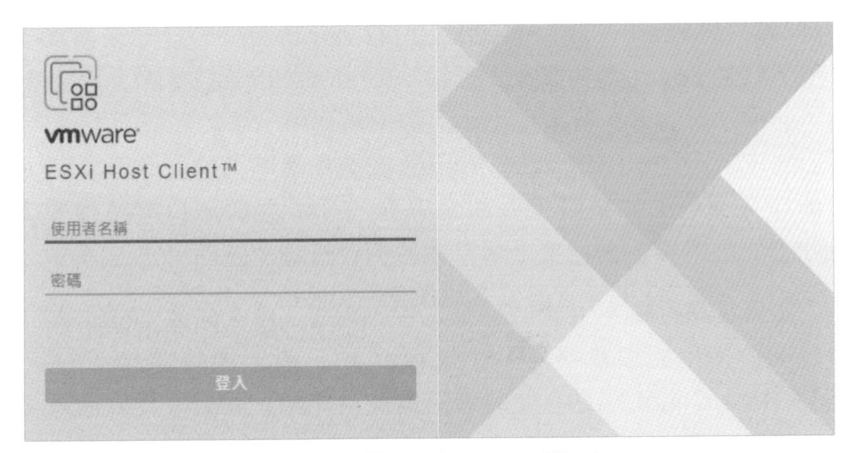

圖 2-29　登入 ESXi Host Client

如圖 2-30 便是登入 ESXi Host Client 網站後的全新主機頁面設計。在此您可以完整檢視到此主機的負載狀態、硬體配置以及系統資訊。

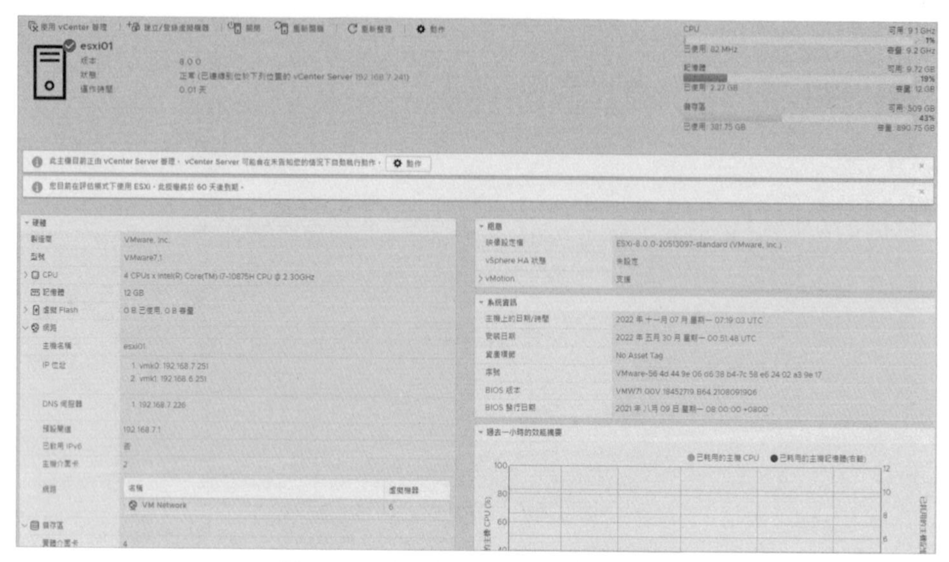

圖 2-30　ESXi Host Client 主機頁面

2.7 ESXCLI 升級 ESXi 主機

選擇採用此升級方式之前，請確認已經在官網上下載好了升級封裝檔案(例如：VMware-ESXi-8.0-20513097-depot.zip)。接下來請如圖 2-31 將所下載的 depot 封裝檔案，透過 vSphere Client 的連線上傳到儲存區之中，必須注意的是在叢集(Cluster)的架構之中，由於我們可能會陸續升級多部的 ESXi 主機，因此這個 depot 封裝檔案就必須上傳至叢集共用的資料儲存區之中。如果只是升級單一台 ESXi 主機，只需連線登入 ESXi Host Client 並將封裝檔案上傳至本機的資料存放區即可。

如果在執行檔案上傳的過程之中出現了 "作業失敗" 的訊息，即表示您目前所使用的瀏覽器(例如：Chrome)，尚未連線過此 ESXi 主機的 ESXi Host Client 網站。此時您只需要再開啟一個新分頁來進行 ESXi 主機的連線即可，過程中將會出現如圖 2-32 的 "您的連線不是私人連線" 訊息，請點選位在頁面左下方的 "繼續前往網站..." 的超連結即可。

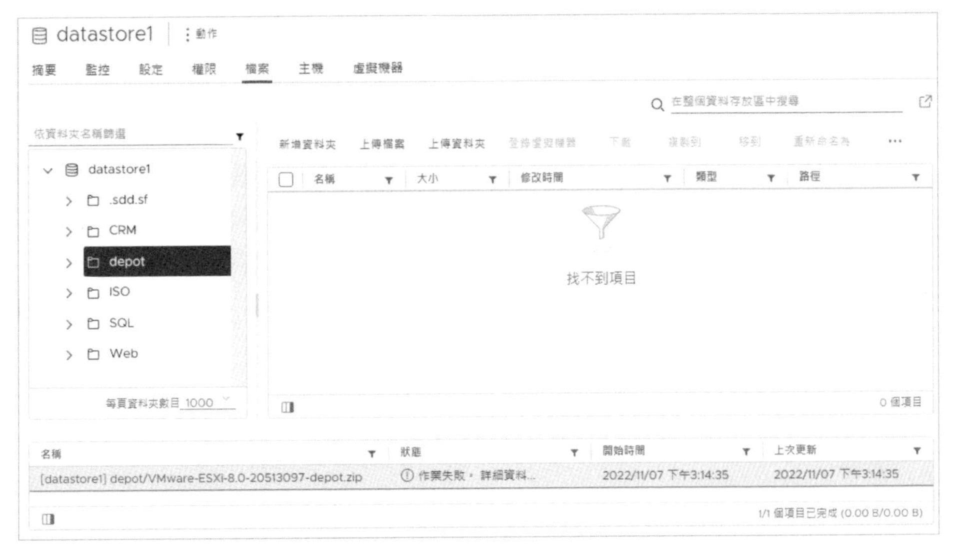

圖 2-31 準備上傳 depot 檔案

圖 2-32 使用 Chrome 連線 ESXi 主機

完成 depot 檔案的上傳之後，接下來請到 ESXi 伺服端的主控台，按下 F2 鍵開啟系統設定頁面，進入之前將需要輸入此主機系統管理員的帳戶密碼。接著請點選進入[Troubleshooting Options]頁面，分別將[ESXi

Shell]與[SSH]兩項功能設定啟用(Enable)。如此一來後續所要執行的命令參數，便可以自由選擇經由 ESXI 系統本機的 Shell 或遠端的 SSH Client 連線來進行。

在此筆者建議採用 SSH Client 的連線方式。請使用 SSH 相關工具連線至 ESXi 主機，如圖 2-33 執行以下命令參數來查看目前這個 depot 檔案的封裝內容，其中資料夾的所在路徑，必須輸入您實際的存放路徑。內容中可以發現有兩個檔案，其中 ESXi-8.0.0-20513097-standard 就是我們接下來會使用到的檔案。

```
esxcli software sources profile list -d=/vmfs/volumes/
esxi04datastore1/depot/VMware-ESXi-8.0-20513097-depot.zip
```

```
192.168.7.250 - PuTTY
login as: root
Keyboard-interactive authentication prompts from server:
| Password:
End of keyboard-interactive prompts from server
The time and date of this login have been sent to the system logs.

WARNING:
   All commands run on the ESXi shell are logged and may be included in
   support bundles. Do not provide passwords directly on the command line.
   Most tools can prompt for secrets or accept them from standard input.

VMware offers supported, powerful system administration tools.  Please
see www.vmware.com/go/sysadmintools for details.

The ESXi Shell can be disabled by an administrative user. See the
vSphere Security documentation for more information.
[root@esxi04:~] esxcli software sources profile list -d=/vmfs/volumes/esxi04datastore1/depot/VMware-ESXi-8.0-2051
3097-depot.zip
Name                          Vendor        Acceptance Level  Creation Time        Modification Time
----------------------------  ------------  ----------------  -------------------  -------------------
ESXi-8.0.0-20513097-standard  VMware, Inc.  PartnerSupported  2022-09-23T18:59:28  2022-09-23T18:59:28
ESXi-8.0.0-20513097-no-tools  VMware, Inc.  PartnerSupported  2022-09-23T18:59:28  2022-09-23T18:59:28
[root@esxi04:~]
```

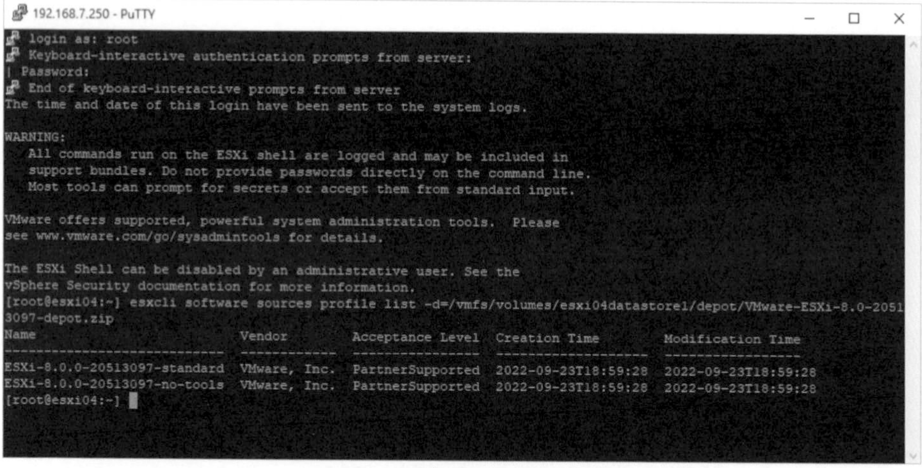

圖 2-33　查看 depot 檔案內容

緊接著請執行以下命令參數，以完成 ESXi 主機系統的更新任務，此操作也會把升級結果輸出到一個名為 output.txt 文件之中。

```
esxcli software profile update -d=/vmfs/volumes/esxi04datastore1/
depot/VMware-ESXi-8.0-20513097-depot.zip -p=ESXi-8.0.0-20513097-
standard > /tmp/output.txt
```

最後您可以如圖 2-34 在執行 cat /tmp/output.txt | more 命令參數之後，如果有發現 "The update completed successfully " 與 "Reboot

Required:true " 訊息，即表示就地升級任務已經成功，請執行 reboot 命令讓它重新啟動即可完成整個升級任務。

如果執行後出現 "installationError" 與 "Could not find a trusted signer" 相關錯誤訊息，請在命令後加上 --no-sig-check 參數可解決此問題。

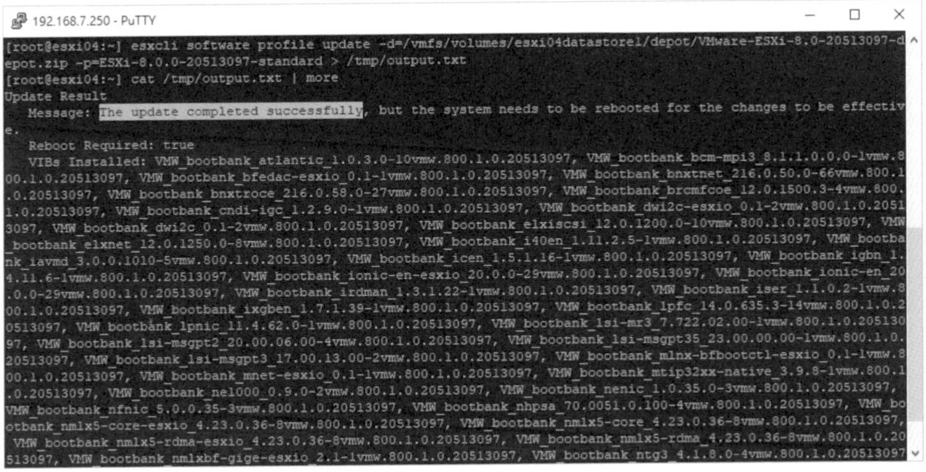

```
192.168.7.250 - PuTTY
[root@esxi04:~] esxcli software profile update -d=/vmfs/volumes/esxi04datastore1/depot/VMware-ESXi-8.0-20513097-d
epot.zip -p=ESXi-8.0.0-20513097-standard > /tmp/output.txt
[root@esxi04:~] cat /tmp/output.txt | more
Update Result
   Message: The update completed successfully, but the system needs to be rebooted for the changes to be effectiv
e.
   Reboot Required: true
   VIBs Installed: VMW_bootbank_atlantic_1.0.3.0-10vmw.800.1.0.20513097, VMW_bootbank_bcm-mpi3_8.1.1.0.0.0-1vmw.8
00.1.0.20513097, VMW_bootbank_bfedac-esxio_0.1-1vmw.800.1.0.20513097, VMW_bootbank_bnxtnet_216.0.50.0-66vmw.800.1
.0.20513097, VMW_bootbank_bnxtroce_216.0.58.0-27vmw.800.1.0.20513097, VMW_bootbank_brcmfcoe_12.0.1500.3-4vmw.800.
1.0.20513097, VMW_bootbank_cndi-igc_1.2.9.0-1vmw.800.1.0.20513097, VMW_bootbank_dwi2c-esxio_0.1-2vmw.800.1.0.2051
3097, VMW_bootbank_dwi2c_0.1-2vmw.800.1.0.20513097, VMW_bootbank_elxiscsi_12.0.1200.0-10vmw.800.1.0.20513097, VMW
_bootbank_elxnet_12.0.1250.0-8vmw.800.1.0.20513097, VMW_bootbank_i40en_1.11.2.5-1vmw.800.1.0.20513097, VMW_bootba
nk_iavmd_3.0.0.1010-5vmw.800.1.0.20513097, VMW_bootbank_icen_1.5.1.16-1vmw.800.1.0.20513097, VMW_bootbank_igbn_1.
4.11.6-1vmw.800.1.0.20513097, VMW_bootbank_ionic-en-esxio_20.0.0-29vmw.800.1.0.20513097, VMW_bootbank_ionic-en_20
.0.0-29vmw.800.1.0.20513097, VMW_bootbank_irdman_1.3.1.22-1vmw.800.1.0.20513097, VMW_bootbank_iser_1.1.0.2-1vmw.8
00.1.0.20513097, VMW_bootbank_ixgben_1.7.1.39-1vmw.800.1.0.20513097, VMW_bootbank_lpfc_14.0.635.3-14vmw.800.1.0.2
0513097, VMW_bootbank_lpnic_11.4.62.0-1vmw.800.1.0.20513097, VMW_bootbank_lsi-mr3_7.722.02.00-1vmw.800.1.0.205130
97, VMW_bootbank_lsi-msgpt2_20.00.06.00-4vmw.800.1.0.20513097, VMW_bootbank_lsi-msgpt35_23.00.00.00-1vmw.800.1.0.
20513097, VMW_bootbank_lsi-msgpt3_17.00.13.00-2vmw.800.1.0.20513097, VMW_bootbank_mlnx-bfbootctl-esxio_0.1-1vmw.8
00.1.0.20513097, VMW_bootbank_mnet-esxio_0.1-1vmw.800.1.0.20513097, VMW_bootbank_mtip32xx-native_3.9.8-1vmw.800.1
.0.20513097, VMW_bootbank_ne1000_0.9.0-2vmw.800.1.0.20513097, VMW_bootbank_nenic_1.0.35.0-3vmw.800.1.0.20513097,
VMW_bootbank_nfnic_5.0.0.35-3vmw.800.1.0.20513097, VMW_bootbank_nhpsa_70.0051.0.100-4vmw.800.1.0.20513097, VMW_bo
otbank_nmlx5-core-esxio_4.23.0.36-8vmw.800.1.0.20513097, VMW_bootbank_nmlx5-core_4.23.0.36-8vmw.800.1.0.20513097,
 VMW_bootbank_nmlx5-rdma-esxio_4.23.0.36-8vmw.800.1.0.20513097, VMW_bootbank_nmlx5-rdma_4.23.0.36-8vmw.800.1.0.20
513097, VMW_bootbank_nmlxbf-gige-esxio_2.1-1vmw.800.1.0.20513097, VMW_bootbank_ntg3_4.1.8.0-4vmw.800.1.0.20513097
```

圖 2-34 檢視升級記錄

2.8 Lifecycle Manager 升級 ESXi 主機

打從前一版的 vSphere 7.0 開始，管理人員就可以在登入 vSphere Client 網站之後，透過 Lifecycle Manager 管理中心功能，來對於所選定的叢集安裝所需要的 ESXi 主機版本、安裝與更新第三方軟體、更新所有 ESXi 主機的韌體、集中更新或升級叢集中所有 ESXi 的主機、透過對照硬體相容性清單來檢查主機的硬體相容性。接下來就讓我們實際來演練一下，如何透過它來升級運行中的 ESXi 主機。

首先請在登入 vSphere Client 網站之後，開啟[首頁]功能選單中的[Lifecycle Manager]頁面。在它的[ESXi 映像]管理頁面中預設會看到目前所有可用的映像資訊，在此筆者已先行完成映像的上傳。您可以在如圖 2-35 的[匯入的 ISO]頁面中點選[匯入 ISO]超連結，來開始匯入已從 VMware 官網上所下載的 ESXi 8.0 的安裝映像。

Lifecycle Manager | 動作

映像存放庫 更新 匯入的 ISO 基準 設定

匯入 ISO 刪除 新增基準

名稱	產品	版本	組建版本	廠商	接受程度	建立日期
ESXi-8.0.0-20513097-standard	VMware ESXi 8.0.0	8.0.0	20513097	VMware, Inc.	合作夥伴	2022/09/23 上午8:00:00

匯出 1映像

名稱	版本	廠商	接受程度	建立日期	大小
nmlx5-core-esxio	4.23.0.36-8vmw.800.1.0.20513097	VMW	已認證	2022/09/23 上午8:00:00	872.44 KB
pensandoatlas	1.46.0.E.24.1.256-2vmw.800.1.0.20293628	VMW	已認證	2022/08/16 上午8:00:00	32.01 MB
ionic-en-esxio	20.0.0-29vmw.800.1.0.20513097	VMW	已認證	2022/09/23 上午8:00:00	114.14 KB
esx-ui	2.5.1-20374953	VMware	已認證	2022/08/31 上午8:00:00	4.66 MB
qedentv	3.40.5.70-4vmw.800.1.0.20513097	VMW	已認證	2022/09/23 上午8:00:00	1.36 MB
vmware-esx-esxcli-nvme-plugin-	1.2.0.52-1vmw.800.1.0.20513097	VMware	已認證	2022/09/23 上午8:00:00	53.93 KB

圖 2-35　匯入的 ISO 管理

在完成 ESXi 8.0 映像的匯入之後，請在選取該映像之後再點選[新增基準]。接著在基準定義的[名稱與說明]頁面中，請輸入新基準的名稱與描述。至於為何在此頁面中的[內容]選項設定是無法異動的，原因便是系統已判斷我們所載入的映像僅能夠使用在[升級]任務之中，而不適用於[修補程式]或[延伸]用途。點選[下一步]將會來到如圖 2-36 的[選取 ISO]頁面，請在選取我們剛剛所上傳的 ESXi 8.0 映像之後，點選[下一步]來完成新基準的建立。

圖 2-36　建立基準

在新增了基準定義之後將可以在[基準]的頁面中，如圖 2-37 看到剛剛所建立的基準名稱。此外也會發現有三個系統內建的基準名稱，分別是[主機安全性修補程式]、[非重大主機修補程式]以及[重大主機修補程式]，未來您可以善用這三個預先定義的基準，來輕鬆部署 ESXi 8.0 主機的最新修補程式。

圖 2-37　基準設定管理

完成映像匯入與基準的建立之後，緊接著請點選至資料中心(Datacenter)節點頁的[更新]頁面中，您會發現它顯示了所有符合與不符合標準的主機數量，如果顯示的結果並不正確，即表示您尚未連結前面步驟中所建立的基準。請透過點選此頁面中的[連結]來選取[附加基準或基準群組]，並在[附加]頁面中選取自訂的基準。點選[連結]完成設定即可。在如圖 2-38 的範例中，可以發現目前的兩台 ESXi 主機皆是符合標準的 8.0.0 版本。

連結的基準

連結 ˅ 中斷連結 暫存 修復

連結的基準	狀態	內容	類型	ESXi 版本	上次修改時間
主機安全性修補程式 (已預先定義)	符合標準	修補程式	預先定義	7.0, 6.7.0	48 分鐘前
重大主機修補程式 (預先定義)	符合標準	修補程式	預先定義	7.0, 6.7.0	48 分鐘前
ESXi 8.0升級映像	符合標準	升級	自訂	8.0.0	3 分鐘前

1 匯出 3 基準

基準 ESXi 8.0升級映像

ESXi 8.0升級映像

顯示更多

主機	狀態	ESXi 版本	ESXi 組建編號
esxi04.lab02.com	符合標準	8.0.0	20513097
esxi01.lab02.com	符合標準	8.0.0	20513097

圖 2-38 設定資料中心連結基準

對於不符合標準的 ESXi 主機，則可以進一步點選[修復]超連結，來準備執行 ESXi 主機的批量升級任務。在[修復]設定頁面中，首先可以檢視到修復執行過程將會採取的動作，接著您便可以勾選要納入本次升級任務的 ESXi 主機。

在如圖 2-39 的[排程此修復於稍後執行]配置區域中，由於可以自定義修復的日期與時間、修復工作名稱、修復工作說明，因此在完成修復設定之後不一定得立即執行升級任務。

在最後的[修復設定]區域中，可以分別設定失敗時重試進入維護模式、PXE 開機的主機設定、虛擬機器移轉設定、中斷連線卸除式媒體裝置、啟用快速開機(Quick Boot)、啟用完成安裝後檢查主機健全狀況、啟用忽略未支援硬體裝置的警告。在此建議可以啟用[完成安裝後檢查主機健全狀況]設定。

此外，您還可以決定是否要勾選[針對處於維護模式的主機啟用]的設定，使用此選項時將會略過修復其餘主機(未處於維護模式)。確認上述所有配置之後，請點選[修復]按鈕即可。

圖 2-39　修復設定

小祕訣 想要知道 ESXi 主機是否支援快速開機(Quick Boot)功能，只要在開啟 ESXCLI 命令模式下之後，執行/usr/lib/vmware/loadesx/bin/loadESXCheckCompat.py 即可得知此主機是否支援此功能。當發現執行結果中顯示了 "This system is compatible with Quick Boot ." 訊息，即表示檢查結果是支援快速開機功能。

2.9 升級虛擬機器

您除了可以使用 Lifecycle Manager 來升級 vSphere 環境中的 ESXi 主機，當然也可以用來升級虛擬機器的 VMware Tools 和虛擬機器硬體版本。請從如圖 2-40 的資料中心節點頁面，來查看位在[更新]頁面中各叢集下的虛擬機器 VMware Tools 版本狀態，而最新更新狀態只要在選定叢集並點選[檢查狀態]按鈕即可得知。在此凡是出現 "有升級可用" 的狀態，便可以在批量勾選之後點選[升級以符合主機]的超連結來完成升級任務設定。

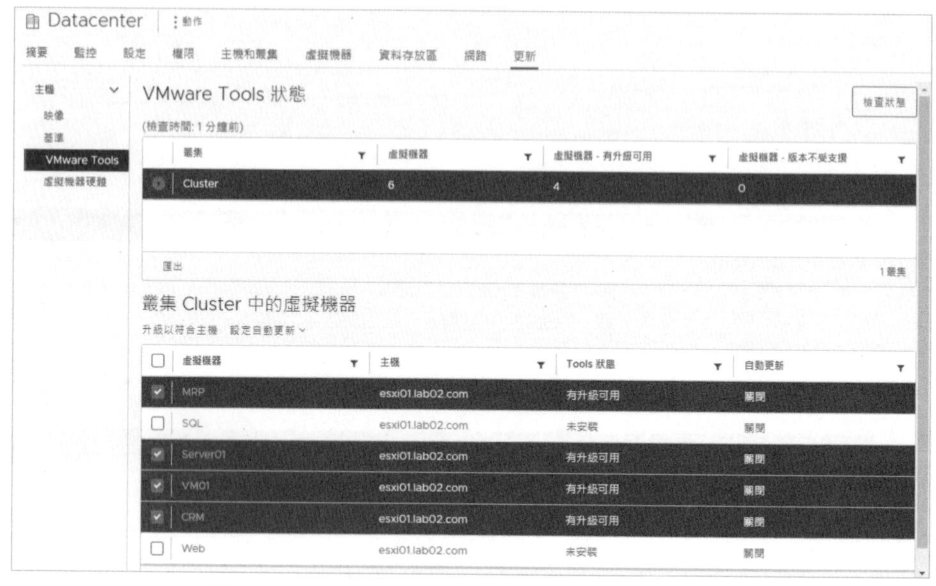

圖 2-40　Lifecycle Manager 更新 VMware Tools

在如圖 2-41 的批次升級 VMware Tools 的設定頁面中，除了同樣可以設定排程升級的選項，還可以決定是否要自動建立快照並設定快照保留的期間。針對運行比較重要的應用系統之虛擬機器，筆者會建議您設定[建立虛擬機器的快照]功能。點選[升級以符合主機]。

圖 2-41　復原選項設定

當剛完成虛擬機器的 VMware Tools 升級之後，可以發現在[快照]管理的頁面中，如圖 2-42 確實有系統所自動建立的快照。在確認目前運行中的 Guest OS 與相關的應用系統沒有問題之後，您可以隨時在此將它進行刪除。

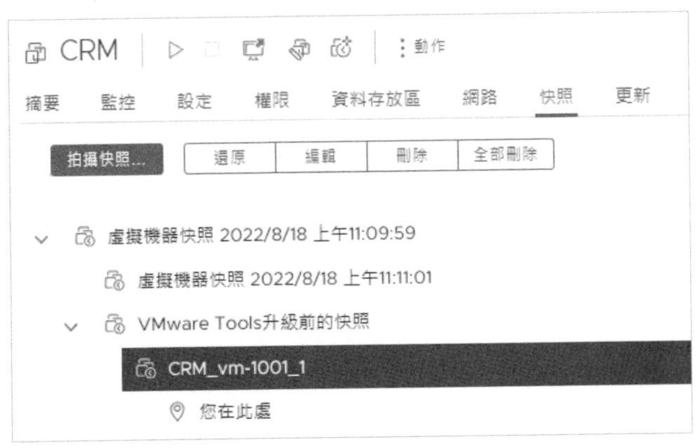

圖 2-42　快照管理

除了採用 Lifecycle Manager 的批次升級方式之外，其實當我們最初剛完成 ESXi 主機的升級之後，就可以發現在此主機上運行的虛擬機器，如圖 2-43 出現了 "此虛擬機器可使用較新版本的 VMware Tools" 的訊息，若要立即進行升級任務可以點選[升級 VMware Tools]超連結繼續。

圖 2-43　虛擬機器更新通知

緊接著會出現如圖 2-44 的[升級 VMware Tools]頁面。在此您可以選擇採用[互動式升級]或是[自動升級]。前者需要進入到客體作業系統中來執行安裝操作，而後者則會自動於背景完成安裝，需要的話還可以自行加入進階選項設定。必須注意的是，無論您選擇哪一種升級方式，安裝後通常都是需要重新啟動虛擬機器才能完成升級任務。

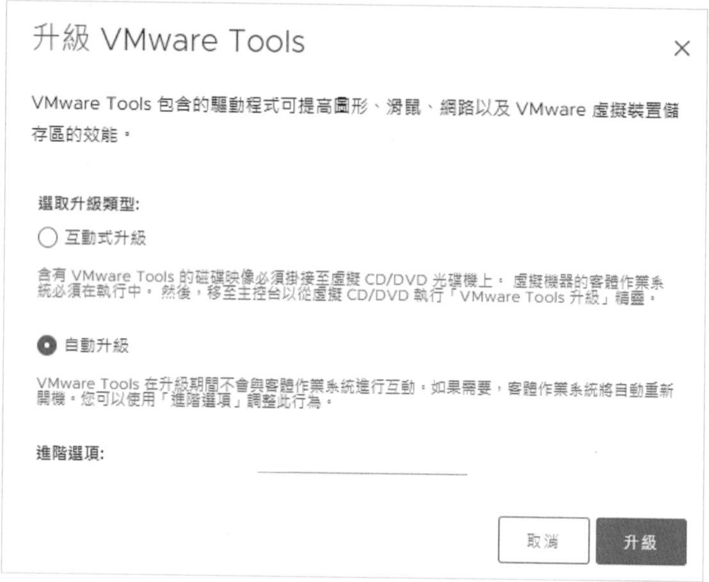

圖 2-44　升級 VMware Tools

如圖 2-45 便是互動式升級過程之中，所需要選擇的安裝類型設定。原則上在此只要選擇系統預設的[一般安裝]即可，只有針對一些特殊的管理需求，我們才會選擇完整安裝或自訂安裝。

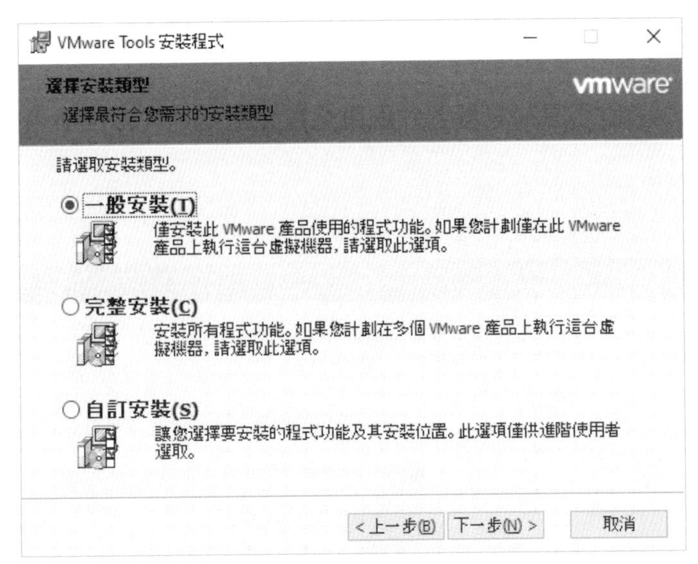

圖 2-45 互動式升級

針對虛擬機器 VMware Tools 的自動更新方法中，除了可以經由 Lifecycle Manager 的[更新]頁面來設定之外，您也可以自行透過開啟個別虛擬機器的[編輯設定]頁面，並如圖 2-46 將位在[虛擬機器選項]子頁面中的[每次開啟電源前檢查並升級 VMware Tools]選項勾選即可。

無論您採用哪一種升級方式，只要是成功完成升級的虛擬機器，後續您便可以在虛擬機器的[摘要]頁面中，查看到 VMware Tools 的版本編號以及版本狀態，其中版本狀態如果顯示為 "目前版本" 即表示已是最新版本。

圖 2-46 選項設定

在全新的 vSphere 8 中的虛擬硬體版本為 20，除了讓原來的 vGPU 數量支援從 4 增加至 8，以及 DirectPath I/O 裝置數量從 8 增加至 32 之外，它還支援了 Intel 與 AMD 最新的 CPU，以及各種作業系統(Guest OS)的最新版本，例如：Windows Server 2022、Windows 11。在功能面部分還支援了虛擬 NUMA 拓撲、虛擬超執行緒、vMotion 應用程式更新、虛擬機器資料集、OpenGL 4.3、UEFI 2.7A、裝置群組等功能。

至於虛擬硬體版本與 VMware 各項產品版本的完整對應表，可以參考以下官方知識庫的超連結。截至目前為止，虛擬硬體版本 20 僅支援在 ESXi 8.0，至於 19 版本則分別支援在 ESXi 7.0 Update 2(7.0.2)、Fusion 12.2.x、Workstation Pro 16.2.x、Workstation Player 16.2.x。

- 虛擬硬體版本與產品對照表：
  https://kb.vmware.com/s/article/1003746

至於升級的方法一樣可以先從資料中心節點頁面，來查看位在[更新]頁面中各叢集下的[虛擬機器硬體]版本。最新版本的資訊只要在選定叢集並點選[檢查狀態]按鈕即可得知。只要如圖 2-47 選定有升級可用的虛擬機器，並且點選[升級以符合主機]超連結，即可從接下來的設定頁面之中，來決定在升級虛擬機器硬體之前，是否要先建立快照以及設定快照的保留期間。點選[升級以符合主機]按鈕。

圖 2-47 虛擬機器硬體升級

關於虛擬機器硬體版本的升級，除了可以透過上述方法來進行批量的升級之外，您也可以手動針對個別的虛擬機器來進行升級。如圖 2-48 只要在選定的虛擬機器頁面之中，點選位在[動作]\[升級虛擬機器相容性]功能即可。

請注意！虛擬機器硬體版本的升級任務一旦完成之後將無法復原，也就是此虛擬機器將無法與舊版的 VMware 相關產品相容。

圖 2-48 手動升級虛擬機器硬體

本章結語

看完了本章的實戰講解，相信讀者們已經很清楚了 vSphere 的基本升級過程，就是 vCenter Server、ESXi 主機、虛擬機器三個階段的升級任務，並且您還可以根據實際的 IT 環境需要來選擇不同的升級方式。進一步若還有 vSphere Replication、vSAN 等系統需要升級也可以繼續完成。

此外，必須注意的是，若正在使用第三方的虛擬機器備份軟體，建議您最好能夠等待此備份軟體有支援 vSphere 8 的新版本發行後，再來開始進行 vSphere 8 的全面升級計劃，如此一來才能夠在完成所有升級任務的當下，繼續維持原有備份排程的運行。

ESXi Host Client 快速上手秘訣

舊版的 VMware Host Client 如今在最新的 vSphere 8.0 版本之中，已正式更名為 ESXi Host Client。關於這項命名的異動難道只是換湯不換藥？當然不是！因為全新版本的介面設計，不僅可以讓管理員體驗到介面的操作設計更加流暢與直覺化之外，實際運行的效能也比前一個版本更快、更穩。今天就讓筆者透過實戰步驟的講解，讓所有剛接觸的 IT 新手都能夠快速掌握關鍵功能。

3.1 簡介

同樣是以免費為基礎的虛擬化平台解決方案，為何全球大多數企業 IT 皆選擇 VMware ESXi 而不是其他品牌，其主要原因不外乎是它夠穩、夠快、夠安全且易於上手與維護。因此有許多的企業或非營利的政府以及組織，通常會在正式使用一段時間之後，為因應組織規模的擴展便會選擇將單一主機架構的 VMware ESXi，升級為付費授權的完整 VMware vSphere 架構，以便享有各種高可用性、高安全性的全方位運行功能與機制。

二十多年的 IT 經驗讓筆者深深感觸到，許多 IT 大廠對於一項伺服器系統的研發，經常為了發展先進的功能，而容易忽略掉實際維運人員的感受，也就是說功能的發展重點皆是在對於終端用戶的體驗，例如：效能更好、容錯時間更短、用戶存取方式更簡單等等。至於第一線 IT 管理員的體驗呢？沒錯！往往就成為了被忽視的一群邊緣人。從哪裡可以看出來呢？很簡單，只要從這個系統所提供給 IT 人員的管理介面，便能夠徹底感受到了。

還好 VMware 不同於其他 IT 大廠，僅顧慮到終端用戶的感受而忽略掉 IT 管理員的無奈。回首過去以 Windows 視窗設計為主的年代，vSphere 無論是對於 ESXi 獨立主機還是整合 vCenter Server 的架構，皆提供了一致性視窗版本的 vSphere Client，並且維持了相當長久的時間。一直到以雲端技術為主的時代剛來臨時，便進一步提供了全新的 vSphere Web Client 與 VMware Host Client。

3.2 全新 ESXi Host Client

如今隨著各家網頁瀏覽器技術的快速演進，vSphere Web Client 也早已經發展至更先進的 vSphere Client，而 VMware Host Client 則隨之而升至最新的 ESXi Host Client。在最新版本的 vSphere 8 之中，無論是 vSphere Client 或 ESXi Host 的網頁操作介面設計，可以說是徹底發揮了 HTML5 及 Javascript 技術。如圖 3-1 便是全新 ESXi Host Client 的登入頁面。

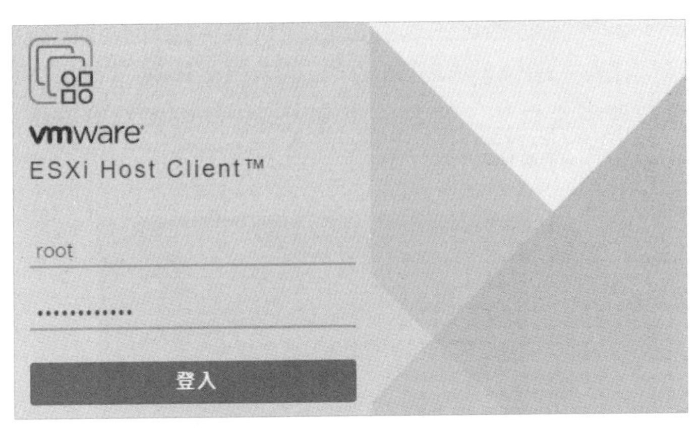

圖 3-1　ESXi Host Client 登入

就以筆者接下來所要詳解的 ESXi Host Client 來說，不僅提供了更加流暢的操作介面，還提供了可完全自行定義的佈景主題配色的功能，讓不同的管理員可以根據自身的喜好來進行調配。修改方法很簡單，只要在登入 ESXi Host Client 網站之後，先點選位在[說明]選單中的[關於]，便可以在如圖 3-2 的[主題]選單之中挑選高、暗或傳統。

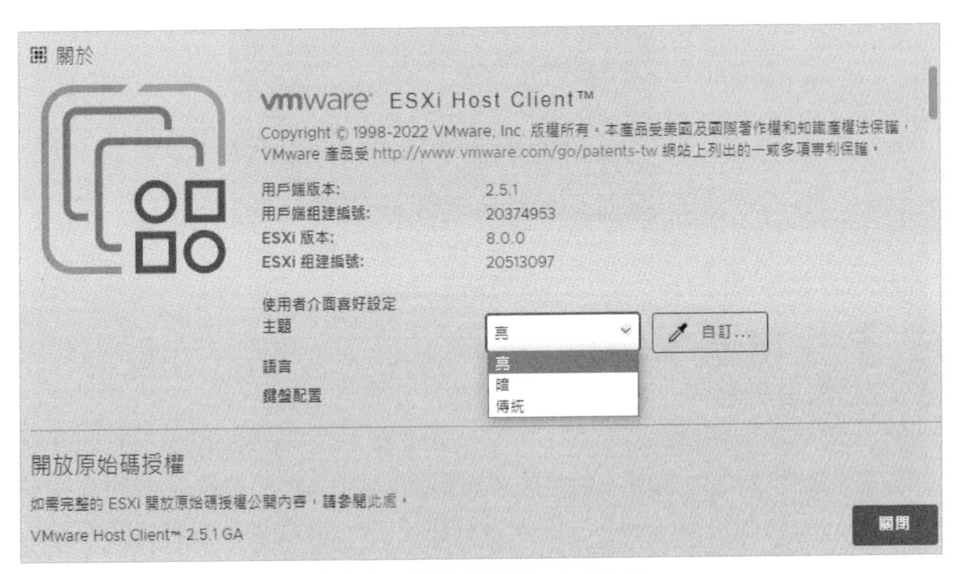

圖 3-2　關於 ESXi Host Client

進一步若要自訂選定主題的配色，只要點選[自訂]按鈕即可。在此筆者以選定[暗]的主題為例。如圖 3-3 便可以發現除了可以自行決定哪一些配色的選項要啟用之外，對於已啟用的選項還能夠在點選後開啟調色盤，來修改所要套用的顏色。

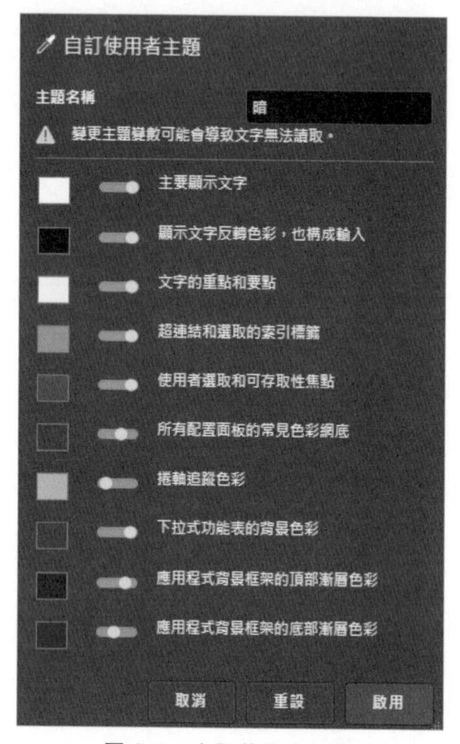

圖 3-3　自訂使用者主題

3.3 主機基本管理

在成功連線登入 ESXi Host Client 網站之後，首先會來到的便是預設的[主機]頁面。如圖 3-4 在這個頁面之中，除了能夠查看到有關於此主機的硬體配備與 ESXi 系統版本資訊之外，還能夠得知它目前最新的運行狀態，包括了它是否已經加入了 vCenter Server 的管理、vSphere HA 以及是否支援 vMotion 功能、試用期限提示訊息等等。

若發現目前已經加入了 vCenter Server 的管理，您便可以隨時透過[動作]選單來點選[使用 vCenter Server 管理]，來立即切換到 vSphere Client 網站的管理頁面。

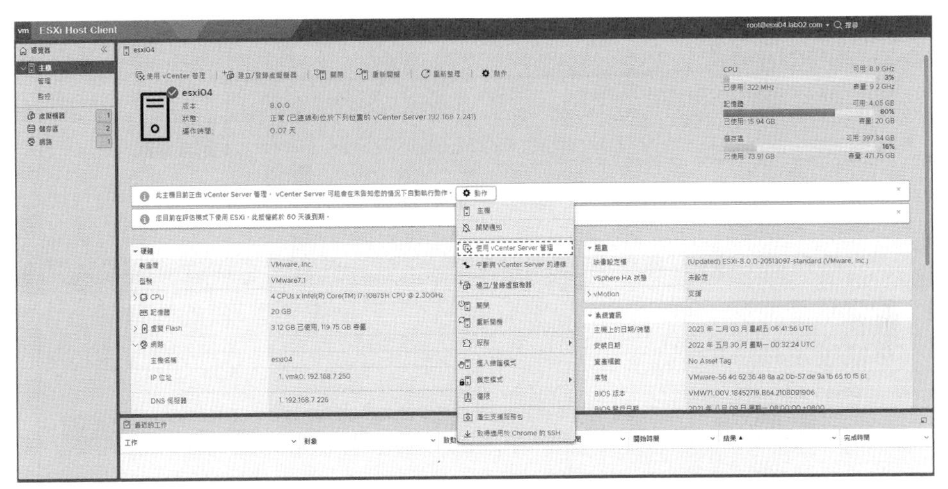

圖 3-4　主機頁面

此外在許多不同管理頁面的下方都會有一個[最近的工作]清單窗格，其主要用途在於即時檢視目前管理員所執行的各種任務進度與狀態，例如您新增一個虛擬機器設定，在此便會立即顯示目前建立虛擬機器的進度，若過程之中發生失敗時便會一併顯示相關的錯誤訊息。建議此窗格平常可以將它最小化，等到有需要查看任務執行狀態時再展開即可。

接下來您可以透過頁面上方的[關閉]以及[重新開機]按鈕，來對於此主機進行正常關機與重新啟動，必須注意的是執行時將會出現如圖 3-5 的警示訊息，主要是告知我們若是在整合 vCenter Server 的管理架構下，通常在關閉或重新開機之前，都會先將運行中的虛擬機器移動到叢集的其他主機中來繼續運行，若有啟用 vSAN 功能則更是需要選擇將主機置於維護模式後，再執行關閉或重新開機。

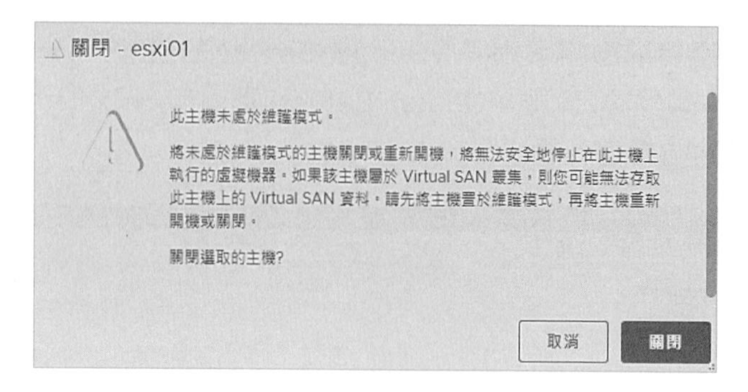

圖 3-5 關閉主機警示

在管理員個人操作介面的各項喜好設定部分，可以從頁面右上方的帳號選單來完成。首先是如圖 3-6 的頁面[自動重新整理]的秒數設定，除了可以設定為[關閉]之外，分別還有 15 秒、30 秒以及 60 秒可以選擇。

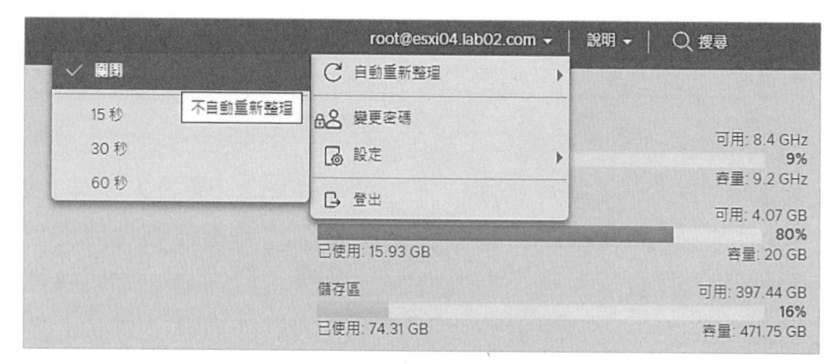

圖 3-6 用戶喜好設定選單

緊接著是開啟如圖 3-7 的[變更密碼]頁面，在此您只要輸入目前的密碼以及兩次新密碼的設定，便可以完成目前登入帳號的密碼修改。此密碼除了可於登入 ESXi Host Client 網站之外，也可以用於登入使用伺服端的 Direct Console。

圖 3-7 變更密碼

在操作介面的語言部份，系統預設是按照網頁瀏覽器的語言設定來決定，而網頁瀏覽器的語言設定預設則是依據作業系統來決定，儘管如此您還是可以透過[設定]子選單中的[語言]選項來修改。

在虛擬機器的控制台方面，則可以先在[主控台]\[預設控制台]的子選單中，如圖 3-8 來決定要選擇直接使用[瀏覽器內]或[VMware Remote Console]視窗介面的操作方式，其中 VMware Remote Console 是必須預先到官網下載並安裝才可以使用，或是您可以直接使用現行已安裝的 VMware Workstation Player 或 VMware Workstation Pro。

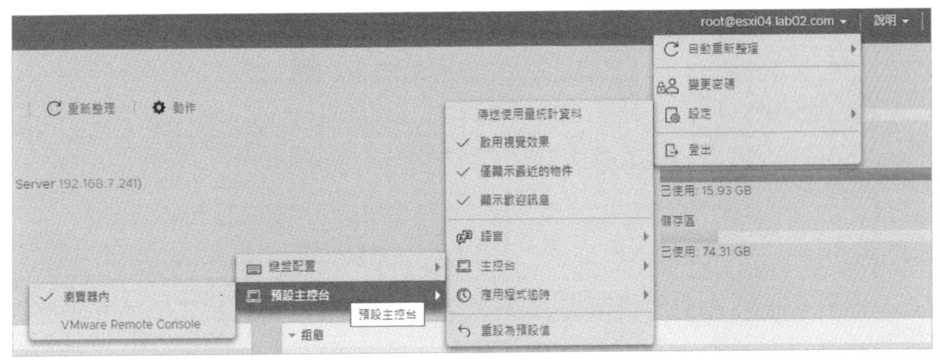

圖 3-8　進階喜好設定

若是希望在登入 ESXi Host Client 網站並閒置一段時間之後自動登出，可以到[設定]\[應用程式逾時]子選單中來修改，目前有 15 分鐘、30 分鐘、1 小時、2 小時以及關閉選項。最後如果想要讓所有的個人化喜好設定恢復成系統預設值，只要點選[重設為預設值]即可。

3.4 新增資料存放區

關於 vSphere 資料放存區的管理，無論是安裝獨立的 ESXi 主機還是整合 vCenter Server 的架構，皆可以新增多個本機資料存放區以及遠端資料存放區。由於資料存放區的主要用途是用來存放虛擬機器檔案，因此無論如何都不建議使用本機系統的磁碟來做為資料存放區，對於準備使用獨立主機的本機儲存設備的需求而言，可以在安裝更多的獨立實體磁碟或磁碟陣列之後，再建立新的資料存放區即可。

新資料存放區的建立也是我們在新增虛擬機器之前，所必須優先完成的任務。接下來就讓筆者來示範一下，如何在已安裝的全新本機磁碟之中，來建立全新的資料存放區以供後續的虛擬機器使用。首先請在[儲存區]的節點頁面之中，點選位在[資料存放區]子頁面中的[新增資料存放區]。在如圖 3-9 的[選取建立類型]頁面中，請選取[建立新的 VMFS 資料存放區]。點選[下一頁]繼續。

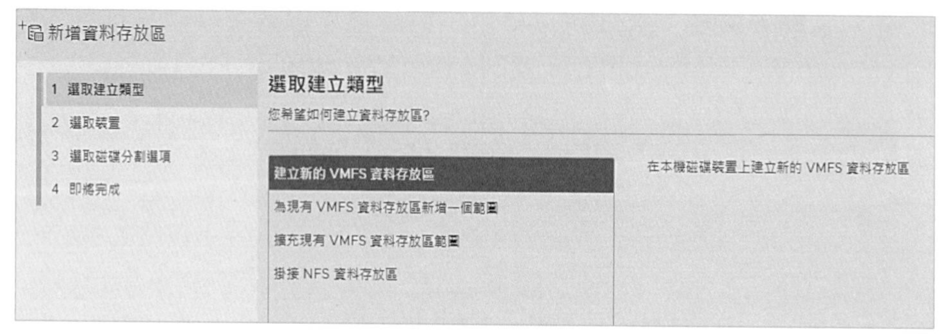

圖 3-9　新增資料存放區

在如圖 3-10 的[選取裝置]頁面中，就可以查看到預先準備好的儲存裝置與其類型、容量以及可用空間資訊，完成選定之後請為此新資料存放區命名。點選[下一頁]。

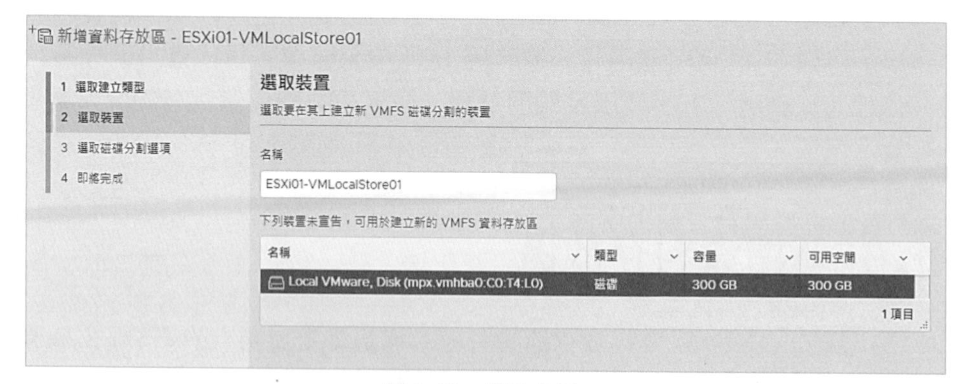

圖 3-10　選取裝置

在如圖 3-11 的[選取磁碟分割選項]頁面中，可以選擇使用全部磁碟空間或自訂空間，以及選擇要使用的 VMFS 檔案系統版本。點選[下一頁]。在[即將完成]的頁面中確認上述設定無誤之後點選[完成]按鈕。最後系統將會出現提示 "即將清除磁碟的整個內容" 的警示訊息，請點選[是]即可。

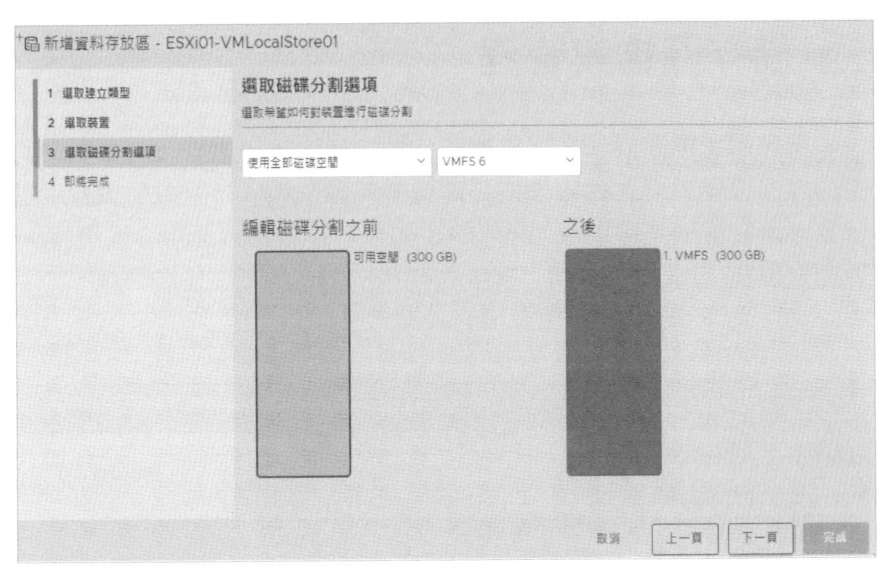

圖 3-11　選取磁碟分割選項

再次回到如圖 3-12 的[儲存區]\[資料存放區]頁面之後，便可以查看到剛剛新增的資料存放區，後續若需要管理此資料存放區中的檔案與資料夾，只要點選[資料存放區瀏覽器]超連結。萬一未來遭遇到此資料存放區空間即將不足的警示，則可以先擴增實體磁碟的容量，然後再回到此頁面之中點選[增加容量]超連結即可。

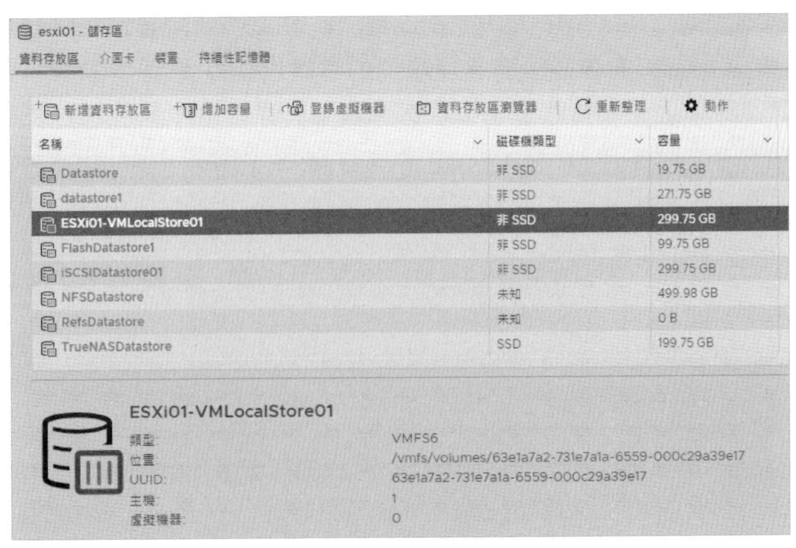

圖 3-12　資料存放區管理

3.5 儲存區檔案管理

當您初步剛完成 ESXi 主機的安裝之後，原則上還不用急著立馬建立新的虛擬機器，而是應該先按照前面的實戰說明，來完成新資料存放區的建立。緊接著則是可以在如圖 3-13 的資料存放區頁面中，點選[資料存放區瀏覽器]超連結，來準備上傳需要使用的 Guest OS 安裝映像。

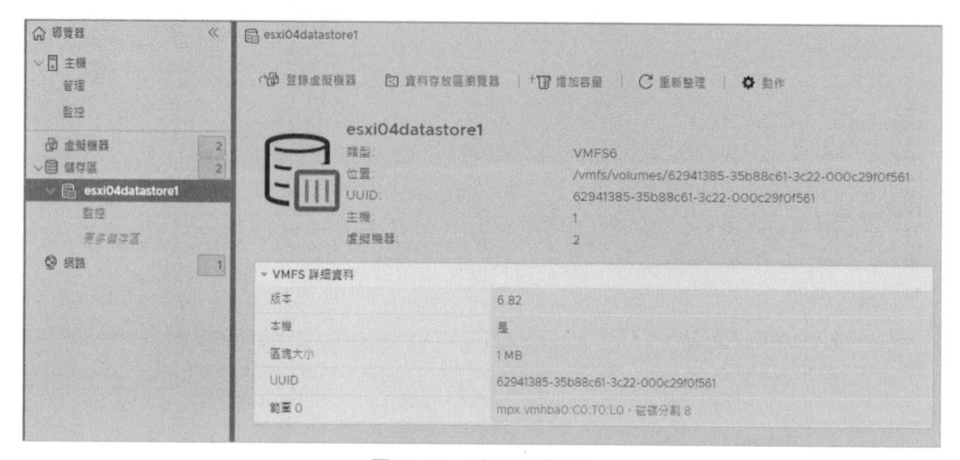

圖 3-13　資料存放區

在如圖 3-14 的[資料存放區瀏覽器]頁面之中，您可以透過點選[建立目錄]超連結，來新增一個專門用來存放 ISO 映像的資料夾，然後再點選[上傳]超連結來將後續所有會使用到的客體作業系統 ISO 映像，接續上傳到此資料夾之中。當然您也可以選擇讓每一種客體作業系統的 ISO 映像，分類存放到不同的資料夾之中來進行管理，例如：Windows Server、Windows Client、CentOS、Ubuntu 等等。

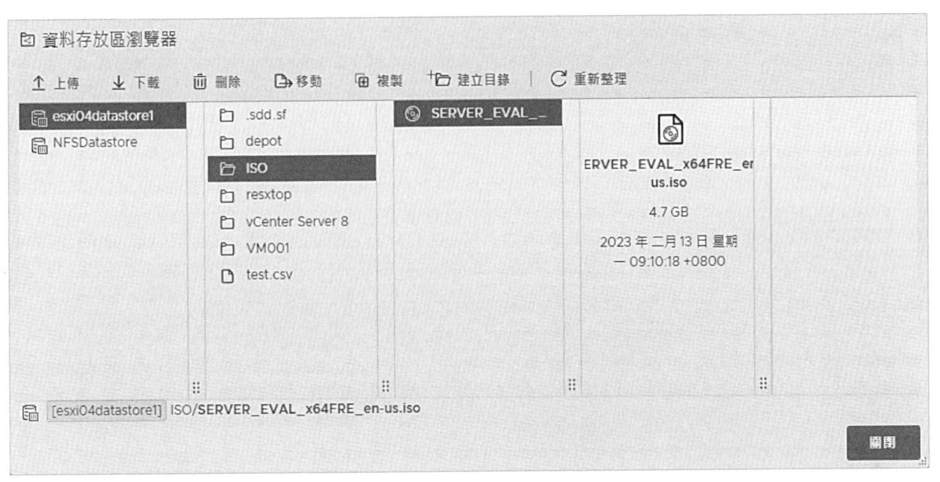

圖 3-14　資料存放區瀏覽器

3.6 新增虛擬機器

一旦完成了資料存放區以及 ISO 映像的準備之後，我們就可以來新增第一個虛擬機器。請在[虛擬機器]的節點頁面中點選[建立/登錄虛擬機器]超連結。在[選取建立類型]的頁面中，請選取[建立新的虛擬機器]並點選[下一頁]繼續。在如圖 3-15 的[選取名稱和客體作業系統]頁面中，請先輸入新的虛擬機器名稱再設定[客體作業系統系列]與[客體作業系統版本]。

至於[相容性]部分則建議維持預設的[ESXi 8.0 虛擬機器]設定，但是如果在您現行的 vSphere 架構下還有舊版的 ESXi 主機，並且未來還有可能會將此虛擬機器，移轉至這一些舊版的 ESXi 主機中來運行，那麼在相容性的選擇部分可選擇較舊的 ESXi 版本。點選[下一頁]。

小提示　在 Windows 客體作業系統的設定中，還有一項[啟用 Windows 虛擬化型安全性]功能，此選項可以在 Windows 也啟用此功能之後，提供硬體虛擬化、IOMMU、EFI 以及安全開機功能。

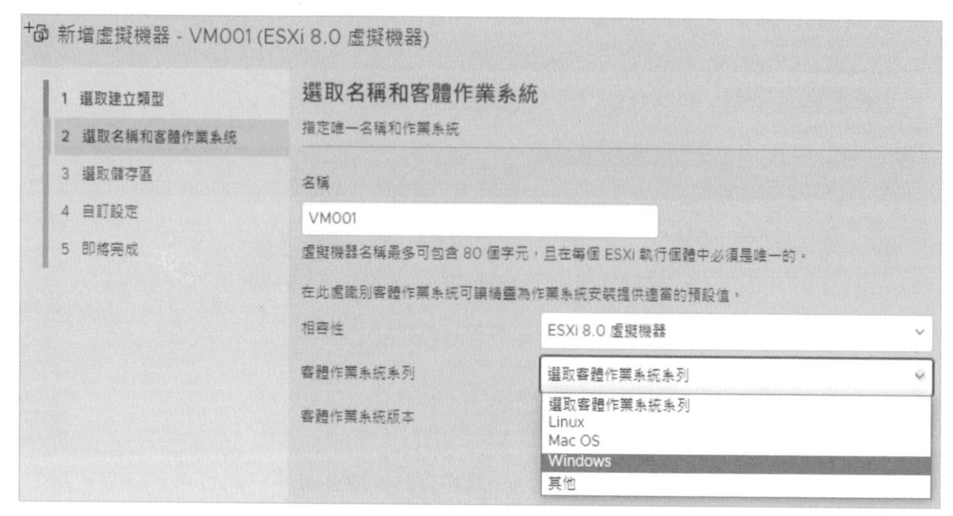

圖 3-15　選取名稱和客體作業系統

在如圖 3-16 的[選取儲存區]頁面中，請選取剛剛所建立的本機資料存放區，當然如果有其他已建立的網路資料存放區也是可以的，例如：NFS、iSCSI。至於某一些較為先進的伺服器主機有[支援持續性記憶體]功能，在此同樣可設定為虛擬機器的資料存放區。點選[下一頁]。

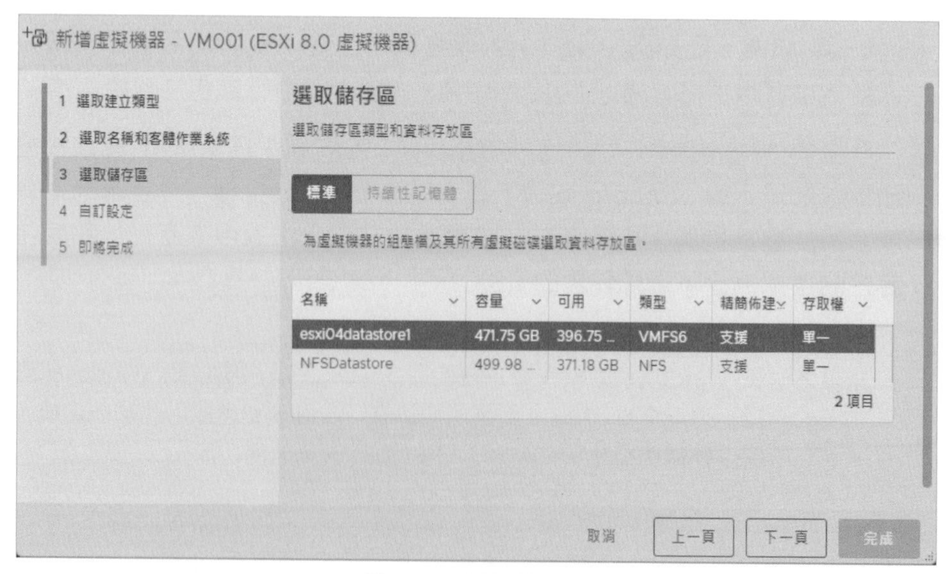

圖 3-16　選取儲存區

在如圖 3-17 的[自訂設定]頁面中，除了需要調整 CPU、記憶體以及硬碟的資源大小之外，筆者會建議您可以透過[新增硬碟]的點選，來加入第二顆硬碟以做為 Guest OS 中存放各類資料使用。至於在 CD/DVD 光碟的設定部分，請選擇[資料存放區 ISO 檔案]並勾選[連線]，再從 CD/DVD 媒體欄位之中點選[瀏覽]按鈕來挑選 ISO 安裝映像。點選[下一頁]。

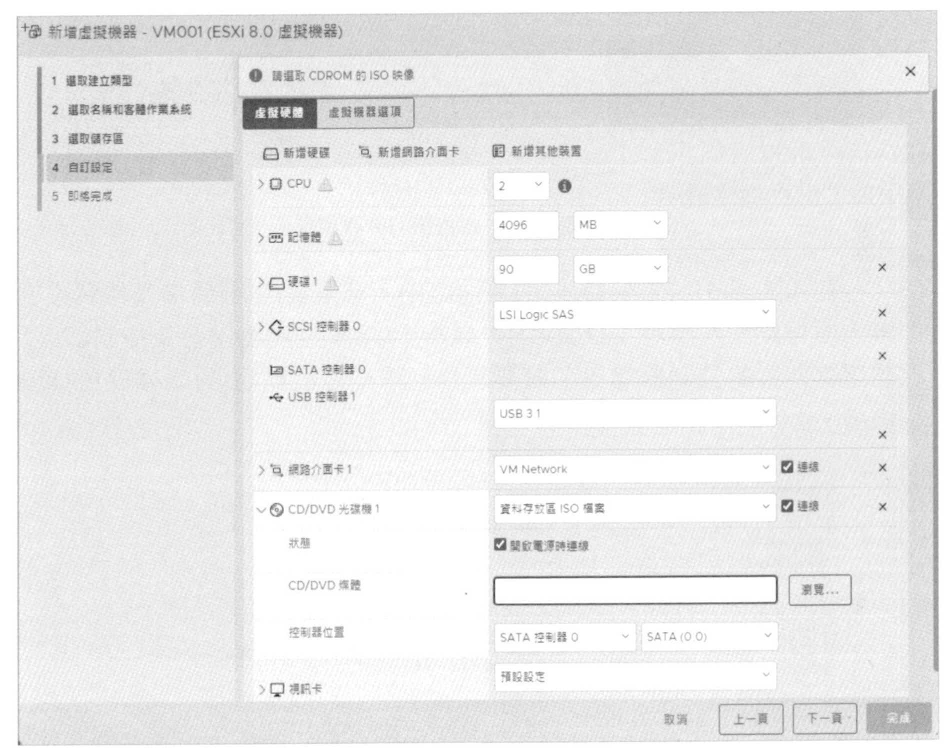

圖 3-17　自訂設定

最後在[即將完成]的頁面中確認上述步驟設定皆無誤之後，點選[完成]按鈕。當再次回到[虛擬機器]清單的頁面後，便可以查看到剛剛所新增的虛擬機器，未來若需要針對虛擬機器的硬體規格進行修改，只要在選定虛擬機器之後，再如圖 3-18 點選位在[動作]選單中的[編輯設定]即可。

圖 3-18 虛擬機器動作選單

在如圖 3-19 的[編輯設定]頁面之中，您只要透過[新增其他裝置]的選單，便可以加入像是 CD/DVD 光碟機、USB 控制器、音效控制器以及各類儲存裝置的控制器等等。若要新增硬碟則是改點選[新增硬碟]的超連結繼續。

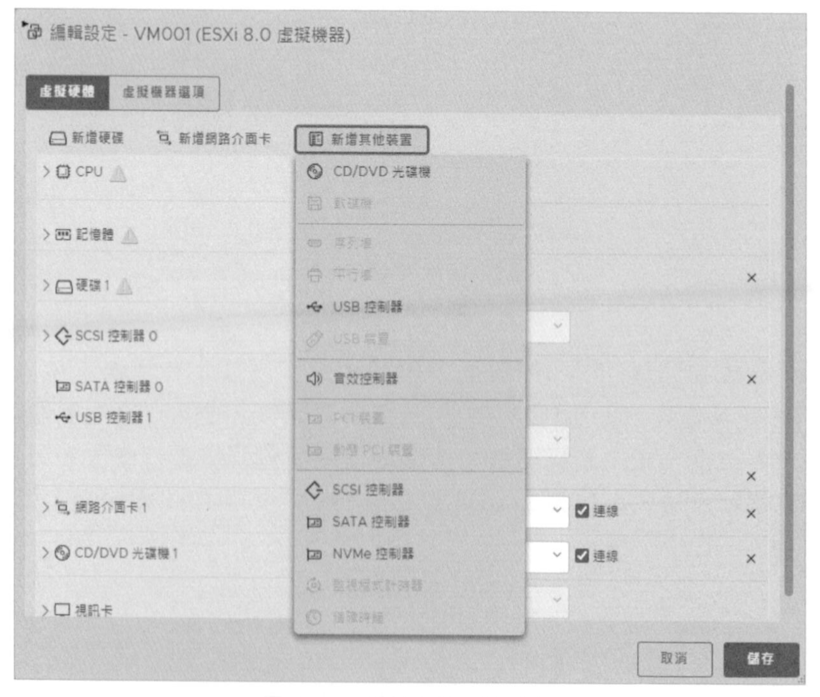

圖 3-19 編輯虛擬硬體設定

關於虛擬硬碟的新增設定，首先必須考量的是虛擬硬碟的實體存放位置，是要選擇在傳統 HDD 還是快閃的 SSD 儲存設備之中，皆必須根據虛擬機器 Guest OS 中所運行的應用系統來決定。除此之外在部署虛擬機器的配置過程中，還必須在如圖 3-20 的[磁碟佈建]欄位中，正確選擇適合的虛擬磁碟類型。

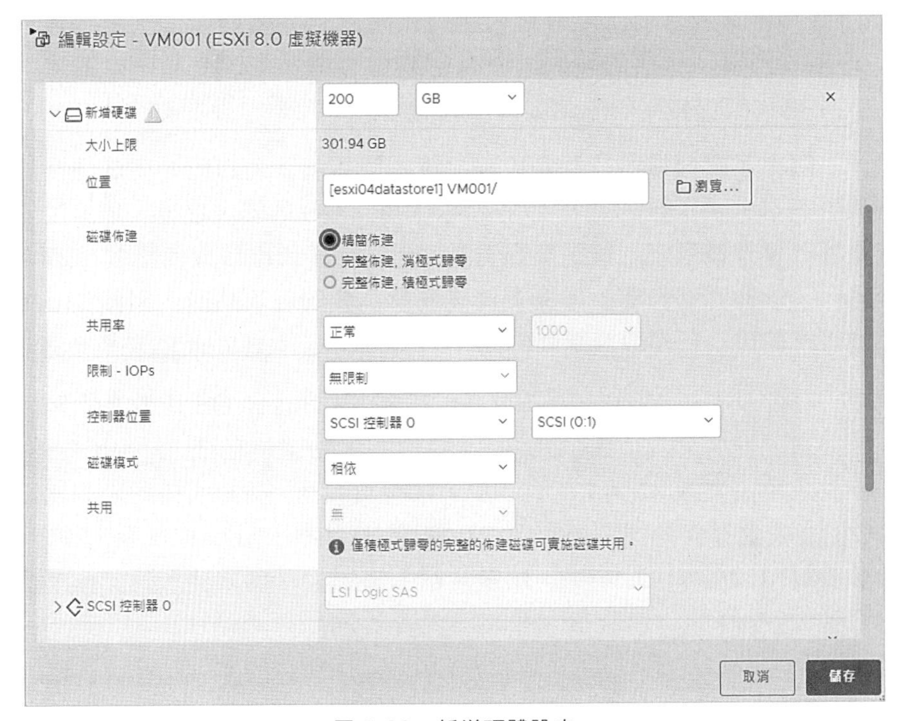

圖 3-20　新增硬體設定

以下是關於三種虛擬磁碟類型說明：

- 精簡佈建(Thin Provision)：使用精簡佈建格式會讓一開始的虛擬磁碟大小，僅使用該磁碟最初所需的資料存放區空間，也就是資料有多少虛擬磁碟的檔案就會自動成長多大。如果精簡佈建磁碟日後需要更多空間，則可以擴充到所配置的容量上限。相較於其他兩種虛擬磁碟類型，精簡佈建最為節省存放空間，但相對的也會讓虛擬機器的 I/O 讀寫效率變差。
- 完整佈建, 消極式歸零(Thick Provision Lazy Zeroed)：以預設的完整格式建立虛擬磁碟。虛擬磁碟所需的空間會在建立時就直接給足。不過它對於儲存空間的處理方式，是採用需要使用到多少資料空間時，才對於這一些空間進行初始化，而對於尚未使用到的空間部份則是不予處理。此類型的虛擬磁碟的運行效率，剛好位居其他兩者之間

- 完整佈建, 積極式歸零(Thick Provision Eager Zeroed)：它與完整佈建消極式歸零格式不同的地方，在於不僅是虛擬磁碟所需的空間會在建立時就直接給足，還會進一步完整所有空間的初始化。因此建立此類格式的磁碟所需的時間，便會比其他兩種類型的虛擬磁碟要來得久，不過相對也會讓使用此虛擬磁碟的應用系統運行速度更快。

明白了虛擬機器的基礎設定之後，緊接著就可以開始完成虛擬機器的開機與 Guest OS 的安裝。在完成 Guest OS 的安裝之後，無論所安裝的是哪一種作業系統，皆是需要安裝 VMware Tools 以確保整個 vSphere 的運行，能夠完整控管此虛擬機器後續所需要的各項功能，例如 Guest OS 的正常關機、暫停以及進階的 HA、vMotion、Replication 功能等等。

在此筆者以 Windows Server 2022 的 Guest OS 來做為示範。首先請針對已安裝好 Guest OS 的虛擬機器，點選位在[動作]選單中的[客體作業系統]\[安裝 VMware Tools]。接著再點選[主控台]按鈕來開啟 Guest OS 的網頁操作介面。如圖 3-21 您可以在[動作]選單中點選[主控台]\[傳送按鍵]\[Ctrl-Alt-Delete]，然後再輸入帳號與密碼來登入到此作業系統即可。

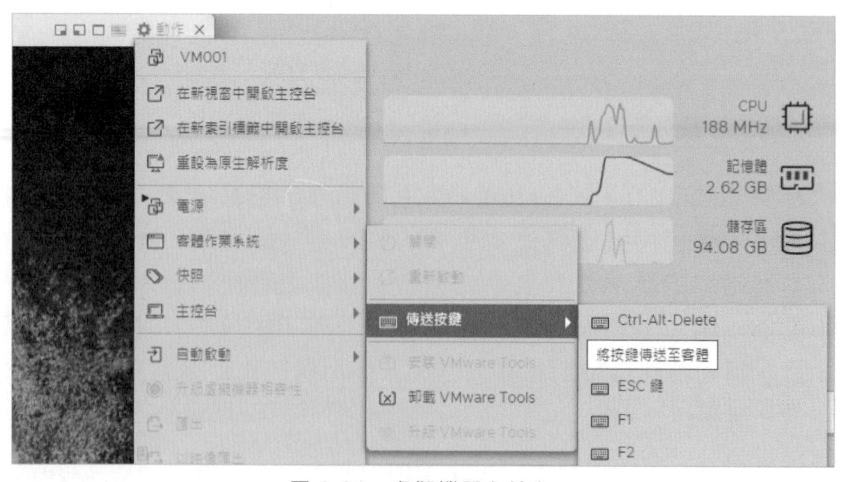

圖 3-21 虛擬機器主控台

成功登入 Windows 之後就可以開啟[本機]頁面，然後進入到 DVD 光碟之中連續點選 setup64 的安裝程式，即可透過安裝指引來到如圖 3-22 的[Choose Setup Type]頁面。在此原則上只要選擇預設的[Typical]類型來完成安裝即可。

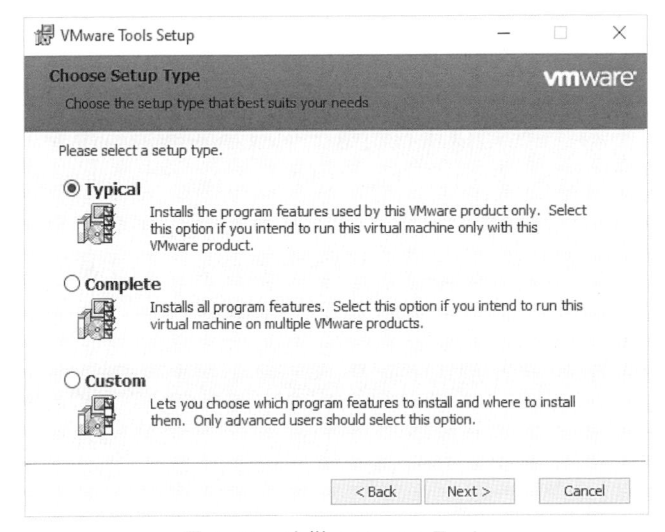

圖 3-22　安裝 VMware Tools

一旦完成 VMware Tools 程式的安裝，Windows 便會立即出現如圖 3-23 的提示訊息，此時只要將作業系統重新啟動便可以完成安裝。重新啟動後的 Windows 工作列右下方也將會出現 VMware Tools 的小圖示。

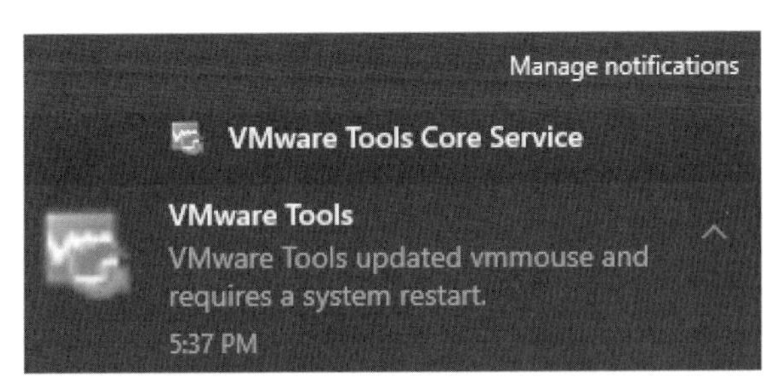

圖 3-23　完成 VMware Tools 安裝

在最初版本的 ESXi 8.0 系統之中，預設綁定的 VMware Tools ISO 映像版本為 12.0.6，它支援了 Windows 7 SP1 或 Windows Server 2008 R2 SP1 及更新版本，Linux 則是支援 glibc 2.11 或更新版本的系列作業系統，所使用的 VMware Tools ISO 映像為 10.3.24。

3.7 主機服務管理

以 Linux 核心為基礎的 ESXi 主機系統就如同 Windows 一樣，也是有服務的管理功能，若某些功能對應的服務被關閉了，那麼這一些功能便會無法使用。您可以點選至[管理]節點的[服務]頁面中，來查看系統內建的所有服務清單。

如圖 3-24 在此可以查看到每一項服務名稱皆有用途說明，您可以針對任一選定的服務(例如：TSM-SSH)，從[動作]選單中選擇執行重新啟動、啟動、停止以及原則設定，其中在原則設定部分可以根據服務的啟動需求，來選擇隨防火牆連接埠一起啟動和停止、隨主機一起啟動和停止、手動啟動和停止。

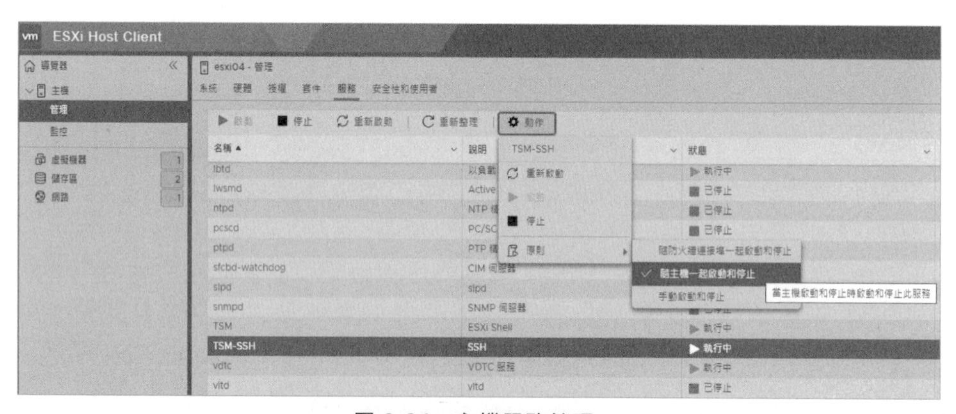

圖 3-24　主機服務管理

在服務清單中有兩項服務是最常使用的，分別是 TSM(ESXi Shell)與 TSM-SSH(SSH)，前者可方便管理員透過 Shell 的相關命令來進行管理，後者則能夠讓管理員經由 SSH 通訊協定來進行遠端連線維護。由於它們是最常用的服務，因此除了可以在[服務]清單中來進行啟動和停止外，您也可以在[主機]頁面的[動作]選單中，如圖 3-25 透過[服務]子選單來選擇[停用 Secure Shell(SSH)]或[停用 ESXi Shell]，若服務已在 "停用" 狀態下則停用的字眼會自動變成 "啟用"。

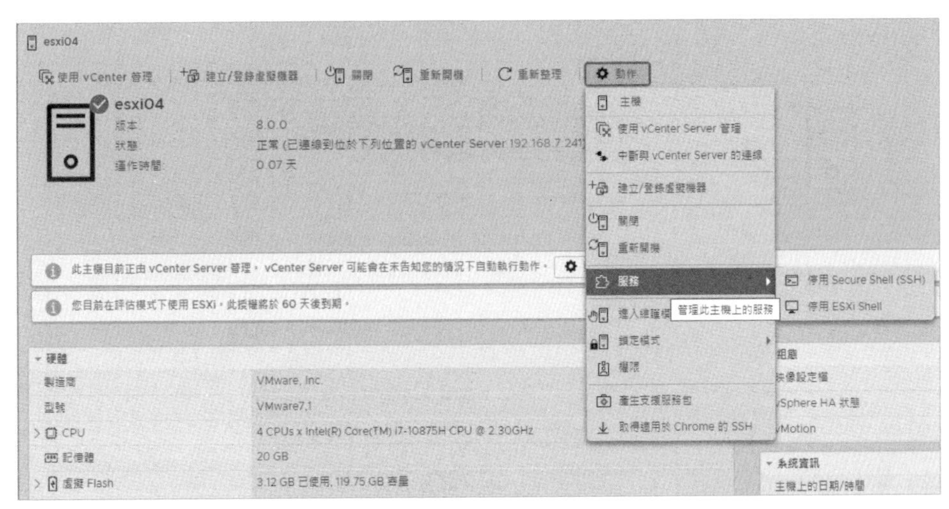

圖 3-25　主機動作選單

3.8 網頁式 SSH 主控台

關於 SSH 服務的啟用與停用的設定，除了可以在 ESXi Host Client 中來完成之外，也可以透過 Direct Console 的文字視窗介面來完成。無論如何只要 SSH 服務在啟動狀態下，管理員便可以透過任何的 SSH Client 工具來進行遠端連線登入，然後開始使用各種支援的命令參數來進行管理。

以往我們對於 SSH Client 工具的使用，都是要特別在 Windows 的作業系統中下載與安裝。如今實際上這一些相關的工具，都已經可以直接 Chrome 的擴充功能管理中來進行搜尋與安裝，並且於安裝之後在網頁瀏覽器中直接使用。

若想要安裝整合於 ESXi 主機的 SSH Client，只要在[主機]節點的[動作]選單之中點選[取得適用於 Chrome 的 SSH]並完成安裝，後續即可在如圖 3-26 的[動作]選單之中來開啟[SSH 主控台]功能。

圖 3-26 主機動作選單

首次執行[取得適用於 Chrome 的 SSH]過程中，將會出現如圖 3-27 的[要新增安全殼層]的提示訊息。完成安裝之後[安全殼層]的圖示將會出現在網頁瀏覽器的右上方。

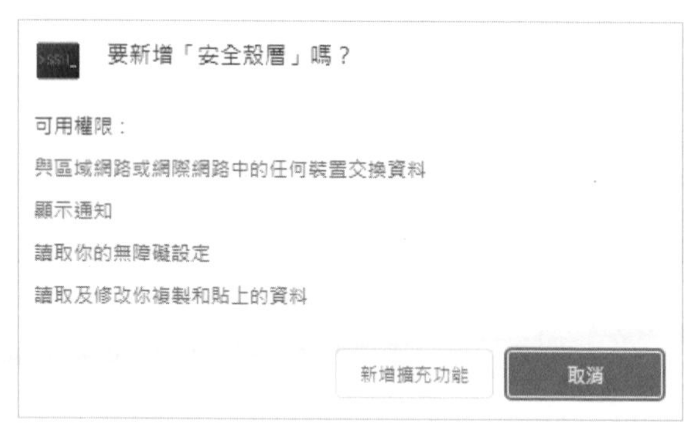

圖 3-27 新增 SSH 主控台擴充功能

現在您已經可以開啟[SSH 主控台]功能，來進行 ESXi 遠端的連線管理。不過在此之前，還可以進一步對於 SSH 主控台執行進階配置。請在 Chrome 瀏覽器的功能選單中，如圖 3-28 點選位在[更多工具]\[擴充功能]繼續。

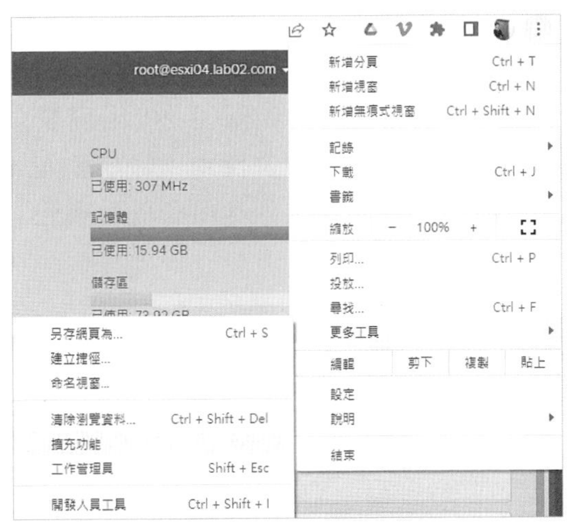

圖 3-28　Chrome 功能選單

開啟[擴充功能]的管理頁面之後，將可以查看到目前所有已安裝的擴充功能清單，這裡頭將會包含剛剛所安裝的[安全殼層]。在點選[詳細資料]之後將會開啟如圖 3-29 的配置頁面，在此您可以根據自己操作介面的使用習慣來設定各項外觀，包括了字型、色彩、背景、圖片等等。

圖 3-29　終端機設定

完成 SSH 終端機設定之後，就讓我們實際開啟[SSH 主控台]來連線登入 ESXi 主機吧。首次的連線將會出現有關金鑰的警示訊息，請輸入 yes 並按下 Enter 鍵。緊接著將會如圖 3-30 出現要求輸入密碼的提示訊息，在此所自動帶出的登入帳號便是使用了當前登入 ESXi 的帳號名稱。一旦通過了密碼的驗證，便可以進入到命令提示字元下開始進行各種命令與參數的執行。

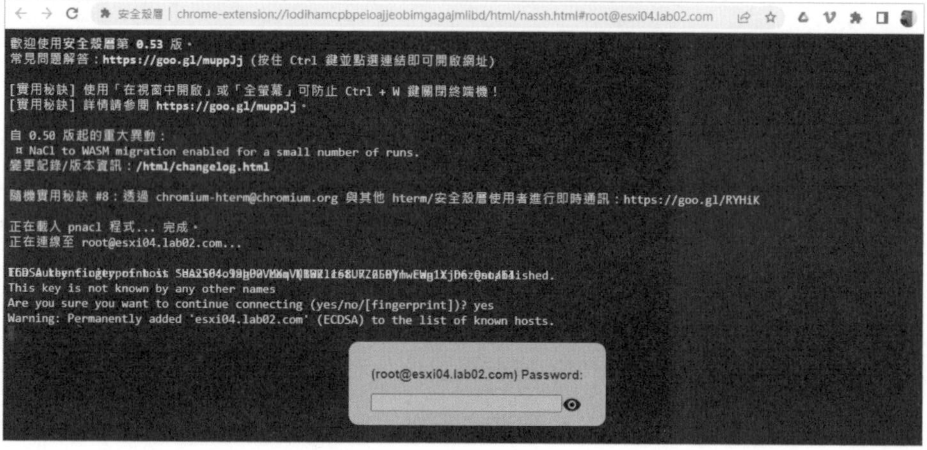

圖 3-30 SSH 主控台連線

3.9 新管理員與權限配置

一般而言即便公司僅有一台 ESXi 主機在獨立運行，也至少會有兩位的管理員帳號，這樣的好處除了是平日的維護任務可以相互支援之外，萬一發生其中一名管理員帳號密碼忘記了，也可以藉由另一名管理員來協助修改密碼。此外在大型的 vSphere 架構之中，由於主機與虛擬機器的數量相當多，因此必須清楚每一位管理員的操作記錄，這時就可以藉由系統記錄(Log)的相關功能來進行查核，如此將有助於企業 IT 在資訊安全方面的控管。

想要在 ESXi 主機中配置多位管理員，首先必須點選至[管理]節點中的[安全性和使用者]\[使用者]頁面。在點選[新增使用者]超連結之後便可以在如圖 3-31 的頁面中，依序輸入使用者名稱、說明、密碼、確認密碼以及是否要啟用 Shell 存取權限。點選[新增]。

圖 3-31　新增使用者

緊接著就可以來為這個新使用者來設定管理權限。請在點選至[主機]的頁面之後，再點選位在[動作]選單中的[權限]。在如圖 3-32 的[管理權限]頁面中，可以查看到系統預設的三個系統管理員角色，其中 root 便是我們最初剛完成 ESXi 主機安裝時所會使用的帳號。請點選[新增使用者]繼續。

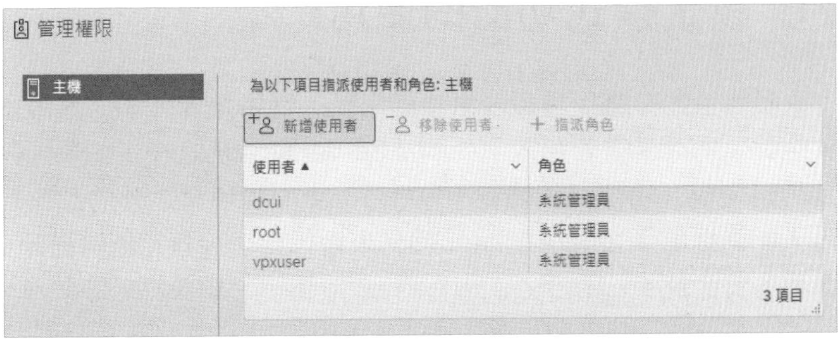

圖 3-32　管理權限

在如圖 3-33 的帳號配置頁面中，必須先選擇前面所新增的使用者帳號，再挑選所要授予的角色權限，依序分別有無受信任基礎結構管理員、受信任基礎結構管理員、無密碼編譯管理員、無存取權、唯讀、系統管理員，其中唯讀以及系統管理員是主要會授予的角色權限，前者可以讓被授予的使用者僅能夠檢視整個 ESXi 主機的運行狀態與配置，後者則是能夠擁有最高權限來管理整個 ESXi 主機的所有設定。

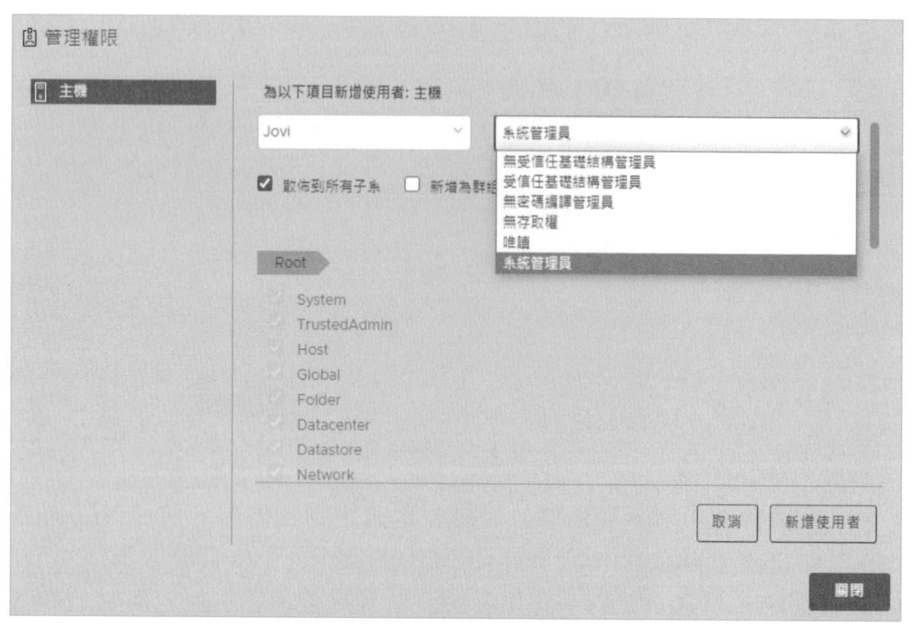

圖 3-33 新增使用者權限設定

3.10 鎖定模式功能的使用

人員帳號的分權管理以及嚴格的密碼，皆可提升 ESXi 主機連線管理的安全性。然而未來若加入 vCenter Server 的管理之後，如果能夠更進一步善用鎖定模式功能，來強制限制除了 root 管理員之外的其他管理員，僅唯一能夠經由 vSphere Client 網站來進行管理，肯定能夠提升 ESXi 主機管理的安全性。

怎麼做呢？首先請點選至[管理]節點的[安全性和使用者]\[鎖定模式]頁面中，接著如圖 3-34 點選[新增使用者例外]超連結，然後輸入 root 帳號並點選[新增例外]。

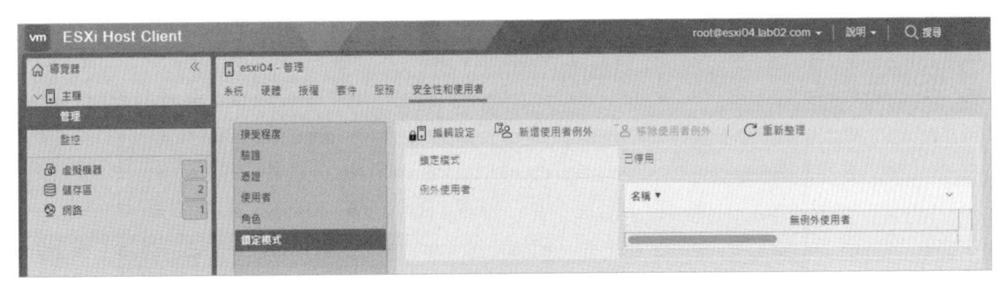

圖 3-34　鎖定模式管理

完成新增例外的設定之後，請點選[編輯設定]的超連結，來開啟如圖 3-35 的[變更鎖定模式]頁面。在預設的狀態下是被設定為[已停用]，若要啟用此功能管理員可以自由選擇要採用[嚴格鎖定]或[一般鎖定]。

當採用嚴格鎖定模式時，凡是非例外清單中的管理員，皆僅能夠透過 vCenter Server 的登入來進行管理，也就是透過 vSphere Client 的網站登入後才能進行管理。若選擇[一般鎖定]則可以允許這一些非例外清單中的管理員，也能夠透過主機端的 Direct Console 文字視窗介面來進行管理。

圖 3-35　變更鎖定模式

如圖 3-36 便是非例外清單中的管理員，嘗試在主機端的 Director Console 進行登入時所出現的警示訊息，表示目前在此的登入功能已遭管理員鎖定。此時該名管理員若想改由 ESXi Host Client 網站來進行連線登入，則會立即出現 "執行此作業的權限遭到拒絕" 的警示訊息而無法繼續。

此外必須注意的是若 ESXi Shell 或 SSH 服務已啟用，而主機也被設定為鎖定模式之時，則[例外使用者]清單中具有管理員權限的帳號皆可繼續使用這些服務，但是對於其他使用者而言 ESXi Shell 或 SSH 服務的存取權限則會被停用，至於正在使用中的無管理員權限之帳號的 ESXi 或 SSH 工作階段也會被立即關閉。

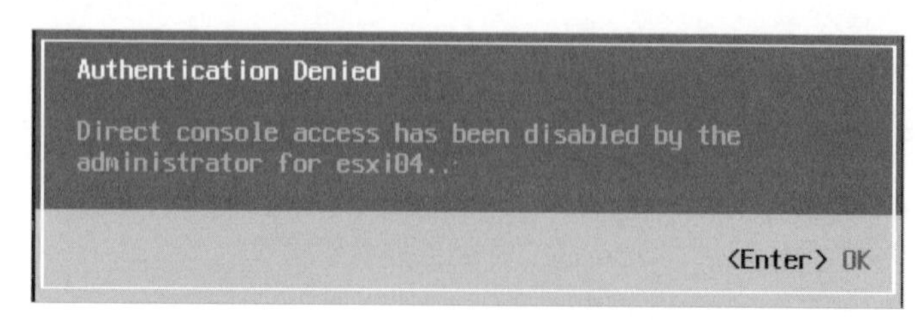

圖 3-36 Direct Console 已遭鎖定

關於鎖定模式功能的使用也可以在[主機]節點中，透過如圖 3-37 的[動作]\[鎖定模式]的子功能選單，來選擇[進入嚴格鎖定]或[進入一般鎖定]，若已經在鎖定狀態則可以選擇[結束鎖定]。

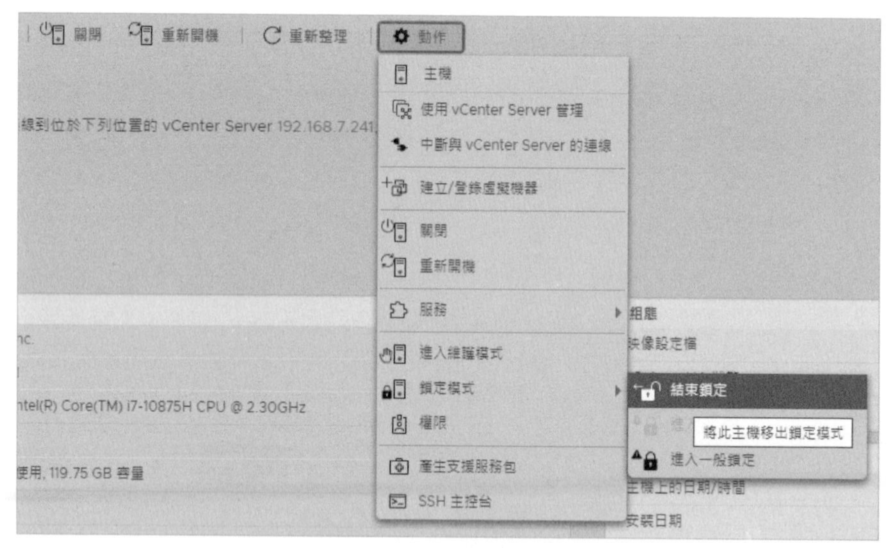

圖 3-37 主機動作選單

針對鎖定模式的操作，必須注意的是當您尚未設定例外名單之前，若直接點選[進入嚴格鎖定]或[進入一般鎖定]，在[工作]清單之中皆會立即出現如圖 3-38 的失敗訊息，這是因為系統已經偵測到一旦執行了鎖定，將沒有管理員能夠再進行連線管理。

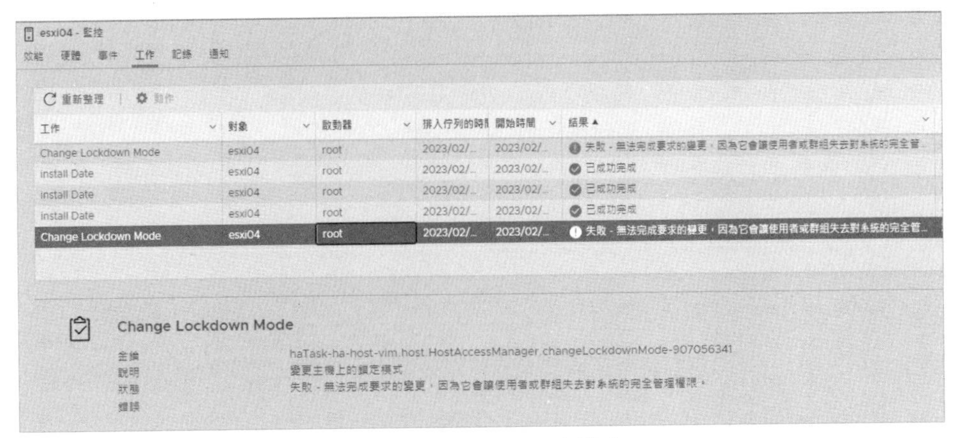

圖 3-38　無法執行鎖定模式

3.11 讓 vCenter Server Appliance 自動啟動

對於初步剛完成 ESXi 主機與 vCenter Server 部署的 IT 人員而言，當每一回要啟動所有 ESXi 主機之前，都必須先手動將 vCenter Server 完成啟動，如此一來才能夠讓接續完成啟動的 ESXi 主機，可以迅速經由 vSphere Client 網站的登入來開始進行管理。

一般而言我們會將 vCenter Server Appliance 安裝在一台獨立且免費的 ESXi 主機中來運行，若在每一次 ESXi 主機因停機維護而再次啟動之時，都還需要人力來登入 ESXi Host Client 網站並啟動 vCenter Server Appliance，這似乎會讓平日維護的任務添加了一些麻煩。

沒關係！我們不妨就讓這台獨立的 ESXi 主機在每一次開機不久之後，就自動完成啟動任務。首先請點選至[管理]節點的[系統]\[自動啟動]子頁面中。接著在如圖 3-39 的頁面中點選[編輯設定]超連結。

圖 3-39　虛擬機器自動啟動管理

在如圖 3-40 的[變更自動啟動組態]頁面中，可以自訂後續對於啟用自動啟動的虛擬機器，在 ESXi 主機啟動或停止的延遲時間以及選擇停止動作的相對選項。點選[儲存]按鈕。完成自動啟動組態設定之後，在選定此主機中的任一虛擬機器後再點選[啟用]即可。

圖 3-40　變更自動啟動組態

3.12 監控 ESXi 主機運行

想要維持虛擬機器的正常運行，平日做好 ESXi 主機的監控便不可少，因為一旦 ESXi 主機因效能、網路、儲存等問題發生時，皆可能影響虛擬機器或 Guest OS 中應用程式與服務的運行。針對整合於 vCenter Server 下的 ESXi 主機，可以透過 vSphere Client 來進行多主機的全面監控，而對於獨立主機運行的 ESXi 系統，則一樣可以透過內建的 ESXi Host Client 來進行監控。

在管理員連線登入 Host Client 網站之後，就可以看到[監控]的節點頁面。在如圖 3-41 的範例中便可以發現分別有針對效能、硬體、事件、工作、記錄以及通知的監控功能。其中在[效能]部分可自行選擇 CPU、記憶體、網路以及磁碟來進行效能監視，並且可以選擇自訂的色彩以及選定的虛擬機器。想要知道某一個時間點的效能表現數據，只要將滑鼠游標移動到線圖中的相對位置即可。

小提示 在 ESXi Host Client 中對於效能監視的資料範圍僅有[過去一小時]可以選擇，若想要查看更大的資料範圍必須整合 vCenter Server，並且改經由 vSphere Client 來進行監視。

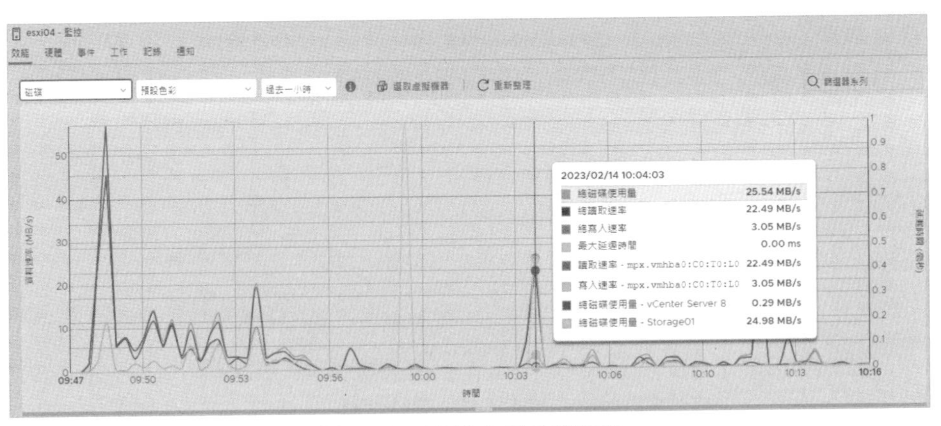

圖 3-41　ESXi 主機效能監控

如圖 3-42 則是開啟[選取虛擬機器]的設定頁面，您可以在此針對眾多的虛擬機器設定篩選條件，分別有不含 VMware Tools 的虛擬機器、已開啟電源的虛擬機器、已關閉電源的虛擬機器、已暫停的虛擬機器、參與自動啟動的虛擬機器等選項。

圖 3-42 選取虛擬機器

在如圖 3-43 的[事件]頁面中，則可以看到有關於資訊、警示、錯誤等事件，若只是資訊類型的事件通常都是可以忽略的，但如果是有關於警示或錯誤方便的事件則需要特別留意，因為這類的事件通常會影響虛擬機器的正常運行，例如 CPU 負載過高、資料存放區空間不足等事件。

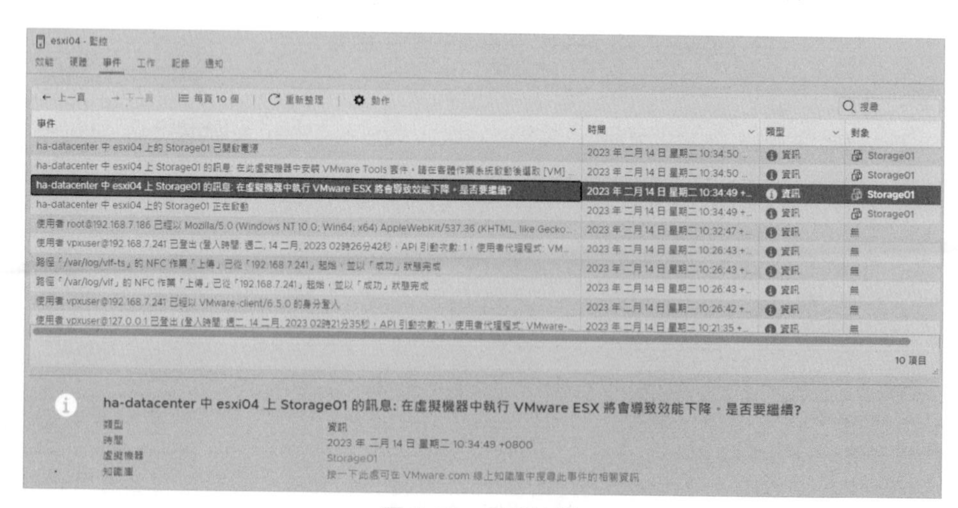

圖 3-43 事件檢視

當 ESXi 主機有多位管理員帳號來進行維護時，就可以透過[工作]頁面來查看哪一位管理員執行過哪一些操作，例如對於虛擬機器的啟動、關閉、刪除等等。針對一些難解的系統面問題，則可以經由如圖 3-44 的[記錄]頁面來查看 vCenter 代理程式記錄、VMware 觀察精靈記錄、VMKernel 警告記錄、VMKernel 事件精靈記錄。

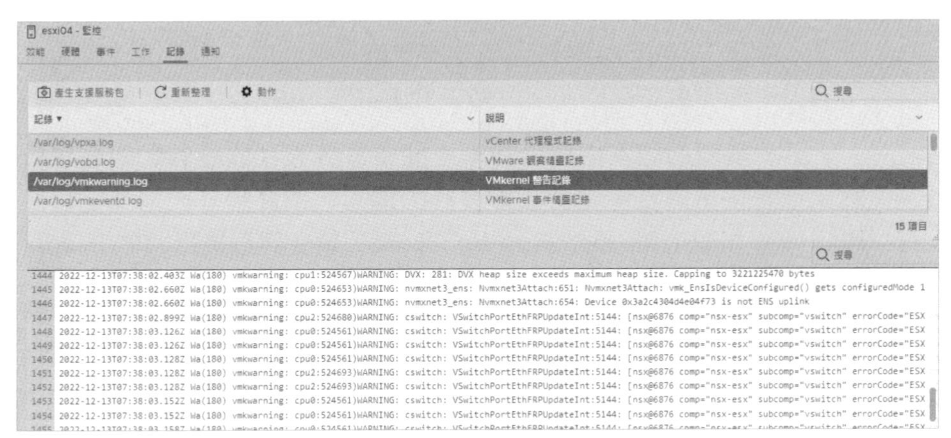

圖 3-44　系統運行記錄

必要時還可以進一步透過[產生支援服務包]超連結的點選，來讓系統將相關的記錄檔打包成如圖 3-45 的 tgz 檔案，然後再手動將這個支援服務包檔案，發送給 VMware 原廠的工程師來協助調查與處理。

圖 3-45　產生支援服務包

本章結語

如果您和筆者一樣曾經使用過視窗版的 vSphere Client，就能夠深深感受到如今網頁版 ESXi Host Client 的好用之處。儘管這個版本歷經了同樣是網頁版的 VMware Host Client 時期，提供了所有管理人員在 vSphere 維運中隨時隨地的存取經驗，卻更進一步強化了網頁中各項功能操作上的流暢設計。

至於後續的版本中還會有哪一些更具突破性的設計呢？我想這個還得看各家網頁瀏覽器技術發展的進程，或許哪一天你我就可使用到具備 AI 語音助理的 vSphere Client，讓我們直接用 "說" 的就可以完成各項維護任務。

04
chapter

vSphere Client 單一登入與虛擬機器管理

對於中大型的組織而言，由於整體的 IT 營運相當依賴虛擬機器的使用，因此虛擬機器增加的速度往往也相當驚人。為此除了需要有更多的管理人員來分擔協助之外，懂得善用平台的工具與使用技巧也是相當重要的。今日就讓我們先解決 vSphere 帳號單一登入與權限管理的問題，再來搞定幾項 IT 人員在平日的維運中，一定要學會的虛擬機器管理技巧。

4.1 簡介

當企業營運中的 IT 應用需求越來越多時，在私有雲的虛擬化架構中的平台主機與虛擬機器數量，相對也需要不斷擴增才能因應各種應用系統的部署。以一個跨國多點營運的企業來說，首先勢必需要有多位的系統管理員，分散在各個分支據點來協助維運工作。

接著為了簡化多套系統帳號與密碼的管理，便必須藉由單一登入(Single Sign-On)的整合技術，來解決帳號與密碼集中控管的問題，以及大量用戶需要記憶多組帳號與密碼的困擾。相信許多 IT 人員都有這樣的經驗，那就是每當某個系統的密碼有效期限到來時，隔天就會陸續有許多使用者打電話進來，表示無法連線登入系統的問題，這時候 IT 人員就必須協助該用戶重置密碼設定。

在 VMware vSphere 的架構之中，vCenter Server 本身就提供了 Single Sign-On 網域的功能，因此能夠讓網域帳號管理所有與 vCenter Server 所連接的 ESXi 主機。不過這並無法滿足 IT 人員的管理需求，因為在實際運行的網路環境之中，管理員往往會希望使用現行的 Active Directory 或 Open LDAP 的帳號，來直接登入與管理 vSphere 的整體架構，而非再記憶一組新的管理員帳密。還好 vCenter Server 也早已內建了相關整合功能，可解決這一項令許多 IT 部門困擾的帳密管理問題。

緊接著您可能還必須學會如何在最新版本的 vSphere Client 中，善用內建的功能來妥善做好虛擬機器的管理以及資源的分配，以因應未來更多應用系統與服務的建置需要，這一些包含了虛擬機器範本的管理與應用、虛擬機器的複製、快照管理、資源集區配置、熱新增 CPU 與 RAM。接下來就讓筆者來一一實戰講解這一些管理祕訣吧！

4.2 Active Directory 單一登入配置

在以 Windows 解決方案為主的網路環境之中，相信 Active Directory 網域肯定是最常見的 IT 基礎建設，也因此讓許多第三方的應用系統都支援與它的整合，這包括了 ESXi 8.0 與 vCenter Server 8.0。筆者曾經介紹過有關 ESXi 8.0 與 Active Directory 的整合配置，接下來讓我們來學一下 vCenter Server 8.0 與 Active Directory 的整合配置，包括了您可能會遭遇的問題。

首先請點選至[系統管理]\[Single Sign-On]\[組態]節點，然後再到[身分識別提供者]\[Active Directory 網域]頁面中，如圖 4-1 點選[加入 AD]超連結繼續。

圖 4-1　單一登入組態管理

在如圖 4-2 的[加入 Active Directory 網域]頁面中，請依序輸入所要連接的網域、組織單位(選用)、使用者名稱以及密碼。其中網域與使用者名稱的輸入必須注意一下格式，以本範例而言網域不能夠只輸入 adlab02，使用者名稱也不能只輸入 Administrator。完成輸入之後點選[加入]。

小提示 目前僅支援將 vCenter Server 加入至具有可寫入網域控制站的 Active Directory 網域，選擇加入唯讀網域控制站(RODC)的 Active Directory 網域則是不支援的。

加入 Active Directory 網域
網域 adlab02.com
組織單位 (選用)
使用者名稱 Administrator@adlab02.com
密碼 ••••••••••••
將節點重新開機以套用變更。
取消 加入

圖 4-2　加入 Active Directory 網域

確認成功加入 Active Directory 之後，系統將會提示您將節點重新開機以套用變更，而這裡所指的 "節點" 就是 vCenter Server。在我們重新開機之前，您可以先在網域控制站(DC)的主機之中，開啟如圖 4-3 的[Active Directory Users and Computers]管理介面，便可以在[Computers]的頁面中查看到剛剛加入的 vCenter Server 主機，已成為了網域電腦的成員之一。

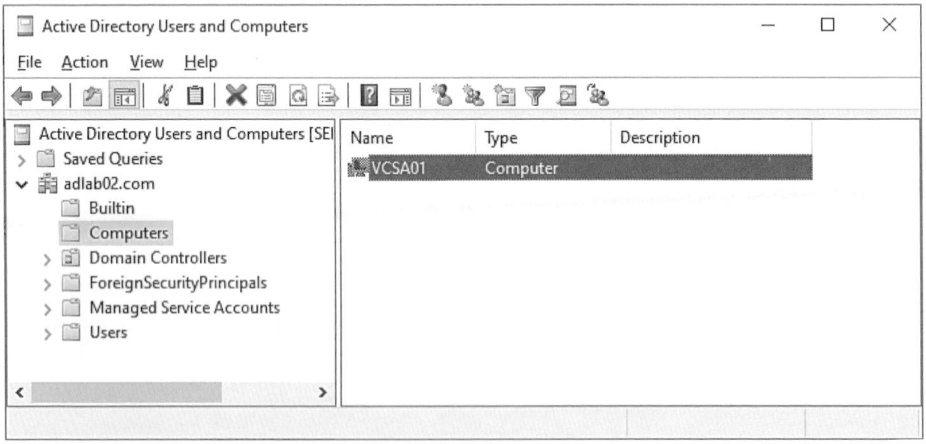

Active Directory Users and Computers
File Action View Help
Active Directory Users and Computers [SEI
Saved Queries
adlab02.com
Builtin
Computers
Domain Controllers
ForeignSecurityPrincipals
Managed Service Accounts
Users

Name	Type	Description
VCSA01	Computer	

圖 4-3　Active Directory 使用者和電腦管理工具

接下來請登入 vCenter Server 管理網站。如圖 4-4 您將可以在頁面上方的[動作]選單中點選[重新開機]。請注意！在尚未完成重新開機之前，vSphere Client 網站將無法使用。成功完成重新開機之後，建議您最好再次回到 vCenter Server 管理網站的[摘要]頁面中，查看[健全狀況狀態]中的所有資源狀態是否都在正常運行中。

圖 4-4　vCenter Server 動作選單

完成了 vCenter Server 的重新開機之後，請點選至[系統管理]\[Single Sign-On]\[組態]節點，然後再到[身分識別提供者]\[身分識別來源]頁面中點選[新增]超連結。在[新增身分識別來源]頁面中，請選擇[Active Directory(整合式 Windows 驗證)]來做為身分識別來源類型，網域名稱則必須輸入前面步驟中所加入的網域。點選[新增]。如圖 4-5 便可以查看到剛新增的一筆 Active Directory 身分識別來源設定。

必須注意的是即便您在前面的步驟之中，已經完成了加入 Active Directory 網域的設定，若 Active Directory 網域與現行的 vSphere Single Sign-On 網域名稱相同，則在新增身分識別來源的過程中，將會出現 "無法設定身分識別來源" 的錯誤而無法繼續。

圖 4-5 身分識別來源管理

接下來我們只要再完成有關 Active Directory 人員帳號的授權設定，就可以使用 Active Directory 人員帳號的登入，來管理整個 vSphere 的運行。首先請點選至[系統管理]\[Single Sign On]\[使用者和群組]節點，然後在[使用者]的子頁面中，便可以在選擇 Active Directory 網域之後，如圖 4-6 查看到所有 Active Directory 的帳號清單，包含了電腦帳號。

圖 4-6 使用者和群組

緊接著在[群組]的子頁面中，預設則可以查看到 vSphere SSO 網域中的所有群組清單。請在選取[Administrators]群組之後點選[編輯]超連結，然後在如圖 4-7 的[編輯群組]頁面中，先在[新增成員]欄位中選擇 Active Directory 的網域，再透過關鍵字的輸入找到所有要加入此群組的帳號。一旦完成了將 Active Directory 的人員帳號，加入到 vSphere SSO

網域的 Administrators 群組之後，這一些人員便擁有了管理 vSphere 的最高權限。

編輯群組

群組名稱 * Administrators

說明

新增成員 * ADLAB02.COM

搜尋

Administrator ✕
vsphere-ui-c683454f-53b3-4bdb-bcc6-f64915671a06 ✕
vsphere-ui-edda868b-225c-44bf-a1f0-0c12e23eab09 ✕
Administrator ✕
Administrator@adlab02.com

圖 4-7　編輯群組

接下來筆者使用一台已經在開機時就登入 Active Directory 的 Windows 電腦，此時若開啟網頁瀏覽器來連線 vSphere Client 網站，便可以在完成 VMware 增強行插件的下載與安裝之後，直接在如圖 4-8 的登入頁面中勾選[使用 Windows 工作階段驗證]設定來完成登入，而不需要再輸入帳號與密碼。

圖 4-8　登入 vSphere Client

如圖 4-9 便是成功以 Active Directory 網域帳號登入後，所開啟的帳號功能選單。針對[變更密碼]功能的部分，目前筆者有發現 BUG 需要等待官方後續的修正更新，主要問題便是若 Active Directory 網域的帳號名稱與 vSphere Single Sign-On 網域的帳號名稱相同(例如：Administrator)，則執行變更密碼的實際異動對象會是 vSphere 網域的帳號，而非已登入的 Active Directory 網域帳號。

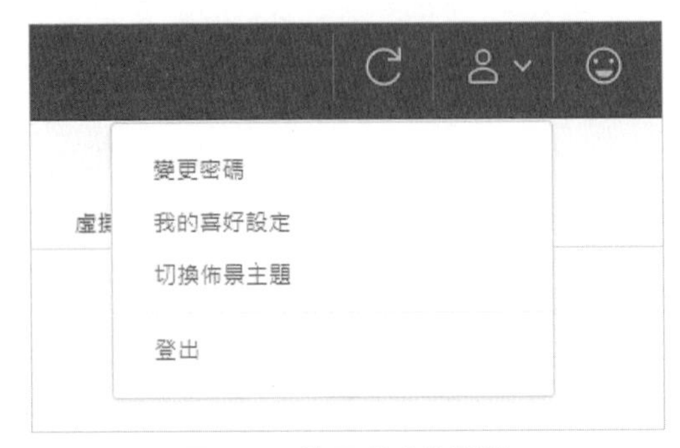

圖 4-9 使用者功能選單

4.3 HCL Domain 單一登入配置

目前在企業的網路環境之中，被使用最廣泛的網域架構除了 Active Directory 之外就是 Open LDAP，雖然 Open LDAP 不像 Active Directory 一樣，可以藉由群組原則(Group Policy)集中管理所有 Windows Client 與 Windows Server 的各項配置，但至少它可以做到帳戶與密碼的集中管理。

現今有許多的應用系統皆支援 Open LDAP，包括了一般商用授權與開放原始碼的系統，其中 HCL Domino Server(原 IBM 產品)仍被許多大企業所使用，而它便是採用了 Open LDAP 的技術來與其他異質系統進行整合，這包括了 VMware vSphere 以及各大品牌的 Mail Spam 解決方案。

接下來就讓我們一同來看看如何透過 vSphere 的 Single Sign-On 配置，完成與 HCL Domino Server 目錄服務的連接。首先請點選至[系統管理]\[Single Sign-On]\[組態]節點，然後再到[身分識別提供者]\[身分識別來源]頁面中點選[新增]超連結繼續。

在[新增身分識別來源]頁面之中，除了必須輸入一個新的識別名稱之外(例如：HCL Domino)，最重要的就是輸入使用者的基本 DN、群組的基本 DN、網域名稱、使用者名稱以及主要伺服器 URL。在此無論是使用者還是群組名稱的輸入，皆必須採用 LDAP 格式的輸入來完成。

舉例來說明，如果 Domino 的組織名稱是 Yutian 就必須輸入 O=Yutian，而群組的名稱是 LocalDomainAdmins 便需要輸入 CN=LocalDomainAdmins，至於網域名稱必須輸入 Internet 網域的格式，例如：yutian.com.tw。

最終筆者是以一個選定的[使用者名稱]來連接取得[主要伺服器 URL]的目錄資訊，而這個使用者則是隸屬 LocalDomainAdmins 群組的成員之一，此帳號具備了網域管理員的權限。點選[新增]按鈕。再次回到如圖 4-10 的[身分識別來源]頁面中，便可以查看到剛剛所新增的一筆 HCL Domino 連線設定。

圖 4-10　身分識別來源管理

在完成了上述有關於身分識別來源的新增設定之後，便可以在[系統管理]\[Single Sign On]\[使用者和群組]頁面中，看到所選定的 Domino 網域的使用者以及群組的清單。只要正確取得使用者與群組的清單之後，接下來就可以像如圖 4-11 一樣，點選至[系統管理]\[存取控制]\[全域權限]的頁面中，再點選[新增]超連結繼續。

圖 4-11　全域權限管理

在如圖 4-12 的[新增權限]頁面中，請先從[網域]欄位中挑選 Domino Server 的網域，再輸入所要搜尋的人員名稱。一旦正確找到所要新增權限的帳戶之後，就可以從[角色]的下拉欄位中，選擇所要賦予的角色權限並將[散佈到子系]的選項打勾，其中[系統管理員]角色便是擁有 vSphere 的最高權限。點選[確定]。

完成新增權限的設定之後，您將可以在[全域權限]的頁面中，查看到剛剛所新增的使用者以及相對應的角色等資訊。此外，值得注意的是針對各種角色權限的定義，您除了可以在[角色]頁面中來查看之外，也能夠自行新增角色並配置權限設定。

新增權限 | 全域權限根目錄

網域　yutian.com.tw

使用者/群組　Jovi Ku

角色　系統管理員

☑ 散佈到子系

取消　確定

圖 4-12　新增權限

在成功完成了 vCenter Server 與 HCL Domino 的 Open LDAP 連接之後，一旦賦予了相關管理人員的存取權限之後，他們就可以在 vSphere Client 網站的登入頁面之中，來使用 Domino 網域的帳號進行登入。

4.4 虛擬機器範本與自訂規格

想要在 vSphere 架構中快速部署新虛擬機器至叢集或 ESXi 主機，最佳的做法就是預先建立好虛擬機器範本以及自訂規格。虛擬機器範本可讓企業 IT 網路環境中，所有需要使用到的 Guest OS 預先安裝並配置好基礎的虛擬硬體，例如 Windows Server 2022 標準版搭配 4 核心 CPU、8GB RAM、200GB 磁碟空間。

至於 Guest OS 中的各項細節配置，則同樣必須預先建立好各種相對應的自訂規格，因為無論您要部署的是 Windows 還是 Linux 的 Guest OS，肯定會有各自的電腦名稱、網路、管理員密碼等配置需要設定，進一步可能需要設定授權、時區、群組、網域、首次登入時要執行的 Script 等等，這些都可以預先在自訂規格來完成建立。

接下來就讓我們來實際演示一下如何快速完成虛擬機器範本的建立。首先您必須預先建立好一個全新的虛擬機器並安裝好 Guest OS，至於電腦名稱與網路相關配置可以保留系統預設值即可。在此筆者以 Windows Server 2022 為例。請針對這台已準備好的虛擬機器，如圖 4-13 點選位在[動作]選單之中的[複製]\[複製到範本]繼續。

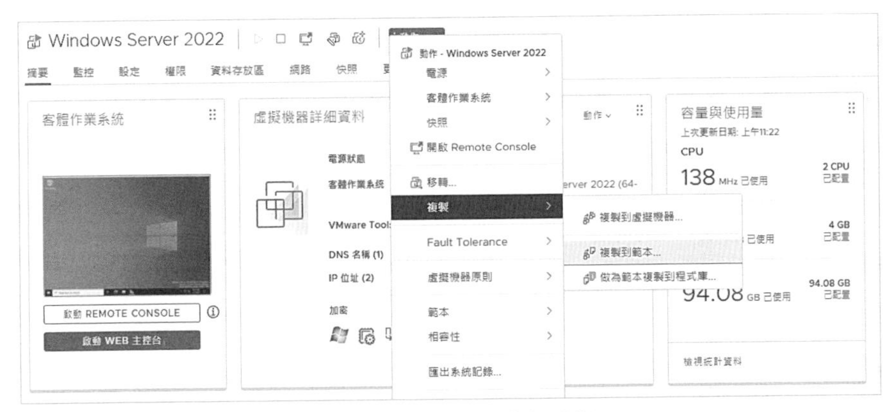

圖 4-13　虛擬機器動作選單

在[選取名稱和資料夾]頁面中，請輸入新虛擬機器範本名稱並選取資料夾位置。點選[下一頁]。在[選取計算資源]頁面中，請選擇用以運行虛擬機器範本的 ESXi 主機。點選[下一頁]。

在如圖 4-14 的[選取儲存區]頁面中，可以先選擇虛擬機器範本的儲存區，再決定要採用的虛擬磁碟格式，在此建議選擇[精簡佈建]即可。點選[下一頁]。最後在[即將完成]頁面中，確認上述步驟設定無誤之後點選[完成]即可。

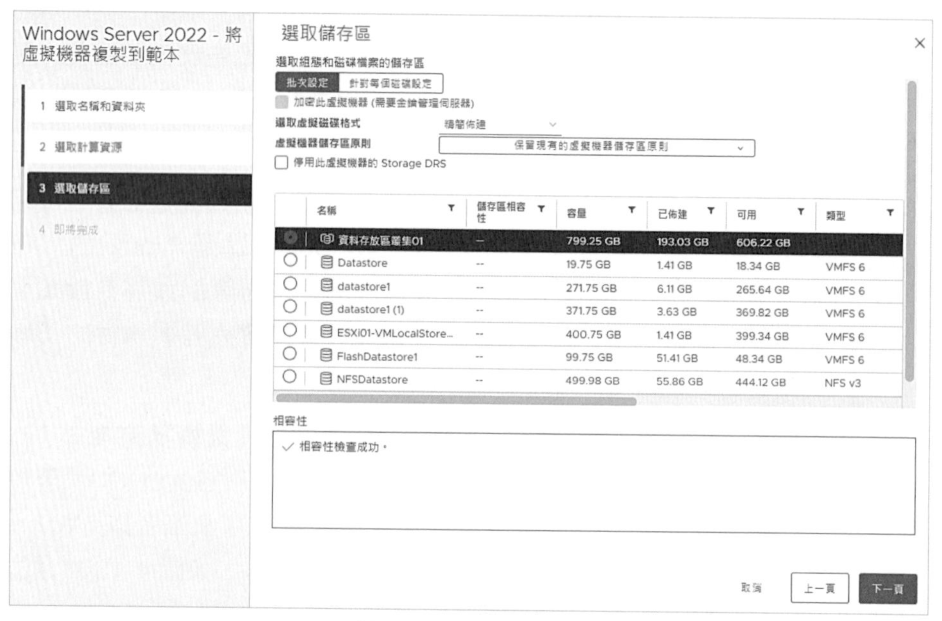

圖 4-14 選取儲存區

再次回到如圖 4-15 的[虛擬機器範本]頁面，便可以查看到剛剛所新增的虛擬機器範本。未來如果不再需要使用到這個範本，只要在它的右鍵功能選單之中點選[從磁碟刪除]即可。如果想要直接以這個範本來部署新的虛擬機器，可以點選[從這個範本新增虛擬機器]。

圖 4-15　虛擬機器範本管理

緊接著我們將針對前面所建立好的虛擬機器範本，來建立相對應的自訂規格。請在[vSphere Client]網站上點選開啟[原則和設定檔]。在如圖4-16 的[虛擬機器自訂規格]頁面中，點選[新增]超連結繼續。

小提示　虛擬機器自訂規格一旦完成建立，便無法經由編輯來修改所隸屬的 vCenter Server 以及客體作業系統的類型。

圖 4-16　虛擬機器自訂規格管理

在如圖 4-17 的[名稱和目標作業系統]頁面中，可以先決定目標客體作業系統(Guest OS)是 Windows 還是 Linux，再依序完成自訂規格名稱、說明的輸入以及 vCenter Server 的選擇，在此筆者以 Windows 為例。值得注意的是對於 Windows 客體作業系統的規格配置，通常會一併勾選[產生新的安全性身分識別(SID)]選項，以避免往後的部署與現行 Active Directory 網域中的主機 SID 發生衝突。點選[下一頁]。

小提示 如果準備部署的 Windows 客體作業系統版本非常舊(例如：Windows 2003 Server)才需要改勾選[使用自訂 SysPrep 回應檔案]來重置 SID。

圖 4-17 新增虛擬機器自訂規格

在[登錄資訊]頁面中請輸入擁有者名稱以及擁有者組織。點選[下一頁]。在如圖 4-18 的[電腦名稱]頁面中，可以決定電腦名稱的產生方式，其中最常見的便是採用預設的[使用虛擬機器名稱]選項，這也是筆者建議的做法，這是因為除了可以自行設定一個較有意義的識別名稱之外，也可以讓虛擬機器與 Guest OS 的電腦名稱一致。其次則是可選擇[在複製/部署精靈中輸入名稱]或是直接在此[輸入名稱]。

進一步還可以決定是否要啟用[附加唯一數值]功能。最後在進階的選項部分，則可以選擇[使用透過 vCenter Server 設定的自訂應用程式產生名稱]的選項，不過這種作法會比較複雜一些，不建議採用此選項。點選[下一頁]。

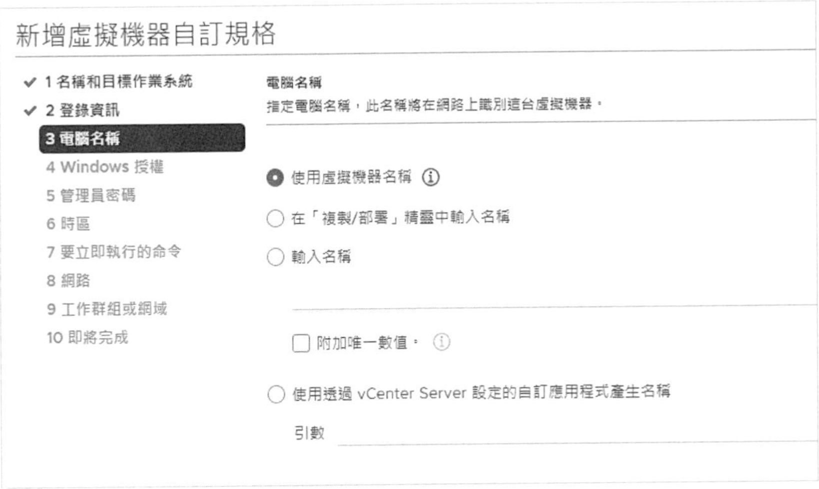

圖 4-18　電腦名稱設定

在[Windows 授權]頁面中可以先輸入好產品金鑰，如此一來就不用在完成部署之後，還得自行到每一台 Windows 虛擬機器的[設定]頁面中來輸入。若需要進一步設定伺服器授權模式是[按基座]或[按伺服器]，也同樣可以在此完成。點選[下一頁]。

在[管理員密碼設定]頁面中，請設定系統預設管理員帳號 Administrator 的密碼，並且可以自訂在完成作業系統啟動之後，自動以系統管理員帳號登入的次數。點選[下一頁]。

在[時區]頁面中請選取符合您所在的時區(例如：台北)。點選[下一頁]。在[要立即執行的命令]頁面中，可以選擇性的新增多筆要執行的命令，並且可以對於這一些命令設定排列的執行順序。點選[下一頁]。

在[網路]頁面中可以選擇使用客體作業系統的標準網路設定，也就是在所有網路介面卡上皆啟用 DHCP。若要自訂每一張網卡的配置，可以先選取[手動選取自訂設定]選項，再來為每一張選定的網卡點選[編輯]超連結繼續。

在如圖 4-19 的[編輯網路]頁面中，如果針對的是伺服器作業系統，那麼肯定要將預設的[使用 DHCP 自動取得 IPv4 位址]選項，改為[使用該規格時，提示使用者輸入 IPv4 位址]，如此一來便可以方便管理人員，在搭配範本與此規格進行新虛擬機器部署時，能夠一併完成客體作業系統的靜態 IPv4 位址配置。至於 IPv6、DNS 以及 WINS 的配置請根據實際的需求完成設定即可。點選[下一頁]繼續。

編輯網路
NIC1
IPv4 IPv6 DNS WINS
設定
使用 DHCP 自動取得 IPv4 位址。
使用該規格時，提示使用者輸入 IPv4 位址
使用 vCenter Server 上設定的應用程式來產生 IP 位址
引數
使用自訂設定
IPv4 位址
子網路和閘道
子網路遮罩 *
預設閘道 *
備用閘道 *

圖 4-19　編輯網路設定

在如圖 4-20 的[工作群組或網域]頁面中，若是要讓所安裝的 Windows 客體作業系統獨立運行，請選擇預設的[工作群組]即可。相反的若要加入現行的 Active Directory 之中，則必須在選取[Windows 伺服器網域]選項並輸入網域名稱之後，再輸入網域管理員的[使用者名稱]以及[密碼]。點選[下一頁]。

最後在[即將完成]頁面中確認了上述步驟設定無誤之後，點選[完成]按鈕。再次回到[虛擬機器自訂規格]頁面中，將可以看見剛剛新增的自訂規格名稱。

新增虛擬機器自訂規格

✔ 1 名稱和目標作業系統
✔ 2 登錄資訊
✔ 3 電腦名稱
✔ 4 Windows 授權
✔ 5 管理員密碼
✔ 6 時區
✔ 7 要立即執行的命令
✔ 8 網路
9 工作群組或網域
10 即將完成

工作群組或網域
此虛擬機器將如何參與網路?

工作群組 WORKGROUP
Windows 伺服器網域 DOMAIN
指定有權限將電腦新增至網域的使用者帳戶。
使用者名稱 *
密碼 *
確認密碼 *

圖 4-20　工作群組或網域設定

4.5 新增虛擬機器

想要透過已經建立好的虛擬機器範本與自訂規格來部署新的虛擬機器，若選擇經由 vSphere Client 網站來完成，則可以使用的操作方法有兩種。

首先第一種是在登入 vSphere Client 網站之後開啟至 vCenter Server 節點，然後點選至[虛擬機器]\[虛擬機器範本]子頁面，再針對所要部署的虛擬機器範本，按下滑鼠右鍵點選[從這個範本新增虛擬機器]。

第二種作法是在叢集或 ESXi 主機的節點頁面中，點選位在[動作]選單中的[新增虛擬機器]。在開啟如圖 4-21 的[選取建立類型]頁面中，請先選取[從範本部署]再點選[下一頁]繼續。

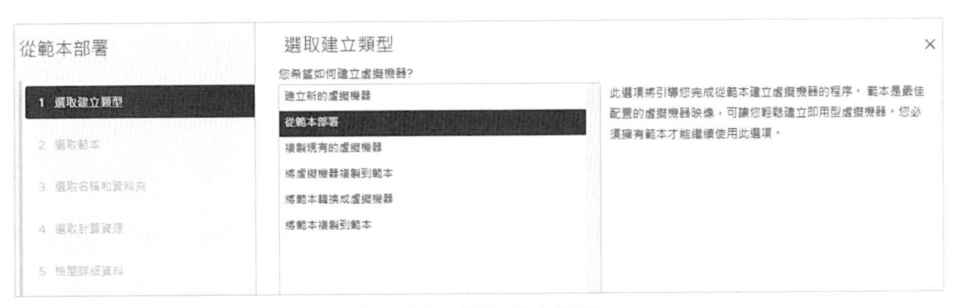

圖 4-21　選取建立類型

接著在如圖 4-22 的[選取範本]的頁面當中，將可以從選定 vCenter Server 節點下的[資料中心]清單中，看到所有已經建立好的虛擬機器範本，請在選擇好範本之後點選[下一頁]。

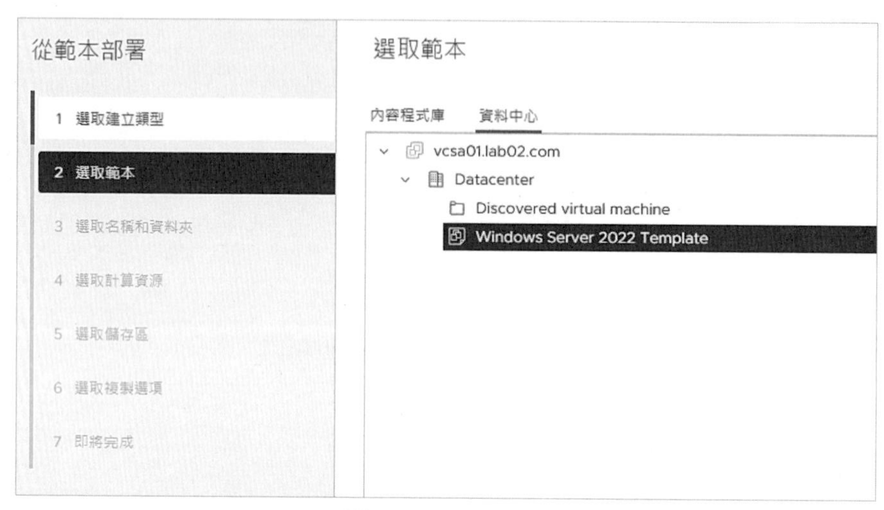

圖 4-22 選取範本

在[選取名稱和資料夾]頁面中請先輸入新虛擬機器的名稱，再選擇新虛擬機器的部署位置，在此建議選擇與範本相同 vCenter Server 下的位置。點選[下一頁]。在[選取計算資源]頁面中，請選擇準備用以運行此虛擬機器的 ESXi 主機或叢集。在此如果是選取叢集節點，則該叢集必須已經預先啟用 DRS 功能才可以。點選[下一頁]。

在如圖 4-23 的[選取儲存區]頁面中，請選擇準備用以存放此虛擬機器檔案的資料存放區，在獨立運行的 ESXi 主機中可選擇本機資料存放區，若是選擇叢集主機則請務必選擇共用的資料存放區，以維持虛擬機器高可用性的運行。至於虛擬磁碟的格式，請根據虛擬機器的實際運行需要來選擇即可，例如您可以選擇[精簡佈建]來節省儲存空間的使用。在確認出現了 "相容性檢查成功" 的訊息後點選[下一頁]。

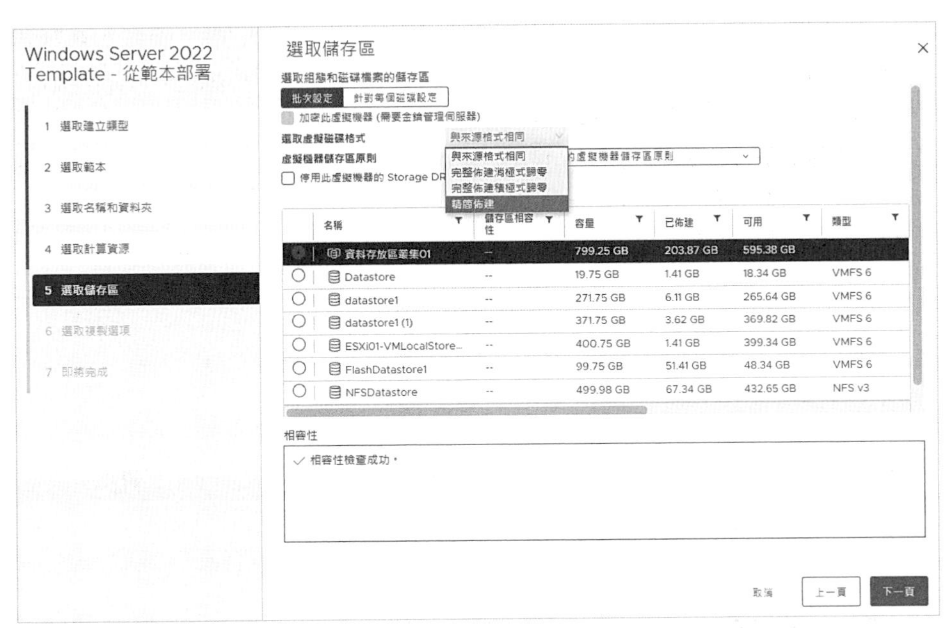

圖 4-23　選取儲存區

在如圖 4-24 的[選取複製選項]頁面中，請勾選[自訂作業系統]選項，以便後續可以選擇要使用的虛擬機器自訂規格。至於是否要勾選[自訂此虛擬機器的硬體]，則必須根據此虛擬機器所要運行的應用程式或服務，來決定各項虛擬硬體資源的大小配置，若想維持範本的資源設定則可以不必勾選。此外如果要在完成本次的部署設定後立即啟動此虛擬機器，可以勾選[建立之後開啟虛擬機器電源]設定。點選[下一頁]。

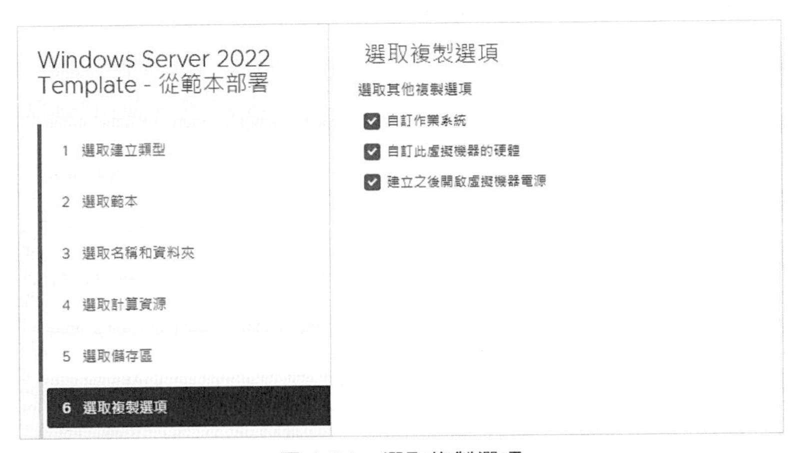

圖 4-24　選取複製選項

4

在如圖 4-25 的[自訂客體作業系統]頁面中，若已建立過多個虛擬機器自訂規格設定，請正確選取所要使用的自訂規格，點選[下一頁]。關於此步驟的設定，目前系統並不會自動篩選出僅符合虛擬機器範本的規格清單，例如當系統偵測到是 Windows 的範本時，便只呈列出 Windows 相關的自訂規格清單，而不會連同以 Linux 為主的自訂規格都顯示，因此在選擇時務必特別留意。

圖 4-25　自訂客體作業系統

在如圖 4-26 的[自訂硬體]頁面中，可以自行修改此虛擬機器範本的硬體資源配置，例如您可能需要調整 CPU 數量、記憶體的大小、硬碟的大小以及網卡所連接的虛擬機器網路等等，點選[下一頁]。最後在[即將完成]的頁面中確認上述步驟設定皆無誤之後，請點選[完成]。

圖 4-26　自訂硬體

4.6 複製虛擬機器

關於虛擬機器的快速建立方法，除了可使用預先建立好的範本與規格來完成之外，也選擇直接複製現有的虛擬機器，不過若採用這種做法，您可能還需要自行修改客體作業系統的電腦名稱、IP 位址以及重置 SID 等操作。針對虛擬機器的複製功能的運用，您可能也會聯想到使用在測試用途，如此可以省去重複建立虛擬機器的時間。

具體如何快速複製一個虛擬機器，讓我們看看接下來的操作說明。請在 vSphere Client 網站中如圖 4-27 針對所要複製的虛擬機器，點選位在[動作]選單下的[複製]\[複製到虛擬機器]繼續。

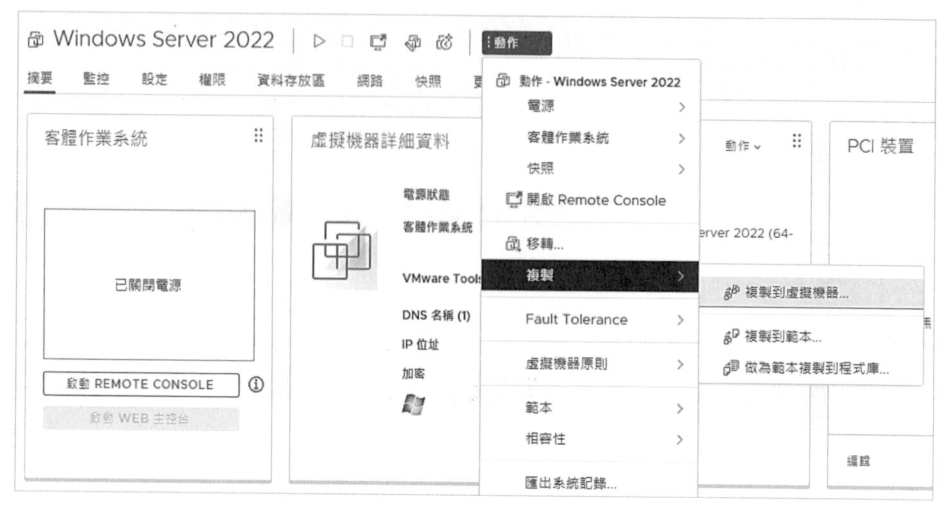

圖 4-27　虛擬機器動作選單

在的[選取儲存區]頁面中，請選取新虛擬機器檔案要存放的儲存區，若發現所選取的儲存區空間不足時，將會出現錯誤訊息而無法繼續。此外您還可以進一步針對每一個虛擬磁碟檔案設定對應的儲存區，以及可以修改虛擬磁碟格式而不必與來源虛擬機器相同。點選[下一頁]。

在如圖 4-28 的[選取計算資源]頁面中，若叢集已經啟用了 DRS 全自動化功能，您將可以透過叢集的選取，由系統自動決定負責運行的 ESXi 叢集主機，否則便需要手動選擇運行的 ESXi 主機。在此範例當中可以發現筆者所選取的 ESXi 主機，出現了有關 CD/DVD 已掛載某一個 ISO 映像的警示訊息，此類訊息是可以暫時忽略，待後續步驟中來調整設定即可。點選[下一頁]。

在如圖 4-29 的[選取儲存區]頁面中，請選取新虛擬機器檔案要存放的儲存區，若發現所選取的儲存區空間不足時，將會出現錯誤訊息而無法繼續。此外您還可以進一步針對每一個虛擬磁碟檔案設定對應的儲存區，以及可以修改虛擬磁碟格式而不必與來源虛擬機器相同，例如您可以選擇[精簡佈建]格式來因應儲存空間可能不足的問題。點選[下一頁]。

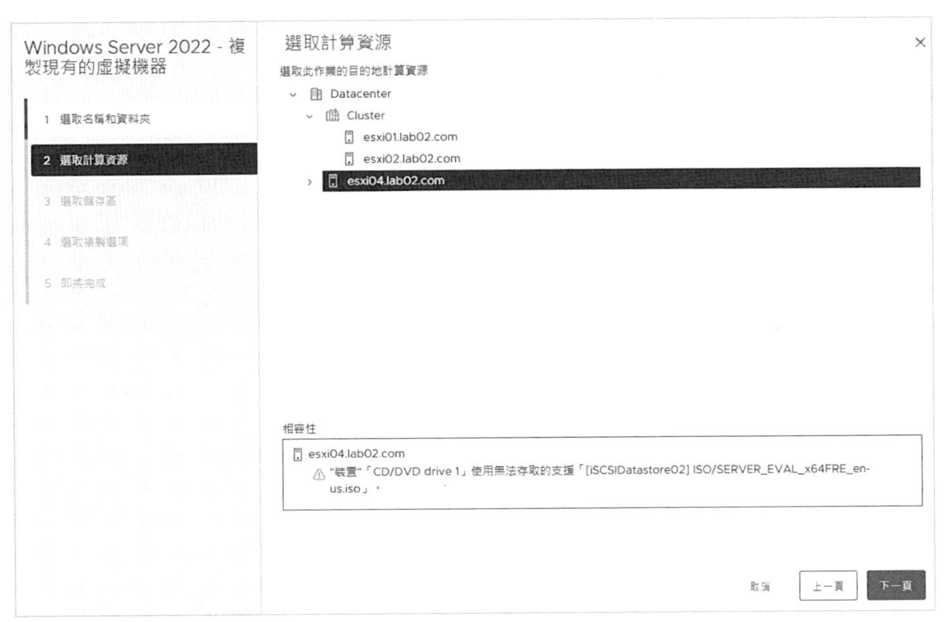

圖 4-28　選取計算資源

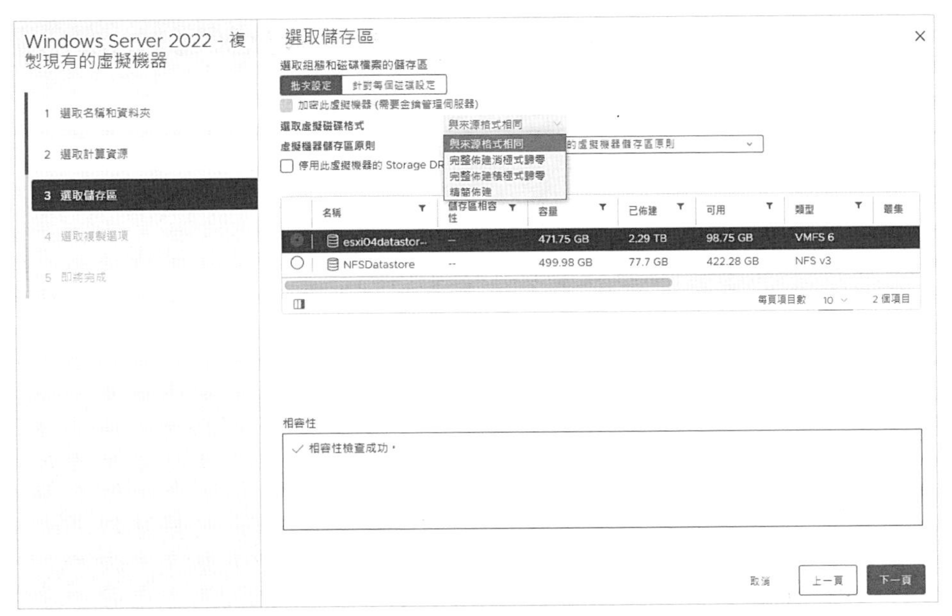

圖 4-29　選取儲存區

在[選取複製選項]頁面中，可以決定是否要勾選自訂作業系統、自訂此虛擬機器的硬體、建立之後開啟虛擬機器電源，在此筆者以勾選[自訂此虛擬機器的硬體]為例。點選[下一頁]。

如圖 4-30 在[自訂硬體]的[虛擬硬體]頁面之中，我們便可以修改其中的[CD/DVD drive1]的設定，以解決前面步驟中有關於選取計算資源時的警示訊息。點選[下一頁]。最後在[即將完成]的頁面中確認上述步驟設定皆無誤之後，點選[完成]。接下來便可以開始使用新複製的虛擬機器，來運行所需要的應用系統與服務。

圖 4-30 自訂硬體

4.7 快照虛擬機器

當有虛擬機器的 Guest OS 或應用系統需要升級時，除了要在事前做好虛擬機器的完整備份之外，通常還會建議在正式執行的前一刻先進行快照，主要目的在於萬一遭遇更新任務失敗之時，能夠在第一時間迅速完成復原，這也是採用實體主機所無法享有的優勢之一。

儘管虛擬機器的快照功能如此方便與快速，但卻萬萬不可讓它與傳統的備份方式混為一談，因為快照所產生的檔案與主要虛擬機器的檔案是有相依關係的，一旦需要進行快照刪除時，便有合併處理的作業需要完成。

如圖 4-31 便是在 vSphere Client 網站上針對選定的虛擬機器，便可以在[動作]\[快照]選單中看到所有與快照相關的功能，包括了拍攝快照、管理快照、復原為最新快照、合併、刪除所有快照，其中對於新快照的建立請點選[拍攝快照]繼續。

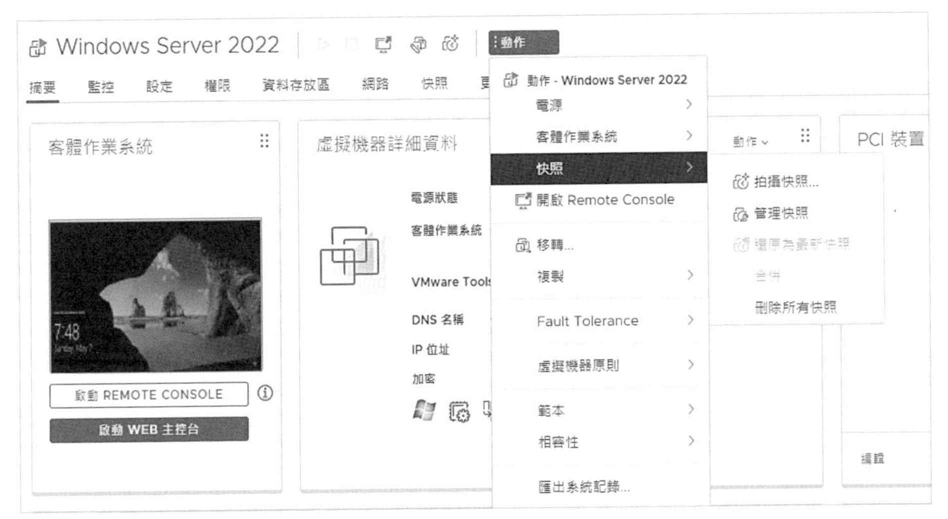

圖 4-31　虛擬機器快照選單

在如圖 4-32 的[建立快照]頁面中，只要輸入新快照名稱、說明以及決定是否要勾選[包含虛擬機器的記憶體]、[靜止客體檔案系統]即可。其中[說明]欄位雖然是非必要欄位，但筆者建議您最好能夠完整描述，以利於往後大量快照時的識別管理。至於若要使用[靜止客體檔案系統]的快照功能，除了需要已完成 VMware Tools 的安裝，客體作業系統本身也需要支援此功能。點選[建立]。

關於快照的使用限制

- 已開啟電源且具有獨立磁碟的虛擬機器，將無法使用記憶體快照功能
- 快照功能不支援採用匯流排共用設定的虛擬機器

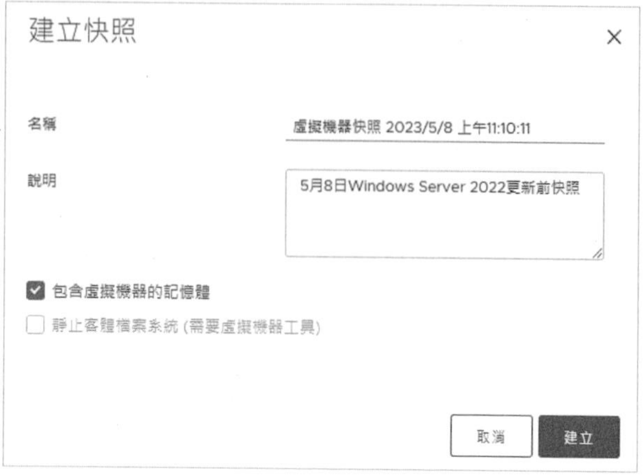

建立快照
名稱
虛擬機器快照 2023/5/8 上午11:10:11
說明
5月8日Windows Server 2022更新前快照
包含虛擬機器的記憶體
靜止客體檔案系統 (需要虛擬機器工具)
取消
建立

圖 4-32　建立快照

完成了虛擬機器快照的建立之後，未來如果要進行快照的管理，包括了選定快照的還原、編輯以及刪除等操作，則須開啟如圖 4-33 的[管理快照]頁面。在此您將可以查看到每一個快照的日期時間、說明、大小，以及是否有啟用記憶體快照與靜止客體檔案系統功能。

Windows Server 2022
動作
摘要
監控
設定
權限
資料存放區
網路
快照
更新
拍攝快照...
還原
編輯
刪除
全部刪除
虛擬機器快照 2023/5/8 上午11:10:11
虛擬機器快照 2023/5/8 上午11:14:56
您在此處
名稱
虛擬機器快照 2023/5/8 上午11:14:56
說明
更新ERP程式
時間戳記
2023/5/8 上午11:15
大小
28.13 MB
拍攝虛擬機器記憶體快照
是
靜止客體檔案系統
否

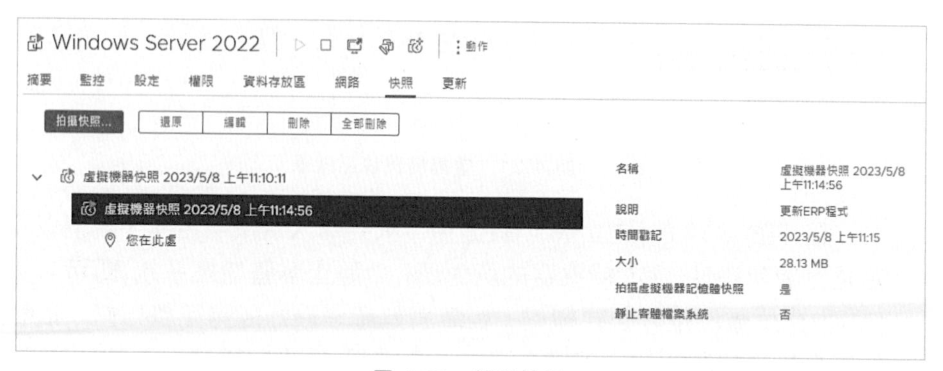

圖 4-33　管理快照

往後如果需要還原最新一次的快照，最快的方式是直接在[快照]的子選單中點選[還原為最新快照]即可。執行後將會出現如圖 4-34 的警示訊息，主要是提醒我們最好能夠將現行的狀態進行快照，否則一旦完成最新快照的還原，此狀態將無法進行復原。請在勾選[還原為選取的快照時 暫停此虛擬機器]設定後點選[還原]按鈕。

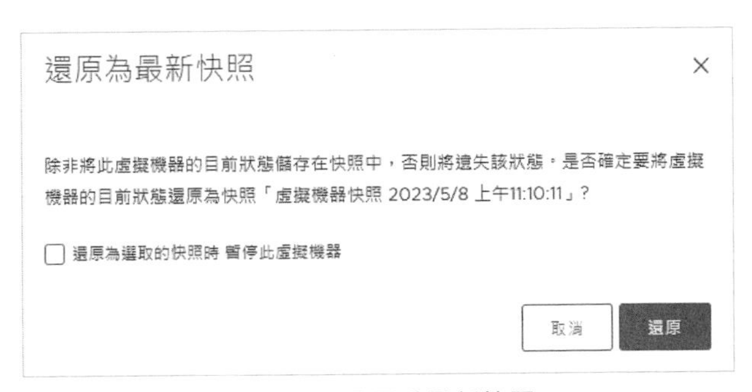

圖 4-34　還原爲最新快照

4.8 善用資源集區

在資源有限的情況下，為了妥善做好資源的管理，我們必須懂得善用 vSphere 資源集區的功能，來配置好每一台 ESXi 主機或是叢集資源集區的設定，以便讓不同用途與重要等級的虛擬機器，可以有各自妥善的資源配置。

首先在 vSphere 叢集下建立資源集區的好處，在於能夠結合 DRS 的自動分配功能，來妥善維持虛擬機器的正常運行，現在就讓我們先來嘗試建立一個叢集資源集區吧。請如圖 4-35 在叢集的[動作]選單中點選[新增資源集區]。請注意！當選定的叢集已關閉 vSphere DRS 功能時，將會發現在叢集的功能選單中，無法點選[新增資源集區]選項。

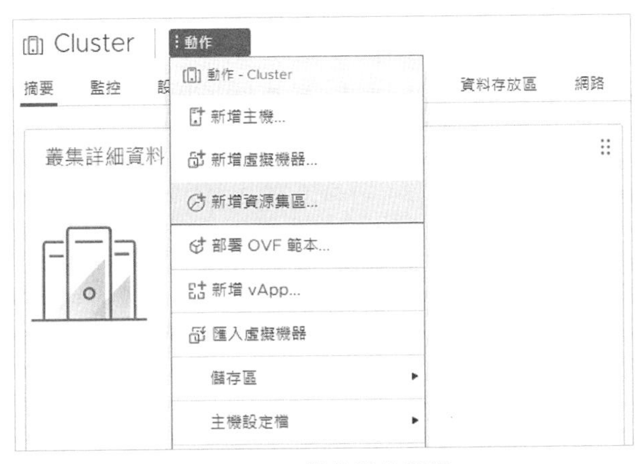

圖 4-35　叢集動作選單

在如圖 4-36 的[新增資源集區]頁面中，除了需要輸入新資源集區的名稱之外，如果您想要在新增或移除虛擬機器時可以動態擴充共用率，請選取[是，使其可擴充]設定。緊接著便可以開始來設定[CPU]與[記憶體]各自資源的分配方式。

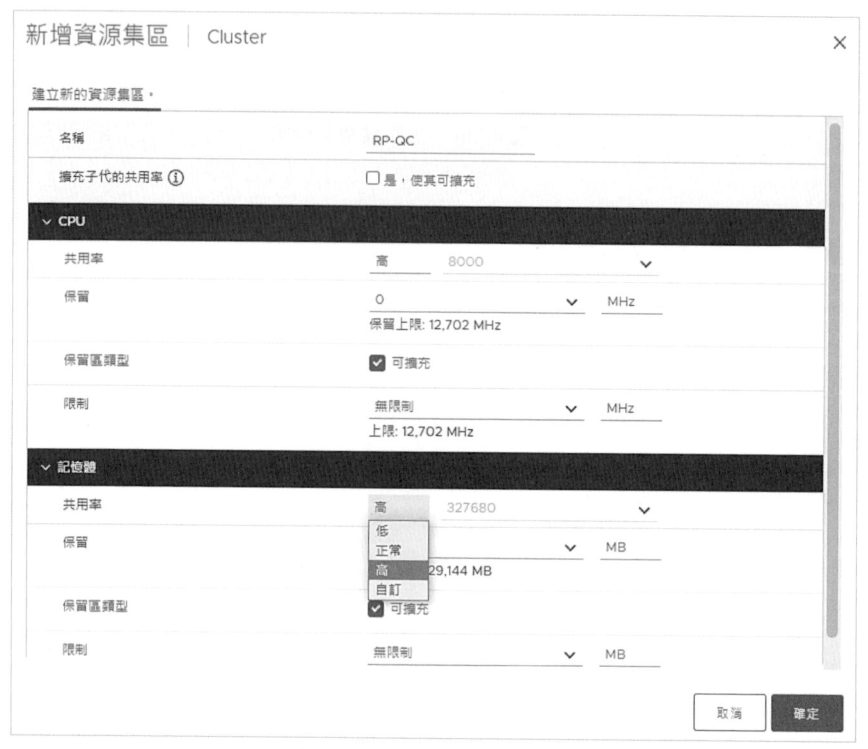

圖 4-36　新增叢集資源集區

在[共用率]的欄位中有分為低、正常、高以及自訂可以選擇，前三種等級會分別以 1:2:4 的比例來指定共用率的值。在此筆者舉個例子來說明，假設我們現在分別建立一個名為 RP-QC 與一個名為 RP-Sales，然後將 RP-QC 的共用率設定為[高]，而將 RP-Sales 的共用率設定為[低]，此時如果 RP-QC 的 CPU 共用率結果顯示為 8000，而記憶體共用率顯示為 327680，則 RP-Sales 的 CPU 共用率結果必定是顯示為 2000，以及記憶體的共用率顯示為 81920。

在[保留區]的欄位中可以為該資源集區設定保證的 CPU 或記憶體配置量(預設值=0)。若在[保留區類型]欄位中將[可擴充]設定勾選，則對於該資源集區中運行的虛擬機器而言，如果總體保留區的資源大於該資源集區的保留區資源，則該資源集區將可以使用父系或上層資源，來繼續維持系統的正常運行。

在[限制]的欄位中可以設定此資源集區的 CPU 或記憶體配置量的上限值，在此系統也會提示它們各自的最大上限值，若沒有打算加以限制則可以選擇[無限制]即可。點選[確定]。

當完成叢集資源集區的新增之後，您將可以如圖 4-37 從它們的[摘要]頁面之中，檢視到此資源集區相關的資源設定，以及此資源集區中的所有虛擬機器和範本數量、已開啟電源的虛擬機器數量、子資源集區數量、子 vApp 數量。

圖 4-37　檢視叢集資源集區

接下來您將可以在此叢集之中，針對不同虛擬機器的資源配置需求，來把它們移動到相對的資源集區中來運行即可，當然也可以隨時將它們移出資源集區。請注意！如果某個虛擬機器已開啟電源，且目的地資源集區的 CPU 或記憶體保留設定，不足以運行該虛擬機器之時，則移動操作將會遭遇失敗。

資源集區功能所帶來的好處，並非只能使用在叢集主機的架構之下，而是也可以在叢集以外的 ESXi 主機之中。請在 ESXi 主機的[動作]選單中點選[新增資源集區]。

在如圖 4-38 的[新增資源集區]頁面中，可以發現相較於叢集資源集區，便是只有少了[擴充子代的共用率]選項，其餘包括共用率、保留、保留區類型以及限制功能設定皆是有的。請注意！如果已將某台 ESXi 主機加入到叢集之中，則將無法建立該主機的資源集區。

圖 4-38　新增主機資源集區

4.9 熱新增 CPU 與 RAM

雖然說大多數的虛擬機器在運行一段時間之後，即便有擴增 CPU 或 RAM 的必要需求，也都可以安排在離峰時間完成正常停機之後，再來調整 CPU 或 RAM 的大小配置。但是相信仍然會有一些必須二十四小時持續運行的應用系統，必須在不停機的狀態下來添加 CPU 或 RAM。

在這種情境下只要虛擬機器滿足以下條件，並且 Guest OS 本身支援 CPU 或 RAM 的熱新增功能，便能夠添加現行主機中可用的 CPU 或 RAM 資源至虛擬機器的配置中，並且可讓 Guest OS 與運行中的任何應用系統以及服務，立刻使用剛才在線上所添加的資源。

- 虛擬機器硬體採用 7 或更高的版本
- 已完成 VMware Tools 的安裝
- 此虛擬機器必須尚未啟用 FT(Fault Tolerance)功能
- 必須使用 vSphere Advanced、Enterprise 或 Enterprise Plus 的合法授權

小提示 在 Windows 的世界中只要是 Windows Server 2012 以上的版本，無論是 Standard 或 Datacenter 授權版本，皆是支援 CPU 與 RAM 的熱新增功能。

在虛擬機器滿足了上述的條件之後，接下來就讓我們實際來為 vSphere 8.0 架構下的虛擬機器，啟用一下有關於 CPU 與 RAM 的熱新增功能。

首先請開啟虛擬機器的[編輯設定]頁面。接著請點選至[虛擬機器選項]的子頁面。如圖 4-39 便可以在展開[CPU 拓樸]設定之後，便可以將位在[CPU 熱插拔]的[啟用 CPU 熱新增]功能勾選。

圖 4-39　CPU 拓樸設定

接下來是記憶體的設定部分。請切換至[虛擬硬體]的頁面中，如圖 4-40 在此便可以將位在[記憶體熱插拔]中的[啟用]勾選即可。點選[確定]。

編輯設定 | Windows Server 2022

虛擬硬體　虛擬機器選項　進階參數

新增裝置

> CPU　2

記憶體 *　4　GB

保留　0　MB

保留所有客體記憶體 (全部鎖定)

限制　無限制　MB

共用率　正常　40960

記憶體熱插拔　啟用

圖 4-40　記憶體配置

小提示 針對記憶體熱新增的大小上限，是現行的記憶體 x16 即是上限。舉例來說，如果現行的記憶體是 4GB 則最高上限便是 64GB。此外，現行的記憶體大小不可以是 3GB 或更小。

本章結語

企業選擇全面部署私有雲架構方案，無非是要解決三大重點，分別是降低 IT 總體擁有成本(TCO)、簡化 IT 管理複雜度、提升應用程式與服務可靠度，然而想要真正做好企業私有雲的維運任務談何容易，還必須滿足三大基本要素才行，分別是選擇強大功能的虛擬化平台、內建完整且友善的工具、學習正確的管理方法。上述中的前兩項要素 VMware vSphere 8 已經辦到，接下來所需要的僅是 IT 人員去學習如何正確的使用它。

本章所講解的實戰內容看似簡單易懂但卻也是相當實用，未來無論面對如何更加複雜的管理需求，同樣可以有相對的進階管理技巧來因應，例如搭配 PowerCLI、ESXCLI、Script…等的自動化管理方案。請繼續閱讀其他章節內容，來學會更多實用的管理技巧。

05

chapter

ESXi 主機運行全面監視

ESXi 主機是 vSphere 整體運行的基礎，它的每一項硬體規格與配置也將牽動到虛擬機器、虛擬網路、虛擬儲存的執行效能，因此管理人員於平日就應該做好 ESXi 主機運行的監視，並且在必要時升級選定的硬體裝置規格，以改善與日俱增的應用系統效能。除此之外您還可以有更積極的作為，那就是在 ESXi 主機正式上線前，預先做好系統層面的相關優化配置，讓主機的運行一上線就全速前進。

5.1 簡介

相信許多人都有這樣的經驗，那就是全新的手機或電腦使用一年半載之後，會發現它的執行速度大不如從前剛入手的時候。其實並非是手機或電腦的硬體速度變慢了，而是你所安裝的軟體與常駐執行的程式變多了，以至於 CPU、記憶體、儲存裝置所需要處理的資料量變大了。此時只要將手機重置或電腦的作業系統整個清除重灌，便會發現以往的速度感又回來了。

透過手機重置或電腦作業系統重灌的做法，雖然可以迅速恢復它本來的執行速度，但它卻是一個不得已才會去使用的解決方案，因為一旦這麼做原本已安裝好的軟體、防毒程式、驅動程式、網路配置、以及作業環境與各種軟體的設定通通都得重來一遍，而且萬一事前的備份不夠周全的話，可能還會導致某一些重要資料因此遺失。

對於進階的用戶來說當明顯感受到手機或電腦變慢時，肯定不會選擇重置或重灌的做法來解決，而是會優先去察看目前已安裝的軟體清單，以及透過一些工具來查詢究竟是哪一些程式佔用了大多數的資源，接著再手動移除這一些不必要的軟體或常駐程式，以便將可用的硬體資源釋放出來。若發現這一些軟體與程式是必要的安裝，那麼這時候再來考慮升級硬體設備。

vSphere 管理員所面臨的情境和上述的進階用戶其實是差不多的，差別只在於你所管理的是整間公司在使用的主機，而不是一台僅給個人在使用的手機或電腦。由於有許多相當重要的應用系統與服務，在 vSphere 的虛擬機器之中執行，因此除了必須要有完善的備援與備份機制之外，維持高效能的運行速度更是重要。

想要讓 vSphere 整體運行速度達到令人滿意的結果，除了同樣需要有高速的 CPU、記憶體、磁碟以及網路設備為基礎之外，懂得善用工具來持續監視系統的運行，並且根據不同的情境需求來調教出適合的配置，更是身為一位 vSphere 頂尖管理人員所不可或缺的技能。

接下來就讓我們從 vSphere 架構中最關鍵的 ESXi 主機出發，一同學習如何做好它的運行監視與配置優化。

5.2 ESXi Host Client 主機運行監視

想要讓 ESXi 主機的運行持續在最佳狀態，就必須善用內建的效能監視工具，而這一些工具在 vSphere Client、ESXi Host Client 以及 Shell 命令操作介面中皆有提供，其中 ESXi Host Client 在前一版稱之為 VMware Host Client。首先以獨立運行的 ESXi 主機而言，登入使用 ESXi Host Client 網站來監視運行的效能便是最簡單的作法。

當我們登入 ESXi Host Client 網站之後，在預設所開啟的[主機]首頁之中，便可以如圖 5-1 發現一個用以呈現[過去一小時的效能摘要]小工具，在此可以分別檢視到 CPU 與記憶體在最近一小時之內所耗用的資源曲線。一般而言無論是 CPU 還是記憶體，只要持續一小時耗用的資源維持在 80%左右，即表示可能需要升級主機的 CPU 或增加記憶體容量。

5

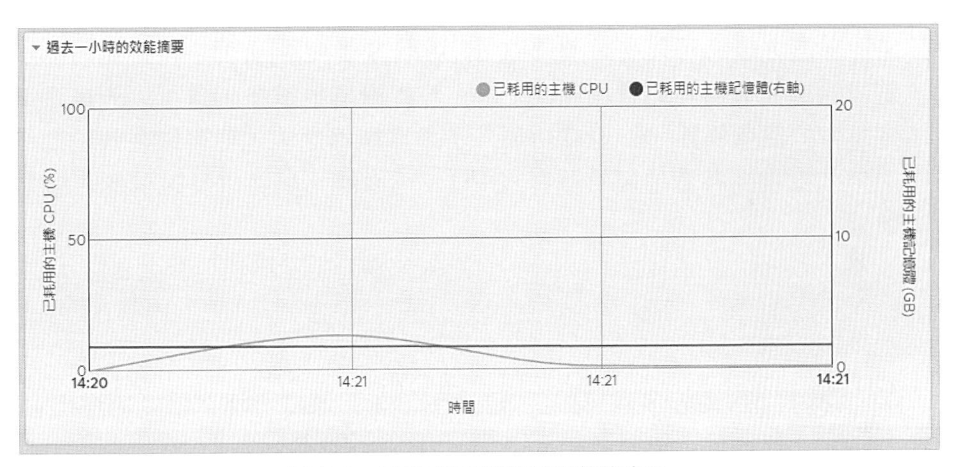

圖 5-1　CPU 與記憶體基本效能表現

若要進一步進行完整的效能監視，可以點選至[監控]\[效能]的頁面。如圖 5-2 在此可以發現在目標的選單之中，分別有 CPU、記憶體、網路以及磁碟的選項。以[磁碟]選項為例，便可以從曲線圖檢視到包含總磁碟使用量、總讀取速率、總寫入速率、最大延長時間等數據。若想知道某一個時間點的數據，只需要將滑鼠游標移動到該時間點的曲線位置即可得知。

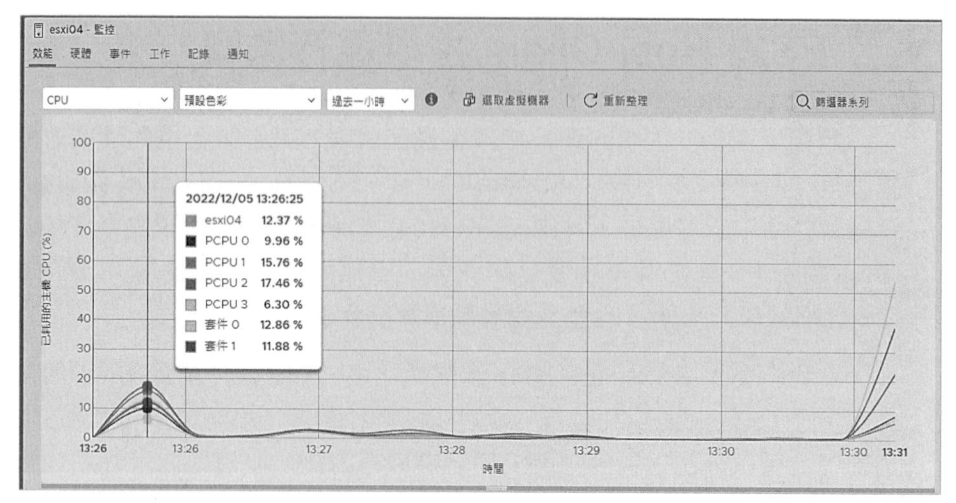

圖 5-2　效能檢視

此外在[效能]的頁面之中，還可以發現有一個[選取虛擬機器]的超連結，點選之後將可以在如圖 5-3 的[選取虛擬機器]頁面中，挑選所要一併監視的虛擬機器並點選[選取]按鈕。若虛擬機器很多，還可以先設定下拉選單中的篩選條件。一旦成功加入了虛擬機器之後，便可以在效能曲線圖之中，檢視到各個虛擬機器在 CPU、記憶體、網路以及磁碟的資源耗用數據。

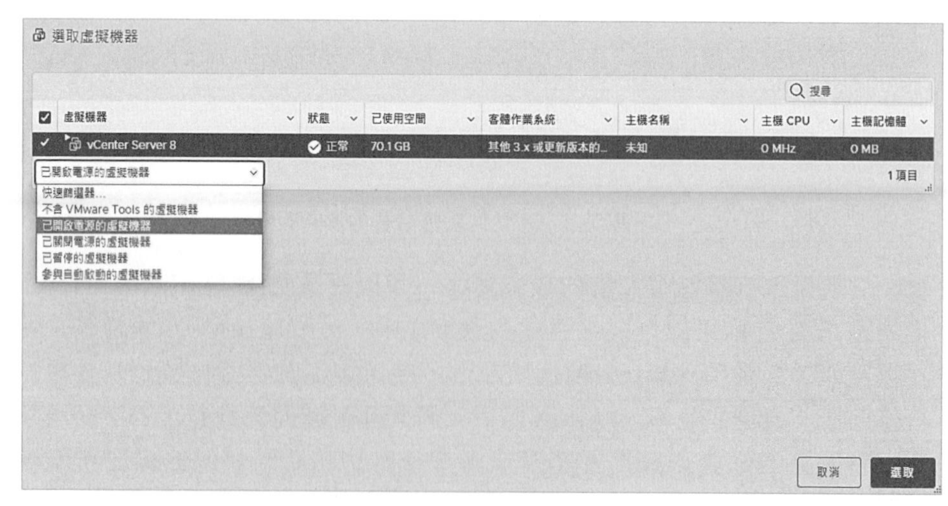

圖 5-3　選取虛擬機器

5.3 vSphere Client 主機運行監視

若 ESXi 主機並非獨立運行且有加入 vCenter Server 管控之中，那麼選擇使用 vSphere Client 網站內建所提供的效能監視工具，肯定會是最佳的選擇，因為您將可以監視到更完整的效能數據，以及更具彈性的時間區間設定。

請在登入 vSphere Client 網站之後，點選至 ESXi 主機節點中的[監控]\[效能]\[概觀]頁面。首先在如圖 5-4 的[效能概觀]頁面中，預設將可以檢視關於 CPU、記憶體、記憶體速率以及磁碟等效能數據圖，並且同樣能夠透過滑鼠游標的移動，來查看選定時間點的效能數據。在[期間]的選單設定部分，預設除了有[即時]選項之外，還有最近一天、最近一週、最近一個月以及過去一年可選擇。

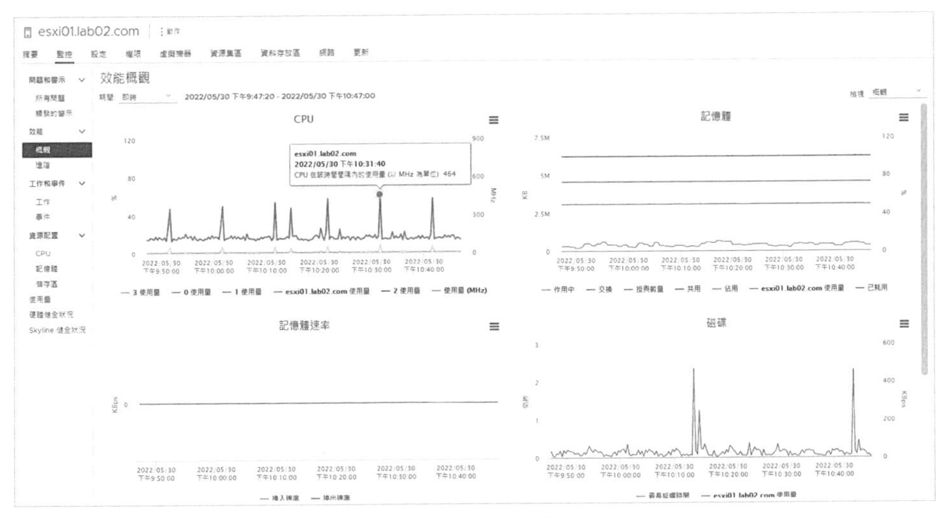

圖 5-4　主機效能概觀

接下來請點選至[監控]\[效能]\[進階]頁面，在此除了可以透過[期間]的選擇，來查看選定期間內的效能數據之外，還可以如圖 5-5 進一步從[檢視]頁面之中，來選擇所要檢視的效能物件，包括了 CPU 使用率(%)、資料存放區、記憶體、磁碟、網路、電源、儲存區介面卡、儲存區路徑、系統以及 vSphere Replication，其中 vSphere Replication 的效能數據圖，必須在有額外安裝與使用 vSphere Replication 的情況下才會產生相關的效能數據。

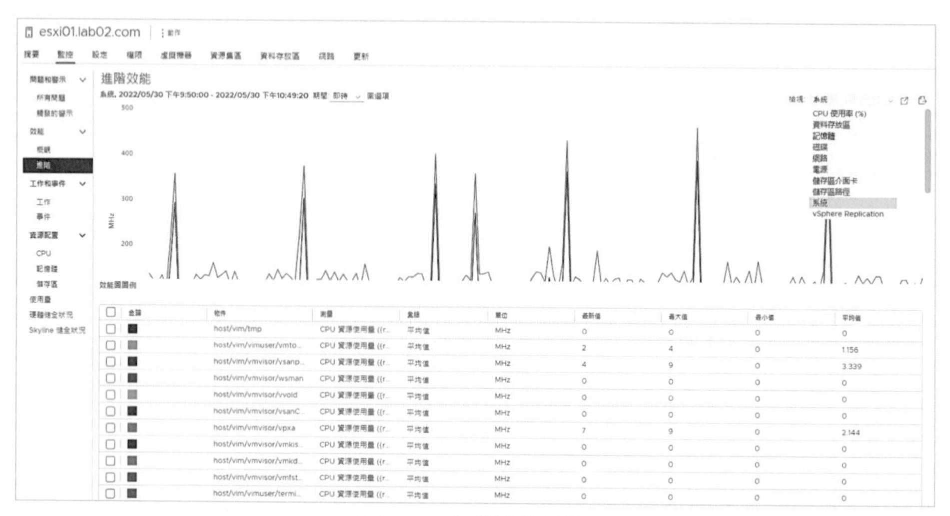

圖 5-5　主機進階效能

接著這裡還有一項更棒的功能，那就是位在[期間]選單旁的[圖選項]功能，點選之後將會開啟如圖 5-6 的設定頁面。在此除了可以針對不同的[圖度量]來多重選取所要監視的計數器之外，還可以自訂時間範圍、目標物件以及圖類型，可以說功能配置設計得相當彈性。

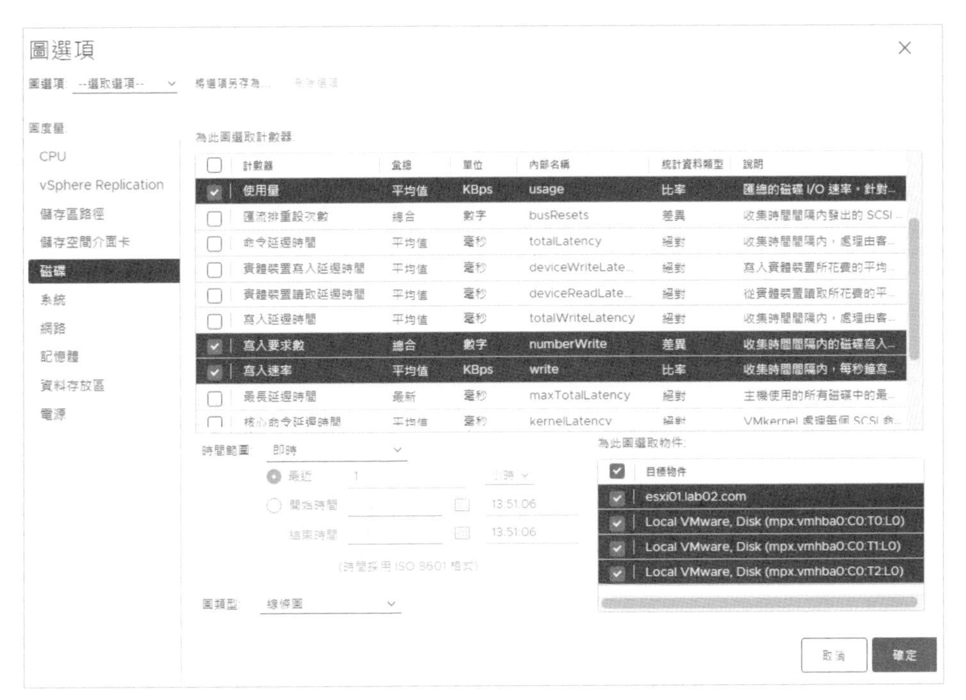

圖 5-6　圖選項設定

在確認完成了圖選項的設定之後，請點選[將選項另存為]的超連結，來開啟如圖 5-7 的頁面以完成自訂的圖選項命名。點選[確定]。

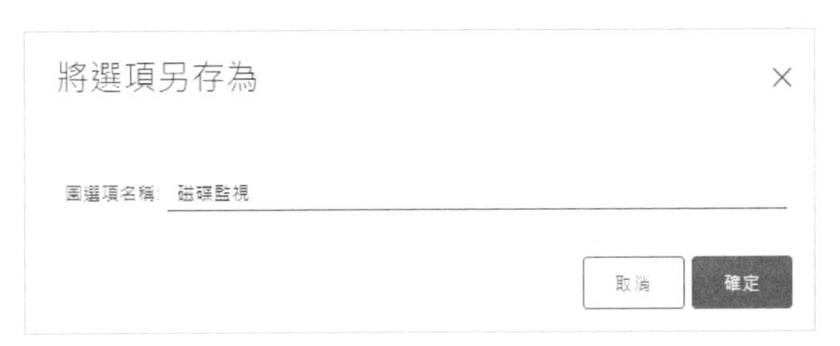

圖 5-7　將選項另存爲自訂名稱

如圖 5-8 便是完成自訂圖選項的設定之後，所開啟的進階效能頁面。在曲線圖的下方便可以查看到所有已加入的計數器，而每一個計數器除了有各項欄位的數據之外，也會呈現相對應的目標物件。舉例來說，針對在此的第一項目標物件 esxi01.lab02.com，我們可以查看到它在選定的期間之內，磁碟使用量的最大值、最小值以及平均值。

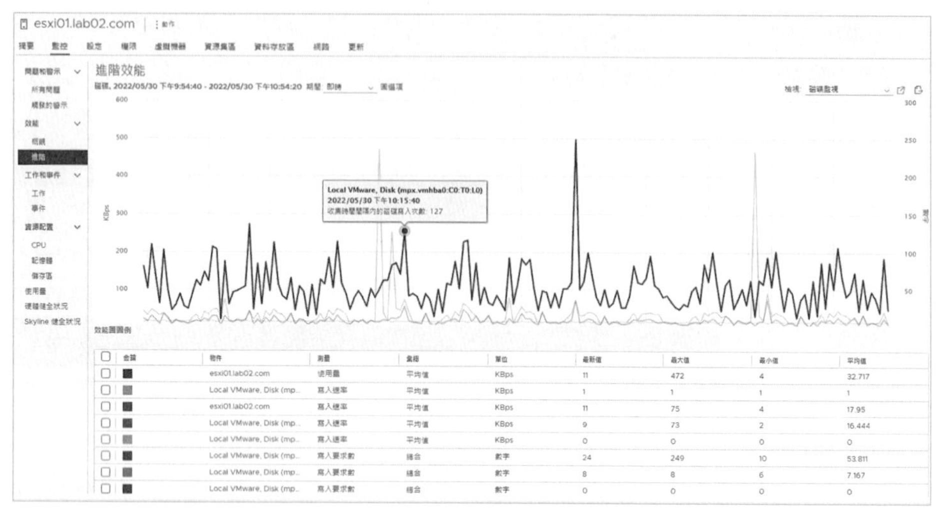

圖 5-8　檢視自訂選項即時效能

5.4 esxtop 命令工具監視

在 vSphere 架構管理中的 ESXTOP 與 RESXTOP 命令工具，都是用來監視 ESXi 主機即時運行的效能，你可以透過它們來監視 CPU、記憶體、磁碟空間以及網路資源的使用狀況。RESXTOP 雖然提供了與 ESXTOP 相同功能，但是它還可以讓管理員透過相關參數的設定，來監視遠端的其他 ESXi 主機，不過 RESXTOP 不像 ESXTOP 直接內建於 ESXi 主機的系統之中，而是必須自行下載與安裝在 Linux 系列的電腦之中來使用。接下來就讓我們實戰一下有關這兩個命令工具的使用技巧。

當管理員已預先在 ESXi 主機的設定中，完成了 Shell 與 SSH 服務的啟用之後，後續便可以很方便的經由 SSH Client 的遠端連線方式，登入至 ESXi 主機的系統來執行 esxtop 命令，以開啟如圖 5-9 的即時監視工具，它就好像是一個 Windows 作業系統中的純文字版本的[工作管理員]。

開啟 esxtop 監視工具之後，若要查看操作按鍵說明只要按下 H 鍵即可，若要離開 esxtop 監視工具請按下 Q 鍵。其他常用的按鍵功能，包括了 C 鍵檢視 CPU、I 鍵檢視中斷程式、M 鍵檢視記憶體、N 鍵檢視網路、D 鍵檢視磁碟配接卡、U 鍵檢視磁碟裝置、V 鍵檢視虛擬機器磁碟、P 鍵檢視電源管理。

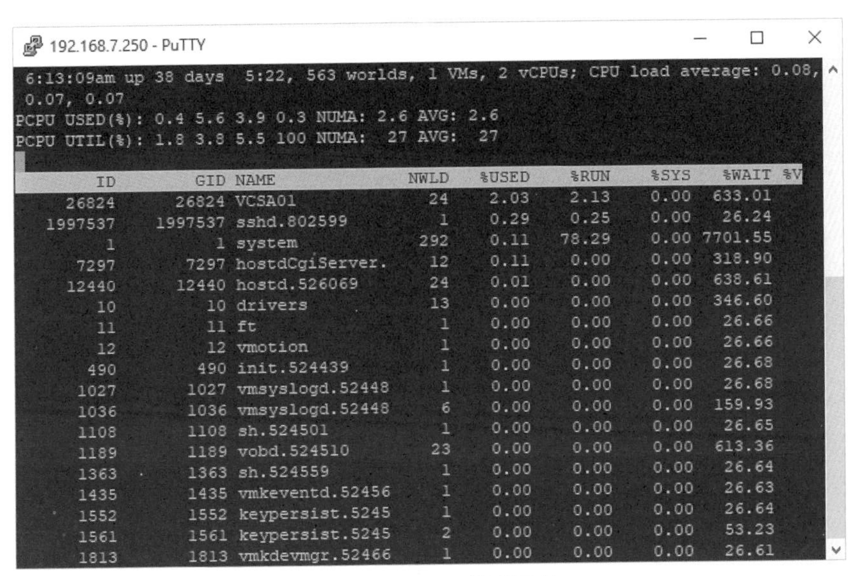

圖 5-9　esxtop 監視工具

表 5-1　esxtop 命令參數

命令參數	說明
-h	顯示各項功能的操作說明
-v	顯示版本資訊
-b	啟用批次模式
-1	將物件鎖定至第一個快照中的可用物件
-s	啟用安全模式
-a	顯示所有統計資料
-c	設定配置檔案名稱
-R	啟用重新執行模式
-d	設定更新之間的延遲時間(秒)
-n	僅對 n 個執行反覆統計。若使用-n infinity 參數設定，即表示無限期執行 esxtop。
-u	抑制實體 CPU 的統計數據

小提示 無論是 resxtop 或 esxtop 命令工具，都可以採用三種之一的模式來執行，分別是互動模式(interactive)、批次模式(batch)、重新執行模式(replay)。

5.5 resxtop 命令工具監視

看完了有關於 esxtop 命令工具，在即時效能監視的使用技巧之後，接下來可以進步學習另一個類似的命令工具，那就是 resxtop。resxtop 和 esxtop 命令工具之間的主要差異，在於 resxtop 可以安裝在 Linux 的電腦之中來進行遠端連線使用， 而 esxtop 則只能透過 ESXi 本機的 ESXi Shell 命令介面中來啟動。一旦進入到互動式操作頁面，相關的快捷鍵的使用方式都是相同的。

請先準備好一台 Linux 作業系統的電腦，在此筆者以 Ubuntu 20 版本為例子。接著如圖 5-10 開啟網頁瀏覽器到以下官網下載 Resxtop 命令工具，目前最新版本為 7.0(resxtop-7.0.0-15992393-lin64.tgz)。

- VMware vSphere Resxtop 命令工具下載：
  https://developer.vmware.com/web/tool/7.0/resxtop

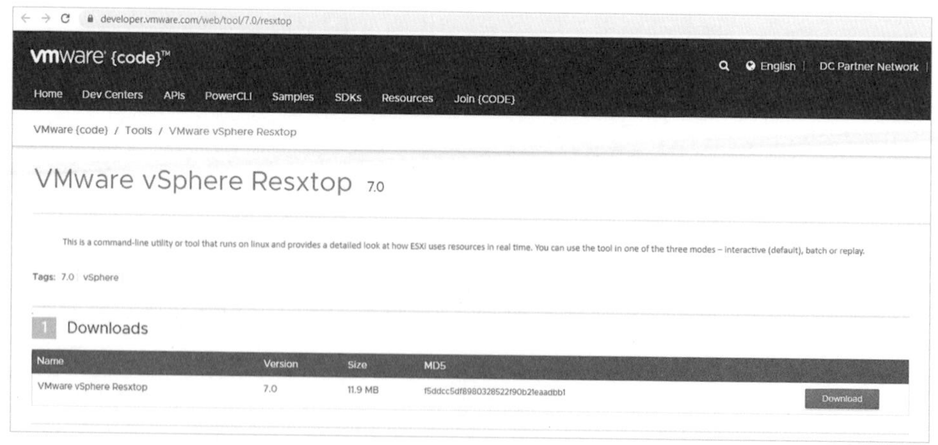

圖 5-10 下載 VMware vSphere Resxtop 命令工具

完成了 Resxtop 命令工具的下載並解開壓縮之後，請開啟 Terminal 命令視窗並切換到解壓縮後的路徑之下，再如圖 5-11 執行 ls -l 命令來查看是否有 resxtop 相關的檔案清單。確認沒問題之後，請執行 sudo ./install.sh 命令參數。

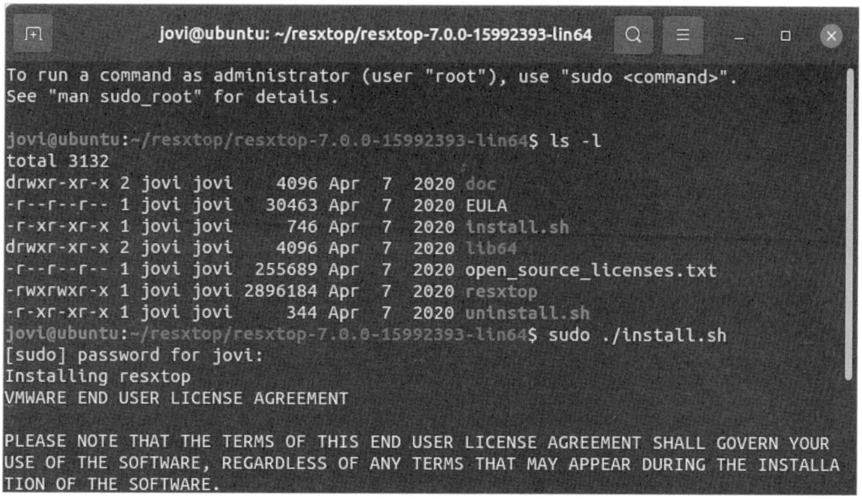

```
jovi@ubuntu: ~/resxtop/resxtop-7.0.0-15992393-lin64
To run a command as administrator (user "root"), use "sudo <command>".
See "man sudo_root" for details.

jovi@ubuntu:~/resxtop/resxtop-7.0.0-15992393-lin64$ ls -l
total 3132
drwxr-xr-x 2 jovi jovi    4096 Apr  7  2020 doc
-r--r--r-- 1 jovi jovi   30463 Apr  7  2020 EULA
-r-xr-xr-x 1 jovi jovi     746 Apr  7  2020 install.sh
drwxr-xr-x 2 jovi jovi    4096 Apr  7  2020 lib64
-r--r--r-- 1 jovi jovi  255689 Apr  7  2020 open_source_licenses.txt
-rwxrwxr-x 1 jovi jovi 2896184 Apr  7  2020 resxtop
-r-xr-xr-x 1 jovi jovi     344 Apr  7  2020 uninstall.sh
jovi@ubuntu:~/resxtop/resxtop-7.0.0-15992393-lin64$ sudo ./install.sh
[sudo] password for jovi:
Installing resxtop
VMWARE END USER LICENSE AGREEMENT

PLEASE NOTE THAT THE TERMS OF THIS END USER LICENSE AGREEMENT SHALL GOVERN YOUR
USE OF THE SOFTWARE, REGARDLESS OF ANY TERMS THAT MAY APPEAR DURING THE INSTALLA
TION OF THE SOFTWARE.
```

圖 5-11　執行 Resxtop 安裝程式

在執行安裝程式的過程之中，僅需要同意版權聲明即可完成安裝。緊接著我們還必須執行以下兩道命令參數，如圖 5-12 來安裝缺少的 libncurses.so.5 套件。

```
sudo add-apt-repository universe
sudo apt-get install libncurses5 libncurses5:i386
```

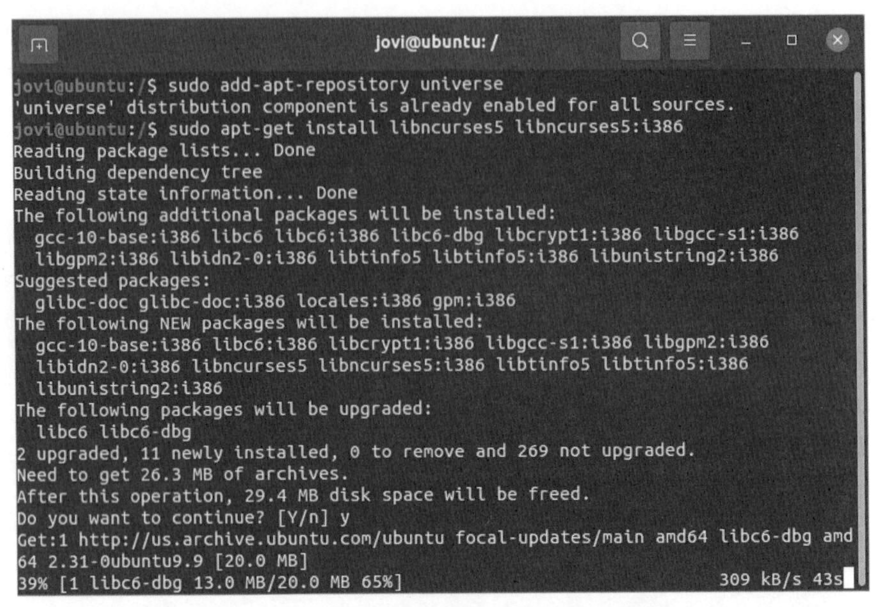

```
jovi@ubuntu:/$ sudo add-apt-repository universe
'universe' distribution component is already enabled for all sources.
jovi@ubuntu:/$ sudo apt-get install libncurses5 libncurses5:i386
Reading package lists... Done
Building dependency tree
Reading state information... Done
The following additional packages will be installed:
  gcc-10-base:i386 libc6 libc6:i386 libc6-dbg libcrypt1:i386 libgcc-s1:i386
  libgpm2:i386 libidn2-0:i386 libtinfo5 libtinfo5:i386 libunistring2:i386
Suggested packages:
  glibc-doc glibc-doc:i386 locales:i386 gpm:i386
The following NEW packages will be installed:
  gcc-10-base:i386 libc6:i386 libcrypt1:i386 libgcc-s1:i386 libgpm2:i386
  libidn2-0:i386 libncurses5 libncurses5:i386 libtinfo5 libtinfo5:i386
  libunistring2:i386
The following packages will be upgraded:
  libc6 libc6-dbg
2 upgraded, 11 newly installed, 0 to remove and 269 not upgraded.
Need to get 26.3 MB of archives.
After this operation, 29.4 MB disk space will be freed.
Do you want to continue? [Y/n] y
Get:1 http://us.archive.ubuntu.com/ubuntu focal-updates/main amd64 libc6-dbg amd
64 2.31-0ubuntu9.9 [20.0 MB]
39% [1 libc6-dbg 13.0 MB/20.0 MB 65%]                          309 kB/s 43s
```

圖 5-12　安裝缺少的 libncurses.so.5 套件

一旦完成所缺少的 libncurses.so.5 套件之後，只要再如圖 5-13 完成以下命令參數的執行，來設定好系統程式庫路徑的變數，就可以開始使用 Resxtop 命令工具了。

```
export LD_LIBRARY_PATH=$LD_LIBRARY_PATH:/usr/lib/vmware/resxtop
```

```
jovi@ubuntu:/$ export LD_LIBRARY_PATH=$LD_LIBRARY_PATH:/usr/lib/vmware/resxtop
jovi@ubuntu:/$ echo $LD_LIBRARY_PATH
:/usr/lib/vmware/resxtop
jovi@ubuntu:/$
```

圖 5-13　設定 LD_LIBRARY_PATH 變數

現在您可以在任何路徑下執行 resxtop 命令，即可如圖 5-14 查看到此命令的基本用法，也就是搭配--server 參數設定即可連線到選定的 ESXi 主機，但實際上您可以再添加--username 參數設定來選定帳號。例如可以執行 resxtop --server 192.168.7.251 --username root 命令參數，緊接著再完成此帳號的密碼輸入便可以開始遠端監視。

另外您也可以透過與 vCenter Server 的連線，來監視選定的遠端 ESXi 主機，例如您可以執行 resxtop --server vcsa01.lab02.com --vihost 192.168.7.251 命令參數，來表示透過與 vcsa01.lab02.com 的 vCenter Server 連線驗證之後，再連線監視選定的旗下 192.168.7.251 主機。

```
jovi@ubuntu: /
jovi@ubuntu:/$ resxtop
resxtop: Use --server to specify the remote server.
jovi@ubuntu:/$ resxtop --server 192.168.7.251 --username root
root@192.168.7.251' password:
```

圖 5-14　執行 resxtop 工具連線

成功以 resxtop 連線選定的 ESXi 主機之後，就可以先按下 h 鍵來查看基本的操作說明。如圖 5-15 可以發現各項功能的按鍵操作都與 esxtop 是一樣的，包括了像是按下 q 鍵離開操作介面，以及從 c 鍵到 x 鍵的各項效能物件的監視選擇。必須特別留意這裡的各項功能按鍵是有區分大小寫。

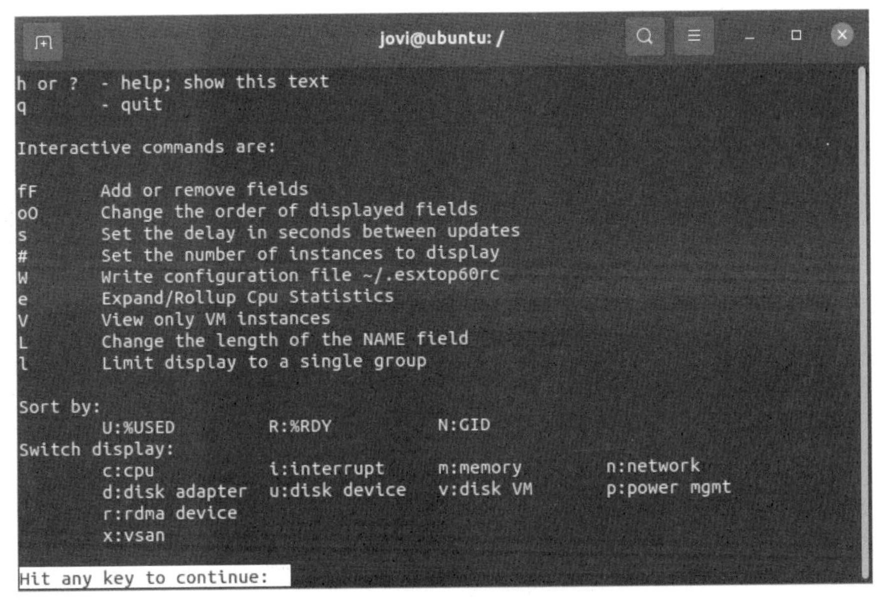

圖 5-15　查看使用說明

接著來看看實際的操作範例。如圖 5-16 便是按下大寫的 V 鍵，所查看到的各個虛擬機器的運行狀態，以及有關於 CPU、記憶體、交換檔案的使用情形。

```
jovi@ubuntu: /
1:55:08am up  2:16, 641 worlds, 2 VMs, 3 vCPUs; MEM overcommit avg: 0.00, 0.00,
0.00
PMEM  /MB: 12282   total: 559     vmk,5141 other, 6582 free
VMKMEM/MB: 12222 managed:   570 minfree,  4881 rsvd,   7340 ursvd,  high state
PSHARE/MB:      40  shared,      40  common:        0 saving
SWAP  /MB:       0    curr,       0 rclmtgt:                  0.00 r/s,   0.00 w/
s
ZIP   /MB:       0  zipped,       0   saved
MEMCTL/MB:       0    curr,       0  target,       71 max

     GID NAME                    MEMSZ    GRANT     CNSM    SZTGT     TCHD    TCHD
   28591 MRP                   4167.54  3612.29     0.00  3998.84   610.25    462.
   27178 vCLS-7339c7d1-b        176.25   141.82     0.00   155.64    38.39     11.
```

圖 5-16　監視虛擬機器運行

若是選擇按下小寫的 v 鍵，則可以如圖 5-17 查看到所有虛擬磁碟的運作狀態，包括了每秒讀寫的即時效能。值得注意的是在大多數情況下可以把 CMDS/s 看作是 IOPS 來監視。

```
jovi@ubuntu: /
2:02:09am up  2:23, 641 worlds, 2 VMs, 3 vCPUs; CPU load average: 0.01, 0.01, 0
.01

     GID VMNAME             VDEVNAME NVDISK   CMDS/s  READS/s WRITES/s MBREAD/s
   27178 vCLS-7339c7d1-b           -      1     0.00     0.00     0.00     0.00
   28591 MRP                       -      1     0.19     0.00     0.19     0.00
```

圖 5-17　監視虛擬磁碟效能

5.6 主機警示定義

對於 vSphere 管理員而言，想要做好 ESXi 主機的效能監視與優化，肯定不是隨時開著電腦螢幕來進行肉眼的二十四小時監視，而是搭配警示工具來觸發可能的效能問題通知，如此一來就能夠達到預警的功能，讓管理員有足夠的緩衝時間來進行主機資源的調配或升級。

如何管理 ESXi 主機的事件警示功能呢？首先請開啟主機節點中的[設定]\[警示定義]頁面。如圖 5-18 在此將可以檢視到現行的所有警示定義清單，每一項警示設定都可以看到它的名稱以及啟用狀態，例如您可以選定[主機硬體電壓]並將它設定為[停用]，如此一來有關這類的事件便不會再出現警示通知。

圖 5-18　主機警示定義管理

接下來您可以嘗試點選[新增]超連結，開啟如圖 5-19 的[新增警示定義]頁面，來自定義一個您所關心的事件警示規則。在警示規則 1 的範例中，筆者設定了當主機記憶體使用量持續 30 分鐘皆高於 90%時，自動觸發警示以及傳送 Email 通知給選定的人員信箱，最後再自動將此主機完成重新開機的操作。

值得注意的是在動作的下拉選單之中，除了有[將主機重新開機]的選項之外，還可以分別選擇進入維護模式、進入待命、結束維護模式、結束待命、關閉主機以及選取進階動作等選項。在警示規則管理的部分，您可以根據實際監視需求來新增多個規則設定，並且可以使用複製規則的方式來產生更多新的規則設定。

圖 5-19 新增警示定義

如何設定 SMTP 發信主機？

1. 設定 SMTP 服務主機允許 vCenter Server 進行 Mail Relay。
2. 請至 vCenter Server 節點的[設定]\[一般]頁面中，點選[編輯]來開啟[編輯 vCenter 一般]\[郵件]設定頁面，接著再輸入 SMTP 服務位址與 Email 寄件者即可。

5.7 BIOS 與電源優化配置

在一般的情況之下，通常我們拿到新的伺服器主機之後，就會透過原廠內建所提供的配置工具，來完成磁碟陣列(RAID)的配置與遠端控制的 IP 設定，然後開始進行作業系統的安裝與使用。

然而對於準備運行 ESXi 系統的主機而言，其實應該進一步了解硬體的 BIOS 設定，因為某一些功能的啟用或關閉，對於 ESXi 系統後續運行的效能是有一定程度的影響。在此首先建議除了必須讓 BIOS 的韌體版本維持在最新之外，可以進入到主機硬體的 BIOS 管理介面之中，完成以下功能的啟用或關閉。

- 關閉不需要的裝置：請在 BIOS 中確實查看哪一些裝置功能不會使用到並將它關閉，例如序列埠、USB 插槽、網路等等。這將有助於 BIOS 配置的優化。
- 啟用 Turbo Boost：只要是 CPU 支援此功能請務必啟用它，因為它是一個內建的軟體加速器，可自動根據系統的工作負載狀態來加速 CPU 的運行，也就是可以動態將 CPU 加速到技術規範中所允許的極限。
- 啟用 CPU 所有的核心：請確認已經將所有 CPU 與所有的核心全部開啟。
- 啟用超線程(Hyperthreading)：此功能允許在 CPU 的每個核心上運行多個線程，以一個核心可以執行 2 個線程而言，若有 12 個核心便可以運行 24 個線程，這意味著可以並行完成更多應用系統所賦予的工作負載。
- 啟用 VT-x、AMD-V、EPT、RVI：請根據主機 CPU 的品牌類型，來確認已啟用此功能，如此才能無礙運行虛擬化平台。
- 記憶體清理選項：如果 BIOS 提供了記憶體清理功能，VMware 官方建議將其保留為製造商的預設配置即可。此功能可透過錯誤校正碼(ECC，Error-Correcting Code)功能，來將已校正後的正確資料回寫到記憶體的原來位置，如此將可增加主機系統運行的可靠度，但也會耗用掉更多的電力。
- Node Interleaving：請停用此功能，將可以使得在 NUMA 節點上獲得最佳效能。
- Execute Disable Bit：強烈建議啟用此功能，以增強對緩衝區溢位攻擊的保護，而這些攻擊可能來自於病毒、蠕蟲、木馬等惡意程式。

除了上述幾個有關於 BIOS 效能的重點配置之外，有關於省電功能的設定也必須留意。首先是 C states 與 C1E 的省電功能，它們會允許 CPU 在空閒時進入睡眠模式來達到省電的機制，像這樣的省電功能看似不錯，但卻可能會導致虛擬機器運行的效能受到影響，因此建議關閉所有相似的功能設定。另一項有關於電源管理的功能則是 P states，它能夠在系統運行過程中需要額外的效能時，即時提供加速模式(Turbo mode)且不需要使用 CPU 的所有核心。

電源的管理除了可以在主機硬體的 BIOS 中來進行配置之外，也可以透過 ESXi 主機的設定來完成。當您使用的是 vSphere Client 網站來進行管理時，可以在點選 ESXi 主機之後，展開至如圖 5-20 的[設定]\[硬體]\[概觀]頁面之中，點選[編輯電源原則]按鈕繼續。

圖 5-20　vSphere Client 主機設定

在如圖 5-21 的[編輯電源原則設定]頁面中，可以發現共有四個選項可以選擇，分別說明如下：

- 高效能(High Performance)：可設定可讓 CPU 運行的效能全速前進，並停用所有與 CPU 相關的節能功能，因此也將會耗損較高的電力。在 ESXi 主機的高效能配置需求中，建議可以將設定改為此選項。
- 平衡(Balanced)：此選項為系統預設值，是屬於效能與電力耗損各佔一半的配置，也就是啟用了 C States 或 P States 的節能機制。如此可讓系統在較少的工作負載狀態下相對使用較少的電力。此選項適用於不需要高效能虛擬機器的主機配置。
- 低功率(Low power)：一旦啟用了此選項即表示將使用所有與 CPU 相關的節能功能，以達到最佳的節能運行需求。

- 自訂(Custom)：若選擇此選項設定即表示您將進一步採用自訂的進階配置。

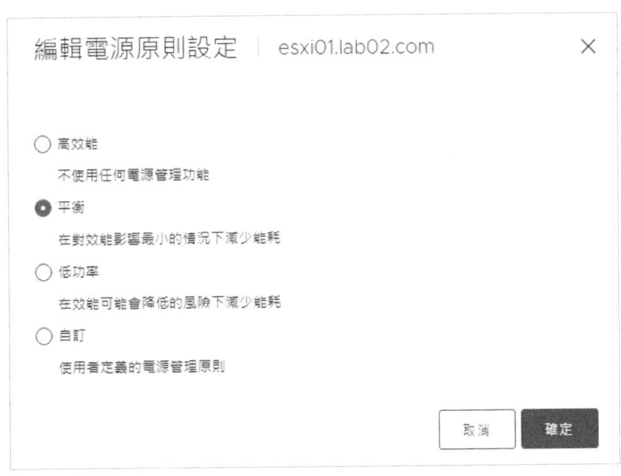

圖 5-21 編輯電源原則設定

5

針對 ESXi 主機的自訂電源管理，必須透過 ESXi Host Client 登入之後，開啟[管理]節點下的[硬體]\[電源管理]頁面。如圖 5-22 在此您將可以查看到所有與電源管理有關的設定項，以及每一個設定項的說明與預設值，這包括了前面所介紹過的 C states 以及 P states。若需要進行修改，只要在選定設定項之後點選[編輯選項]即可。

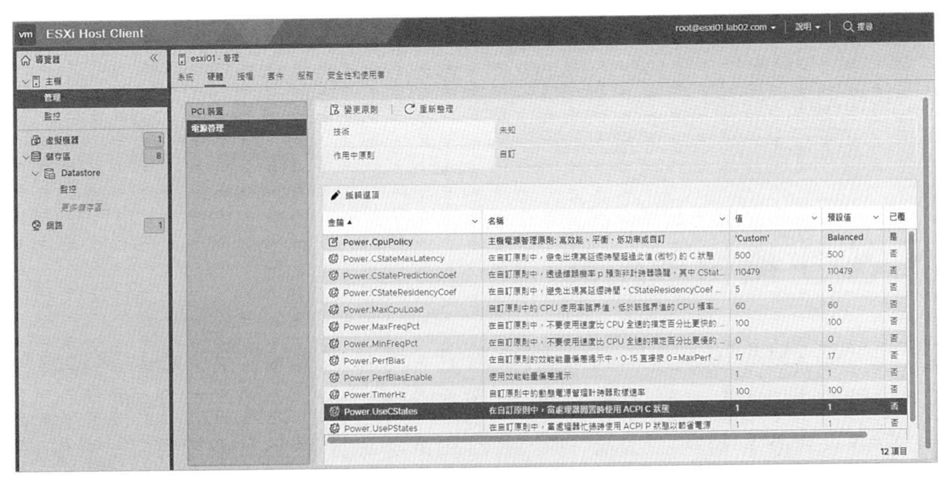

圖 5-22 自訂電源管理原則

如圖 5-23 便是以修改 Power.UseC States 設定項的範例。完成修改後請點選[儲存]按鈕便可以立即生效。

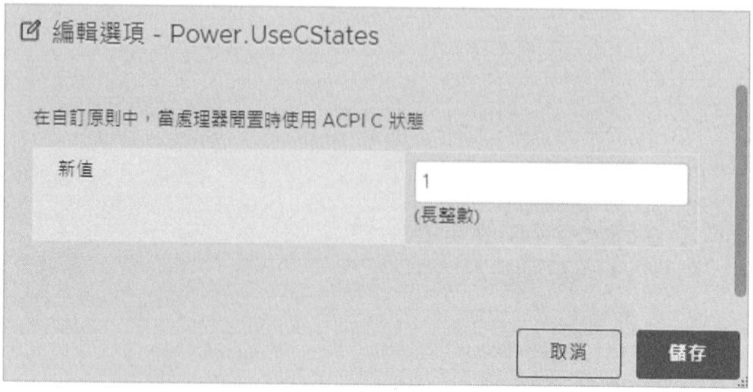

圖 5-23 編輯 Power.UseC States 設定

透過 vSphere Client 或 ESXi Host Client 操作介面，雖然可以方便檢視 ESXi 主機的電源配置，但若要一次檢視位在 vCenter Server 旗下所有主機的電源配置，則可以善用以下 PowerShell 命令。

```
Get-VMHost | Sort | Select Name,
@{ N="當前原則"; E={$_.ExtensionData.config.PowerSystemInfo.
CurrentPolicy.ShortName}},
@{ N="當前原則金鑰"; E={$_.ExtensionData.config.PowerSystemInfo.
CurrentPolicy.Key}},
@{ N="可用的原則"; E={$_.ExtensionData.config.PowerSystemCapability.
AvailablePolicy.ShortName}},
@{ N='硬體支援';E={$_.ExtensionData.Hardware.CpuPowerManagementInfo.
HardwareSupport}}
```

5.8 主機快取組態

在 VMware vSphere 架構環境中，您可以善用實體 Flash 裝置於各種特殊存取功能，來提升虛擬機器的整體運行效能，這包括了 Virtual SAN、VMFS 資料存放區、虛擬 Flash 資源等等。其中結合 ESXi 主機的 VMFS 資料存放區類型，可讓我們將部分 Flash 裝置的儲存區空間，用來作為所有虛擬機器共用的交換快取，以提升虛擬機器的執行效能。

在此筆者建議準備一個獨立專用的小容量實體 Flash 裝置，來做為主機快取組態的連接使用，而不是使用已安裝作業系統或正在運行其他虛擬機器的 Flash 裝置。如圖 5-24 我們可以在 ESXi 主機節點的[設定]\[儲存區]\[儲存裝置]頁面之中，查看到目前已選定了一個全新 100GB 容量的 Flash 裝置，準備用它來做為主機快取的儲存空間。

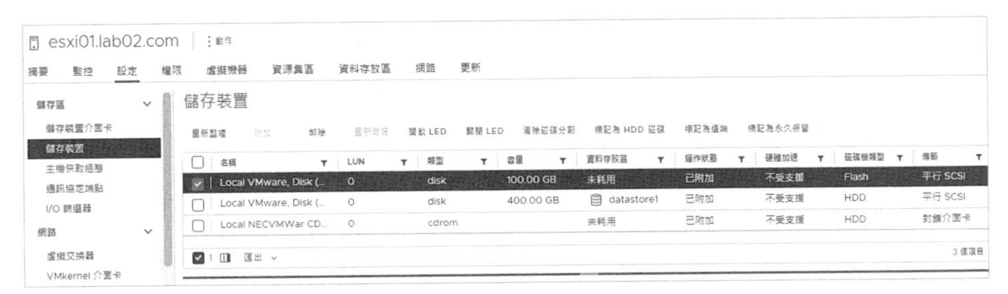

圖 5-24　確認可用儲存裝置

接下來請在主機的[動作]選單之中，點選[儲存區]\[新增資料存放區]，來開啟如圖 5-25 的[類型]設定頁面，請選取[VMFS]並點選[下一頁]繼續。

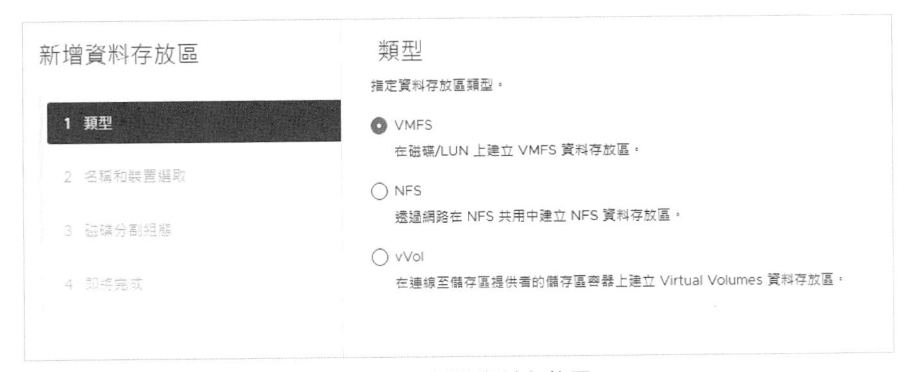

圖 5-25　新增資料存放區

在如圖 5-26 的[名稱和裝置選取]頁面中，請為這個新的資料存放區命名，在此命名為 FlashDatastore1。點選[下一頁]。在[VMFS 版本]頁面中，請選擇預設的 VMFS 6，此版本將會支援 512e 的進階格式以及自動空間回收的存取機制。點選[下一頁]。

圖 5-26 名稱和裝置選取

在如圖 5-27 的[磁碟分割組態]頁面中，將可以自行決定所要配置給此資料存放區的實際空間大小。在此由於筆者建議主機快取採用專用的 Flash 裝置，因此請選擇[使用所有可用的磁碟分割]設定。至於區塊大小、空間回收細微度、空間回收優先順序設定則皆採用預設即可。點選[下一頁]。

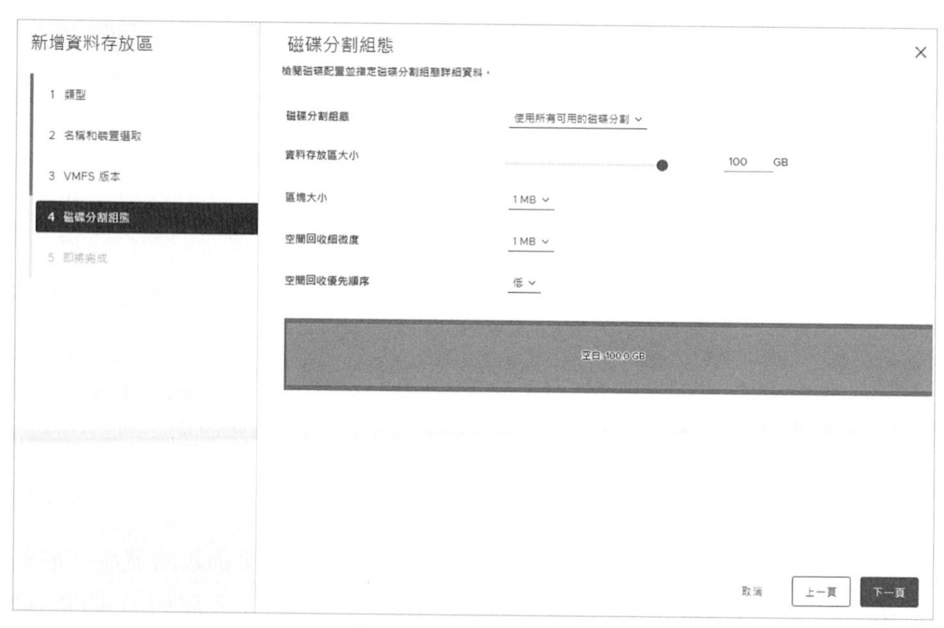

圖 5-27 磁碟分割組態

最後在[即將完成]的頁面中確認上述設定無誤之後，請點選[完成]按鈕。如圖 5-28 回到主機的[資料存放區]頁面之中，便可以查看到剛剛所建立的新資料存放區。後續對於它的基本管理，只要在選取之後按下滑鼠右鍵即可執行瀏覽檔案、重新整理容量資訊、卸載資料存放區、編輯空間回收、刪除資料存放區等功能。

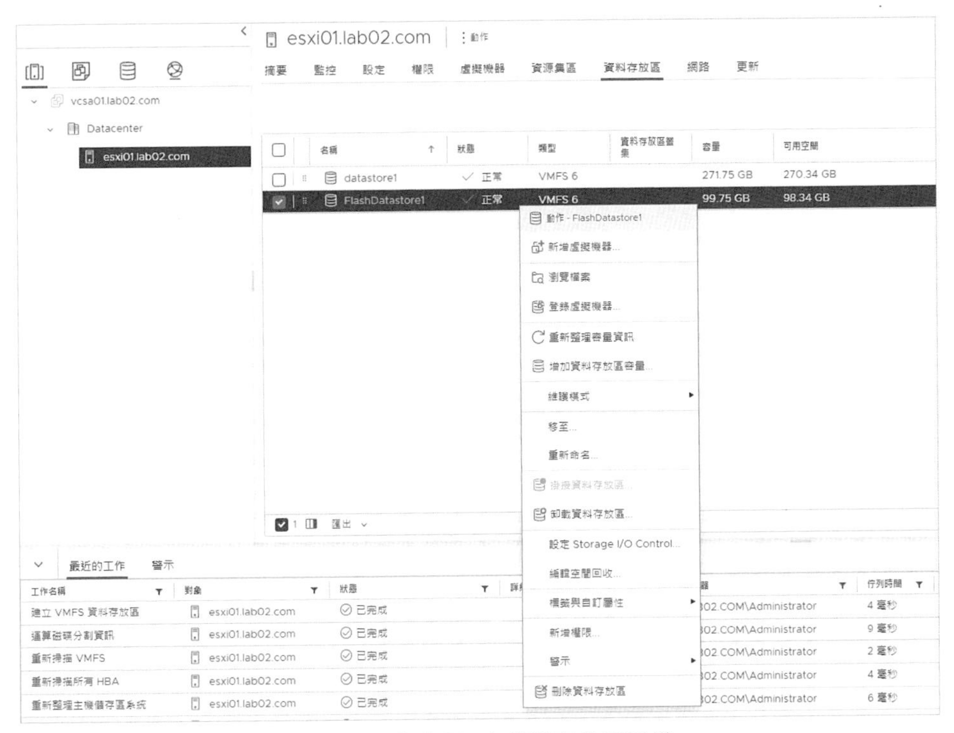

圖 5-28 完成 Flash 資料存放區新增

在完成 Flash 資料存放區的新增之後，接下來請開啟同一台主機節點中的[設定]\[主機快取組態]頁面。如圖 5-29 在此便可以查看到剛剛所建立的資料存放區，請在選定的資料存放區點選[編輯]。

圖 5-29 主機快取組態管理

最後在如圖 5-30 的[主機快取組態]頁面中，便可以自訂快取空間的大小。點選[確定]。完成設定之後，回到上一個頁面之中請點選[重新掃描儲存區]超連結，即可取得最新的容量與主機快取空間資訊。

圖 5-30 編輯主機快取組態

5.9 虛擬 Flash 主機交換快取

善用在 ESXi 主機中所額外安裝的 Flash 裝置，可以提升虛擬機器的運行效能，因為你可以用來做為虛擬 Flash 主機交換快取的用途，而由於它所採用的儲存區類型是 VFFS(Virtual Flash File System)，而非一般用來儲存虛擬機器檔案的 VMFS，簡單來說它就是一個可由多個 Flash 裝置，所組合而成的快取資源集區，能夠更有效率地處理主機交換快取的任務。

當您需要設定虛擬 Flash 資源時，有以下幾點注意事項必須留意：

- 每一台 ESXi 主機上只能有一個虛擬 Flash 資源，但是資源的空間可以由多個 Flash 裝置所組合而成，且無論是 SATA、SAS 或 PCI Express 的儲存介面皆是支援，每一部 ESXi 主機則可以最多安裝 8 顆 Flash 裝置。
- 虛擬 Flash 資源的裝置僅能夠選擇本機的 Flash 裝置。
- 無法使用 Flash 資源的裝置來存放虛擬機器，因為它僅做為快取層的用途。
- Flash 資源和 vSAN 不能夠使用相同的 Flash 裝置，因為這兩類的配置皆會獨佔專用的 Flash 裝置。

接下來就讓我們實戰一下虛擬 Flash 主機交換快取的配置。開始之前我們必須先準備所需的 Flash 裝置。請在所選定的 ESXi 主機節點中點選至如圖 5-31 的[設定]\[儲存區]\[儲存裝置]頁面，確認已經準備好一顆尚未使用的 Flash 裝置。

圖 5-31　確認可用儲存裝置

接著請點選至如圖 5-32 的[設定]\[虛擬 Flash]\[虛擬 Flash 資源管理]頁面。在此可以看到目前尚未有任何支援的裝置，所以也就不會有容量與空間方面的資訊。點選[新增容量]繼續。

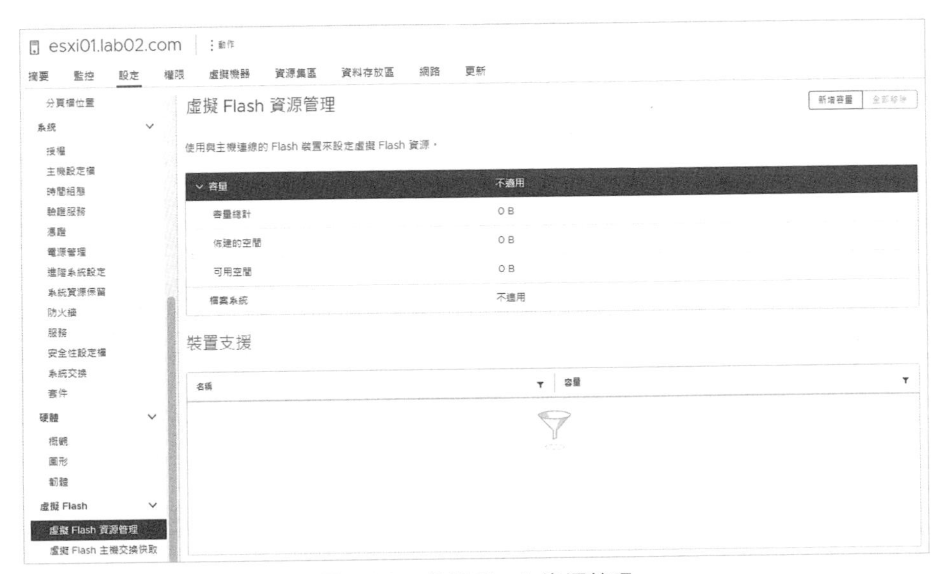

圖 5-32　虛擬 Flash 資源管理

在如圖 5-33 的[新增虛擬 Flash 資源容量]頁面中，可以查看到筆者於前面步驟之中，所準備好的一顆 200GB 的 Flash 儲存裝置。當然您也可以準備多顆的 Flash 裝置，來批量選取同時作為主機交換快取的用途。必須特別注意的是所有被選取的 Flash 儲存裝置，在按下[確定]之後將會進行格式化，如果裝置中已有存放任何資料也將會被一併清除。

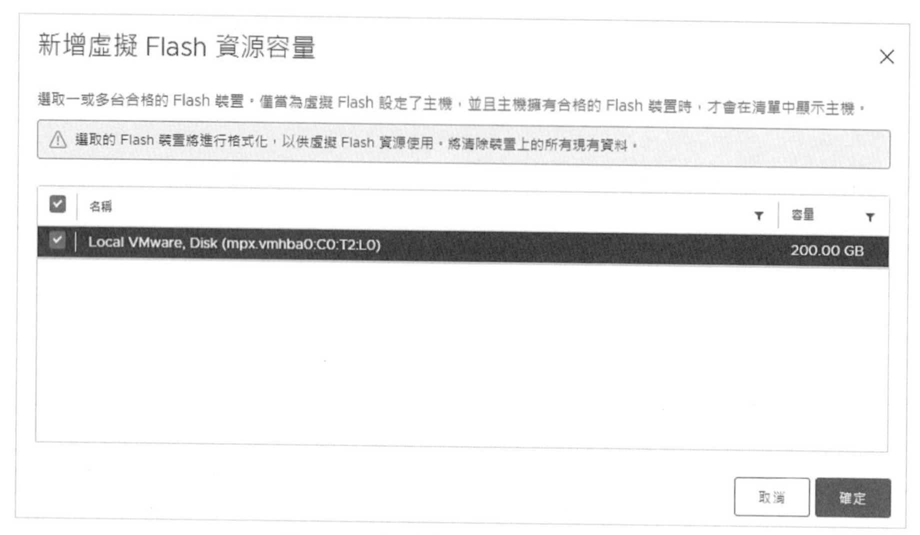

圖 5-33　新增虛擬 Flash 資源容量

當完成虛擬 Flash 資源裝置的新增之後，除了可以在[虛擬 Flash 資源管理]頁面中查看到這一些裝置之外，您也能夠選擇從 ESXi 主機的 Shell 命令介面中，執行 esxcli storage vflash device list 命令參數來查看。如圖 5-34 在命令結果的範例之中，可以發現筆者現行的兩顆本機 Flash 儲存裝置，其中一顆已被標示作為 vflash 的用途。

192.168.7.251 - PuTTY

```
[root@esxi01:~] esxcli storage vflash device list
Name                  Size    Is Local  Is Used in vflash  Eligibility
--------------------  ------  --------  -----------------  -----------
mpx.vmhba0:C0:T2:L0   204800      true               true  It has been configured for vflash
mpx.vmhba0:C0:T1:L0   102400      true              false  No, there are other filesystems
[root@esxi01:~]
```

圖 5-34　查詢可用的 vFlash 資源

在確認完成了虛擬 Flash 資源裝置的設定之後，請點選至[設定]\[虛擬 Flash]\[虛擬 Flash 主機交換快取]頁面。如圖 5-35 在此可以發現目前的[虛擬 Flash 主機交換快取]設定，由於尚未設定因此顯示為 0.00GB，至於可用的虛擬機器的預設虛擬 Flash 模組，現階段僅有 vfc 可以選擇。點選[編輯]按鈕。

esxi01.lab02.com | ⋮ 動作
摘要 監控 設定 權限 虛擬機器 資源集區 資料存放區 網路 更新
硬體
概觀
圖形
韌體
虛擬 Flash
虛擬 Flash 資源管理
虛擬 Flash 主機交換快取
警示定義
排定的工作
虛擬 Flash 主機交換快取 編輯...
虛擬 Flash 主機交換快取 0.00 GB
虛擬機器的預設虛擬 Flash 模組 vfc

圖 5-35 虛擬 Flash 主機交換快取

在如圖 5-36 的[虛擬 Flash 交換快取]頁面中，請輸入所要配置的虛擬 Flash 主機交換快取的大小值，這項設定值必須小於或等於頁面中所提示的上限。點選[確定]。完成設定之後這項功能的運行便會正式啟動。

圖 5-36　啓用虛擬 Flash 主機交換快取

請注意！如果目前 ESXi 主機處於維護模式，則無法新增或修改主機的交換快取設定，您必須在結束維護模式後才能繼續此設定

5

關於虛擬 Flash 資源的管理，實際上還有進階的配置可以讓管理員來進行設定。您只要連線登入 ESXi 主機的 ESXi Host Client 網站，然後點選至位在[管理]節點中的[系統]\[進階設定]頁面，即可如圖 5-37 找到七大項有關 VFLASH 的設定項，分別說明於表 5-2。

表 5-2　虛擬 Flash 資源進階配置

名稱	用途
VFLASH.Cache.StatsEnable	是否啟用虛擬 Flash Red Cache 統計資料
VFLASH.CacheStatsFromVFC	是否使用虛擬 Flash Red Cache 模組中的快取統計資料
VFLASH.MaxCacheFileSizeMB	支援的虛擬 Flash 讀取之檔案大小上限(以 MB 為單位)
VFLASH.MaxDiskFilesSizeGB	具有虛擬 Flash Read Cache 組態的受支援磁碟大小上限(以 GB 為單位)
VFLASH.MaxHeapSizeMB	允許的虛擬 Flash 成長大小上限(以 MB 為單位)
VFLASH.MaxResourceGBForVmCache	可為虛擬機器快取配置的受支援虛擬 Flash 資源量上限(以 GB 為單位)
VFLASH. ResourceUsageThreshold	虛擬 Flash 資源使用率臨界值(以百分比為單位)

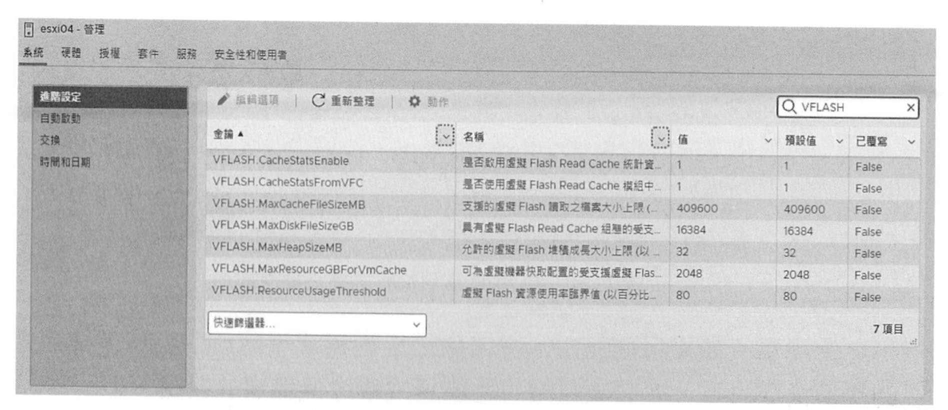

圖 5-37　vFlash 快取進階設定

如圖 5-38 便是修改 VFLASH.MaxDiskFilesSizeGB 的設定範例。系統預設值是 16384GB，未來若運行的虛擬機器數量相當多時，除了可以考慮向上調整此設定值之外，也可以考慮連同 VFLASH.MaxResourceGBForVmCache 設定值一併向上調整。

編輯選項 - VFLASH.MaxDiskFileSizeGB
具有虛擬 Flash Read Cache 組態的受支援磁碟大小上限 (以 GB 為單位)
新值
16384
(長整數)
取消
儲存

圖 5-38　修改快取磁碟大小上限

根據上述的介紹可以發現當虛擬 Flash 資源使用率超過預設的 80%臨界值時，系統會自動觸發主機 vFlash 資源使用率警示，以便讓管理員有足夠的緩衝時間可以添加更多的虛擬 Flash 資源空間。若想要修改此臨界值除了可以從 ESXi Host Client 網站來完成之外，也可以從 vSphere Client 網站之中開啟至 ESXi 主機，再點選位在[設定]\[系統]\[進階系統設定]頁面中的[編輯按鈕]，接著您便可以調整 VFLASH.ResourceUsageThreshold 的設定值。

5.10 CBRC 進階快取配置

還有一項能夠增強在主機 I/O 讀取效能的功能，那就是簡稱為 CBRC(Content-Based Read Cache)的內容讀取快取配置，這項功能同樣也是一項系統預設沒有被啟用的功能，主要原因是它藉由一塊指定的實體記憶大小空間，來作為進行內容讀取時的快取空間，換句話說您的 ESXi 主機必須有更多的記憶體。

5

您可以從 vSphere Client 的網站之中，點選至[設定]\[系統]\[進階系統設定]介面中找到相關設定。請在如圖 5-39 的頁面中點選[編輯]按鈕繼續。

圖 5-39　主機進階系統設定

在此首先必須將 CBRC.Enable 的設定值修改成 true(預設值=false)，以確認此功能已啟用完成。接著您可以如圖 5-40 發現 CBRC.DCacheMemReserved 欄位的大小值預設為 400MB，建議您可以將它調整為 2048MB 的上限設定，表示要保留 2GB 的實體記憶體給資料快取使用，來達到增強 I/O 讀取效能的目標。完成上述設定後點選[確定]即可。

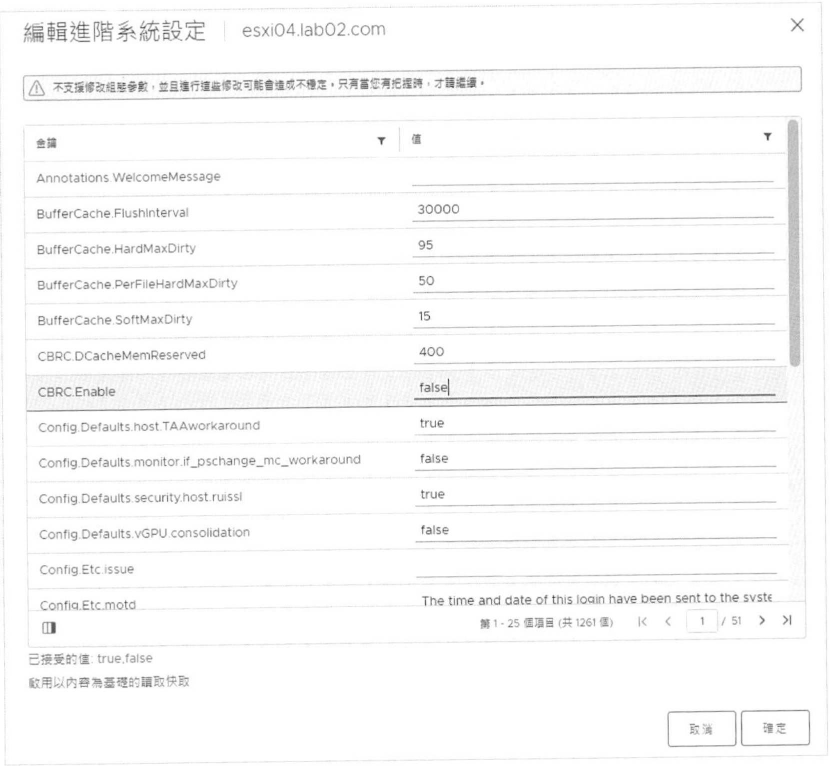

編輯進階系統設定 | esxi04.lab02.com

⚠ 不支援修改組態參數，並且進行這些修改可能會造成不穩定，只有當您有把握時，才請繼續。

金鑰	值
Annotations.WelcomeMessage	
BufferCache.FlushInterval	30000
BufferCache.HardMaxDirty	95
BufferCache.PerFileHardMaxDirty	50
BufferCache.SoftMaxDirty	15
CBRC.DCacheMemReserved	400
CBRC.Enable	false
Config.Defaults.host.TAAworkaround	true
Config.Defaults.monitor.if_pschange_mc_workaround	false
Config.Defaults.security.host.ruissl	true
Config.Defaults.vGPU.consolidation	false
Config.Etc.issue	
Config.Etc.motd	The time and date of this login have been sent to the syste

第 1 - 25 個項目 (共 1261 個)　1 / 51

已接受的值: true,false

啟用以內容為基礎的讀取快取

取消　確定

圖 5-40　編輯進階系統設定

本章結語

無論任何一種虛擬化平台的架構，想要獲得最佳的運行效能，首當其衝還是在主機硬體的規格以及實體網路拓樸的設計。有了上述這一些堅實的基礎之後，再來做好平日運行的監視以及必要的優化配置，便可以讓所有運行在此虛擬化平台中的應用系統，獲得最快與最平穩的執行效能。

VMware vSphere 長期以來無論哪一個版本，在優化配置的設計上皆比其他虛擬化平台來得彈性許多，且在各項效能監視功能的設計上也更加完整，這一些都是有助於管理人員提升平日維運的效率，減少許多不必要的除錯時間以及整合第三方監視軟體的成本。

06

chapter

ESXCLI 命令工具運用

ESXCLI 一直以來都是 vSphere 架構中，管理 ESXi 主機的重要命令工具，它讓管理人員無論是在主機端還是遠端，都可以經由它所提供的相關命令與參數，來進行各種系統資訊的檢視以及硬體、網路、儲存、虛擬機器、vSAN 的監視與配置。如果您是一位 vSphere 系統管理員，強烈建議您在熟悉 vSphere Client 操作介面的同時，務必學會 ESXCLI 命令工具的使用，它將會讓您在平日維運的實戰管理中如虎添翼。

6.1 簡介

目前伺服端的作業系統或應用系統，只要平台的架構設計夠大，一般來說除了圖形管理介面之外，還會額外提供命令管理介面，其目的就是為了方便管理人員可以經由快速連線，來完成各種批次任務與自動化任務的執行，以解決大量任務或複雜任務的執行與配置效率。

就以 Microsoft Hyper-v 為例，除了可以經由 Windows 中所安裝的 Hyper-v 管理員視窗介面，或 Windows Admin Center 網站來進行連線管理之外，也可以透過 Windows PowerShell 來執行許多與 Hyper-v 相關的命令、參數，甚至於還可以撰寫成 Script 搭配排程的設定，來完成任務自動化執行的目標。

相較於 Microsoft Hyper-v 在管理面的設計，VMware vSphere 除了同樣提供更具完善設計的 vSphere Client 管理員網站之外，在命令工具的支援部分更是提供多種的選擇，以因應不同的 IT 環境與管理人員的維運需要，這一些命令工具包括了整合於 Windows PowerShell 的 PowerCLI、Bash Shell、DCLI 以及 ESXCLI。其中 ESXCLI 便是管理 ESXi 主機必學的命令工具。

說到 ESXCLI 許多讀者肯定都不陌生，因為只要是 vSphere 有新版本的發行，筆者在介紹有關於 ESXi 主機的更新方式時，一定都會講解到線上升級 ESXi 系統的方法，其實皆是經由 ESXCLI 相關命令參數來完成的。然而 ESXCLI 命令工具可不是只能用來升級 ESXi 系統，有許多維運的任務都可以交由它來執行，不僅快速且更有效率！

在正式實戰講解 ESXCLI 命令用法的技巧之前，讓們先回顧一下一個重要命令的使用，那就是透過 SSH Client 遠端連線，在登入 ESXi 主機之後便可以執行 dcui 命令，來開啟如圖 6-1 純文字介面版本的 DCUI 介面，開啟後其操作方式與主機端的 DCUI 皆是一樣的，換句話說有了這項工具，往後維運過程之中除非網路無法連線，否則對於有 DCUI 操作需求的管理人員而言，通通只要經由 SSH Client 的遠端連線後即可使用，如此就可以不必經常往主機房跑了。

小提示 只要按下 Ctrl + C 鍵就可以結束純文字模式的 DCUI 介面，回到 ESXCLI 命令操作介面。

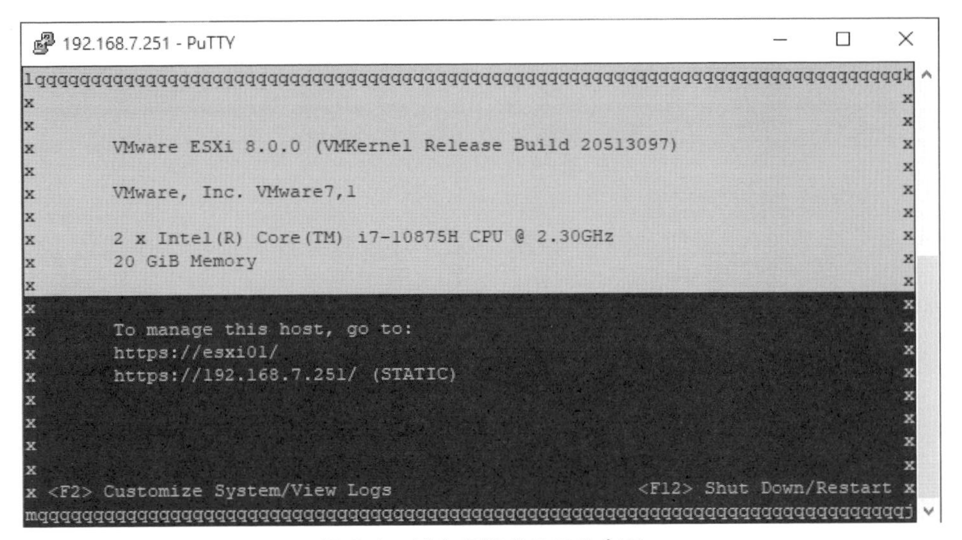

圖 6-1　純文字模式 DCUI 介面

6.2 啟用 SSH 與 Shell 服務

想要在 vSphere 架構中暢行無阻的使用 ESXCLI 命令工具，來監視與管理所有的 ESXi 主機，首要條件必須先啟用 ESXi Shell 與 SSH 兩項服務。至於啟用/關閉這兩項服務的方法有很多種，在此筆者將介紹其中最簡易的三種方法。

首先第一種方法是透過主機端的 DCUI 文字視窗來完成。請在主頁面中按下 F2 鍵，進到[System Customization]頁面中請點選[Troubleshooting Options]。接著便可以如圖 6-2 看到 ESXi Shell 與 SSH 兩項服務，分別在選取後按下 Enter 鍵即可將它們設定為啟用(Enable)。

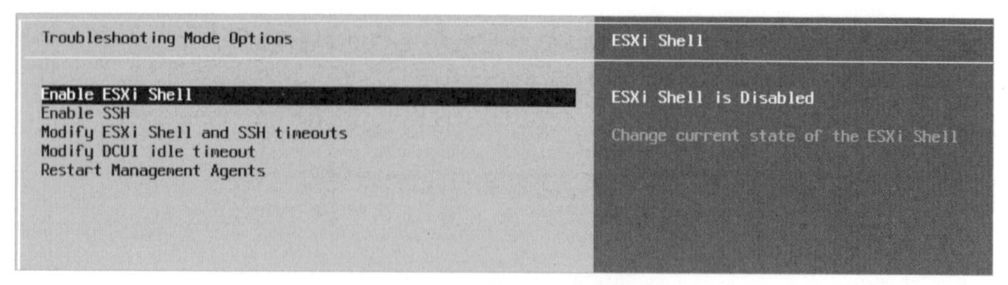

圖 6-2 故障排除模式選項

再來學習第二種方法。請在連線登入 VMware Host Client 網站之後，點選至[管理]頁面。在如圖 6-3 的[服務]子頁面當中，便可以分別查看到 TSM(ESXi Shell)以及 TSM-SSH(SSH)兩項服務。請在選取後將它們一一[啟動]即可。

圖 6-3 VMware Host Client 服務管理

最後一種方法是針對 ESXi 主機已納入 vCenter Server 管理的做法。請在連線登入 vSphere Client 網站之後，點選至主機節點中的[設定]\[服務]頁面。如圖 6-4 在此除了可以對於選定的[SSH]或[ESXi Shell]服務，點選執行[啟動]或[停止]之外，還可以進一步點選[編輯啟動原則]超連結。

圖 6-4 vSphere Client 管理網站

在如圖 6-5 的[編輯啟動原則]頁面中，您可以自行選擇服務的啟動方式。如果希望能夠維持在啟動狀態，請選取[隨主機一起啟動和停止]，否則建議維持預設的[手動啟動和停止]配置即可。

圖 6-5 編輯啓動原則

小提示 關於 ESXi Shell 與 SSH 服務的啟動原則設定，若是選擇從 DCUI 文字介面中來啟動，將會是屬於[隨主機一起啟動和停止]的配置。

6.3 首次 SSH 連線 ESXi 主機

在確認了 ESXi 主機已啟用了 SSH 與 Shell 服務之後，就可以使用任何 SSH 工具來進行 ESXi 主機的遠端連線。在此筆者以 Windows 版本的 PuTTY 工具為例，如圖 6-6 您只要預先設定好所要連線的 ESXi 主機位址，再點選[Open]按鈕即可開始連線。

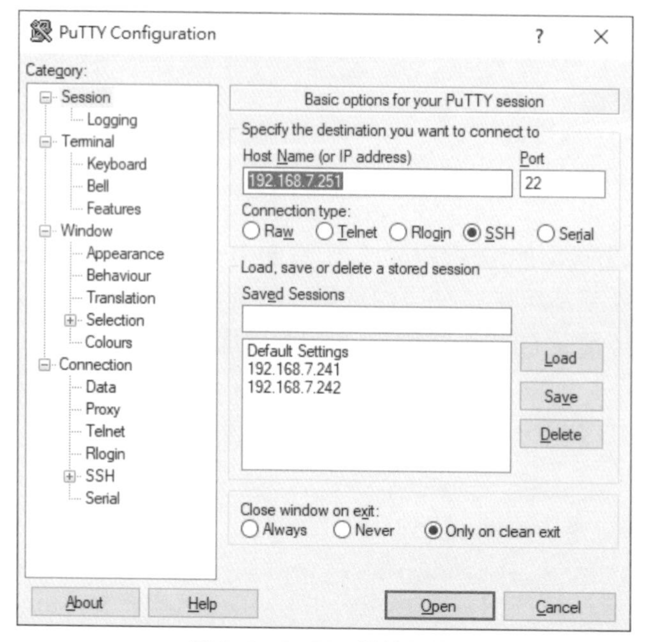

圖 6-6 PuTTY 連線配置

成功連線 ESXi 主機之後，請如圖 6-7 輸入 root 的帳號與密碼即可完成登入。值得注意的是，在此命令介面中所執行的任何命令，都將會被儲存在系統記錄的文件之中，包括了每一次帳號登入的日期與時間，以便未來能夠進行有關資訊安全方面的查核。

```
192.168.7.251 - PuTTY
login as: root
Keyboard-interactive authentication prompts from server:
| Password:
End of keyboard-interactive prompts from server
The time and date of this login have been sent to the system logs.

WARNING:
   All commands run on the ESXi shell are logged and may be included in
   support bundles. Do not provide passwords directly on the command line.
   Most tools can prompt for secrets or accept them from standard input.

VMware offers supported, powerful system administration tools.  Please
see www.vmware.com/go/sysadmintools for details.

The ESXi Shell can be disabled by an administrative user. See the
vSphere Security documentation for more information.
[root@esxi01:~]
```

圖 6-7　SSH 連線登入成功

6.4 ESXCLI 命令基本用法

想要在 vSphere 的架構環境之中執行 ESXCLI 命令，基本上有兩種方法。首先第一種作法就是直接在主機端的 DCUI(Direct Console User Interface)介面中，透過按下 Alt + F1 鍵來開啟 Shell 命令的操作模式，若要回到 Console 操作介面請按下 Alt + F2 鍵即可。

至於第二種作法，當然就是透過更方便的 SSH 工具來進行遠端連線，因為您無須進入到主機房內來操作，只要在允許連線的網路中就可以隨時開啟連線。無論是使用哪一種作法，只要進入到命令提示字元下，便可以開始執行任何的 ESXi 命令與參數。如圖 6-8 在進入到命令提示字元之後，您可以透過執行以 which esxcli 與 ls -l /sbin/esxcli 命令參數，來得知 esxcli script 文件的預設存放路徑。

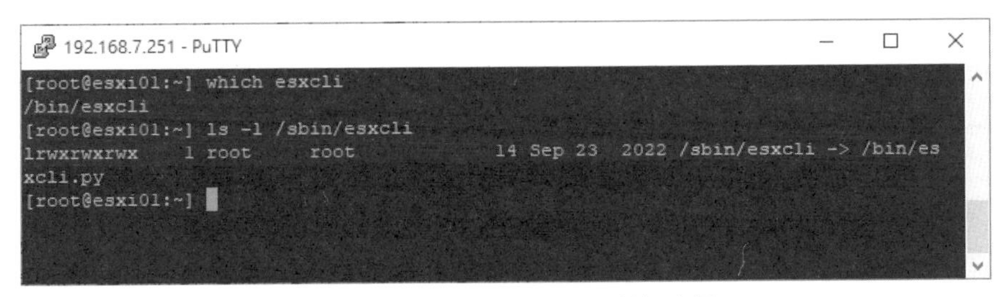

圖 6-8　查看 esxcli script 所在路徑

接下來筆者將要開始示範幾個 esxcli 命令的使用技巧。開始之前可以先透過表 6-1 來查看 esxcli 命令可用的名稱空間(Namespace)。

表 6-1 ESXCLI 命令一覽

名稱空間	說明
esxcli daemon	提供用以控制 Daemon SDK (DSDK)相關的命令
esxcli device	列出有關於設備管理相關的命令說明
esxcli esxcli	列出有關於 ESXCLI 命令的用法說明
esxcli fcoe	FCOE (Fibre Channel over Ethernet)命令
esxcli graphics	圖形設備與屬性配置的命令
esxcli hardware	硬體管理命令
esxcli iscsi	用於監視與管理 iSCSI 相關硬體以及軟體 iSCSI 的命令
esxcli network	用以管理虛擬網路的命令，包括了虛擬交換機、VMkernel 網路介面等等。
esxcli nvme	管理 NVMe 設備專用的命令
esxcli rdma	管理 RDMA 設備專用的命令
esxcli sched	管理系統共用交換空間的命令
esxcli software	管理安裝映像設定與 VIBs
esxcli storage	管理核心儲存以及其他儲存配置的命令
esxcli system	系統監視與管理命令
esxcli vm	用以檢視虛擬機器清單並可以進行強制關閉的命令
esxcli vsan	監視與管理 vSAN 的專用命令

小提示 想要在 DCUI 操作介面中快速查看 VMkernel log 的方法，只要按下 Alt + F12 鍵即可。

從表 6-1 的 ESXCLI 命令一覽之中，我們可以找幾個命令的名稱空間來試試看其用法。首先透過執行 esxcli storage 命令參數後，可以如圖得知在 storage 名稱空間之下，還有子名稱空間可以選擇使用，而這一些名稱空間其實主要就是可針對不同的儲存類型，來進行儲存區的基本管理。

例如我想針對 NFS 的儲存區進行管理，只要先如圖 6-9 執行 esxcli storage nfs 命令參數，即可得知有關於 NFS 可用的名稱空間以及命令清單。緊接著就可以執行像是 esxcli storage nfs list 來查看現行的 NFS 儲存區清單，若是要進行 NFS 儲存區的新增或刪除，則可以進一步搭配 add 或 remove 命令。

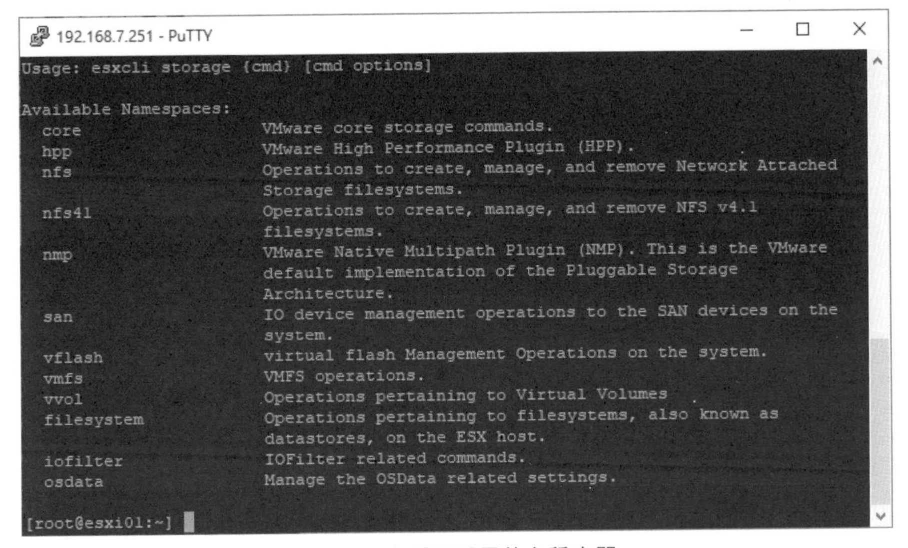

圖 6-9　查看可以用的名稱空間

另一個典型範例則是有關於檔案系統的管理。在此我們可以同樣先如圖 6-10 執行 esxcli storage filesystem 命令參數，來查看針對檔案系統可以搭配的命令有哪一些。執行結果可以發現分別有自動掛載(automount)、清單(list)、掛載(mount)、卸載(unmount)。緊接著請立即執行 esxcli storage filesystem list 命令參數，來查看目前此主機中的所有檔案系統的狀態資訊，包括了掛載狀態、類型、大小、剩餘空間、UUID 識別碼資訊等等。

```
192.168.7.251 - PuTTY
[root@esxi01:~] esxcli storage filesystem
Usage: esxcli storage filesystem {cmd} [cmd options]

Available Commands:
  automount           Request mounting of known datastores not explicitly unmounted.
  list                List the volumes available to the host. This includes VMFS, NAS, VFAT and UFS
                      partitions.
  mount               Connect to and mount an unmounted volume on the ESX host.
  rescan              Scan storage devices for new mountable filesystems.
  unmount             Disconnect and unmount and existing VMFS or NAS volume. This will not delete
                      the configuration for the volume, but will remove the volume from the list of
                      mounted volumes.
[root@esxi01:~] esxcli storage filesystem list
Mount Point                                       Volume Name                              UUID
                           Mounted  Type          Size         Free
------------------------------------------------- ---------------------------------------- ------
---------------------------- -------  ------ ------------ ------------
/vmfs/volumes/fc542b91-90d81cc4                   NFSDatastore                             fc542b
91-90d81cc4                   true  NFS     536853082112  447613124608
/vmfs/volumes/629415d2-3d916328-c644-000c29a39e17  datastore1                              629415
d2-3d916328-c644-000c29a39e17    true  VMFS-6  291789340672  285231546368
/vmfs/volumes/62942fb8-eb20e054-05d6-000c29a39e17  FlashDatastore1                         62942f
b8-eb20e054-05d6-000c29a39e17    true  VMFS-6  107105746944   51908706304
/vmfs/volumes/62a00f9b-9e61a55b-9505-000c29a39e17  iSCSIDatastore01                        62a00f
9b-9e61a55b-9505-000c29a39e17    true  VMFS-6  321854111744  223684329472
/vmfs/volumes/634672c2-7225d6a8-d942-000c29a39e17  Datastore                               634672
c2-7225d6a8-d942-000c29a39e17    true  VMFS-6   21206401024   19697500160
/vmfs/volumes/63e1a7a2-731e7a1a-6559-000c29a39e17  ESXi01-VMLocalStore01                   63e1a7
a2-731e7a1a-6559-000c29a39e17    true  VMFS-6  430302035968  428786843648
```

圖 6-10 查看儲存設備的檔案系統清單

最後我們再執行一個關於系統監視與管理的命令範例，這個命令參數就是 esxcli system version get，您將可以透過它來取得 ESXi 主機系統的完整版本資訊，包括了 Build 編號以及更新與修補的資訊。

6.5 新增管理員帳號

在 ESXi 主機剛完成系統安裝的初期，只會有內建的一個系統管理員 root 帳戶，如果需要新增更多的管理員帳號，除了可以經由 VMware Host Client 網站來完成之外，也可以透過 ESXCLI 命令來新增。在開始新增之前，可以先如圖 6-11 透過執行 esxcli system account list 命令參數，來查看目前所有的帳號清單。當然您也可以選擇透過執行一般 Linux 系統的命令參數 cat /etc/passwd，來查看所有的帳號清單。

如果需要修改某一個選定的帳號設定或是刪除某一個帳號，可以使用 esxcli system account set 或 esxcli system account remove 命令參數來完成，但是必須注意的是預設的系統帳戶是無法刪除的，這包括了 root、dcui、vpxuser。

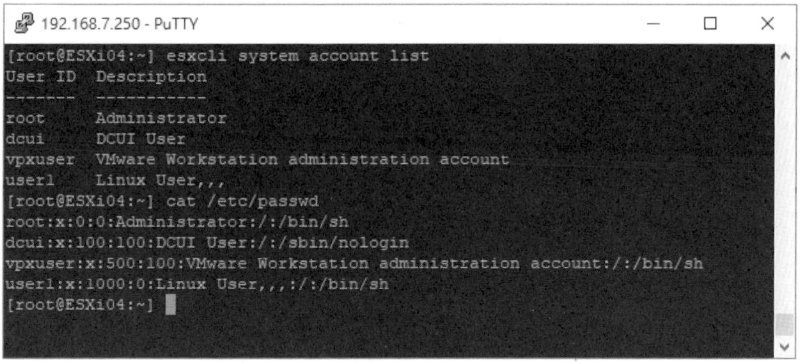

192.168.7.250 - PuTTY

```
[root@ESXi04:~] esxcli system account list
User ID   Description
-------   -----------
root      Administrator
dcui      DCUI User
vpxuser   VMware Workstation administration account
user1     Linux User,,,
[root@ESXi04:~] cat /etc/passwd
root:x:0:0:Administrator:/:/bin/sh
dcui:x:100:100:DCUI User:/:/sbin/nologin
vpxuser:x:500:100:VMware Workstation administration account:/:/bin/sh
user1:x:1000:0:Linux User,,,:/:/bin/sh
[root@ESXi04:~]
```

圖 6-11　列出 ESXi 主機的帳號清單

接下來就讓我們實際新增一個管理員帳號。如圖 6-12 在此筆者首先透過以下命令參數的執行，新增了一個名為 joviku 的帳號並設定了密碼。

```
esxcli system account add -d="joviku" -i="joviku" -p -c
```

完成了新帳號的建立之後，就可以透過以下命令參數來將此帳號設定為管理員角色。

```
esxcli system permission set --id joviku -r Admin
```

若想要查詢目前系統權限角色的清單，可以透過以下命令參數的執行來完成。以此範例的輸出結果來說，目前已有四個帳號是隸屬於管理員(Admin)的角色，所擁有的權限便是完整的存取權限。

```
esxcli system permission list
```

如果您希望所新增的 joviku 帳號僅有檢視的權限，則可以改執行以下命令參數即可。

```
esxcli system permission set --id joviku -r ReadOnly
```

```
192.168.7.251 - PuTTY
[root@ESXi01:~] esxcli system account add -d="joviku" -i="joviku" -p -c
Enter value for 'password':
Enter value for 'password-confirmation':
 The specified key, name, or identifier 'joviku' already exists.
[root@ESXi01:~] esxcli system permission set --id joviku -r Admin
[root@ESXi01:~] esxcli system permission list
Principal  Is Group  Role   Role Description
---------  --------  -----  ----------------
dcui          false  Admin  Full access rights
joviku        false  Admin  Full access rights
root          false  Admin  Full access rights
vpxuser       false  Admin  Full access rights
[root@ESXi01:~]
```

圖 6-12　新增人員並設定角色

6.6 查詢主機硬體資訊

對於 ESXi 主機硬體的資訊查詢，一樣可以透過 ESXCLI 命令來完成。首先您可以如圖 6-13 透過執行 esxcli hardware 命令參數，來查看可以查詢的硬體類型有哪一些。在此可以發現分別有 CPU、IPMI、PCI 裝置、電源(Power)、智慧卡(Smartcard)、TPM、USB、開機裝置(BootDevice)、時鐘(Clock)、記憶體(Memory)、平台(Platform)、信任的開機配置(TrustedBoot)。

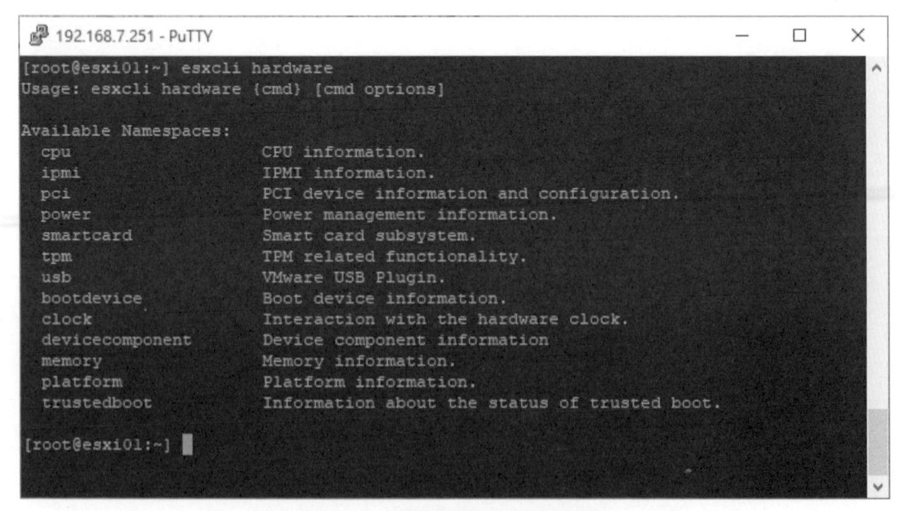

圖 6-13　硬體可用的名稱空間

接下來我們可以首先針對主機 CPU 的資訊進行查詢。開始之前請執行 esxcli hardware cpu 命令參數，來查看針對 CPU 的可用名稱空間與命令參數。從如圖 6-14 的範例之中可以發現，您可以選擇使用選定的 cpuid 或全域的 global 名稱空間，來查詢 CPU 的相關資訊。若只是想查詢所有 CPU 的清單與規格資訊，只要執行 esxcli hardware cpu list 命令參數，即可完整檢視到包括 CPU 的 ID、品牌(Brand)、核心速度(Core Speed)、匯流排速度(Bus Speed)以及 L2 Cache 的相關資訊。

同樣的作法也可使用在對於其他裝置的查詢，例如您可以透過執行 esxcli hardware pci list 命令參數，查詢完整的 PCI 裝置清單。無論是對於哪一種裝置資訊的查詢，當呈現的內容較多時您可以搭配 "| more" 參數來方便翻頁閱讀。

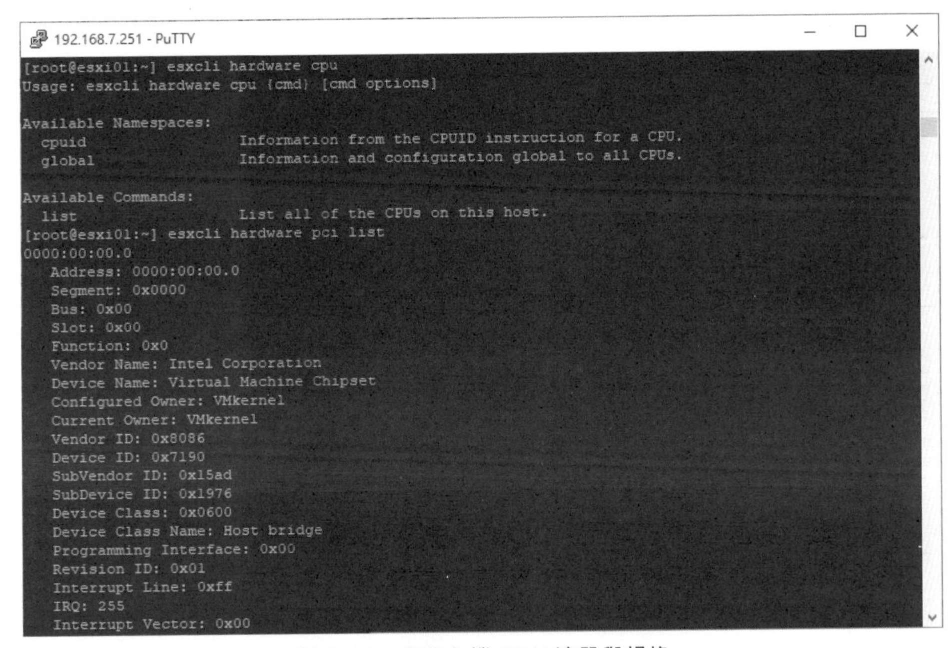

圖 6-14　查詢主機 CPU 清單與規格

即便可以搭配 "| more" 參數來方便翻頁閱讀，然而許多時候管理員想要檢視的資訊，可能只是某一些特定規格。在此筆者以 CPU 為例，假設您只是想要檢視所有 CPU 規格中的 ID、品牌、核心速度、匯流排速度以及 L2 Cache 的大小，那麼請如圖 6-15 執行以下命令參數即可。從這

個範例中可以發現類似這樣的資訊檢視需求，皆可以透過 --format-param=fields 參數來篩選所需要的欄位資料。

```
esxcli --formatter=csv --format-param=fields="ID,Brand,Core
Speed,Bus Speed,L2 Cache Size" hardware cpu list
```

```
192.168.7.251 - PuTTY
[root@ESXi01:~] esxcli --formatter=csv --format-param=fields="ID,Brand,Core Spe
ed,Bus Speed,L2 Cache Size" hardware cpu list
Id,Brand,CoreSpeed,BusSpeed,L2CacheSize,
0,GenuineIntel,2304002000,92160080,262144,
1,GenuineIntel,2304002000,92160080,262144,
2,GenuineIntel,2304002000,92160080,262144,
3,GenuineIntel,2304002000,92160080,262144,
[root@ESXi01:~]
```

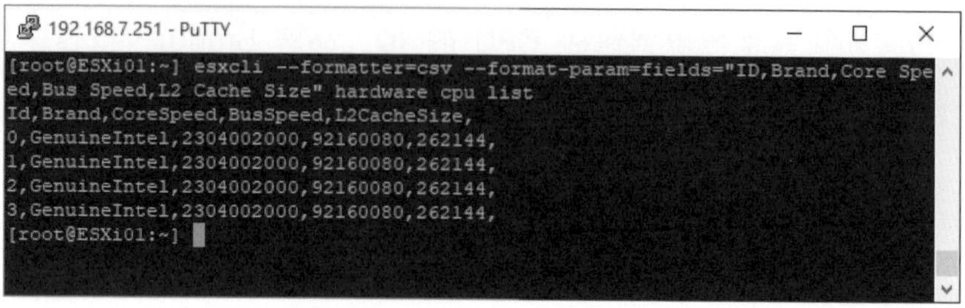

圖 6-15　列出 CPU 的選定規格

6.7 網路資訊與配置

在 vSphere 的架構中的每一台 ESXi 主機，除了用以運行 vCenter Server 的 ESXi 主機之外通常都會安裝多張網卡，用以處理不同的網路連線需求，包括了管理、備援、共用儲存設備等等。至於管理網路連線的方式，最簡單的做法就是透過 vSphere Client。但若是想快速檢視網路的相關配置資訊，透過 ESXCLI 命令工具的使用肯定會更有效率。

首先管理員可以透過執行 esxcli network nic list 命令參數，來查看目前所有已安裝的網卡。如圖 6-16 在此您可以檢視到每一張網卡的名稱、管理狀態、連線狀態、速度、MAC 位址、MTU 等資訊。

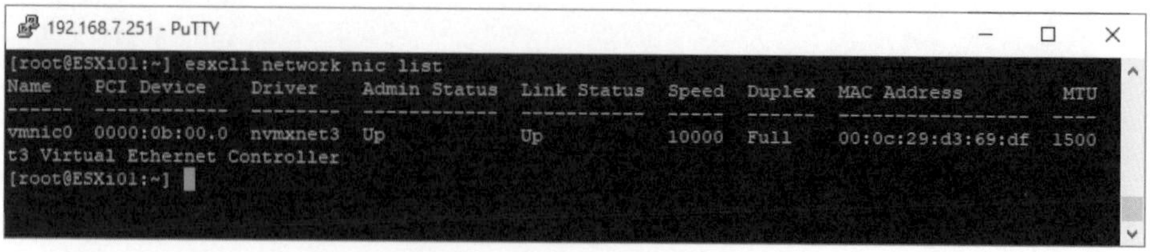

```
192.168.7.251 - PuTTY
[root@ESXi01:~] esxcli network nic list
Name    PCI Device    Driver    Admin Status  Link Status  Speed  Duplex  MAC Address        MTU
------  ------------  --------  ------------  -----------  -----  ------  -----------------  ----
vmnic0  0000:0b:00.0  nvmxnet3  Up            Up           10000  Full    00:0c:29:d3:69:df  1500
t3 Virtual Ethernet Controller
[root@ESXi01:~]
```

圖 6-16　列出已安裝網卡

進一步您還可以查看所選定網卡的各項統計數據，例如您可以如圖 6-17 透過執行 esxcli network nic stats get -n vmnic0 命令參數，來查看

vmnic0 網卡已傳送與接收的封包量，包括了所有封包在接收過程之中的錯誤數量。

```
192.168.7.251 - PuTTY
[root@ESXi01:~] esxcli network nic stats get -n vmnic0
NIC statistics for vmnic0
   Packets received: 69651
   Packets sent: 38838
   Bytes received: 77138013
   Bytes sent: 30706709
   Receive packets dropped: 0
   Transmit packets dropped: 0
   Multicast packets received: 5096
   Broadcast packets received: 8037
   Multicast packets sent: 10
   Broadcast packets sent: 18
   Total receive errors: 0
   Receive length errors: 0
   Receive over errors: 0
   Receive CRC errors: 0
   Receive frame errors: 0
   Receive FIFO errors: 0
   Receive missed errors: 0
```

圖 6-17　檢視 vmnic0 網卡各項數據

針對網卡 IPv4 位址的配置資訊查詢，管理員可以先透過執行 esxcli network ip interface list 命令參數，來如圖 6-18 列出目前所有網路的基本配置資訊，包括了所使用的 vSwitch 名稱、Portgroup 名稱以及啟用狀態等等。緊接著可以執行 esxcli network ip interface ipv4 get 命令參數，來查詢所有網路的 IPv4 位址配置，包括了 IPv4 位址、子網路遮罩、定址類型、閘道位址等等。

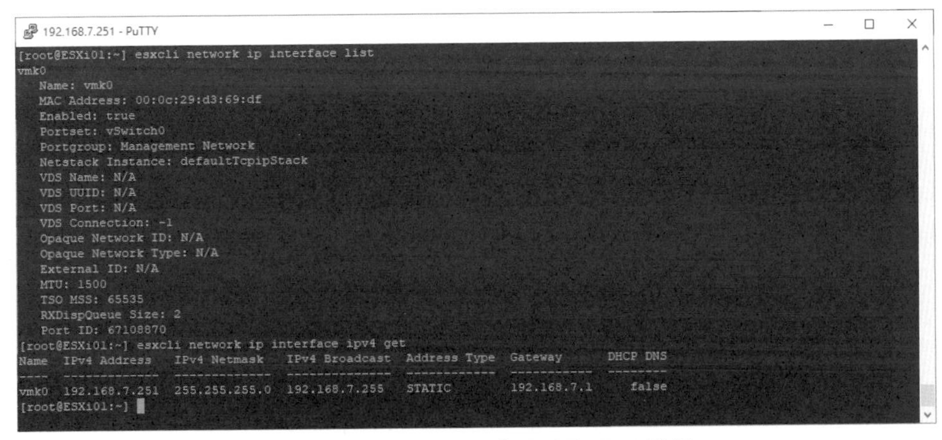

```
192.168.7.251 - PuTTY
[root@ESXi01:~] esxcli network ip interface list
vmk0
   Name: vmk0
   MAC Address: 00:0c:29:d3:69:df
   Enabled: true
   Portset: vSwitch0
   Portgroup: Management Network
   Netstack Instance: defaultTcpipStack
   VDS Name: N/A
   VDS UUID: N/A
   VDS Port: N/A
   VDS Connection: -1
   Opaque Network ID: N/A
   Opaque Network Type: N/A
   External ID: N/A
   MTU: 1500
   TSO MSS: 65535
   RXDispQueue Size: 2
   Port ID: 67108870
[root@ESXi01:~] esxcli network ip interface ipv4 get
Name  IPv4 Address   IPv4 Netmask   IPv4 Broadcast  Address Type  Gateway      DHCP DNS
----  -------------  -------------  --------------  ------------  -----------  --------
vmk0  192.168.7.251  255.255.255.0  192.168.7.255   STATIC        192.168.7.1     false
[root@ESXi01:~]
```

圖 6-18　列出網路 IP 介面以及 IPv4 配置

在上述的範例中如果發現[DHCP DNS]的欄位顯示為 false，即表示 DNS 的位址使用靜態位址而非動態取得。此時若想要查看 DNS 的位址清單，可如圖 6-19 執行 esxcli network ip dns server list 命令參數。對於 DNS 搜尋網域的清單，則可以透過執行 esxcli network ip dns search list 命令參數來得知。

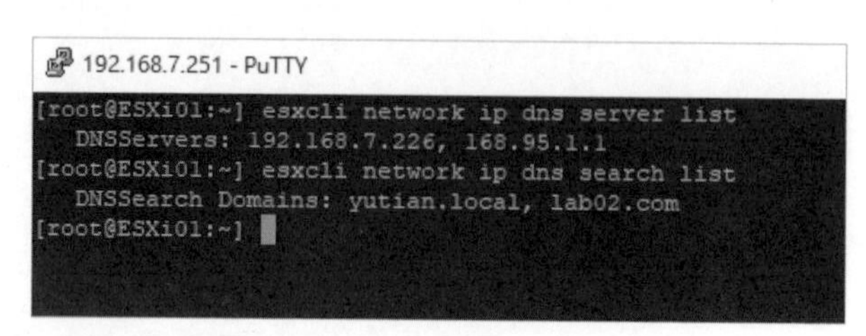

圖 6-19 查詢主機 DNS 配置

在 ESXi 主機正常運行之中，若想要查看本機所有 IP 網路與連接埠的連線狀態，可以透過執行 esxcli network ip connection list 命令參數來得知。如圖 6-20 在此可以得知每一個連線的 IP 位址所使用的通訊協定、傳送與接收的封包量、狀態以及 World ID 等等。

```
192.168.7.251 - PuTTY
[root@ESXi01:~] esxcli network ip connection list
Proto  Recv Q  Send Q  Local Address      Foreign Address     State        World ID  CC Algo   World N
ame
-----  ------  ------  -----------------  ------------------  -----------  --------  -------   -------
---
tcp         0       0  127.0.0.1:8307     127.0.0.1:46220     ESTABLISHED    264214  newreno   hostd-I
O
tcp         0       0  127.0.0.1:46220    127.0.0.1:8307      ESTABLISHED    263552  newreno   rhttppr
oxy-work
tcp         0       0  127.0.0.1:80       127.0.0.1:16334     ESTABLISHED    263543  newreno   rhttppr
oxy-IO
tcp         0       0  127.0.0.1:16334    127.0.0.1:80        ESTABLISHED    266677  newreno   python
tcp         0       0  127.0.0.1:18158    127.0.0.1:8307      TIME_WAIT           0
tcp         0       0  127.0.0.1:18005    127.0.0.1:80        TIME_WAIT           0
tcp         0       0  127.0.0.1:11694    127.0.0.1:8089      TIME_WAIT           0
tcp         0       0  127.0.0.1:8307     127.0.0.1:61016     ESTABLISHED    264211  newreno   hostd-I
O
tcp         0       0  127.0.0.1:61016    127.0.0.1:8307      ESTABLISHED    263551  newreno   rhttppr
oxy-work
tcp         0       0  127.0.0.1:80       127.0.0.1:26301     ESTABLISHED    263544  newreno   rhttppr
oxy-IO
tcp         0       0  127.0.0.1:26301    127.0.0.1:80        ESTABLISHED    265512  newreno   worker
tcp         0       0  127.0.0.1:8307     127.0.0.1:10329     ESTABLISHED    264214  newreno   hostd-I
O
tcp         0       0  127.0.0.1:10329    127.0.0.1:8307      ESTABLISHED    264682  newreno   vpxa-wo
rker
tcp         0    1063  127.0.0.1:8307     127.0.0.1:36762     ESTABLISHED    264211  newreno   hostd-I
O
tcp         0       0  127.0.0.1:36762    127.0.0.1:8307      ESTABLISHED    265329  newreno   vpxa-wo
rker
```

圖 6-20 列出連線中的網路狀態

在虛擬機器網路的資訊部分，管理員可以透過執行 esxcli network vm list 命令參數，來像如圖 6-21 一樣查看到每一個虛擬機器所連接使用的網路。進一步可以根據虛擬機器的 World ID，來查詢到此網路的詳細配置資訊，包括了 vSwitch 名稱、連接埠群組名稱、MAC 位址、IP 位址、對應的實體網卡名稱等資訊。

```
esxcli network vm port list -w 267471
```

```
192.168.7.251 - PuTTY
[root@ESXi01:~] esxcli network vm list
World ID  Name                          Num Ports  Networks
--------  ----------------------------  ---------  --------
  267471  OpenVPN_Access_Server_ESXi            1  VM Network
[root@ESXi01:~] esxcli network vm port list -w 267471
   Port ID: 67108871
   vSwitch: vSwitch0
   Portgroup: VM Network
   DVPort ID:
   MAC Address: 00:50:56:9a:46:1c
   IP Address: 0.0.0.0
   Team Uplink: vmnic0
   Uplink Port ID: 2214592516
   Active Filters:
[root@ESXi01:~]
```

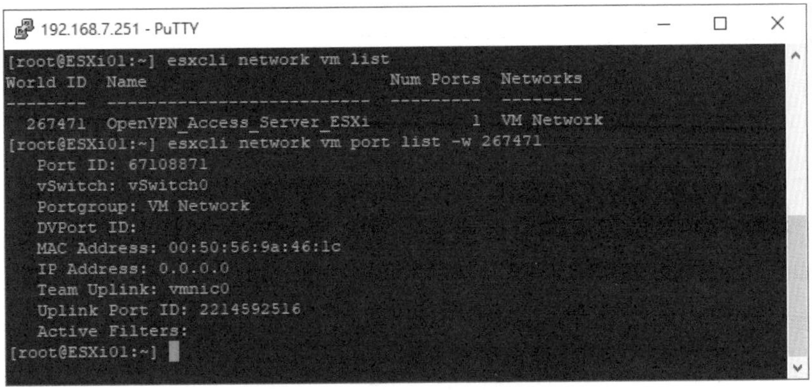

圖 6-21　查看虛擬機器網路資訊

小祕訣 想要迅速查看所有 vSwitch 的配置以及實體網卡的狀態，只要分別執行 esxcfg-vswitch -l 與 esxcfg- nics -l 命令參數即可。

6.8 防火牆狀態與規則

目前幾乎所有類型的作業系統，無論是 Linux 還是 Windows 都有內建了防火牆功能，其中以 Linux 核心為基礎的 ESXi 主機系統也是同樣具備。想要知道目前在 ESXi 系統中的防火牆功能是否已經啟用，只要如圖 6-22 執行 esxcli network firewall get 命令參數即可，其中 Enabled:true 即表示已在啟用中，而 Loaded:ture 則表示所有的防火牆設定皆已載入。

進一步您可以透過執行 esxcli network firewall ruleset list 命令參數，來列出防火牆的全部規則清單，從清單之中可以得知每一項規則的啟用狀態。

當需要將選定的防火牆規則啟用時，可以參考以下命令參數。相反的如果需要將此規則停用，只要將其中的 --enabled true 參數修改成 --enabled false 即可。

```
esxcli network firewall ruleset set --enabled true --ruleset-
id=sshClient
```

對於某一項已開啟的防火牆規則，若僅希望讓特定的 IP 子網路或單一 IP 位址可以進行連線，可以參考以下兩道命令參數。以此命令參數而言當完成設定之後，有關 sshServer 的防火牆規則之設定，便只會允許 192.168.1.0/24 子網路以及 192.168.2.2 位址可以進行連線。

```
esxcli network firewall ruleset allowedip add --ruleset-id
sshServer --ip-address 192.168.1.0/24
esxcli network firewall ruleset allowedip add --ruleset-id
sshServer --ip-address 192.168.2.2
```

在有一些情境下您可能會需要將整個防火牆功能關閉，而不是只將選定的防火牆規則停用，這時候只需要執行 esxcli network firewall set --enabled false 命令參數即可。當需要重新啟用防火牆功能，只要執行 esxcli network firewall set --enabled true 命令參數。

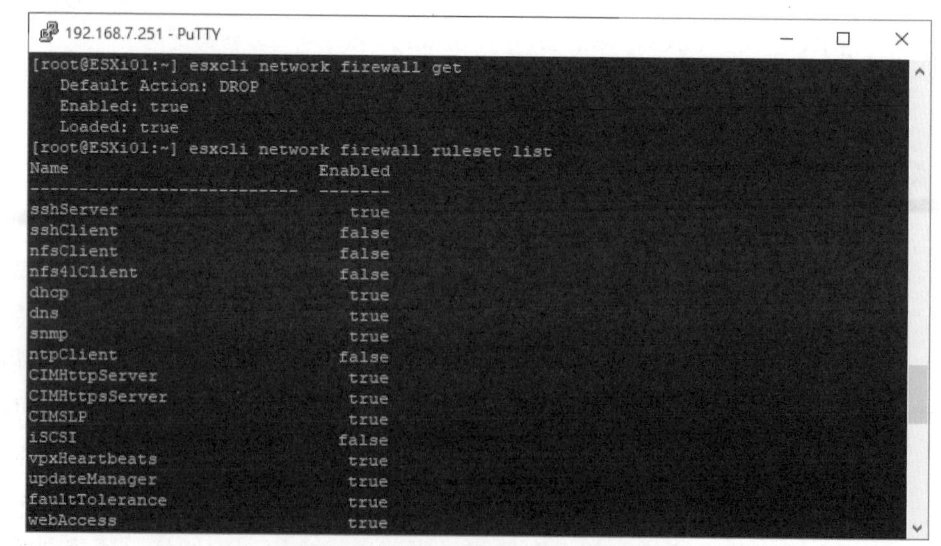

圖 6-22 檢視防火牆狀態與規則清單

6.9 主機網卡備援配置

還記得筆者曾經說明過關於在正式運行的 vSphere 環境之中，每一台 ESXi 主機通常都會搭配多張網卡，以因應不同的連線需求，其中 "備援" 便是一項常見的需求配置。這裡所說的備援需求，所指的並非是叢集主機之間的 HA 備援機制，而是在主機中網卡之間的容錯備援(failover)機制，當然您也可以善用這種以多張網卡的 NIC teaming 配置，來達到網路流量負載平衡。

接下來就讓我們實際找一台 ESXi 主機並安裝兩張網卡，來嘗試配置網卡的熱備援功能。首先筆者在開啟 vSphere Client 網站後，對於選定的 ESXi 主機點選至[設定]\[網路]\[實體介面卡]頁面之中。假設除了有一張現行的 vmnic0 網卡之外，還有另一張尚未連接任何 vSwitch 的 vmnic1 網卡，待回我們將要配置此網卡來成為熱備援網卡。

請在上一個步驟的頁面中點選[新增網路]。接著在[選取連線類型]的頁面中，請選取[實體網路介面卡]。點選[下一頁]。在[選取目標裝置]的頁面中，請選取現有的 vSwitch 交換器。點選[下一頁]。在[新增實體網路介面卡]的頁面中，請選取位在[待命介面卡]區域中的 vmnic1 介面卡。點選[下一頁]。最後在[即將完成]的頁面中，確認上述的設定皆無誤之後點選[完成]。

上述的作法是通過 vSphere Client 網站的操作介面來完成，同樣的需求也可以改用 ESXCLI 命令工具來完成。首先可以透過以下命令參數的執行，如圖 6-23 來查看 vSwitch0 的目前配置。在此可以發現目前僅有在[Active Adapters]的設定中有配置一張 vmnic0 的網卡，而在[Standby Adapters]的設定中則是空缺的，因此接下來我們必須準備另一張 vmnic1 網卡，來加入至[Standby Adapters]的設定中以作為備援使用。

```
esxcli network vswitch standard policy failover get -v vSwitch0
```

```
192.168.7.251 - PuTTY
[root@ESXi01:~] esxcli network vswitch standard policy failover get -v vSwitch0
   Load Balancing: srcport
   Network Failure Detection: link
   Notify Switches: true
   Failback: true
   Active Adapters: vmnic0
   Standby Adapters:
   Unused Adapters:
[root@ESXi01:~]
```

圖 6-23　vSwitch 配置查詢

在確認了已經在此 ESXi 主機中安裝了第二張網卡之後，可以先如圖 6-24 透過執行 esxcli network nic list 命令參數，來查看第二張新網卡 vmnic1 是否已經存在。最後再透過以下兩道命令參數的執行，來分別加入 vmnic1 網卡成為待命介面卡，以及查看在[Standby Adapters]的設定中是否已經出現 vmnic1。

```
esxcli network vswitch standard uplink add -u vmnic1 -v vSwitch0
esxcli network vswitch standard policy failover get -v vSwitch0
```

```
192.168.7.251 - PuTTY
[root@ESXi01:~] esxcli network nic list
Name    PCI Device    Driver    Admin Status  Link Status  Speed  Duplex  MAC Address        MTU   Descript
ion
------  ------------  --------  ------------  -----------  -----  ------  -----------------  ----  --------
---
vmnic0  0000:0b:00.0  nvmxnet3  Up            Up           10000  Full    00:0c:29:d3:69:df  1500  VMware I
nc. vmxnet3 Virtual Ethernet Controller
vmnic1  0000:13:00.0  nvmxnet3  Up            Up           10000  Full    00:0c:29:d3:69:e9  1500  VMware I
nc. vmxnet3 Virtual Ethernet Controller
[root@ESXi01:~] esxcli network vswitch standard uplink add -u vmnic1 -v vSwitch0
[root@ESXi01:~] esxcli network vswitch standard policy failover get -v vSwitch0
   Load Balancing: srcport
   Network Failure Detection: link
   Notify Switches: true
   Failback: true
   Active Adapters: vmnic0
   Standby Adapters: vmnic1
   Unused Adapters:
[root@ESXi01:~]
```

圖 6-24　檢視與配置待命介面卡

6.10 主機儲存管理

無論是本機的儲存區還是遠端的儲存區，對於 ESXi 主機而言都是一樣重要。前者除了存放著基本運行的系統檔案之外，還可能運行著 vCenter Server 的虛擬機器以及 vSAN 架構的相關資料，而後者則可能存放著大量的虛擬機器檔案。因此無論是哪一個儲存區發生問題，都將可能導致某一些應用系統無法正常運行，甚至於讓整個 IT 環境的關鍵運行直接停擺。

想要做好 vSphere 整體儲存區的維運任務，平日就必須懂得善用手邊的工具來進行監視與管理。一旦真的發生緊急狀況，便可以立即善用這一些熟悉的工具來解決問題，或是迅速完成重建工作。想要透過 ESXCLI 工具來管理 ESXi 主機儲存區是相當容易的，且不需要另外安裝任何程式即可使用，它同時也是所有管理工具中執行速度最快的。

在此筆者以新增常見的 NFS 儲存區為例。假設目前您已經在某一台 NAS 設備建立好了 NFS 共用儲存區，並且也賦予了 ESXi 主機的 IP 可以進行存取。此時就可以如圖 6-25 透過以下命令參數，來完成與 NFS 儲存設備(192.168.7.239)的連線，並且將所連接的資料存放區命名為 "NFS Datastore"。

```
esxcli storage nfs add --host=192.168.7.239 --share=/mnt/Raid-z-Pool --volume-name="NFS Datastore"
```

後續管理員可以透過執行 esxcli storage nfs list 命令參數，來隨時查看所有 NFS 資料存放區的狀態資訊，包括了資料存放區名稱、儲存區所在主機 IP 位址、共用路徑、可存取性、掛載狀態、唯讀狀態、是否為 PE 以及是否支援硬體加速功能。若要刪除任一選定的 NFS 儲存區，可以參考一下命令參數。

```
esxcli storage nfs remove --volume-name="NFS Datastore"
```

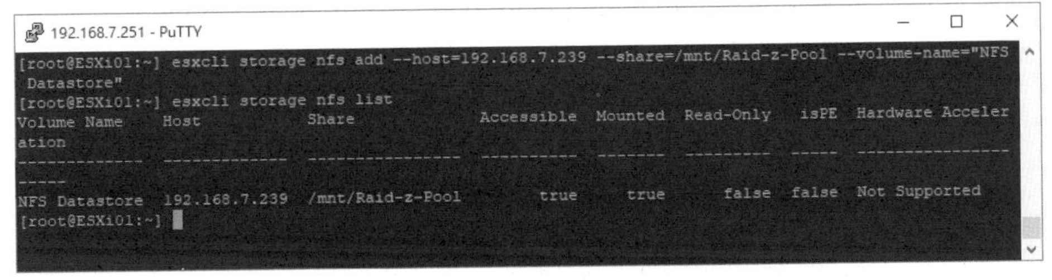

圖 6-25 新增與檢視 NFS 儲存區

除了 NFS 共用儲存區之外，最讓多數 IT 人員使用的肯定就是 iSCSI 共用儲存區，尤其是在各類叢集架構的部署中。您可以透過 esxcli iscsi adapter list 命令參數的執行，如圖 6-26 來查看目前 iSCSI adapter 清單。如果要進一步建立靜態探索的 iSCSI 目標連線設定，則可以參考以下命令參數，其中 192.168.7.239 的 NAS 主機，便是現行已準備好的 iSCSI 共用儲存區 IP 位址，所使用的連接埠則是預設的 TCP 3260。

```
esxcli iscsi adapter discovery statictarget add --
address=192.168.7.239:3260 --adapter=vmhba65 --name=iqn.2021-
04.org.truenas.ctl
```

剛完成連線 iSCSI 共用儲存區之時，是無法馬上看見任何可用的 iSCSI LUN，您必須透過以下兩道命令參數的執行，來完成 iSCSI adapter 重新探索以及可用儲存區的重新掃瞄。

```
esxcli iscsi adapter discovery rediscover
esxcli storage core adapter rescan --adapter=vmhba65
```

```
192.168.7.251 - PuTTY
[root@ESXi01:~] esxcli iscsi adapter list
Adapter  Driver     State   UID                                                    Description
-------  ---------  ------  -----------------------------------------------------  -----------
vmhba65  iscsi_vmk  online  iqn.1998-01.com.vmware:esxi01.yutian.local:513467412:65  iSCSI Software Adapter
[root@ESXi01:~]
```

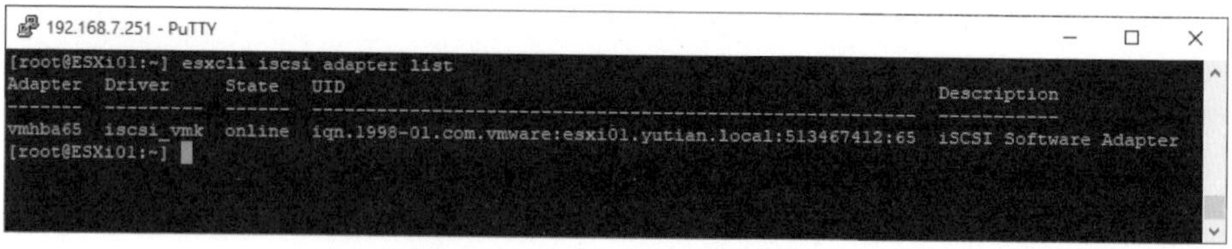

圖 6-26　查詢 iSCSI 連接狀態

對於 ESXi 主機本機所連接的實體磁碟，基本上都會支援 SMART (Self-Monitoring, Analysis, and Reporting Technology)的檢測功能，透過它可以自動偵測硬碟發生故障的跡象並發送警告。目前幾乎所有的 NAS 設備都支援此功能，在 Windows 的作業環境中也可以安裝專屬的檢測工具。至於在 ESXi 的系統之中，則可以先執行 esxcli storage core device list，來查看準備檢測的磁碟顯示名稱。

接著再參考以下的 ESXCLI 命令參數範例，如圖 6-27 來針對選定的磁碟產生檢測報告，若選定的磁碟是一個虛擬磁碟，則會出現 "SMART is not supported" 的錯誤訊息。若成功完成檢測，則可以分別檢視到有關於此磁碟的健康狀態、磨損指標、讀寫錯誤次數、磁碟溫度、磁頭校準重試次數、通電時間等數據。

```
esxcli storage core device smart get -d mpx.vmhba0:C0:T0:L0
```

```
[root@ESXi01:~] esxcli storage core device smart get -d mpx.vmhba0:C0:T0:L0
Error getting Smart Parameters: SMART is not supported.
[root@ESXi01:~]
```

圖 6-27　虛擬磁碟不支援 SMART

6.11 如何強制關閉虛擬機器

當實體主機發生系統當機之時，通常會使得我們無法進行正常的關機操作，也就是無法透過關機命令的執行，或是操作介面的關機功能選項來執行關機任務。這時候便只能以手動方式來按住主機的電源鍵，以完成強制關機的操作。

類似的情境同樣也會發生在虛擬化平台的架構之中，相信許多 IT 人員都有遭遇過虛擬機器無法進行正常關機的問題，此時通常你不僅無法進入到 Guest OS 之中執行關機操作，也無法在虛擬機器的功能選單之中執行關機功能，當然你也不太可能直接對於此虛擬機器所在的實體主機強制關機，因為此主機可能同時正在運行多台虛擬機器，怎麼辦呢？

面對上述情境以筆者在 vSphere 的管理經驗而言，可以通過 ESXCLI 命令工具來強制關閉有問題的虛擬機器。怎麼做呢？首可以先如圖 6-38 透過執行 esxcli vm process list 命令參數，來查看所有正在運行中的虛擬機器清單。

接著只要記住準備進行強制關機的虛擬機器 World ID。最後再參考以下命令參數，來將選定的虛擬機器進行關機，其中 type 可以使用的參數分別有 soft、hard、force，當發生就連使用 hard 參數都無法關閉虛擬機器的時候，就可以改使用 force 參數來強制關閉虛擬機器電源。

```
esxcli vm process kill --type hard --world-id 265617
```

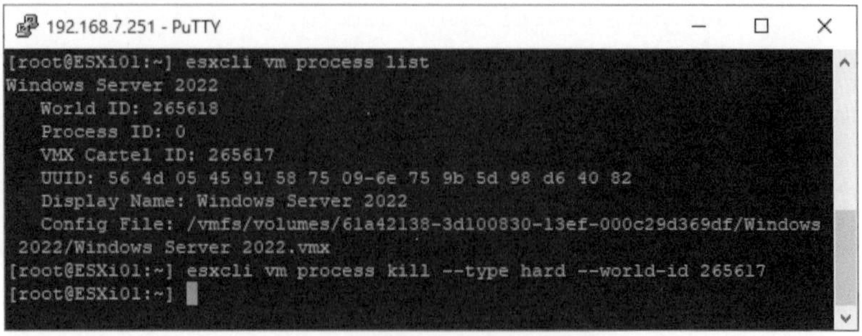

```
192.168.7.251 - PuTTY
[root@ESXi01:~] esxcli vm process list
Windows Server 2022
   World ID: 265618
   Process ID: 0
   VMX Cartel ID: 265617
   UUID: 56 4d 05 45 91 58 75 09-6e 75 9b 5d 98 d6 40 82
   Display Name: Windows Server 2022
   Config File: /vmfs/volumes/61a42138-3d100830-13ef-000c29d369df/Windows
 2022/Windows Server 2022.vmx
[root@ESXi01:~] esxcli vm process kill --type hard --world-id 265617
[root@ESXi01:~]
```

圖 6-28　關閉選定的虛擬機器

6.12 讓 ESXi 主機進入維護模式

在 vSphere 的叢集架構之中部署多台 ESXi 主機的效益之一，在於可以享有 HA 或 FT 的熱備援機制，以確保提供不間斷的 IT 服務運行。另一個效益則是可以在 ESXi 主機需要進行停機維護時，能夠讓 IT 人員先將主機中運行的虛擬機器，先行移轉至叢集中的其他 ESXi 主機來繼續運行。

然而在實際運行的環境之中，並非每一台 ESXi 主機皆會部署在 vSphere 的叢集架構下，它們可能是獨立運行的主機，用以執行一些較不重要或測試階段的應用系統。在這樣的情境之下，若需要將 ESXi 主機停機維護，就必須先將所有執行中的虛擬機器關機。

想要透過 ESXCLI 命令來將選定的虛擬機器，完成正常的關機操作，可以執行 esxcli vm process kill --type soft --world-id 265749 命令參數，其中 --world-id 參數所選定的虛擬機器，必須修改成實際在使用的虛擬機器之 World ID。萬一發生無法正常將虛擬機器關機的話，可將參數由 --type soft 改成 --type hard。

若仍無法完成關機任務，則表示該虛擬機器已經完全停止回應，此時就可以像如圖 6-29 一樣，執行 esxcli vm process kill --type force --world-id 265749 命令參數即可。接著可以再透過執行 esxcli vm process list 命令參數，來查看是否還有尚未完成關機的虛擬機器。

```
192.168.7.251 - PuTTY
[root@ESXi01:~] esxcli vm process kill --type force --world-id 265749
[root@ESXi01:~] esxcli vm process list
[root@ESXi01:~]
```

圖 6-29　強制關閉選定的虛擬機器

在確認了 ESXi 主機上已經沒有任何開機中的虛擬機器之後，就可以透過執行 esxcli system maintenanceMode set --enable true 命令參數，來將此主機設定進入 "維護模式"。成功執行上述命令之後，在 vSphere Client 網站的叢集與主機清單之中，將可以如圖 6-30 看到此主機(192.168.7.251)已顯示了 "維護模式" 狀態。

圖 6-30　檢視主機狀態

透過 ESXCLI 命令不僅可以讓選定的主機進入到維護模式，也可以對於已經處於此模式下的主機，進一步執行關機的命令參數。如圖 6-31 我們可以先透過執行 esxcli system shutdown 命令來得知相關參數的用法。接著可以執行 esxcli system shutdown poweroff -r 10 命令參數，來表示 10 秒後系統將進行關機。

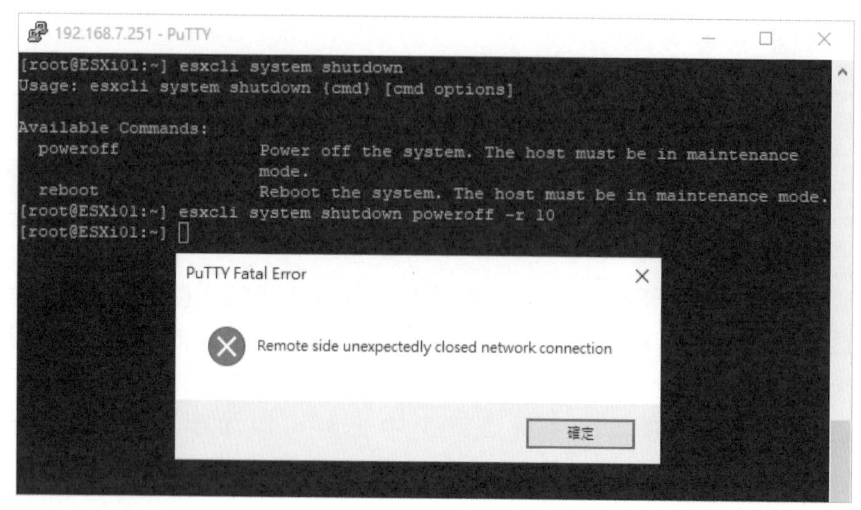

圖 6-31　將主機關機

一旦 ESXi 主機完成了停機的維護任務之後，就可以再次將它進行開機。完成開機並顯示 DCUI 操作介面之後，就可以再次使用 SSH 連線至此 ESXi 主機，然後如圖 6-32 完成以下三道命令參數的執行，來分別完成維護模式狀態的確認以及結束維護模式。如此一來這台 ESXi 主機就可以繼續恢復原有的運行了。

```
esxcli system maintenanceMode get
esxcli system maintenanceMode set --enable false
esxcli system maintenanceMode get
```

```
192.168.7.251 - PuTTY
[root@ESXi01:~] esxcli system maintenanceMode get
Enabled
[root@ESXi01:~] esxcli system maintenanceMode set --enable false
[root@ESXi01:~] esxcli system maintenanceMode get
Disabled
[root@ESXi01:~]
```

圖 6-32　離開維護模式

小提示　哪一些情境下需要將 ESXi 主機進行停機維護呢？答案是主機設備異動、韌體更新、主機遷移、系統升級。想想看還有更多嗎？

6.13 設定主機公告訊息

在中大型以上的 IT 環境之中，由於有較多的 ESXi 主機、虛擬機器、儲存設備以及複雜的網路配置，並且可能分散在不同的營運據點，因此對於 vSphere 平日運行的維護任務，通常是交由多位 IT 人員來共同負責。

為此當自己所負責維護的 ESXi 主機需要停機時，除了必須預先透過 Email 來通知大家之外，建議您也可以預先在 ESXi 主機上發佈相關公告訊息，以便讓需要連線此主機的每一位 IT 人員都能夠知道。怎麼做呢？很簡單！只要如圖 6-33 執行以下命令參數，即可完成公告訊息的設定與檢視。

```
esxcli system welcomemsg set -m="Welcome to LAB02"
esxcli system welcomemsg get
```

```
[root@ESXi01:~] esxcli system welcomemsg set -m="Welcome to LAB02"
[root@ESXi01:~] esxcli system welcomemsg get
Welcome to LAB02
[root@ESXi01:~]
```

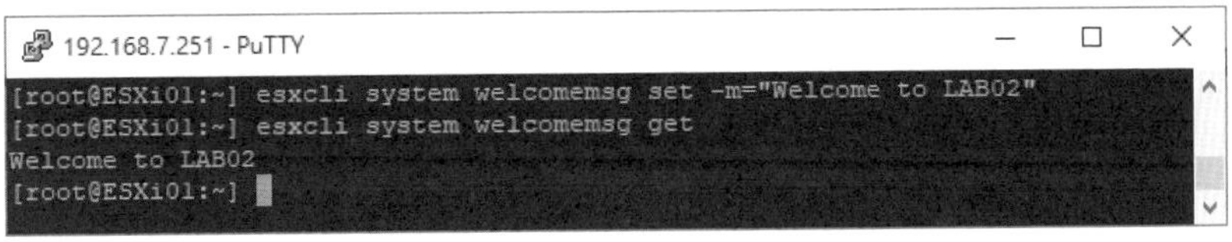

圖 6-33 設定與檢視公告訊息

在完成 ESXi 主機公告訊息的設定之後，除了可以在主機端的 DCUI 介面中查看到之外，也可以在如圖 6-34 的 VMware Host Client 登入頁面之中，查看到相關的訊息內容。

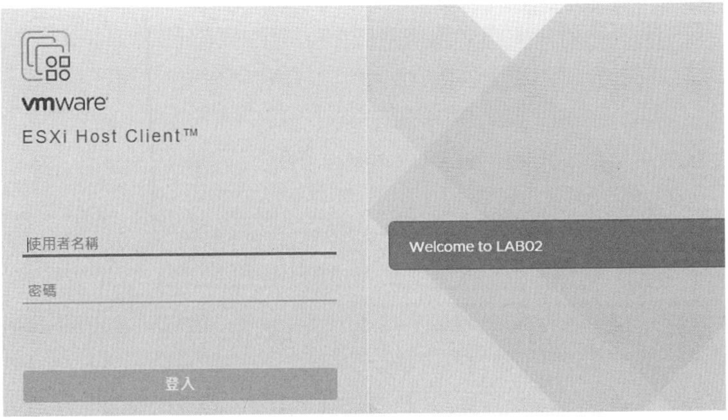

圖 6-34 vSphere Client 登入頁面

本章結語

儘管 ESXCLI 是 vSphere 管理必備的命令工具，且版本一路走來皆有持續在進行更新，但是它仍有一些美中不足之處，像是無法直接在 vSphere Client 的網頁介面中來執行，而如今早已有許多第三方的應用系統，都有提供能夠在管理網站中來直接開啟專屬的命令視窗，而不必再另外安裝 SSH 工具來使用。

另外 ESXCLI 命令所提供的名稱空間雖然已經相當完整，但是許多名稱空間的可用命令參數並不多，其中包括了像是 esxcli vm 名稱空間，它目前僅能夠用來列出上線中的虛擬機器，並且僅能夠執行關閉虛擬機器的操作，而無法用來檢視虛擬機器的完整配置、運行狀態以及新增或修改配置等等。無論如何以 vSphere 維運者的角度而言，由衷希望未來的更新能夠大幅度強化 ESXCLI 的能力。

07

chapter

一次學會 vMotion、HA、DRS、FT 實戰演練

長久以來讓許多企業 IT 選擇將實體主機，轉換成虛擬機器架構來運行的原因，除了有維護與管理成本的考量之外，彈性且易於部署的高可用性服務也是一大誘因。VMware vSphere 相較於其他虛擬化平台解決方案，更是提供了最具完整的高可用性相關功能，包括了熱移轉(vMotion)、熱備援(HA)、熱調配(DRS)、即備援(FT)。今日就我們一氣呵成學會這一些在 IT 虛擬化世界中的高端應用技術。

7.1 簡介

企業 IT 環境之中根據組織規模大小的不同，需要永續運行的應用系統與服務的數量也會相差甚遠。在小型企業中老闆可能只會要求 Mail Server 與 HRM Server 必須持續不間斷運行。而在中大型的企業之中，除了上述兩大應用系統之外，可能還有 MRP、ERP、EIP、BPM、CRM、KMS 等應用系統需要列入高可用性的架構之中，以確保在主機硬體或網路發生故障之時，關鍵的應用系統與服務能夠即時或在一定的時間之內恢復正常運行。

筆者曾經遇過企業的 IT 主管為了節省資訊預算的支出，選擇只建置單一主機與虛擬機器的定期備份，捨棄了部署多台主機的熱備援規劃，結果碰巧不巧就在這台主機運行不到半年的時候，竟然發生主機中的某一顆風扇故障，導致主機必須強迫關機並等待原廠工程師到現場來維修。然而就在等待主機維修的期間，這位 IT 主管還向廠商大發雷霆，一直抱怨維修的速度怎麼如此緩慢，我們全公司有幾百名員工急著用啊。

其實主機原廠的維修進度並沒有問題，真正的問題是該名主管半年之前的錯誤決策。不過話說回來像這樣的 IT 主管，在現實世界之中還真不少，原以為幫公司省了不少錢，殊不知已對未來的營運埋下了禍根，此案例相信值得作為許多新手 IT 主管的借鏡。

想要確保企業網內重要的資訊系統，能夠盡可能不間斷地持續運行，採用虛擬化平台的叢集架構確實是現今的主流選擇，不過若要說在這項技術領域當中，誰是把高可用性解決方案做到最齊全，我想那肯定是 VMware vSphere 8，因為它能夠根據不同高可用性的情境需求提供相對應的功能，包括了熱移轉(vMotion)、熱備援(HA)、熱調配(DRS)、即備援(FT)功能。接下來就讓我們一氣呵成完成這一系列的實戰學習吧。

7.2 建立叢集

在登入 vSphere Client 網站之後，請在資料中心節點的[動作]選單之中點選[新增叢集]，如圖 7-1 在此首先您需要輸入新的叢集名稱，再決定此叢集要啟用的服務，在預設的狀態下 vSphere DRS、vSphere HA 以及 vSAN 都是沒有啟用，您可以選擇先將[vSphere HA]設定為啟用，當然也可以之後再透過[編輯叢集設定]來進行修改。

緊接著還有兩項設定需要特別留意。首先是[使用單一映像管理叢集中的所主機]設定，其主要用途在於簡化叢集中 ESXi 7.0 以上版本主機的更新管理，讓它們可以透過繼承相同的映像，來維持主機之間的差異性，並且集中進行相容性檢查、叢集範圍的修復以及升級。在此您還可以進一步選擇如何設定叢集的映像，分別有構建新映像、從 vCenter Server 詳細目錄中的現有主機匯入、從新主機匯入映像可以選擇。必須注意的是一旦使用此功能之後，便無法使用設定基準的方式來進行更新與修復。

至於[在叢集層級管理組態]的選項功能一旦啟用，將會取代叢集中各主機的設定檔，以確保所有主機皆具有相同的設定，讓管理較多的叢集主機設定時可以更有效率，不必再手動去修改每一台主機的設定。必須注意的是此功能僅限於 ESXi 8.0 以上版本的主機。

圖 7-1　新增叢集

完成叢集的建立之後，就可以開始陸續新增 ESXi 主機至此叢集之中。傳統的做法是像如圖 7-2 的範例一樣，直接在叢集節點的[動作]頁面之中點選[新增主機]繼續。

圖 7-2　新增主機

接著在[新增主機]的頁面中可分別輸入多筆 ESXi 主機的連線位址、帳號、密碼。點選[下一頁]之後若出現安全性警示訊息，請點選[確定]。在如圖 7-3 的[主機摘要]頁面中，將可以看到所有新加入的 ESXi 主機的版本、資料存放區等資訊。點選[下一頁]。在[檢閱]的頁面中確認上述步驟設定無誤之後，點選[完成]按鈕。

圖 7-3　主機摘要

除了有傳統新增叢集主機的方法之外，您也可以選擇透過如圖 7-4 的[設定]\[組態]\[快速入門]頁面中，來依序完成三大步驟指引設定。在此由於筆者在上述介紹中已經手動完成了前兩大步驟設定，因此只要繼續完成此頁面中的第三步驟[設定叢集]即可。請點選[設定]按鈕繼續。

圖 7-4　叢集快速入門

在如圖 7-5 的[Distributed Switch]頁面中，透過這項功能的使用可以協助我們迅速完成分散式交換器的配置，並且在往後的網路配置維護過程中，迅速完成集中配置的設定，而不需要像傳統虛擬交換器一樣得逐一去手動設定。在此您只需要決定分散式交換器的數目以及各個實體介面卡的對應配置。如果您仍希望自行手動配置，則可以將[稍後設定網路設定]選項打勾。點選[下一步]。

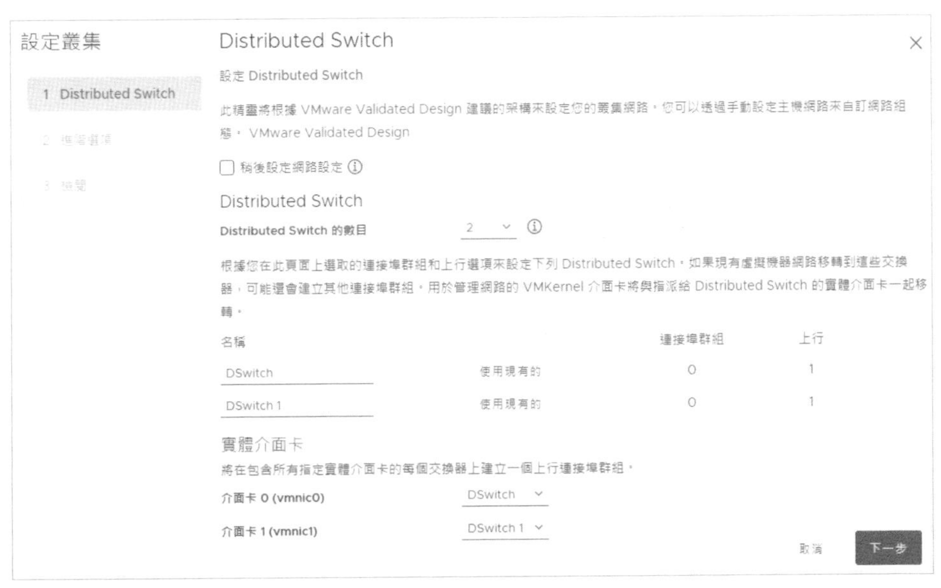

圖 7-5　設定叢集

如圖 7-6 的[進階選項]頁面中，首先在[主機故障監控]的設定部分，一般情況下也是必須啟用的，因為它主要就是用來讓叢集中的 ESXi 主機，彼此監測對方是否還存活著，如此 HA 的容錯備援機制才能正常運行。因此除非需要進行網路方面的維護作業，才需要暫時將此設定取消勾選，否則請都保持在勾選狀態。

在[虛擬機器監控]啟用部分，則是讓系統透過對於受保護虛擬機器的 VMware Tools 訊號進行監視，一旦發生訊號中斷(Guest OS 當機)HA 機制便會嘗試重新啟動這個虛擬機器，在此您還可以進一步去設定它的敏感度，等級約高時則嘗試去重新啟動的頻率就會越高。

在[許可控制]的啟用設定中，可以自訂容許的主機故障數量，上限是叢集中主機數量減一。在[主機選項]部分可以決定是否要啟用鎖定模式功能，以及自訂 NTP 伺服器位址與選定主機更新喜好設定。其中若主機處於鎖定模式下時，依預設所有操作配置都必須透過 vCenter Server 的連線才能執行

至於在[增強型 vMotion 相容性]區域中的 EVC 功能是否需要啟用呢？其實 EVC(Enhanced VMotion Compatibility)是 vSphere HA 架構下的一項重要功能，也是許多虛擬化平台所會提供的類似功能，因為它可以解決多部 ESXi 主機在相同叢集架構下，但 CPU 規格卻不一樣的相容性問題，讓虛擬機器的容錯移轉、vMotion 作業一樣可以正常運行。

不過必須注意的是 EVC 僅支援相同品牌但不同型號的 CPU，而無法讓不同品牌的 CPU 可以在 EVC 功能的啟用之下進行 HA 功能，例如您想要讓以 Intel 與 AMD 為主的兩種 ESXi 主機，混搭在相容的叢集中來進行各類 HA 的運行，那肯定是行不通的。

完成上述所有設定之後點選[下一步]之後，最後在[檢閱]頁面中確認所有設定正確便可以點選[完成]。回到叢集組態快速入門的頁面中，將會發現目前已標示完成了網路、叢集以及超聚合式叢集組態符合性配置。

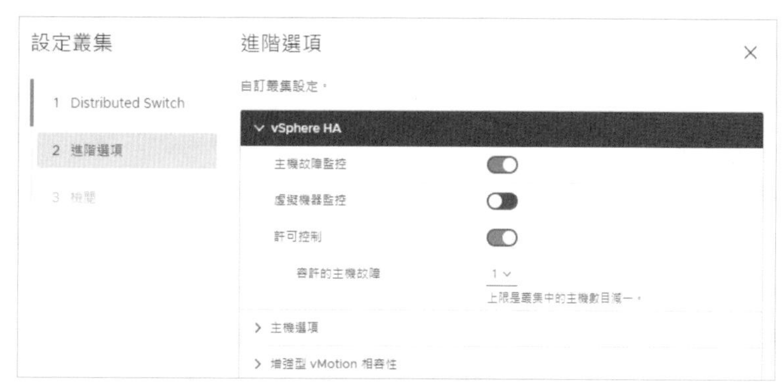

圖 7-6 進階選項

7.3 管理網路的準備

在 vSphere HA 叢集功能的啟用之後，首先會讓許多管理人員遭遇的問題，分別是如圖 7-7 的 "此主機的 vSphere HA 活動訊號資料存放區數目為 1，其少於必要數目 2"，以及 "此主機目前沒有管理網路重複" 的兩大警示訊息。儘管這一些警示都不會讓 ESXi 主機的熱備援功能無法運作，但卻會造成日後永續運行目標上的隱憂。簡單說一個完善的叢集 HA 架構，除了要有第二個備用的活動訊號資料存放區之外，管理網路(Management Network)最好也一樣要有兩個，以避免因網路斷線問題而造成管理員無法進行連線。

圖 7-7 叢集主機摘要

如何為叢集中的每一台 ESXi 主機新增一個管理網路呢？請點選至叢集中任一 ESXi 主機節點的[設定]\[網路]\[VMkernel 介面卡]頁面中，再如圖 7-8 點選[新增網路]超連結來準備添加第二個虛擬交換器，以做為第二個管理網路(Management Network)連線。

圖 7-8 管理 VMkernel 介面卡

在[選取連線類型]頁面中，請選取[VMkernel 網路介面卡]。點選[下一頁]。在[選取目標裝置]的頁面中，可以選擇[選取現有網路]、[選取標準交換器]或[新增標準交換器]。點選[下一頁]。在此如果現階段只有一個網路或一個標準交換器，建議您再新增一個標準交換器來供第二個管理網路連接使用。

若按照筆者的建議那麼緊接著在[建立標準交換器]頁面之中，就必須選定一個尚未使用的實體網卡來進行配置。點選[下一頁]。在如圖 7-9 的[連接埠內容]頁面中，請輸入此管理網路的識別標籤，並勾選[管理]的服務選項。點選[下一頁]。

圖 7-9　連接埠內容

在[IPv4 設定]頁面中請選取[使用靜態 IPv4 設定]並完成 IPv4 位址、子網路遮罩的輸入。點選[下一頁]。最後在[即將完成]頁面中確認所有設定皆無誤之後，點選[完成]即可。

當完成第二個管理網路的新增之後，您可能會發現雖然此網路已經可以進行連線，但為何 "此主機目前沒有管理網路重複" 的警示依舊顯示，此時您只要在如圖 7-10 所示 ESXi 主機的[動作]選單之中，點選[針對 vSphere HA 重新設定]即可解除該警示訊息。

圖 7-10　主機動作選單

7.4 iSCSI 儲存網路的準備

伺服器叢集是任何應用系統與服務高可用性的基礎，而共用儲存服務則是這一項基礎中必要的部署。現今無論是商用還是開源的儲存設備系統，幾乎都有提供 iSCSI 的儲存服務，以筆者的實驗室而言最常使用的就是 Windows Server 以及 TrueNAS Scale，您可以選擇任何所熟悉的儲存設備來建立接下的測試環境。

在此筆者已經事先完成了 Windows Server 2022 iSCSI Target 儲存服務的安裝與配置。接下來請在選定 ESXi 主機節點的[設定]\[儲存區]\[儲存裝置介面卡]頁面之中，如圖 7-11 點選[新增軟體介面卡]選項，然後在[新增軟體 iSCSI 介面卡]的頁面中點選[確定]。

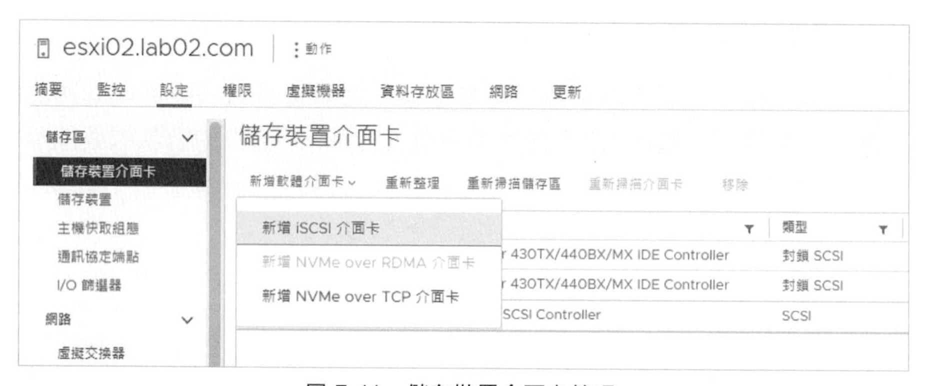

圖 7-11　儲存裝置介面卡管理

完成軟體 iSCSI 軟體介面卡的新增之後，請至如圖 7-12 的[網路連接埠繫結]的子頁面中，點選[新增]來繫結 iSCSI 的專屬網路即可。點選[確定]。若尚未建立 iSCSI 儲存連線專用的網路，可到主機 VMkernel 介面卡的管理頁面中來新增。

圖 7-12　網路連接埠繫結

請點選至[動態探索]的子頁面並點選[新增]，來開啟[新增傳送目標伺服器]設定頁面。在[iSCSI 伺服器]欄位中請輸入 iSCSI Target 主機 IP 位址或 FQDN，連接埠如果 iSCSI Target 沒有進行過異動便採用預設值(3260)即可。點選[確定]。如圖 7-13 便是筆者所新增的一筆動態探索設定。

圖 7-13　動態探索設定

在完成與 iSCSI Target 主機連線的動態探索設定之後，一般而言您還必須在 iSCSI Target 主機端授予 ESXi 主機的連線才行。在此筆者以

Windows Server 2022 的 iSCSI Target 操作為例，在開啟[Properties]頁面之後必須點選至[Initiator]設定中，如圖 7-14 透過[Add]按鈕的點選來將已偵測到的 ESXi 主機加入。

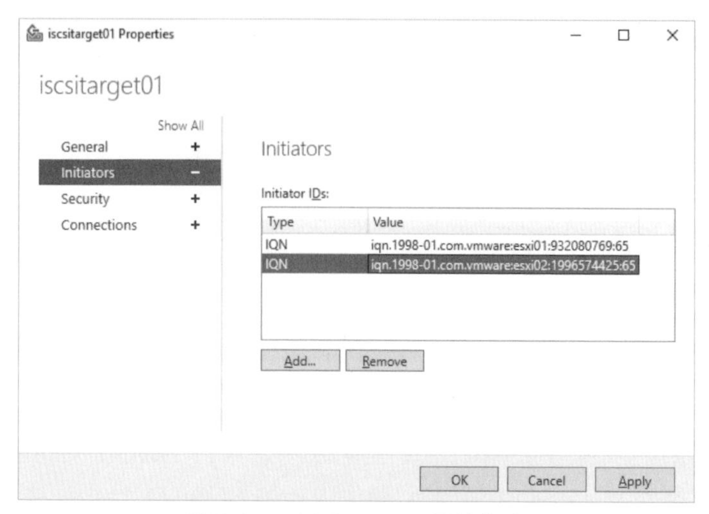

圖 7-14　iSCSI Target 屬性修改

回到[儲存裝置介面卡]頁面之後，可以看到已新增的 iSCSI 伺服器連線設定，以及 "由於最近發生組態變更，建議重新掃描[vmba65]" 的提示訊息。請點選[重新掃描儲存區]，來開啟如圖 7-15 的頁面並點選[確定]。接下來您必須為叢集中的每一部 ESXi 主機皆完成相同設定，即可查看到所連接的新儲存裝置。

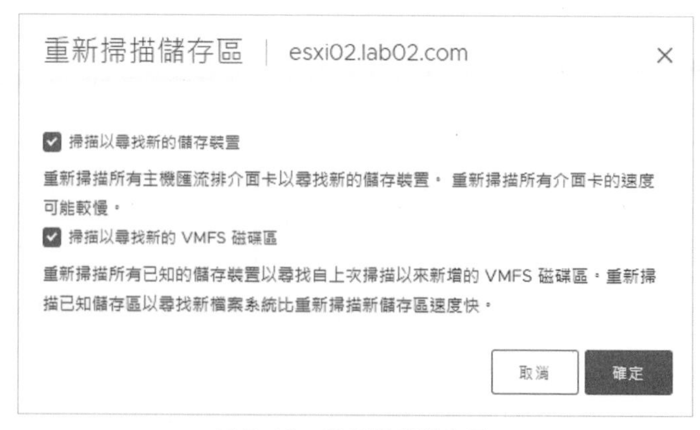

圖 7-15　重新掃描儲存區

如圖 7-16 便是筆者針對叢集中的一台 ESXi 主機，所開啟的[設定]\[儲存區]\[儲存裝置]頁面。在此除了可以針對所選取的[MSFT iSCSI Disk]來查看內容、路徑以及磁碟分割詳細資料，未來如果不再需要使用此磁碟的時候，還可以點選[卸除]功能。若是需要清除磁碟中的所有資料以作為全新的用途，則可以點選[清除磁碟分割]功能。

圖 7-16　儲存裝置管理

確認叢集主機已成功連接 iSCSI 儲存裝置之後，就可以選擇在叢集中的其中一台主機，透過點選如圖 7-17 的[動作]\[儲存區]\[新增資料存放區]功能，來新增一個 VMFS 類型的資料存放區，在設定步驟中您還可以選擇所要使用的 VMFS 版本、磁碟分割的大小。

圖 7-17　新增資料存放區

還記得主機[摘要]頁面中的 "此主機的 vSphere HA 活動訊號資料存放區數目為 1，其少於必要數目 2" 警示訊息嗎？想要解決這個問題首先只要讓叢集主機，連接好兩個 iSCSI 儲存區並建立好資料存放區。接著開啟如圖 7-18 的[編輯叢集設定]頁面，先選取[使用來自指定清單的資料存放區並視需要自動補充]設定之後，再手動選取所要使用的資料存放區即可。點選[確定]。

圖 7-18 編輯叢集設定

7.5 虛擬機器熱備援測試

對於初步剛完成的 vSphere HA 叢集部署，肯定是需要來測試一下容錯備援的機制是否能夠正常運行。在此建議您可以直接透過叢集的[動作]選單中，點選[新增虛擬機器]來進行接下來的測試。

在新增虛擬機器的設定步驟之中，首先需要注意的是如圖 7-19 的[選取計算資源]設定，若此叢集尚未啟用 DRS 功能，則您需要選擇特定的主機來運行此虛擬機器。點選[下一頁]。

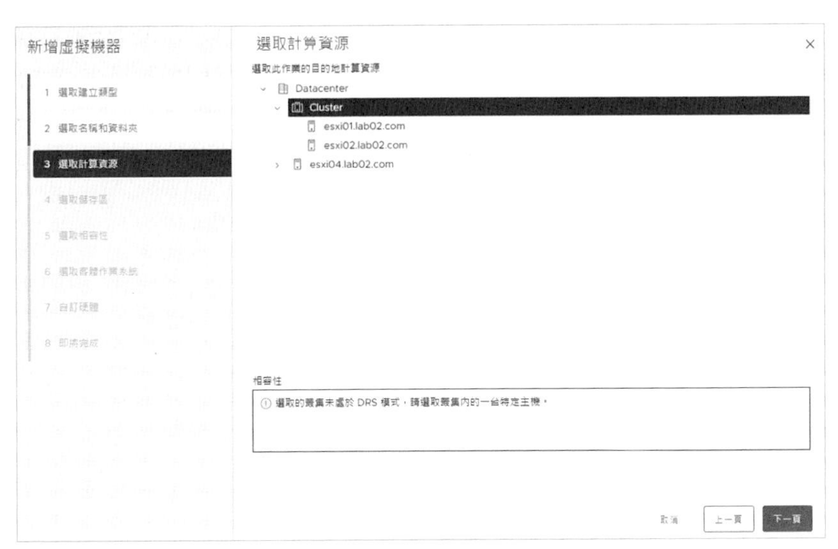

圖 7-19　新增虛擬機器

在如圖 7-20 的[選取儲存區]頁面中，請選取所連接的 iSCSI 資料存放區。當出現 "相容性檢查成功" 的訊息之後，就可以點選[下一頁]。最後請依序完成版本相容性、客體作業系統、自訂硬體規格的設定之後即可。

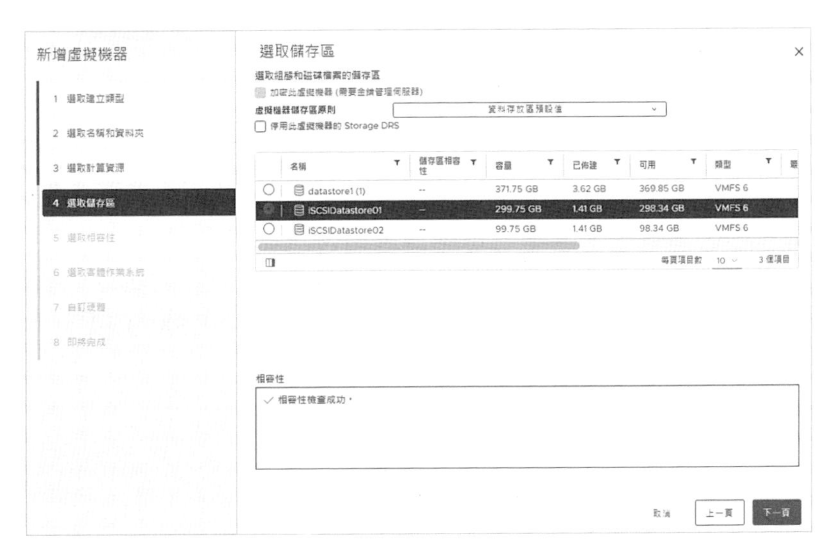

圖 7-20　選取儲存區

在完成虛擬機器的 Guest OS 安裝與 VMware Tools 安裝之後，接下來請讓此虛擬機器繼續維持在啟動狀態，然後針對運行此虛擬機器的 ESXi 主機，立馬點選位在[動作]選單中的[電源]\[關閉]功能。此時將會出現如圖 7-21 的[關閉主機]的訊息頁面，您只要輸入關閉作業的原因並點選[確定]即可。

關閉主機 | esxi02.lab02.com ×

您已選取關閉主機 esxi02.lab02.com

記錄此關閉作業的原因:

HA測試

此主機未處於維護模式。
將未處於維護模式的主機關閉或重新開機將無法安全地停止在此主機上正在執行的虛擬機器。如果該主機屬於 vSAN 叢集，則您可能會無法存取此主機上的 vSAN 資料。 請先將主機置於維護模式，再將主機重新開機或關閉。

關閉選取的主機?

取消 確定

圖 7-21 關閉主機

關閉正在運行虛擬機器的 ESXi 主機之後，如圖 7-22 您將會立即看到該虛擬機器已在叢集的另一台 ESXi 主機中被啟動。由於此叢集目前僅有兩台 ESXi 主機，當其中一台關機或網路無法連線之時，位在下方的[警示]清單中便會出現 "vSphere HA 容錯移轉資源不足" 的訊息，換句話說，一個妥善的 vSphere HA 叢集架構最好能夠有三台 ESXi 主機。

圖 7-22　成功容錯移轉

7.6 虛擬機器線上移轉

線上移轉(vMotion)是 vSphere 平日維運中最常使用的功能之一，可方便管理員在需要進行 ESXi 主機或共用儲存設備的停機維護之前，先行將重要的虛擬機器在不關機的情況之下，直接移轉至選定的 ESXi 主機與儲存設備來繼續運行。

想要讓虛擬機器能夠隨時進行線上移轉任務，必須預先在所有相關的 ESXi 主機中啟用 vMotion 服務功能。啟用的方法只要在 ESXi 主機節點的[設定]\[網路]\[VMkernel 介面卡]頁面之中，針對所要設定的 VMkernel 介面卡點選[編輯]功能，即可在如圖 7-23 的[連接埠內容]頁面之中來啟用[vMotion]服務。

小提示　在實務上您應該[vMotion]與[管理]的網路區隔開來，例如讓啟用[vMotion]服務功能連接使用 10Gbps 的網路，而[管理]專用的網路僅需使用 1Gbps 的頻寬網路即可。

圖 7-23　VMKernel 服務啓用設定

接下來我們便可以針對使用上述 VMKernel 網路的虛擬機器，來進行線上移轉的測試。請在所選取的虛擬機器頁面之中，點選位在[動作]選單中的[移轉]。在如圖 7-24 的[選取移轉類型]頁面中分別有四種類型可以選擇，在大多數的情況之下我們會選取[僅變更計算資源]，也就是僅變更此虛機機器所運行的 ESXi 主機，這個類型的移轉方式最為快速。

如果選擇了[僅變更儲存區]的選項，則通常是運用在將某一個儲存於 ESXi 本機儲存區中的虛擬機器，移轉是網路共用的儲存區(例如：NFS、iSCSI 等等)，以利於高可用性的運作架構，其次則可能是因為目前的儲存區需要停機維護，而必須暫時移轉。這個類型的移轉速度取決於虛擬機器磁碟檔案的大小。

至於何種情境下需要選取[同時變更計算資源和儲存區]，一般來説是發生在需要將虛擬機器移轉至不同叢集的 ESXi 主機之中。最後如果是需要將虛擬機器移轉至非相同 SSO 網域的 ESXi 主機之中，則可以選取[跨 vCenter Server 匯出]功能即可。點選[下一頁]。

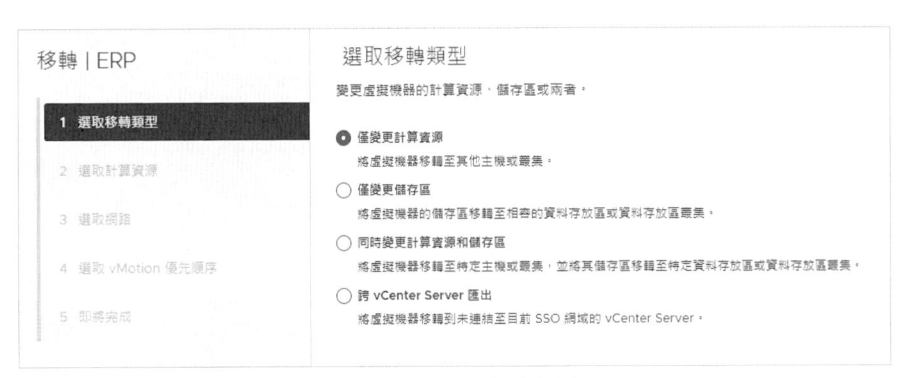

圖 7-24　選取移轉類型

在如圖 7-25 的[選取計算資源]的頁面中，可以根據主機、叢集、資源集區或是 vApp 的分類，來選擇所要移轉的目的地。點選[下一頁]。在[選取網路]的頁面中，則可以選取虛擬機器移轉的目的地網路，如果目的地要使用不同的虛擬機器網路，也可以在此重新選定。點選[下一頁]。

圖 7-25　選取計算資源

在如圖 7-26 的[選取 vMotion 優先順序]頁面中，可以選取[以高優先順序排程 vMotion(建議)]或[排程正常 vMotion]，前者可以讓 vMotion 的時間大幅縮短，後者則會讓延長 vMotion 的時間。點選[下一頁]後在[即將完成]的頁面中確定所有設定無誤之後，點選[完成]。

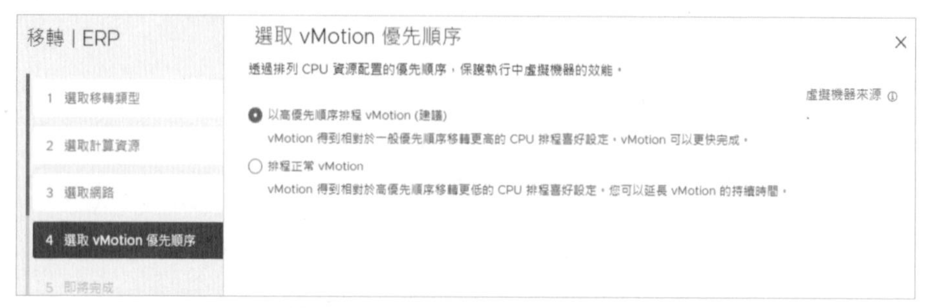

圖 7-26　選取 vMotion 優先順序

只要管理員有執行過任何虛擬機器的移轉操作，便可以在該虛擬機器的[監控]\[工作和事件]\[工作]頁面之中，檢視到如圖 7-27 的[重新放置虛擬機器]的工作名稱，從這裡便可以得知哪一位管理員所執行的移轉，以及來源虛擬機器、目的地主機、日期時間等資訊。

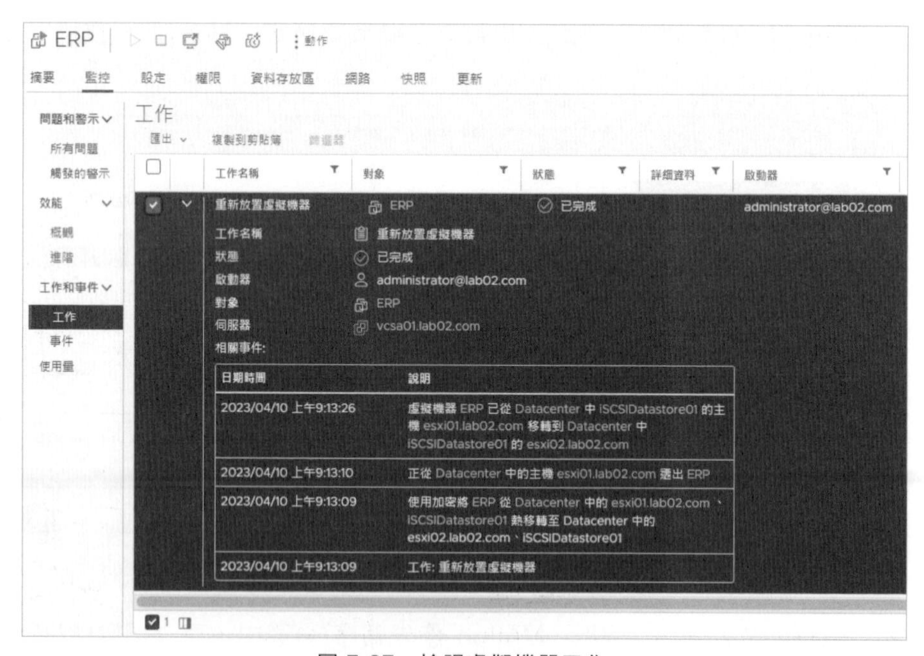

圖 7-27　檢視虛擬機器工作

小祕訣

針對處於關機狀態的虛擬機器若要進行移轉，並且還選擇了[同時變更計算資源和儲存區]的設定，那麼建議您在執行移轉之前，先將來源與目的地的主機之 VMKernel 服務啟用[佈建]設定，如此將可大幅加快移轉速度。

7.7 虛擬機器動態調配

想要讓 vSphere 叢集中的大量虛擬機器，可以分散運行在所有可用的 ESXi 主機之中，以達到充分利用資源與負載平衡的效果，若想單靠人工的方式來達成肯定是天方夜譚。此時只要懂得善用 DRS (Distributed Resource Scheduler)功能，便可以讓系統自動妥善地幫我們輕鬆完成調配的任務。

如何來正確配置 DRS 的設定呢？請在叢集的節點上點選至[設定]\[服務]\[vSphere DRS]頁面中。在預設的狀態下是呈現[已關閉 vSphere DRS]的訊息。點選[編輯]按鈕後將會開啟如圖 7-28 的[編輯叢集設定]頁面。

首先在[自動化]頁面中的[自動化層級]下拉選單中，您可以選擇手動、半自動以及全自動。其中[手動]模式將會在虛擬機器啟動之時，顯示置放位置與移轉建議，不過在確認套用建議之前，它不會執行這些建議動作。而[半自動]則是會自動完成初始放置並顯示移轉建議，但不執行。至於[全自動]則是放置位置會自動決定並執行，不會有任何建議。

接著在[移動臨界值]的設定部分，主要是用來測量 ESXI 主機 CPU 與記憶體負載之間，所可以接受的叢集不平衡程度，從保守到積極共有五段可以自由調整，若設定越靠近積極則執行 vMotion 的頻率就會越高。在[Predictive DRS]選項部份，則是一項結合 vRealize Operations Manager 的效能資料，來精準預測負載平衡的最佳調配方式。

若勾選[虛擬機器自動化]設定，將可以進一步啟用個別虛擬機器自動化層級配置，如此一來可以為整個自動化叢集內的特定虛擬機器設定成手動，或是為整個手動叢集內的特定虛擬機器設定成半自動，當然也可以把特定虛擬機器設定成停用，這樣一來此虛擬機器便不會被 vCenter Server 進行移轉或出現建議移轉。

圖 7-28　編輯叢集設定

在如圖 7-29 的[其他選項]的子頁面中，首先可以決定是否要啟用[虛擬機器分佈]功能，一旦啟用之後系統便會強制平均分配虛擬機至每一台 ESXi 主機之中來運行。在[用於負載平衡的記憶體度量]的設定部分，則是適用於主機記憶體為過度認可的叢集。在[CPU 過度認可]的設定部分，主要目的在限制虛擬 CPU 與實體 CPU 的核心比率，一旦啟用便將會在 DRS 叢集中的每台 ESXi 主機上強制執行。若有在此叢集中使用資源集區，可考慮是否要啟用[可擴充共用率]的設定。

圖 7-29　其他選項

在[電源管理]子頁面中若啟用 DPM 設定，將能夠使用網路喚醒、IPMI 或 ILO 來開啟 ESXi 主機電源功能，其中對於 IPMI 與 ILO 功能的使用，必須預先在個別的主機中完成相對的韌體設定，再來啟用 DPM 功能。一旦啟用了 DPM 功能請根據實際需求，進一步完成[自動化層級]以及[DPM 臨界值]的設定。點選[確定]。最後在[進階選項]頁面中，只有在需要配置特殊的 DRS 進階參數設定時，才需要在此輸入[選項]與[值]的兩個欄位設定並點選[新增]按鈕即可。

完成 DRS 的設定並運行一段時間之後，您將可以在叢集的[摘要]頁面中，檢視到如圖 7-30 的[vSphere DRS]小工具資訊。在此工具頁面中主要呈現了[叢集 DRS 分數]與[虛擬機器 DRS 分數]，前者是統計所有虛擬機器的 DRS 平均分數，後者則是可以根據虛擬機器的 DRS 分數，來得知虛擬機器結合 DRS 動態調配的執行效率，當數值越接近 0%表示資源爭用情況嚴重，相反的若數值約接近 100%即表示資源爭用情況輕微或無爭用。

無論如何 DRS 會盡可能將叢集中的每個虛擬機器的執行效率最大化，確保資源分配的充分利用以及公平性。進一步您可以透過[檢視所有虛擬機器]超連結的點選，來查看所有虛擬機器的 DRS 分數清單，以及 CPU 與記憶體的使用狀況。

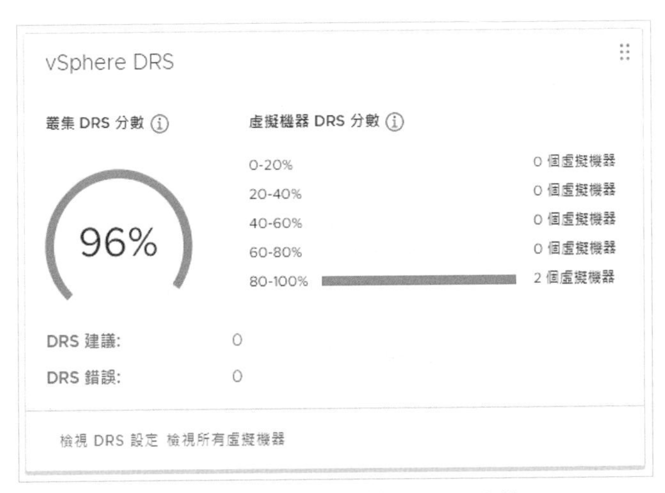

圖 7-30 叢集與虛擬機器 DRS 分數

小提示 想要知道 DRS 對於虛擬機器的調配情形，可以在 ESXi 主機節點的[工作和事件]\[事件]頁面中，查看 "DRS 已開啟 ESXi 主機上的電源" 之相關事件。

7.8 DRS-虛擬機器複寫項目設定

想要讓 vSphere 自動最佳化叢集之中所有 ESXi 主機的資源使用率，只要啟用 DRS 全自動化的運行模式即可。不過對於某一些特定的虛擬機器，您可能會希望讓它固定運行在選定的 ESXi 主機中就好，主要的原因通常不外乎是某一些應用系統軟體金鑰授權的因素，或是還有其他管理問題的考量。

無論如何若是想要讓現行 DRS 叢集中的任一虛擬機器，強制運行在選定的 ESXi 主機之中，只要完成以下相關的步驟設定即可。首先請如圖 7-31 在叢集的[設定]\[組態]\[虛擬機器覆寫項目]頁面中，點選[新增]超連結繼續。

圖 7-31　虛擬機器複寫項目

接著在如圖 7-32 的[選取虛擬機器]頁面中，即可查看到目前此叢集中所有的虛擬機器清單，並且可得知每一台虛擬機器目前的狀態、佈建的空間、已使用的空間以及對於 CPU 與記憶體的使用量。請在選取單一台或多台虛擬機器之後再點選[下一頁]。

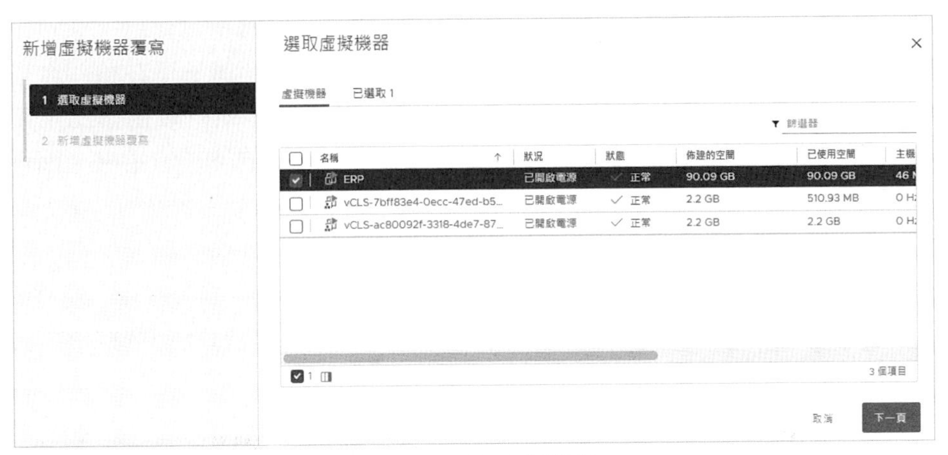

圖 7-32　選取虛擬機器

在如圖 7-33 的[新增虛擬機器覆寫]頁面中，可以查看到對於目前叢集所有能夠進行覆寫的設定，這一些除了有我們需要的[DRS 自動化層級]設定之外，還有一些與 vSphere HA 相關的設定，包括了虛擬機器重新啟動優先順序、PDL 保護設定、APD 保護設定、虛擬機器監控等等。點選[完成]。

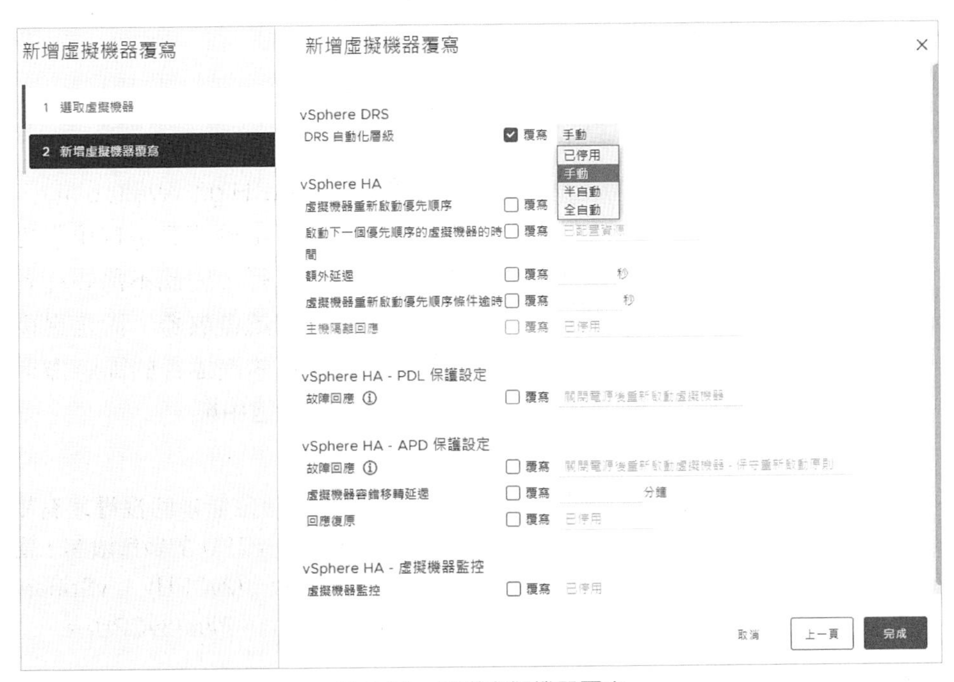

圖 7-33　新增虛擬機器覆寫

完成設定之後將可以查看剛剛所建立的虛擬機器覆寫項目，您可以隨時針對該設定項目進行編輯或刪除。最後讓我們來測試一下在這個全自動 DRS 叢集中，開啟一個已設定為手動的虛擬機器，執行後便會出現如圖 7-34 的[開啟電源建議]頁面，來讓我們選擇要運行的 ESXi 主機，而不是由系統的 DRS 機制自動完成選擇。

圖 7-34　開啟電源建議

7.9 Fault Tolerance 實戰演練

vSphere Fault Tolerance (FT)可說是 vSphere High Availability(HA)的進化版，提供了更高層次的可用性熱備援機制，由於 FT 是採用了主要與次要虛擬機器狀態同步的方式來維持可用性的運行，因此不需要在容錯執行的過程之中，於備援的 ESXi 主機上重新啟動虛擬機器，而是直接改由次要的虛擬機器取代運行，以至於幾乎達到了不中斷運行的即時備援能力，對於用戶端而言也不會感覺到存取中的連線被迫中斷。

小提示　關於 vSphere Fault Tolerance 功能僅有特定版本的授權才有提供，並且依版本的不同，也有相對虛擬機器 vCPU 的數量限制，這些支援的版本分別是 vSphere Standard(2vCPU)、vSphere Enterprise Plus(2vCPU)、vSphere Enterprise Plus(8vCPU)。

想要使用虛擬機器的 vSphere FT 功能，基本上只要在已經啟用 vSphere HA 功能的叢集下，完成各 ESXi 主機的 vMotion 以及 Fault Tolerance 的網路服務啟用，便可以開始用啟用 FT 功能。但必須注意的是為了運行效能的考量，最好能夠在配置有 10Gbps 的網路下運行，並將 vMotion 以及 Fault Tolerance 的服務流量啟用在不同的網路連接，也就是讓 FT 功能使用專用的網路，以免影響現行網路中其他應用系統或服務的連線。

一切準備就緒之後，請先將準備啟用 FT 功能的虛擬機器正常關機，接著再如圖 7-35 點選位在[動作]選單中的[Fault Tolerance]\[開啟 Fault Tolerance]繼續。

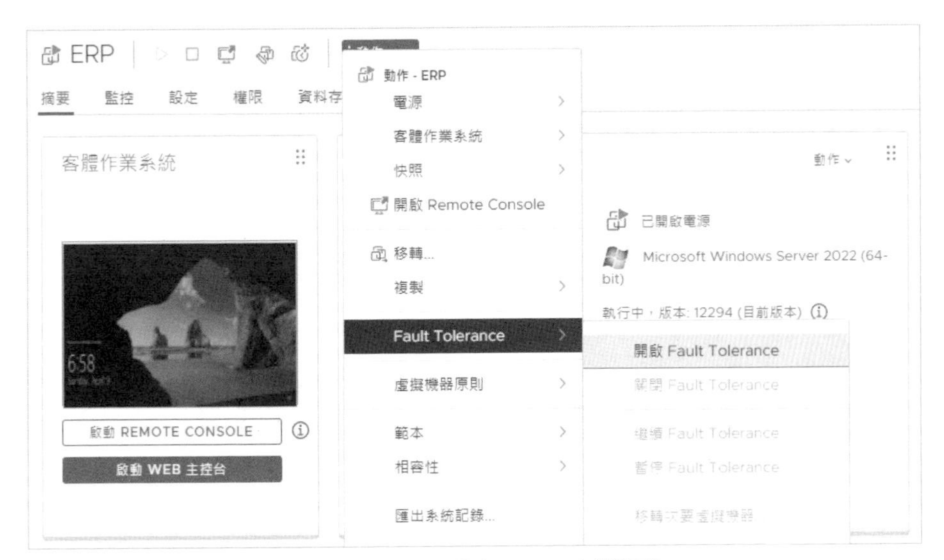

圖 7-35　Fault Tolerance 功能選單

小提示 針對已經啟用 Windows 的[虛擬化型安全性]功能之虛擬機器，將無法啟用 Fault Tolerance 功能，除非先到此虛擬機器的[編輯設定]\[虛擬機器選項]頁面之中取消該項設定。

在如圖 7-36 的[選取資料存放區]頁面中，請選擇準備用來存放 FT 次要虛擬機器磁碟和組態檔案的資料存放區，選擇後一旦出現了 "相容性檢查成功" 的訊息，即可點選[NEXT]。若是所選取的資料存放區空間不足將會出現錯誤訊息，並且出現目前空間以及所需空間的訊息提示。

圖 7-36 選取資料存放區

在如圖 7-37 的[選取主機]頁面中，請選擇準備用以運行次要虛擬機器的 ESXi 主機，選取後若系統偵測到主要與次要的虛擬機器，使用了相同的資料存放區時將會出現警示訊息，但您仍可以點選[NEXT]來完成設定。無論如何主要與次要的虛擬機器，仍強烈建議存放於不同的資料存放區，並且最好是兩個各自獨立的儲存設備，以避免發生單點故障的風險。

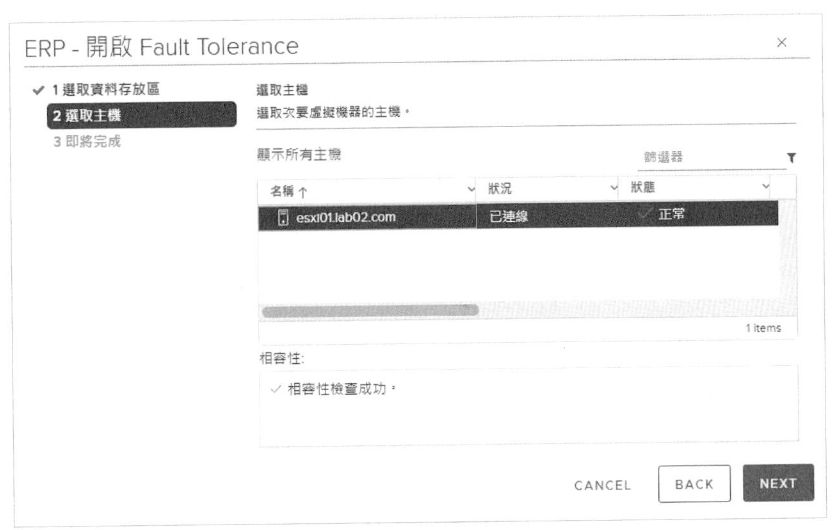

圖 7-37　選取主機

成功完成了 Fault Tolerance 功能的啟用之後，便可以看到受 FT 保護的虛擬機器，其顯示名稱特別標示了 "主要" 字眼，並且在如圖 7-38[摘要]的頁面中可以進一步檢視到最新 Fault Tolerance 狀態，包括了次要虛擬機器的所在位置以及記錄頻寬的每秒使用量。

小提示 對於已啟用 FT 功能的虛擬機器，其 vCPU 與 vRAM 的資源設定值將無法透過[編輯設定]進行異動。

圖 7-38　主要虛擬機器狀態

在受保護的主要虛擬機器動作選單中，如圖 7-39 您可以在[Fault Tolerance]子選單中，來執行[測試容錯移轉]或是[測試重新啟動次要虛擬機器]功能，以確認 FT 的容錯熱備援機制是否可正常運行。如果選擇[關閉 Fault Tolerance]功能，則除了會移除虛擬機器的 FT 保護功能以及刪除 FT 所有歷史資料之外，DRS 的自動化層級設定也將會回到叢集的預設設定。

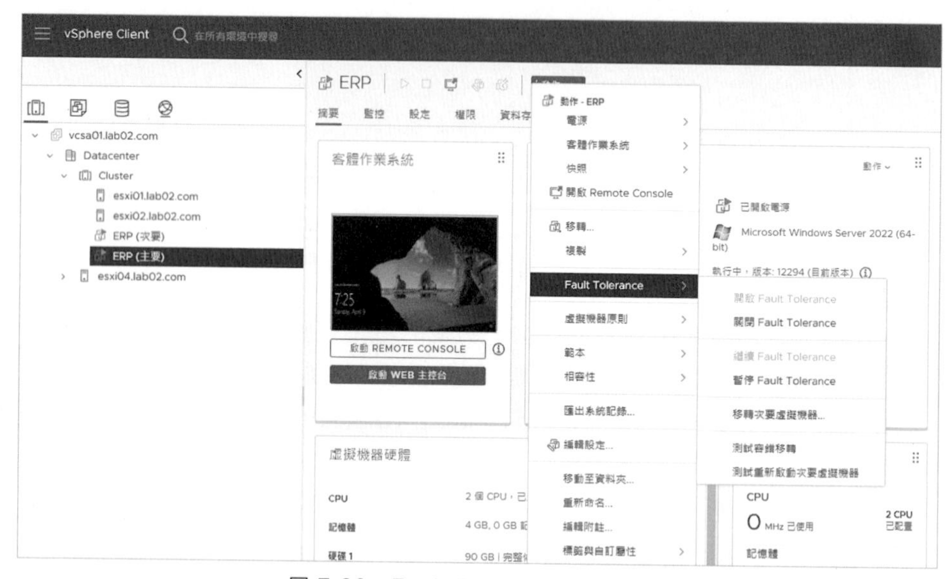

圖 7-39　Fault Tolerance 功能選單

針對受 Fault Tolerance 保護且運行中的虛擬機器，若想要知道與它相關的資源目前效能運行狀態，只要到如圖 7-40 的[監控]\[效能]\[概觀]頁面之中，即可透過選取檢視選單中的[Fault Tolerance]來查看，這裡所呈現的即時統計數據包括了 CPU 已用時間、CPU 系統時間、CPU 使用率、作用中記憶體。

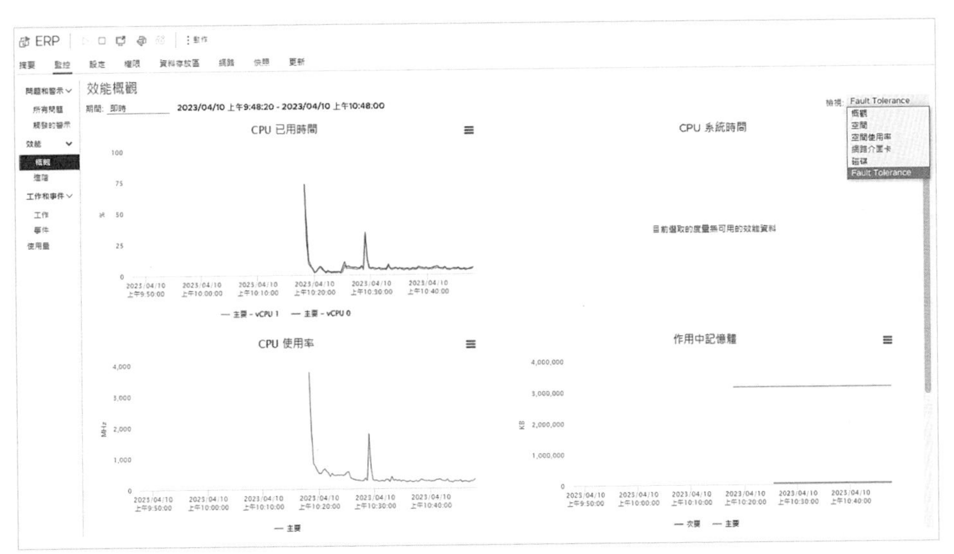

圖 7-40　Fault Tolerance 效能監視

Fault Tolerance 兩項預設限制

- 叢集中允許的容錯虛擬機器的數目上限預設值為 4，此設定可通過修改 das.maxftvmsperhost 來進行調整，若將此值設定為 0 即表示停用該項檢查。
- 跨主機容錯虛擬機器整體的最大 vCPU 數目預設值為 8，此設定可通過修改 das.maxftvcpusperhost 來進行調整，若將此值設定為 0 即表示停用該項檢查。

本章結語

在看完了本文有關於 vSphere 四大高可用性功能的實戰講解之後，不難發現其中的熱移轉(vMotion)與熱備援(HA)，可說是滿足高可用性基本需求的必要功能。至於熱調配(DRS)與即備援(FT)兩大進階功能，則是比較適用於中大型企業 IT 零中斷的維運需要。

無論如何想要完善部署一套具備全方位高可用性的虛擬化平台架構，除了需要有 vSphere 相關的軟體功能授權之外，主機、儲存設備、網路設備等硬體的規格也必須正確選擇，以因應現行 IT 規模的效能需求。

08

chapter

虛擬機器運行優化技巧

想要擁有最可靠與最快速的 vSphere 運行架構，除了要有嚴選的主機設備規格以及 ESXi 系統的優化配置之外，虛擬機器的優化配置也是不可或缺的一環。虛擬機器的優化過程同樣離不開監視與警示工具的使用，以便讓 IT 人員能夠隨時掌握基本運行的效能表現。若能夠進一步對於所運行的應用系統或服務，做好相關的虛擬機器、網路、儲存以及 Guest OS 的適當配置，相信就可以為所有準備執行在虛擬化平台架構上的程式，獲得最佳的執行效能。

8.1 簡介

如果您已經為 vSphere 架構環境中的伺服器主機，準備好了高規格的硬體設備，並且也依照筆者先前的建議完成了主機效能的調教，那麼接下來需要進行效能調教的重點就是虛擬機器，包括了所有與它相關的網路、儲存以及 Guest OS 的優化配置。

談到有關於系統優化的議題，可能會有一些新手的 IT 朋友會有一個疑問，那就是為何這個系統在發行之前，不先把所有相關的效能配置皆設定在最快的選項，如此一來我們最初所安裝使用的系統，便可以在沒有進行任何調教的狀態之下，直接享有最速運行的體驗了？

關於許多新手 IT 的上述疑惑，主要因為他們忽視了一項重要關鍵，那就是許多與效能相關的配置，往往都是一體兩面的設定結果，也就是當某項設定的啟用雖然會讓系統的運行速度更快，但卻也可能同時導致另一項問題的發生，例如在 ESXi 主機電源管理的配置當中，若選擇以最高執行效能為優先，那麼便會相對讓主機的功率耗能加大，因此系統預設值便會是選擇[平衡]配置。

除此之外某一些效能的配置設定，還必須針對特殊的情境需要才能進行修改，否則可能會導致弄巧成拙，讓效能的運行結果遠低於預期。其實想要做好虛擬機器效能的調教，首要任務應該是先做好資源的調配，其中最重要的就是有關於 CPU 與記憶體的資源分配，關於這點只要善用資源集區(Resource Pool)的功能來加以解決即可。

一旦做好了硬體資源的基本調配任務之後，接下來管理員需要做的就是在平日裡持續監視虛擬機器的運行，並且完成所有與這一些虛擬機器相關的網路、儲存以及 Guest OS 的優化配置，讓系統的運行速度能夠在有限的資源下火力全開。

8.2 資料中心運行監視

在我們準備對於個別的虛擬機器運行效能進行監視之前，最好能夠先透過資料中心來檢視整體的運行狀態，以及各項有關於虛擬機器運行的統計數據。請如圖 8-1 在資料中心節點之中，點選至[監控]\[效能]\[概觀]頁面。在此首先可以從[檢視]的選單之中選取所要查看的數據類型，分別有叢集、空間使用率、資料存放區。以[空間使用率]為例將可以查看到各個資料存放區，除了可用空間之外還有不同檔案類型的占比，其中最需要特別留意的就是虛擬磁碟。

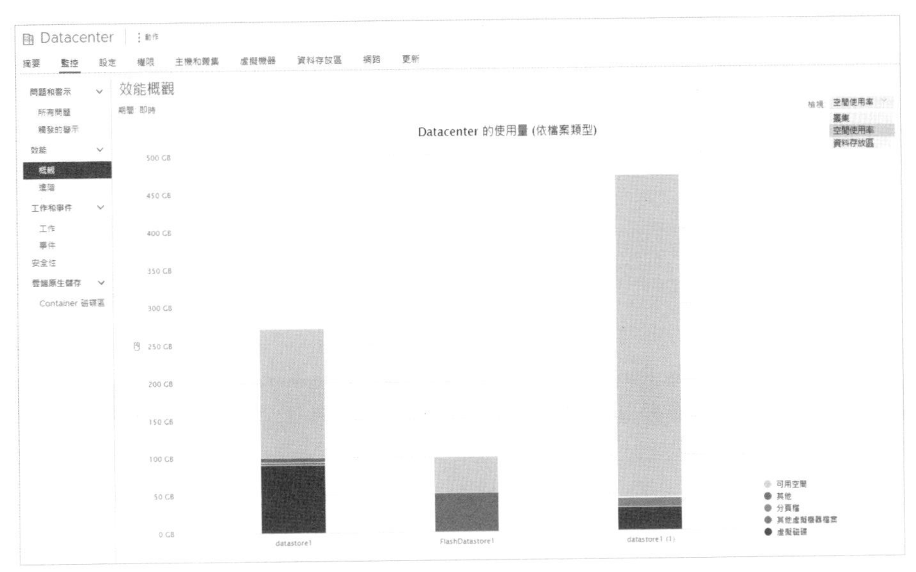

圖 8-1　資料中心使用量分析

在如圖 8-2 資料中心的[進階效能]頁面之中，預設將可以查看到[虛擬機器作業]的相關效能計數器數據圖表，包括了 vMotion 計數、Storage vMotion 計數、虛擬機器開啟電源計數、虛擬機器關閉電源計數等等。若想要自訂進階效能的數據統計圖表，請點選[圖選項]超連結繼續。

在如圖 8-3 的[圖選項]頁面中，您可以先從清單之中連續勾選所要監視的效能計數器，然後再設定所要抓取的時間範圍以及選擇圖類型。最後再點選[將選項另存為]的超連結，來產生一個新的自訂檢視選項。點選[確定]。

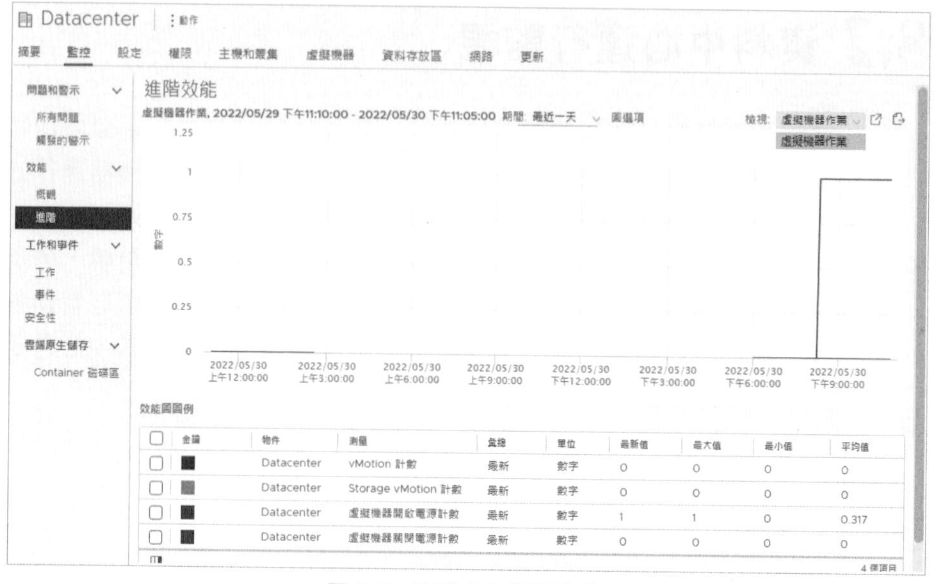

圖 8-2 資料中心進階效能

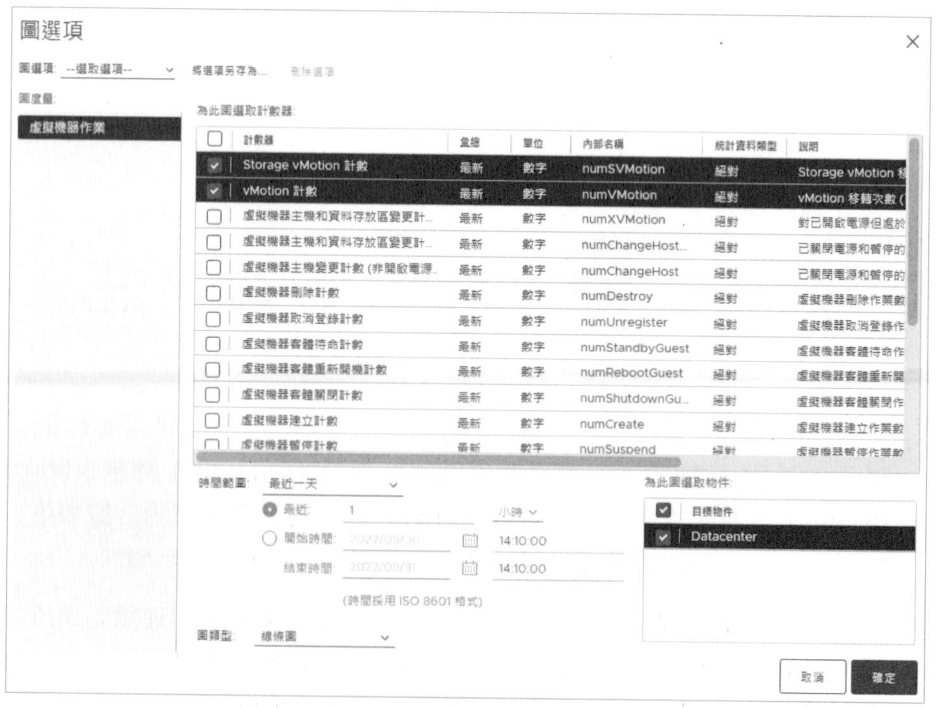

圖 8-3 效能圖選項設定

8.3 虛擬機器效能監視

從資料中心節點的頁面之中，可以檢視到旗下所有虛擬機器與資料存放區的相關效能數據。然而如果想要對於選定的虛擬機器，進行效能的統計分析或問題排除，那麼肯定得進入到虛擬機器的節點頁面，才能夠獲取最完整的效能資訊與數據。

請如圖 8-4 在 vSphere Client 網站之中，針對選定的虛擬機器點選至[監控]\[效能]\[概觀]頁面。在此您可以先選取所要查看的期間，包括了即時、最近一天、最近一週、最近一個月、過去一年以及自訂間隔。接著便可以查看到虛擬機器運行中最重要的四項效能數據，那就是 CPU、記憶體、記憶體速率、磁碟。除了概觀的[檢視]選項之外，預設還有空間、空間使用率、網路介面卡、磁碟可以選擇。

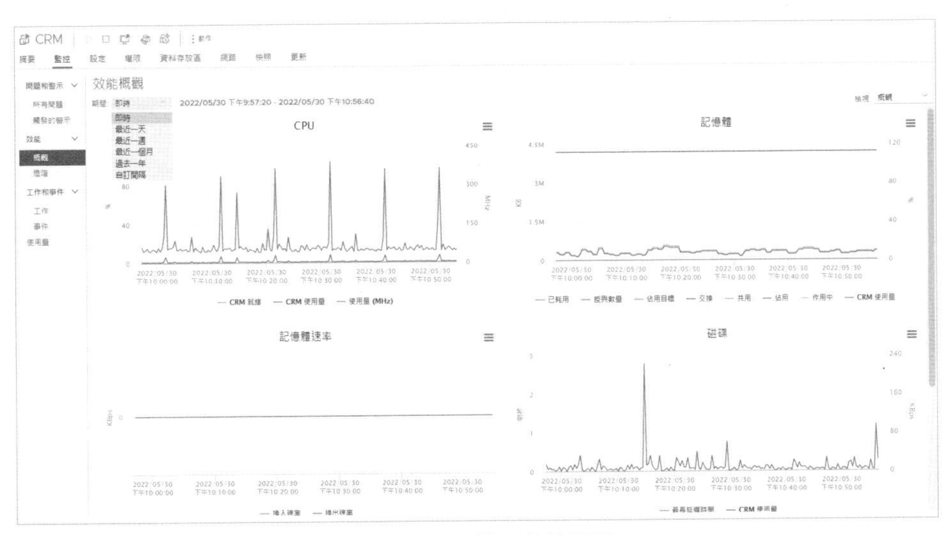

圖 8-4　虛擬機器效能概觀

緊接著可以點選至[監控]\[效能]\[進階]頁面。如圖 8-5 在此除了可以即時檢視到預設的 CPU 使用率(%)圖表之外，從[檢視]的選單之中還可以變更所要檢視的效能物件，包括了 CPU 使用率(MHz)、資料存放區、磁碟、記憶體、網路、電源、虛擬磁碟。

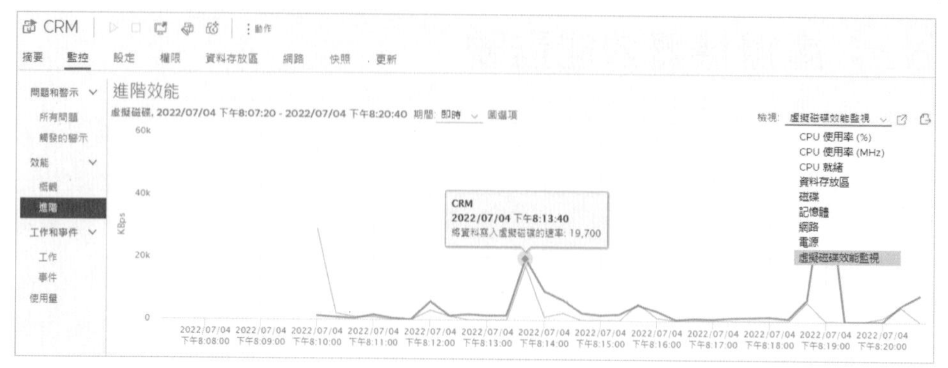

圖 8-5 進階效能

在[進階效能]的頁面之中除了可以開啟現行的檢視選項之外，也可以自定義檢視選項，以便唯一檢視所關切的效能數據。請點選[圖選項]超連結來開啟如圖 8-6 的設定頁面。

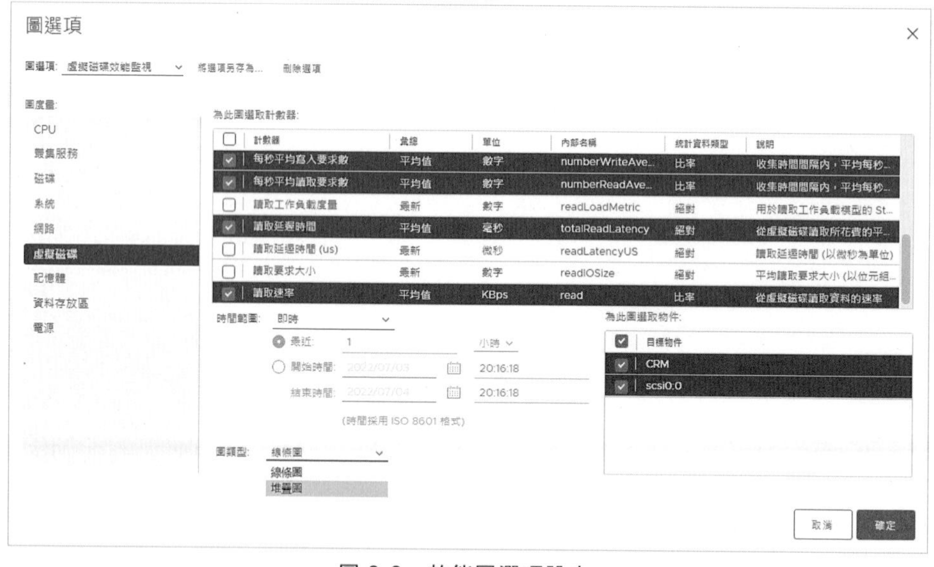

圖 8-6 效能圖選項設定

在此可以看見預設已有九大類的圖度量可以選擇。舉例來說，當我們選取[虛擬磁碟]之後便可以從計數器的清單之中，選取包括了每秒平均寫入要求數、每秒平均讀取要求數、讀取延遲時間、讀取速率等計數器。接著您還可以分別設定時間範圍、目標物件以及圖類型，其中圖類型有線條圖與堆疊圖可以選擇。最後請點選[將選項另存為]的超連結，來完成自定義檢視選項的設定即可。點選[確定]。

8.4 虛擬機器網路優化配置

想要讓 vSphere 架構中的所有應用系統，皆能夠在最快速的網路下運行，除了要有適配的實體網路為基礎之外，ESXi 主機、虛擬機器以及 Guest OS 也需要透過優化的配置，才能夠讓各種資料的傳輸速度達到最穩與最快的境界。

首先在虛擬機器方面，如果能夠藉由多張虛擬網卡的配置，讓不同連線的流量使用不同的網路來進行傳輸肯定是最好。舉例來說，您可以讓用戶連線應用系統時使用[網路介面卡 1]，並且讓應用系統與後端資料庫服務的連線，使用[網路介面卡 2]。如此一來對於擁有大量用戶連線的應用系統而言，將可以從根本上達到資料分流的基本配置。

接著在如圖 8-7 的[介面卡類型]欄位中，請選擇使用 VMXNET 3 而不是預設的 E1000E，因為前者虛擬網卡的配速最高可以到達 10Gbps，至於後者則僅有 1Gbps。當有配置多張虛擬網卡時，同樣建議全部皆設定為 VMXNET 3。

圖 8-7　新增網路介面卡設定

在完成虛擬機器網卡類型的設定之後，如何查看目前網卡的配速呢？很簡單，只要先進入到 Guest OS 之中，再從[Network Connection]頁面中選定網路並按下滑鼠右鍵點選[Status]，即可如圖 8-8 在[General]頁面中查看到此介面的最高配速(Speed)。

接下來建議您可以進一步開啟網路連線屬性中的[Advanced]頁面，並且如圖 8-9 將其中的[Jumbo Packet]的設定值修改為[9014 Bytes]。會修改這一項設定主要是由於每一個網路封包(Packet)都會有表頭和表尾，當啟用網卡的 Jumbo Packet 功能之後，它所能承載的資料將可以更多，因此會減少網路堆疊的負載，進而增加網路流量的處理速度。除此之外也由於網路堆疊呼叫量減少了，將會相對讓 CPU 使用率大幅下降。

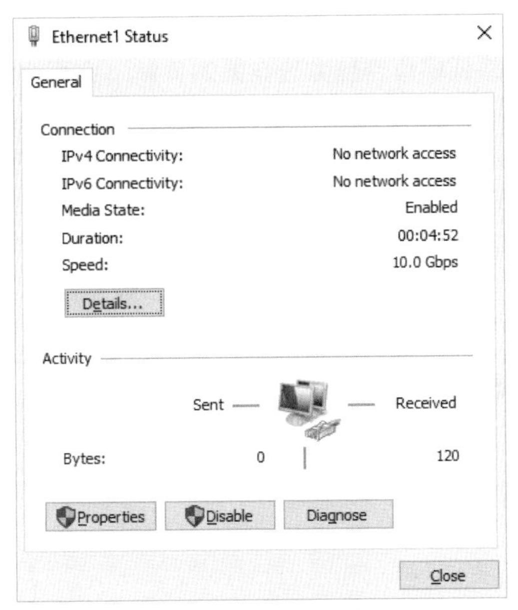

圖 8-8 乙太網路狀態

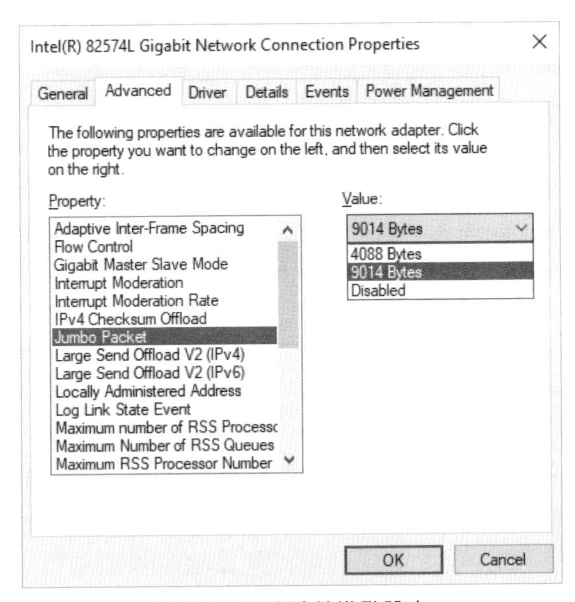

圖 8-9 網路連線進階設定

在虛擬交換器(vSwitch)部分則可以如圖 8-10 將其中的 MTU 設定為 9000，將可以降低網路封包處理作業的負載，進而改善 CPU 對於儲存設備的 I/O 處理效率。此外 9KB 也是目前 MTU 的最大設定值，這表示它能夠容下 8KB 的資料量，恰好 NFS 的一個 Block 資料量也是 8KB，因此這項參數設定的最大值除了能夠提升 iSCSI 網路的傳輸速度之外，也可應用在改善 NFS 網路儲存的傳輸效能。

圖 8-10 虛擬交換器 MTU 設定

接下來您可以為 ESXi 主機的 VMkernel 配置啟用 TSO(TCP Segmentation Offload)網路卸載功能。做法很簡單，可以如圖 8-11 透過執行以下三道命令參數，來分別檢查 TSO 功能是否已經啟用了，若確定尚未啟用則可以立即修改為啟用狀態。此功能的啟用可以使得網卡對於資料的傳輸過程，使用較大的網路封包來進行，藉此來降低 CPU 在處理大量網路封包的工作負載。

```
esxcli network nic tso get
esxcli system settings advanced set -o /Net/UseHwTSO -i 1
esxcli system settings advanced list -o /Net/UseHwTSO
```

除了 TSO 之外，建議您可以進一步透過執行 esxcli network nic cso get 命令參數，來檢查網卡是否已經啟用 CSO(Checksum Segment Offload)網路卸載機制。如果發現尚未啟用，可以執行 esxcli network nic cso set -n vmnic0 -e 1 命令參數來完成啟用的設定。如此一來同樣可以降低 CPU 的工作負載，因為負責驗證網路封包傳遞中的資料正確性與一致性，已交由網卡來負責而非 CPU。

```
[root@esxi01:~] esxcli network nic tso get
NIC     Value
------  -----
vmnic0  on
[root@esxi01:~] esxcli system settings advanced set -o /Net/UseHwTSO -i 1
[root@esxi01:~] esxcli system settings advanced list -o /Net/UseHwTSO
   Path: /Net/UseHwTSO
   Type: integer
   Int Value: 1
   Default Int Value: 1
   Min Value: 0
   Max Value: 1
   String Value:
   Default String Value:
   Valid Characters:
   Description: When non-zero, use pNIC HW TSO offload if available
[root@esxi01:~]
```

圖 8-11　VMkernel 啓用 TSO 網路卸載功能

最後建議可以停用 LRO (Large Receive Offload)大型封包接收卸載的功能，因為雖然此功能可以讓大量且小型的網路封包大幅減少，以達到降低 CPU 負載的目標，但卻也可能同時造成網路封包的傳遞因而延遲，因此這項配置必須根據應用系統的運行需要來決定是否啟用。

如圖 8-12 當我們執行以下命令參數之後，便會發現在系統預設的狀態下此功能是在啟用狀態(Int Value：1)。

```
esxcli system settings advanced list -o /Net/TcpipDefLROEnabled
```

您可以透過以下命令參數的執行來將此功能關閉，也就是把 Int Value 設定值修改為 1。

```
esxcli system settings advanced set -o /Net/TcpipDefLROEnabled -i 0
```

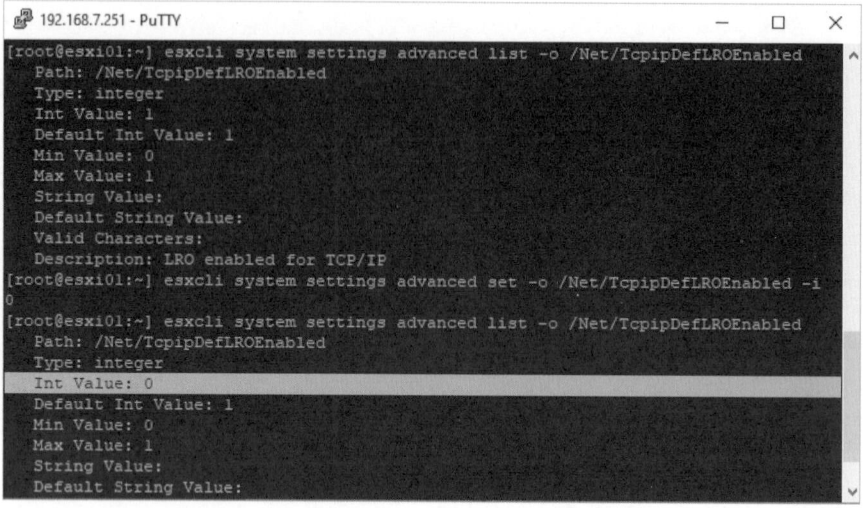

192.168.7.251 - PuTTY

```
[root@esxi01:~] esxcli system settings advanced list -o /Net/TcpipDefLROEnabled
   Path: /Net/TcpipDefLROEnabled
   Type: integer
   Int Value: 1
   Default Int Value: 1
   Min Value: 0
   Max Value: 1
   String Value:
   Default String Value:
   Valid Characters:
   Description: LRO enabled for TCP/IP
[root@esxi01:~] esxcli system settings advanced set -o /Net/TcpipDefLROEnabled -i
0
[root@esxi01:~] esxcli system settings advanced list -o /Net/TcpipDefLROEnabled
   Path: /Net/TcpipDefLROEnabled
   Type: integer
   Int Value: 0
   Default Int Value: 1
   Min Value: 0
   Max Value: 1
   String Value:
   Default String Value:
```

圖 8-12 停用 LRO 大型封包接收卸載功能

關於 LRO 功能設定的啟用或關閉，除了可以透過上述命令參數來完成之外，實際上也可以在 vSphere Client 網站中來進行設定。請在點選至 ESXi 主機節點中的[設定]\[系統]\[進階系統設定]頁面之後，針對 VMXNET3 介面卡編輯 Net.Vmxnet3SwLRO 參數值，輸入 1 表示啟用，輸入 0 表示停用。

8.5 虛擬機器儲存優化配置

一般而言雖然 IT 部門都希望能夠讓所有的虛擬機器，皆運行在 All-Flash 的儲存架構之中，但在每一年非常有限的 IT 預算之下，便只會將一些較為關鍵的應用系統之虛擬機器運行在 Flash 的儲存設備之中，而讓大多數的虛擬機器維持運行在傳統的 HDD 儲存設備之中。

至於筆者對於虛擬機器在儲存區配置的建議，則是建議可以優先選擇讓負載較重的資料庫服務運行在 Flash 的儲存設備。接著可以考慮也讓存取較為頻繁的檔案服務，也同樣運行在 Flash 的儲存設備，因為它們都是需要擁有高速的 I/O 讀寫效能，才能讓前端應用程式與用戶獲得較佳的體驗。當然如果能夠直接使用 vSAN 所提供的原生檔案服務，那肯定會是最佳的選擇。

除了上述有關於針對不同虛擬機器類型，在高速與傳統儲存區的分配建議之外，以下還有二項關於虛擬機器在儲存優化配置上的建議。

首先是第一項建議，您可以考慮將某一些虛擬機器的[SCSI 控制器]類型，如圖 8-13 在[編輯設定]的頁面之中修改為[VMware 半虛擬化]，此設定適用在需要執行大量 I/O 的應用程式或資料庫服務的 IT 環境之中，因為它可以提高磁碟 I/O 存取的輸送量並降低 CPU 使用率，只要您所安裝的 Guest OS 是 Windows Server 2003 以上版本，並且已安裝最新的 VMware Tools 便可以考慮採用此選項設定。

圖 8-13　SCSI 控制器設定

至於第二項配置建議，如果您的虛擬機器是準備用來運行資料庫服務，無論 Guest OS 是選擇 Linux 還是 Windows，可以將系統資料庫以外的各種資料庫檔案，皆存放在一個快閃類型的儲存區之中，並且在如圖 8-14 的虛擬硬碟新增配置中，請將磁碟佈建類型改成[完整佈建積極式歸零]，以獲得最佳的 I/O 存取效能。至於系統的虛擬硬碟則可以採用預設的[完整佈建消極式歸零]，或是選擇能夠省下更多存放空間的[精簡佈建]設定。

以下是關於三種虛擬磁碟類型的說明：

- 完整佈建消極式歸零（Thick Provision Lazy Zeroed）：以預設的完整格式建立虛擬磁碟，虛擬磁碟所需的空間會在建立時就直接給足。不過，它對於儲存空間的處理方式是，需要使用到多少資料空間時，才對於這些空間進行初始化，而對於還沒有使用到的空間部分則不予處理。此類型虛擬磁碟的運行效率，剛好位居其他兩者之間。
- 完整佈建積極式歸零（Thick Provision Eager Zeroed）：它與完整佈建消極式歸零格式不同的地方，在於不僅是虛擬磁碟所需的空間會在建立時就直接給足，還會進一步完整所有空間的初始化。因此，建立此類格式的磁碟所需的時間，便會比其他兩種類型的虛擬磁碟來得久，不過相對地也會讓使用此虛擬磁碟的應用系統運行速度更快。
- 精簡佈建（Thin Provision）：使用精簡佈建格式會讓一開始的虛擬磁碟大小，僅使用該磁碟最初所需的資料存放區空間，也就是資料有多少，虛擬磁碟的檔案就會自動成長多大。如果精簡佈建磁碟日後需要更多空間，則可以擴充到所配置的容量上限。相較於其他兩種虛擬磁碟類型，精簡佈建最為節省存放空間，但相對地也會讓虛擬機器的 I/O 讀寫效率變差。

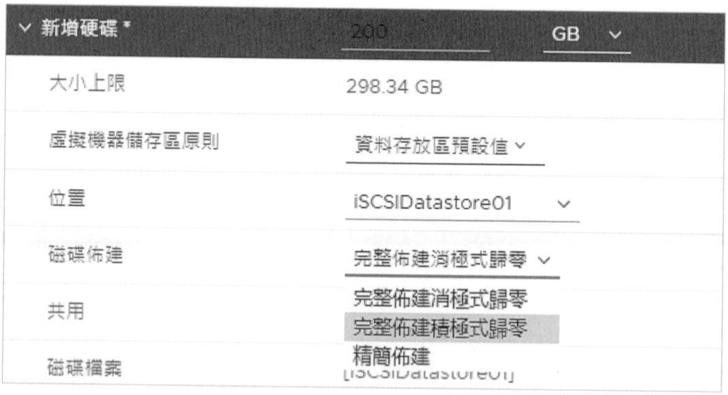

圖 8-14 新增硬碟設定

8.6 虛擬機器警示管理

想要徹底監視 vSphere 的整體運行狀態，除了可以善用內建的效能監視功能與工具之外，最好還能夠使用警示定義功能，來即時得知運行過程之中所發生的各項重要問題，讓 IT 人員能夠在第一時間介入處理，防止可能的嚴重問題繼續擴大，進而導致應用服務停擺或系統損毀。

無論是對於 vSphere 效能的監視還是警示的定義，都必須至少對於三個主要對象來進行，分別是 vCenter Server、ESXi 主機以及虛擬機器。其次則是如果有部署 vSAN 架構，那麼 vSAN 也同樣必須納入效能監視與警示定義的範圍之中。除此之外，若能夠讓 Guest OS 中關鍵的應用系統與服務，也使用同類型的管理工具來進行監視與警示，肯定可以大幅提升 IT 維運的效益。

前面筆者曾經介紹過有關於透過 vSphere 內建功能，來持續監視虛擬機器效能的方法，接下來您可以進一步在任一虛擬機器節點的[設定]\[警示定義]頁面之中，如圖 8-15 來管理各項警示定義的設定。在此可以發現預設的狀態下已有許多內建的警示設定，包括了虛擬機器鎖定警示、虛擬機器錯誤、移轉錯誤、vSphere HA 虛擬機器容錯移轉失敗、虛擬機器 CPU 使用量等等。您可以隨時針對任一警示設定進行啟用或停用。

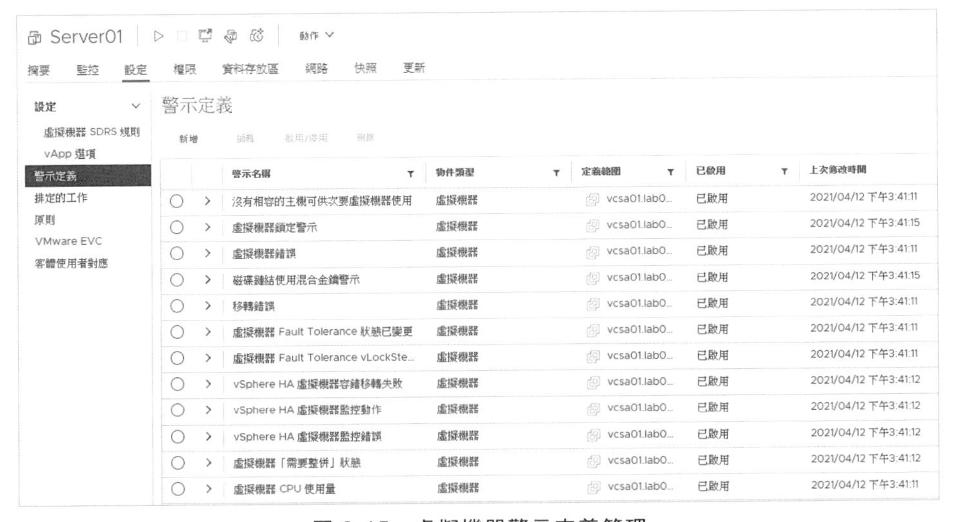

圖 8-15 虛擬機器警示定義管理

若需要新增自定義的警示設定，只要點選[新增]超連結即可開啟[新增警示定義]頁面。在此首先必須在[名稱和目標]頁面中，輸入新的警示名稱、說明以及選擇目標類型為[虛擬機器]。點選[下一頁]。如圖 8-16 的[警示規則 1]頁面中，筆者選擇了一個[磁碟上的虛擬機器大小總計]高於[80GB]的條件，並且設定當此條件滿足時將會觸發[嚴重]的警示，以及傳送電子郵件通知給選定的收件者。

在警示觸發時您除了可以讓系統傳送 Email 給管理人員之外，也可以同時[傳送 SNMP 設陷]以及[執行指令碼]。緊接著還可以點選[新增進階動作]的超連結，來選定所要執行的管理動作，例如您可以選擇[關閉虛擬機器上的客體]或[暫停虛擬機器]等動作。點選[下一頁]。

圖 8-16 警示規則設定

在如圖 8-17 的[重設規則 1]頁面中，可以決定當警示的條件不再相符之時，所要執行的相關動作。例如您可以讓系統將警示重新設定成[正常]，以及[傳送電子郵件通知]給相關管理人員等等。最後在[檢閱]的頁面中確認上述設定無誤之後，點選[建立]按鈕即可。

圖 8-17 重設規則設定

如圖 8-18 便是一台已觸發虛擬磁碟大小警示的虛擬機器，並且已自動關閉 Guest OS 的範例。此時如果管理員已經進一步完成了相關的處理動作，例如將虛擬機器移轉到其他資料存放區，或是縮減了虛擬磁碟的大小之後，便可以點選[確認]或[重設為綠色]的超連結。

圖 8-18 嚴重警示通知

如圖 8-19 則是虛擬磁碟大小的警示觸發之後，同時所自動發送的一封 Email 警示通知範例。從 Email 內容中可以得知警示的虛擬機器名稱、警示狀態以及觸發此警示的日期時間。關於這部分的警示通知設計，比較可惜的是其通知內容並沒有提供警示目標的超連結，讓管理人員可以直接快速連線到 vSphere Client 的相關檢視頁面之中。

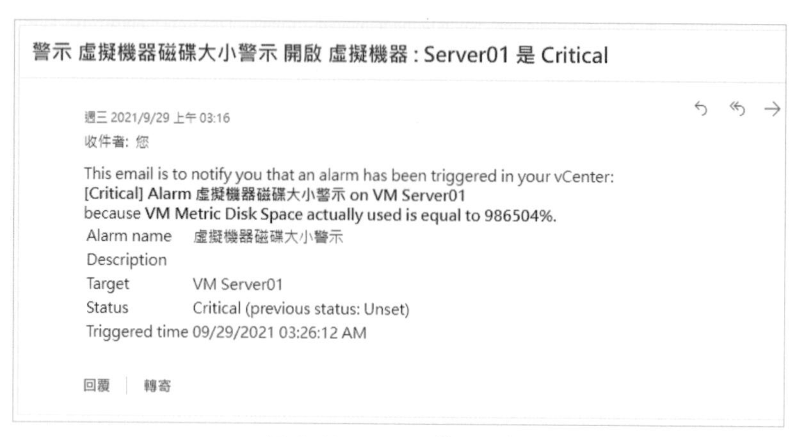

圖 8-19 Email 警示通知

8.7 叢集虛擬機器優化分配

記得筆者曾經提及在許多網站應用程式的架構之中，都會將前端的網站平台與後端的資料庫系統，分開在不同的主機之中來運行，甚至於還將不同用途的應用程式模組再細分到更多的主機系統之中，也就是所謂的多層次架構，其目的地無非都是希望提升整體的運行效能。然而當您打算將這樣的實作概念，應用在虛擬機器的架構環境中時，在規劃上肯定得特別謹慎才行，否則可能會影響應用系統的運行速度，尤其是在擁有大流量連入需求的網站。

在如圖 8-20 的 vSphere Client 頁面之中，可以發現筆者有一個 Web 的虛擬機器與一個 SQL 的虛擬機器，兩者是屬於同一個應用系統架構下的伺服器，雖然選擇部署在不同虛擬機器的 Guest OS 之中，只要將它們始終保持在同一台的 ESXi 主機之中來運行，便可以讓兩者之間的資料傳輸達到最速狀態。

原因很簡單！因為在相同 ESXi 主機中的虛擬機器，彼此之間的資料傳輸是透過虛擬網卡介面來完成，也就是說它並沒有通過實際的網路傳輸，而是直接在記憶體中完成運算與資料交換任務。相反的當您把前後端的虛擬機器分散在不同實體的 ESXi 主機時，便需要再多通過一層實體網卡介面來完成，如此整體運行效能肯定會大大折扣。

在實作上為了避免上述的兩台虛擬機器，因為 vSphere HA 和 DRS(Distributed Resource Scheduler)的功能配置，導致兩台虛擬機器被分配到不同的 ESXi 主機中來運行，因此必須在叢集節點的[設定]\[虛擬機器/主機規則]頁面之中，點選[新增]超連結來添加虛擬機器運行的分配規則。

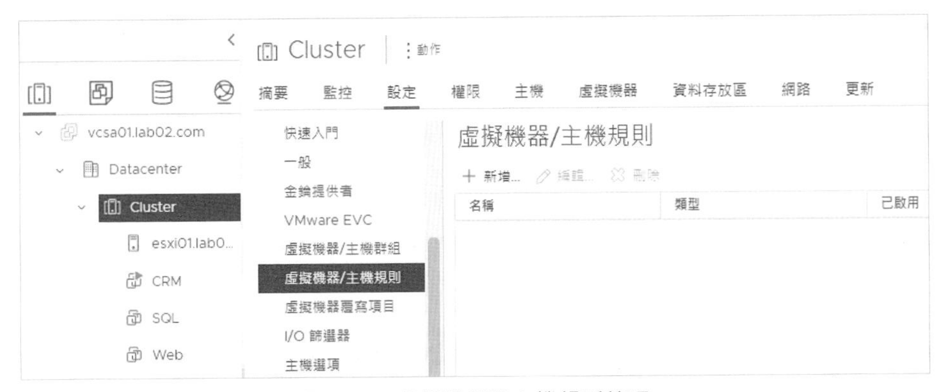

圖 8-20 虛擬機器與主機規則管理

在如圖 8-21 的[建立虛擬機器/主機規則]頁面之中，請先輸入一個全新的規則名稱並勾選[啟用規則]。接著在類型的下拉選單之中請選取[集中儲存虛擬機器]，再點選[新增]超連結來將上述兩台虛擬機器加入即可。點選[確定]。至於另一個[個別儲存虛擬機器]選項的用途則是相反，它適用於需要讓選定的幾台虛擬機器，強制運行在不同的 ESXi 主機之中，例如可針對兩台不同用途且又是高負載的虛擬機器。

圖 8-21 新增虛擬機器與主機規則

8.8 Windows Guest OS 效能優化技巧

關於虛擬機器運行效能的優化，不能夠只針對虛擬機器的配置，畢竟那僅僅是提升應用系統與服務運行效能的基礎而非全部。換句話說一旦完成了個別虛擬機器的配置優化，接下來便可以深入 Guest OS 的監視與優化，來達到此虛擬機器的完整優化目標。

針對 Guest OS 的優化管理以 Windows 而言，就是善用[工作管理員]來即時監視所有執行程式對於 CPU、記憶體、磁碟以及網路的使用情形，並且針對占用較高資源的程式或服務，在運行狀態許可的條件之下進行關閉，等到相關問題排除之後再予以啟動。

此外針對進階的 IT 管理人員，筆者建議可以直接從[工作管理員]的[效能]頁面中，來點選開啟如圖 8-22 的[資源監視器]。此操作介面可以方便管理員針對所勾選的處理程序，來監視於 CPU、記憶體、磁碟以及網路的活動，進而找出可能影響系統效能或安全的問題。

舉例來說，當我們在[磁碟]的頁面之中勾選了 sqlservr.exe 處理程序之後，除了可以得知此執行程式相關讀寫的負載數據之外，還能夠經由

[最高啟用時間]的百分比，來知道磁碟 I/O 運行的速度是否足以承載目前所有執行中的處理程序，一般而言若此數據的表現長時間維持在 80%以上，便需要考慮將此虛擬機器移轉到更高效能的資料存放區，或是升級儲存區的磁碟設備。

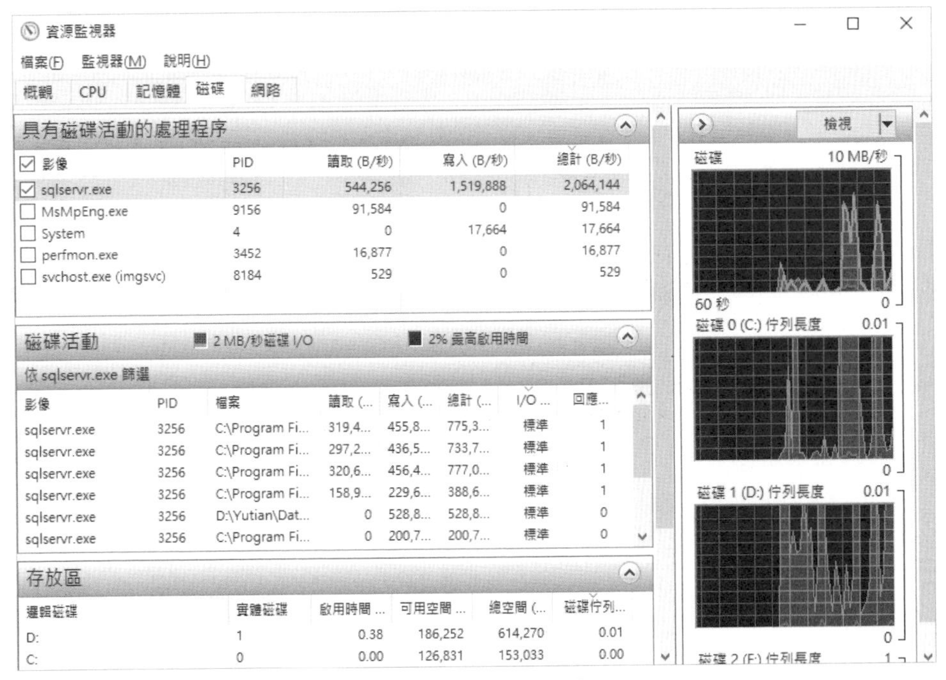

圖 8-22　資源監視器

除了 Windows 的工作管理員與資源監視器之外，您還可以善用同樣內建於作業系統的[效能監視器]工具，來即時監視或記錄更多的效能數據，包括了作業系統以及各種支援的應用系統，包括了像是 Exchange Server、SQL Server、SharePoint 等等。

若想要在[效能監視器]介面之中，監視 VMware 虛擬機器的基本效能數據，只要在 VMware Tools 自訂安裝的設定中，如圖 8-23 一併選取[WMI 效能記錄]的選項並完成安裝即可。

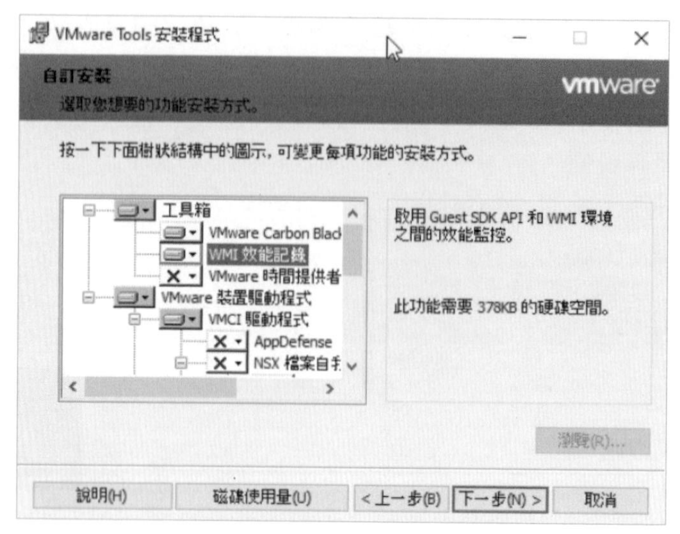

圖 8-23 VMware Tools 安裝程式

完成 VMware Tools 自訂安裝之後，當我們在[效能監視器]介面之中點選新增計數器時，便可以在如圖 8-24 的[Add Counters]視窗之中，分別看到 VM Memory 與 VM Processor 兩個計數器。

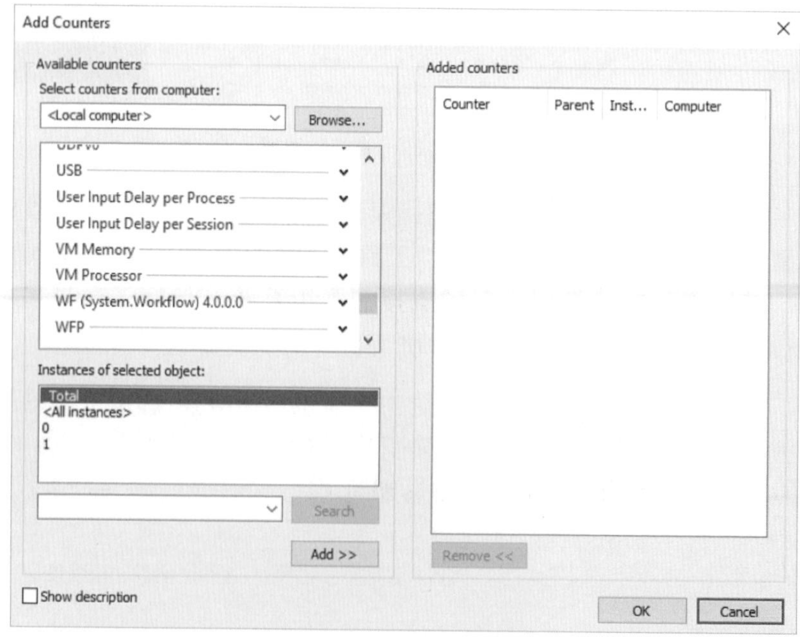

圖 8-24 新增效能計數器

完成上述相關計數器的新增之後，便可以在效能計數器的監視頁面之中，如圖 8-25 查看到此虛擬機器在記憶體與 CPU 的運行狀態，例如可以查看到已使用的記憶體大小(MB)、CPU 的處理時間以及有效能的執行速度(MHz)。

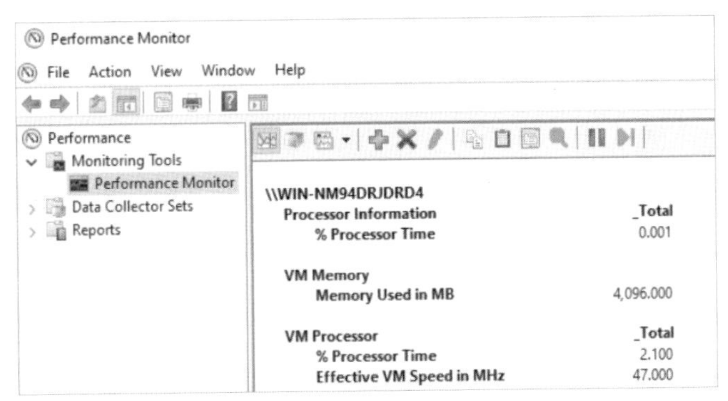

圖 8-25　效能統計報告

在上一個步驟的效能監視範例中，筆者選擇的是報告(Report)的顯示方式，您可以進一步根據實際的檢視需要，改選擇以如圖 8-26 的線圖(Line)或是長條圖(Histogram bar)來呈現，其中若是需要追蹤某一項效能數據的趨勢，採用線圖檢視方式肯定是必要的。

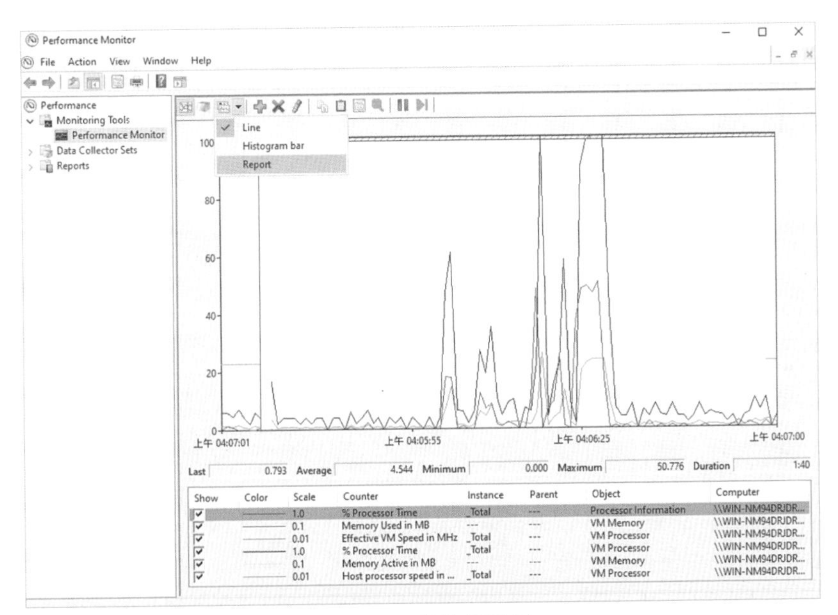

圖 8-26　效能折線圖

8.9 Linux Guest OS 效能優化技巧

儘管在虛擬化架構的運行環境之中，Windows 的 Guest OS 仍是目前主流作業系統，但是 Linux 系列的作業系統也已經被廣泛使用在伺服端方面的應用，包括了網站服務、Email 服務、網管系統、資料庫服務、資訊安全系統等等。因此當您選擇將這一些 Linux 相關的應用系統部署在 vSphere 架構之中，同樣必須要根據應用系統的類型來做好虛擬機器的效能優化配置，以及接下來筆者所要實戰講解的 Linux Guest OS 的優化技巧。

在此筆者以 Ubuntu 為例子，首先我們必須懂得善用 GNOME System Monitor 工具，關於它的功能用途就如同 Windows 的工作管理員一樣，您可以從作業系統的功能選單中來開啟它。接著將可以在[Processes]頁面中，來即可查看到所有執行中的程式在各項資源的使用狀態，包括了 CPU、記憶體、磁碟 I/O 等等。若需要結束某一個程式的執行，只要在選定該程式之後按下滑鼠右鍵點選[End]或[Kill]即可。

另外還有一個對於[Processes]中監視執行程式的小技巧，那就在如圖 8-27 的功能選單之中來進行檢視的篩選設定，例如您可以透過選取[My Processes]設定，來唯一檢視與自己相關的執行程式清單，或是勾選[Show Dependencies]設定來檢視執行程式的相依性等等。

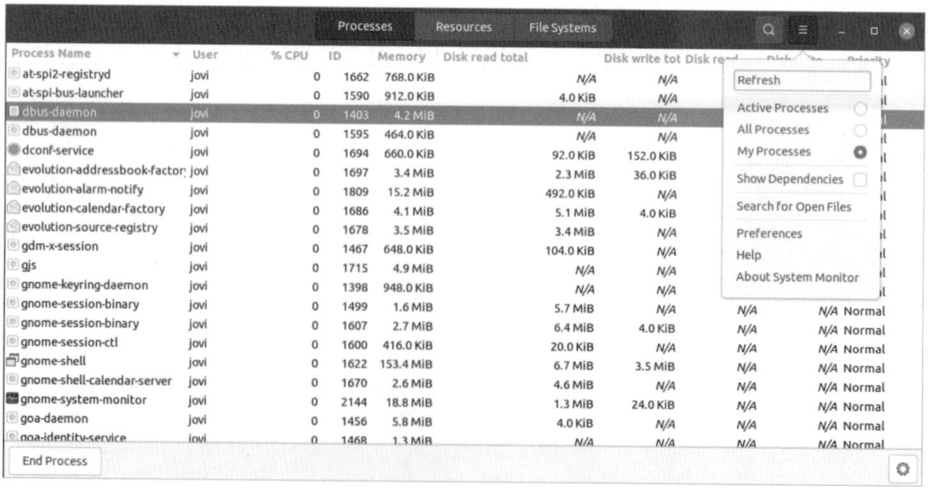

圖 8-27 監視執行中的所有程式

如果想要檢視各項資源的使用狀態，則可以點選至如圖 8-28 的[Resources]頁面。在此將可以查看到每一個 CPU 核心的使用率、記憶體的使用率、網路封包傳送與接收的速率。

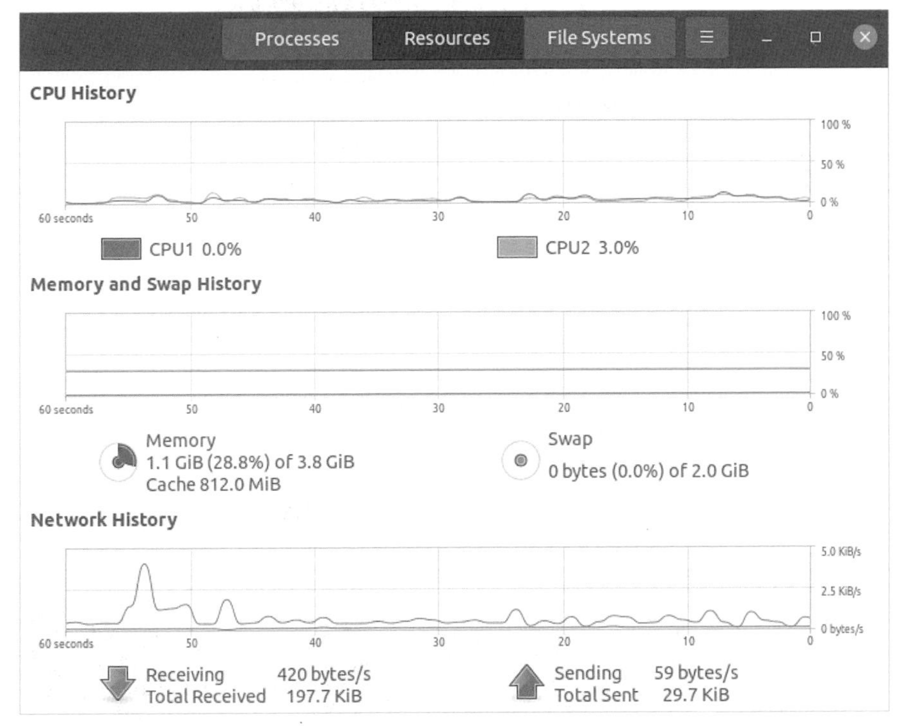

圖 8-28　監視資源使用狀態

對於執行程式的監視若想要只查看特定的欄位資訊，可以點選位在選單中的[Preferences]來開啟如圖 8-29 的設定頁面。開啟後首先可以在[Update interval in seconds]欄位中自訂資訊更新的間隔秒數。接著在[Information Fields]的設定中可以選取所要檢視的欄位，筆者建議可以將系統預設沒有勾選的[Free]欄位一併選取，如此一來將可以檢視到每一個磁碟的剩餘空間。

並非所有的 Linux 管理員都會去安裝與使用圖形操作介面，相反的大多數 Linux 管理員都是使用純文字的命令介面，在這種情況下就不得不推薦幾個實用的命令工具，方便管理員在命令模式下一樣可以即時監視 Linux 作業系統的效能狀態。首先是所有 Linux 系統都會內建的 top 命令，執行後如圖 8-30 將可以查看到整體的資源使用狀態、用戶數量以及各個執行程式對於各項資源的使用率，如果要強制結束任一執行中的程式，只要在選定之後按下 K 鍵即可。

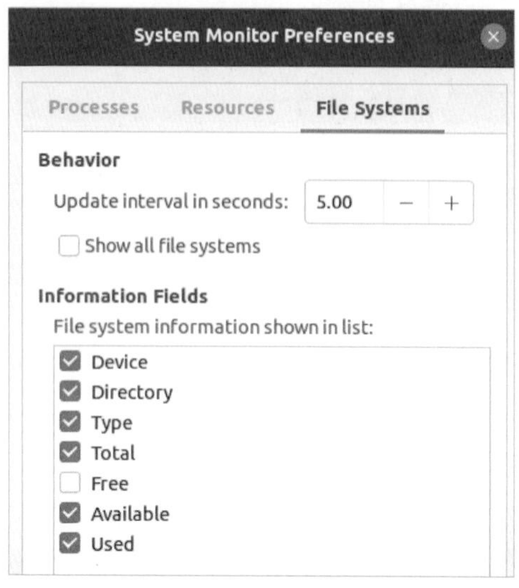

圖 8-29 系統監視喜好設定

```
jovi@ubuntu: ~
top - 18:44:17 up 26 min,  1 user,  load average: 0.33, 0.12, 0.09
Tasks: 287 total,   1 running, 286 sleeping,   0 stopped,   0 zombie
%Cpu(s):  0.2 us,  0.2 sy,  0.0 ni, 99.7 id,  0.0 wa,  0.0 hi,  0.0 si,  0.0 st
MiB Mem :   3889.3 total,   2139.9 free,    966.6 used,    782.8 buff/cache
MiB Swap:   2048.0 total,   2048.0 free,      0.0 used.   2686.5 avail Mem

    PID USER      PR  NI    VIRT    RES    SHR S  %CPU  %MEM     TIME+ COMMAND
   1470 jovi      20   0  290904  67072  41064 S   0.7   1.7   0:12.38 Xorg
   1622 jovi      20   0 3738644 260136 102980 S   0.7   6.5   0:16.68 gnome-s+
      1 root      20   0  167460  11252   8272 S   0.3   0.3   0:01.62 systemd
   1807 jovi      20   0  310100  59648  30344 S   0.3   1.5   0:03.14 vmtoolsd
   2274 root      20   0       0      0      0 I   0.3   0.0   0:00.03 kworker+
   2469 jovi      20   0  814656  51260  38636 S   0.3   1.3   0:00.34 gnome-t+
      2 root      20   0       0      0      0 S   0.0   0.0   0:00.02 kthreadd
      3 root       0 -20       0      0      0 I   0.0   0.0   0:00.00 rcu_gp
      4 root       0 -20       0      0      0 I   0.0   0.0   0:00.00 rcu_par+
      6 root       0 -20       0      0      0 I   0.0   0.0   0:00.00 kworker+
      7 root      20   0       0      0      0 I   0.0   0.0   0:00.49 kworker+
      9 root       0 -20       0      0      0 I   0.0   0.0   0:00.00 mm_perc+
     10 root      20   0       0      0      0 S   0.0   0.0   0:00.00 rcu_tas+
     11 root      20   0       0      0      0 S   0.0   0.0   0:00.00 rcu_tas+
     12 root      20   0       0      0      0 S   0.0   0.0   0:00.06 ksoftir+
     13 root      20   0       0      0      0 I   0.0   0.0   0:00.31 rcu_sch+
     14 root      rt   0       0      0      0 S   0.0   0.0   0:00.00 migrati+
```

圖 8-30 top 監視工具

另一個類似於 top 的第三方命令工具 htop，則沒有內建於 Linux 的作業系統之中，在 Ubuntu 的作業系統中您可以透過執行 sudo apt-get install htop 命令參數來完成安裝即可。如圖 8-31 便是此工具的操作介面，雖然在功能設計上和 top 工具沒有太大差別，但是友善的操作設計是許多 IT 人員使用它的主要原因。其中下方的 F1 至 F10 的按鍵功能列肯定是絕佳的設計，例如您可以先按下 F5 鍵來快速搜尋執行中程式的關鍵字，然後再針對選定的程式按下 F8 或 F9 鍵來結束其執行狀態。

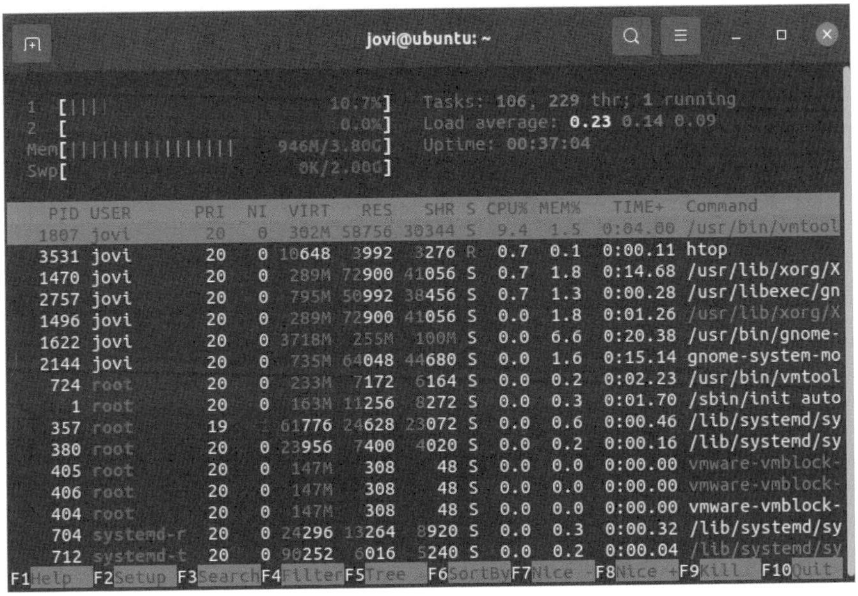

圖 8-31　htop 監視工具

最後一個筆者要推薦的 Linux 命令工具則是 vmstat。此工具的使用和前面所介紹的兩款有些不同，它雖然也是用來檢視各項資源的使用狀態，包括了 CPU、實體記憶體、虛擬記憶體、快取、磁碟 I/O 等等，但是並非是在操作介面中來持續監視，而是透過命令參數的執行，來決定持續監視的時間長短。如圖 8-32 筆者透過執行 vmstat 3 10 命令參數，以表示將會每間隔 3 秒監視一次並持續 10 次。

```
jovi@ubuntu:~
jovi@ubuntu:~$ vmstat 3 10
procs -----------memory---------- ---swap-- -----io---- -system-- ------cpu-----
 r  b   swpd   free   buff  cache   si   so    bi    bo   in   cs us sy id wa st
 0  0      0 2012428  41336 876128    0    0    99    26  118  229  1  1 97  0
0
 0  0      0 2012420  41336 876128    0    0     0     0  107  211  0  1 99  0
0
 0  0      0 2012420  41336 876128    0    0     0     0  159  314  0  0 100  0
0
 0  0      0 2012484  41336 876128    0    0     0     0  115  205  0  0 100  0
0
 0  0      0 2012484  41336 876128    0    0     0     0  107  208  0  0 100  0
0
 0  0      0 2012484  41336 876128    0    0     0     0  103  205  0  0 99  0
0
 0  0      0 2012452  41336 876128    0    0     0     0  100  208  0  0 100  0
0
 0  0      0 2012452  41336 876128    0    0     0     0   97  200  0  0 100  0
0
 0  0      0 2012452  41336 876128    0    0     0     0  110  221  0  0 100  0
0
 0  0      0 2012452  41336 876128    0    0     0     0  104  218  0  1 99  0
0
jovi@ubuntu:~$
```

圖 8-32 vmstat 監視工具

本章結語

如果您和筆者一樣有經歷過完全實體主機部署的 IT 年代，那肯定可以感受到當時維運的不易，因為幾乎每一個應用系統都得要有一台專屬的實體主機來運行，若是混搭多個應用系統在相同的作業系統之中，一旦需要進行效能調教時其困難程度將會相當高，如今在虛擬化平台的架構之下，已經可以直接避開這項效能管理上的難題，因為您可以通過建立數個虛擬機器的方式，來獨立每一個應用系統的運行。

VMware vSphere 中的 ESXi 主機與虛擬機器的優化配置，是成就虛擬化架構高速運行的關鍵所在。然而想要做好各項優化配置，在實務上也並非是那麼容易達成的，因為除了需要有高規格的硬體設備之外，還必須仰賴各種監視工具的持續不斷監視、警示、統計分析，才能真正找出影響效能的問題根本。

此外，還必須根據不同應用系統與服務的類型，來調整所需要的 Guest OS 環境、虛擬機器配置、儲存配置、網路配置，畢竟如今雲端應用系統的種類與數量，已不是過去純實體主機年代可以相互比較的。

09 chapter

主機與虛擬機器進階監視與優化

對於負責維護 vSphere 的 IT 人員來說，只要所有在此虛擬化平台架構下的應用系統與服務，能夠運行的順暢並獲得廣泛用戶的滿意，那麼即便需要學習大量工具的使用以及調教技巧都是值得的。本章筆者將繼續和大家分享，如何善用更多的內建工具以及第三方的免費工具，從不同的面向與角度找出任何可能影響效能運行的原因，讓 IT 人員在效能調教的任務上更快更有效率！

9.1 簡介

相信有經驗的 IT 工作者都明白，任何應用系統的導入其困難點都不在規劃、部署、測試以及教育訓練，而是在實際上線後的運行效能表現，想想看真的是如此嗎？答案是肯定的，原因在於應用系統上線後若有功能的增修需求，通常只要是合理的功能設計都是易於解決的。

然而如果應用系統上線之後面臨的是效能層面的問題，那麼想要在短時間內快速解決的難度是相當高，因為效能不佳的問題通常可大可小，若問題單純便可能只要主機硬體的升級或網路配置的調整即可解決。如果發現不是硬體或網路的問題，那就必須得根據經驗的判斷，再深入作業系統、資料庫服務、網站平台、應用程式模組、前端應用程式碼、API 設計等等的監視與調教，如此一來 IT 部門所需要投入的人力與時間便會相當可觀。

筆者在此舉一個實際的案例來和大家分享。曾經有一家客戶在完成了 KM 系統的建置之後，也完成了各項需求功能的測試，整個過程也都相當順利。可是在真正全面上線使用之後，便開始發現某一些功能的操作，會導致整個系統全面卡住，進而陸續引來許多用戶們的抱怨。

上述的問題是主機硬體問題？網路問題？作業系統問題？資料庫問題…還是應用程式設計問題呢？在經過一連串的硬體、系統、後端資料庫、前端應用程式運行的持續監測之後，赫然發現是某一個模組在大量資料檢視的設計上有問題，並在歷經一段時間的設計調整與版本更新之後，終於解決了此客戶在 KM 系統的運行問題。

在上述的案例中如果我們的應用系統是部署在虛擬化的架構之中，那麼對於效能問題的調教將有可能會更加複雜，因為多了虛擬主機、虛擬機器、虛擬網路等因素，也就是說當您在進行問題排除的過程之中，極可能會因慣性而只聯想到硬體、資料庫以及應用系統的可能因素，而忽略掉虛擬化架構的層層環節。

如何避免呢？其實很簡單，只要遵循三大守則即可為您省掉不少麻煩，這三大守則分別是：❶優化的根本要訣、❷善用監視工具、❸掌握進階調教技巧。

9.2 vSphere 優化的根本要訣

如同其他應用系統的導入一樣，想要讓 vSphere 的運行維持在最佳的狀態，不外乎是讓系統的版本維持在最新狀態，因為如此一來不僅可以獲得更好的運行效能，還能同時擁有更完善的安全防護設計。接下來建議您嚴格遵守以下四大優化的根本要訣，然後再開始學習如何善用內建的功能或第三方的工具，來做好平日維運中的監視以及調教任務。

1. 永遠使用最新版本的 vSphere

   要明白越新的 vSphere 版本無論是在操作介面設計、基本功能、運行效能、安全機制、容錯備援速度肯定都是最好的。更重要的是它能夠讓每一台 ESXi 主機支援更新、更快、更大容量的硬體配備，例如 CPU、記憶體、儲存設備。

2. 永遠使用最新版本的 VMware Tools

   幾乎所有與虛擬機器控管有關的功能，都需要 Guest OS 有安裝 VMware Tools，例如：HA、DRS、FT、vMotion 等等才能正常運行。其他包含像是整合 vSphere Replication、vRealize Operations 以及第三方管理系統皆是需要 VMware Tools。隨著 ESXi 主機系統的更新，VMware Tools 便需要一起更新。

3. 永遠使用最新的虛擬硬體版本更新

   由於虛擬硬體版本的更新與否，會關係到虛擬機器對於新硬體配置功能的支援，包含像是 BIOS、EFI、PCI、TPM、I/O 介面、CPU、RAM 等規格與容量大小，因此最好能夠採用最新版本。

4. 正確使用虛擬機器快照功能

   在平日的維運管理上請盡可能減少虛擬機器快照(snapshots)功能的使用，長期來看是相當重要的，因為虛擬機器快照功能通常都僅使用在 Guest OS 或應用系統的更新、升級、以及重大組態變更前，以便在發生問題後能夠快速復原到先前的狀態。它並不適合用來做為備份功能的用途，這是因為它所產生的快照檔案不僅會占用不少儲存空間，也會影響後續許多功能或任務的執行速度，包括了 vMotion、虛擬機器備份、災害復原等等。

9.3 善用 vimtop 監控 vSphere 服務

還記得筆者曾經實戰講解過如何透過 esxtop 命令工具，來監視 ESXi 主機各項服務程式與資源的使用情形，而 vimtop 也是類似於 esxtop 的命令工具，但它主要是用以即時監視 vCenter Server 中所執行的 vSphere 各項服務，並且可同時查看各項效能資訊與統計數據，因此必須進入到 vCenter Server Appliance Shell 環境下來執行。

您可以選擇在 Windows 或 Linux 的電腦中，下載與安裝任一款免費的 SSH Client 來進行連線即可。如圖 9-1 在此筆者選擇了 PuTTY for Windows 的免費工具，連線到 vCenter Server Appliance，並以 SSO 網域的管理員帳號完成登入。請在 Command 命令提示字元下執行 vimtop 命令繼續。

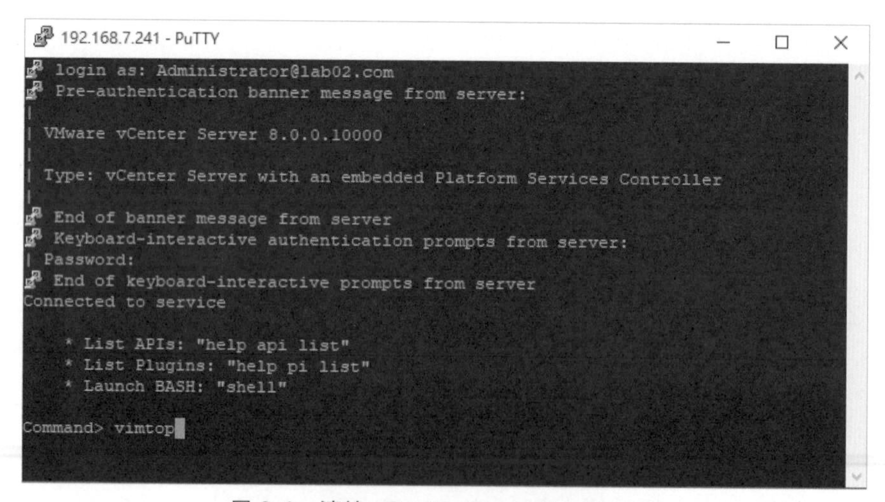

圖 9-1　連線 vCenter Server Appliance

成功開啟 vimtop 文字模式的監視頁面之後，首先將可以如圖 9-2 查看到 vSphere 各項服務目前所佔用的 CPU 與記憶體的資源情況，您可以進一步透過上下按鍵來選定任一服務並按下 Enter 鍵查看其他資訊。有關於 vimtop 在互動模式下常用的按鍵用途可參考表 9-1 説明，若需要隨時查看各按鍵功能説明只要按下 H 鍵即可，必須注意的是英文字母按鍵的輸入有區分大小寫。

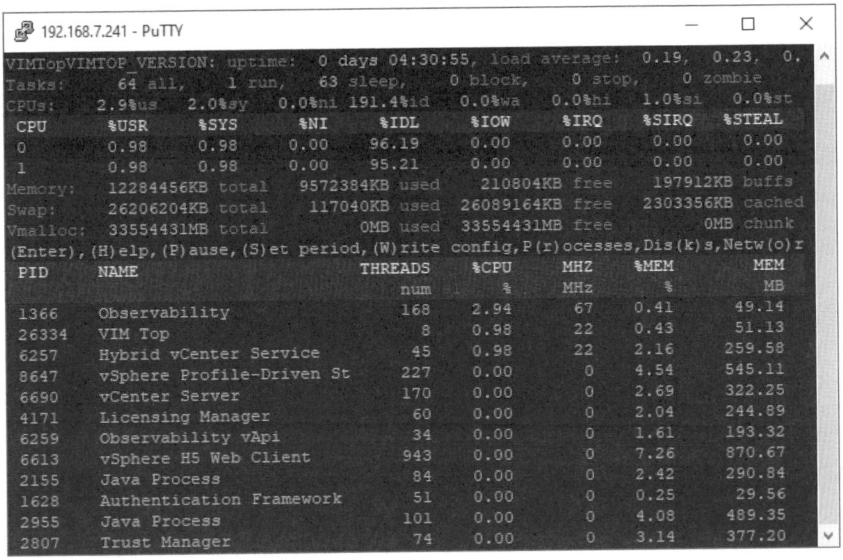

圖 9-2　vimtop 即時監視

表 9-1　vimtop 互動模式常用按鍵

按鍵名稱	用途
H	顯示目前操作頁面的各項功能說明
F	顯示或關閉所有可用 CPU 的狀態資訊
M	顯示或關閉記憶體的使用狀態資訊
K	顯示磁碟的使用狀態資訊
O	顯示網路的使用狀態資訊
S	設定重新整理期間
空格鍵	立即重新整理目前頁面資訊
Q	離開 vimtop 互動操作模式

9.4 善用效能監視器優化 ESXi 主機

我們除了可以透過 esxtop 命令的執行，來進入到互動模式下的即時檢視與操作之外，也可以讓 esxtop 命令的執行搭配相關參數的使用，例如您可以設定啟用批次模式，並且讓所有的統計資料輸出至選定的 CSV

檔案，最後再透過 Windows 效能監視器來開啟與檢視統計結果。接下來我們繼續來實戰講解這一部分的操作。

如圖 9-3 透過執行以下 esxtop 批次模式命令參數，將會對所有效能計數器進行 3 次反覆運算的即時數據統計，而每一次的延遲時間為 20 秒。最終各項數據統計的結果將會輸出至目前所在路徑下的 test.csv 檔案。

```
esxtop -b -a -d 20 -n 3 > test.csv
```

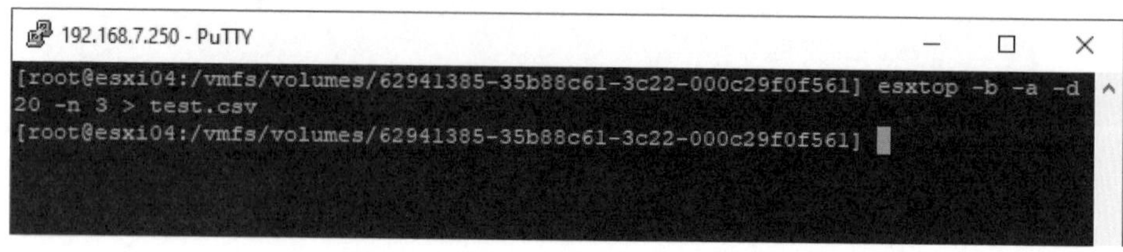

圖 9-3 執行 esxtop 批次命令模式

接下來請連線登入 vSphere Client 網站。成功登入之後請點選開啟 ESXi 主機的資料存放區。在[資料存放區瀏覽頁面中，找到前一個步驟中所輸出的 test.csv 檔案。請在選取此檔案之後再點選[下載]。

請將所下載好的 test.csv 檔案存放至任一台 Windows 的電腦之中，然後透過[Windows 系統管理工具]選單或執行 perfmon 命令，來開啟如圖 9-4 的 [Performance Monitor] 管理介面，然後在 [Performance Monitor]節點按下滑鼠右鍵點選[Properties]繼續。

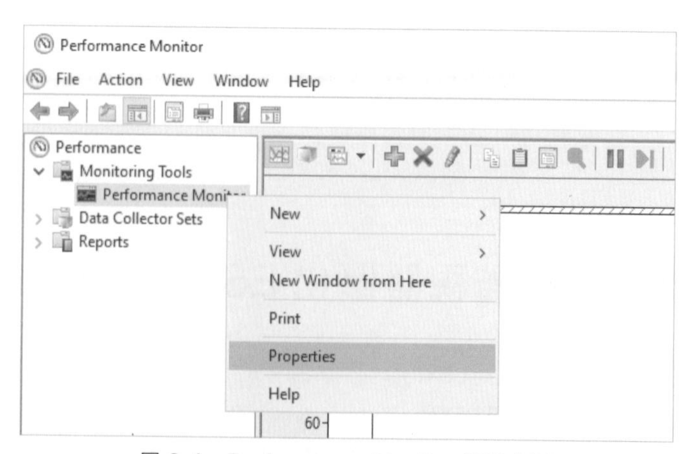

圖 9-4 Performance Monitor 管理介面

在[Performance Monitor Properties]的[Source]子頁面中，請先如圖 9-5 選取[Log files]設定再點選[Add]按鈕，來將所下載好的 test.csv 檔案選取進來。另外在[Time Range]的設定之中，可以進一步拖曳效能數據起訖的時間軸。點選[OK]。

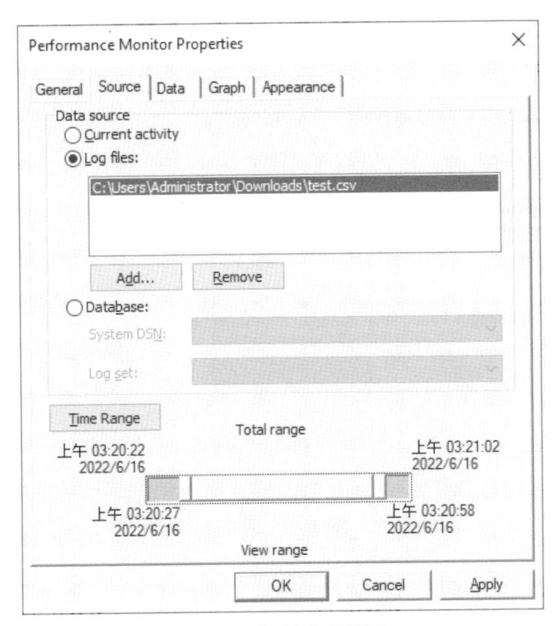

圖 9-5　資料來源設定

剛完成資料來源的設定之後，回到效能監視的檢視頁面中是看不到任何效能數據圖的，這是因為我們還沒有設定所要查看的計數器。請按下 Ctrl + N 鍵來開啟如圖 9-6 的[Add Counters]頁面。在此將可以看到目前所有關於 ESXi 主機的計數器，包含了 Power、Vcpu、Virtual Disk、VSAN 等類別，您只要在展開任一類別之後，便可以開始陸續加入所要檢視的計數器與相對的物件。點選[OK]。

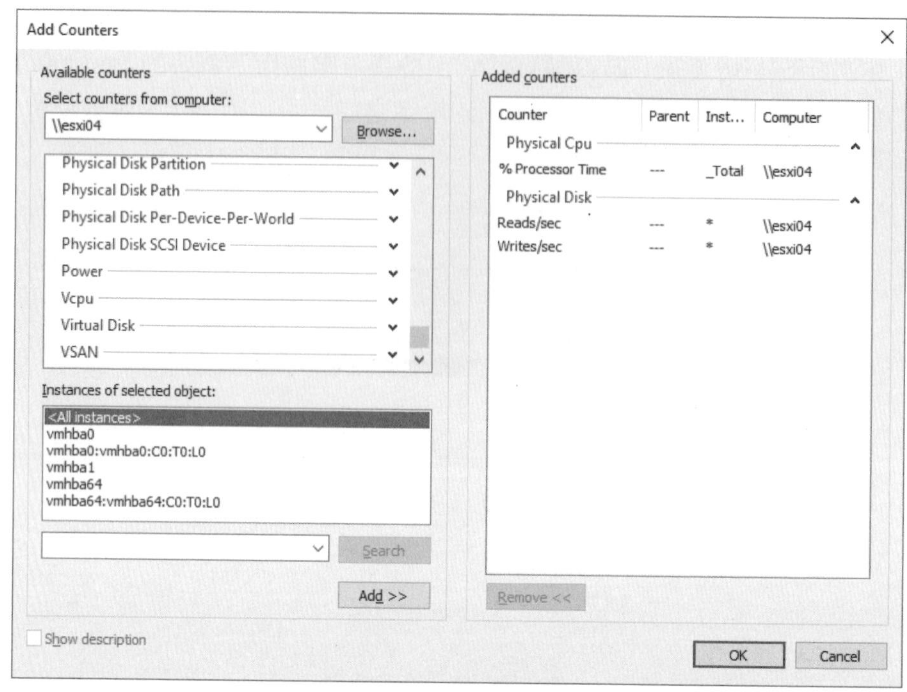

圖 9-6 新增計數器

完成計數器的新增之後，若從如圖 9-7 的圖表類型選單之中點選 [Histogram bar]，將可以依照不同計數器的配色，查看到時間區間內各個效能數據的長條圖，至於時間區間軸則可以在圖表下方來進行拖曳調整。此外在此頁面下方的計數器清單之中，您仍可以隨時勾選或取消選定的計數器。

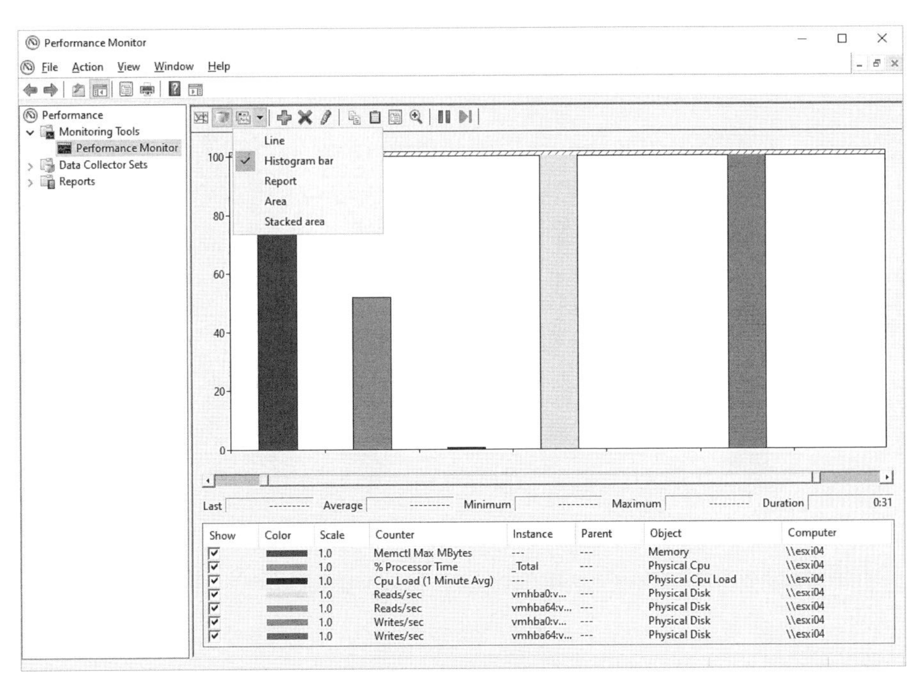

圖 9-7　檢視效能數據圖

對於有經常性檢視各類效能數據圖表的 IT 人員來說，最常使用的圖表類型除了線圖、長條圖之外，肯定就是如圖 9-8 的報告(Report)類型，因為這種檢視方式可以一目了然看到所有計數器的統計數據。無論是選擇哪一種效能圖表，您都可以在該圖表上方按下滑鼠右鍵，來另存成圖形檔案或資料檔案。

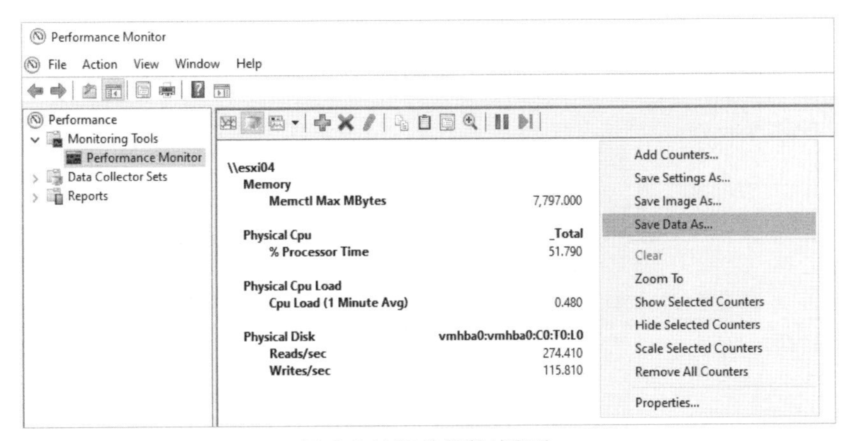

圖 9-8 檢視效能數據報告

9.5 安裝 Veeam ONE 免費效能監視工具

在 IT 市場上想要找到實用的 vSphere 輔助監視工具並不容易，若還想要找到實用且免費的那更是難上加難了。在此筆者推薦一款 Veeam ONE 的監視工具，它不僅部署容易、操作簡單且還提供了免費的社群版本(Community Edition)。您可以透過以下官網超連結註冊與下載。

免費社群版本可提供多達 10 個工作負載的授權，雖然有部分功能的使用限制，但已經可以滿足小型 vSphere 運行環境的管理需要，且未來可視架構規模的成長需求，直接升級到正式的標準版本而無須重新部署。若想要直接試用完整功能的 30 天評估版，則可以自行到官網首頁下載。

- Veeam ONE 免費社群版下載網址：
  https://www.veeam.com/virtual-server-management-one-free.html

如圖 9-9 便是 Veeam ONE 的安裝介面，您可以自行選擇安裝伺服器或用戶端程式，或是直接點選[Install]按鈕來進行安裝。若需要查看更完整的官方說明文件，可以點選[Documentation]。

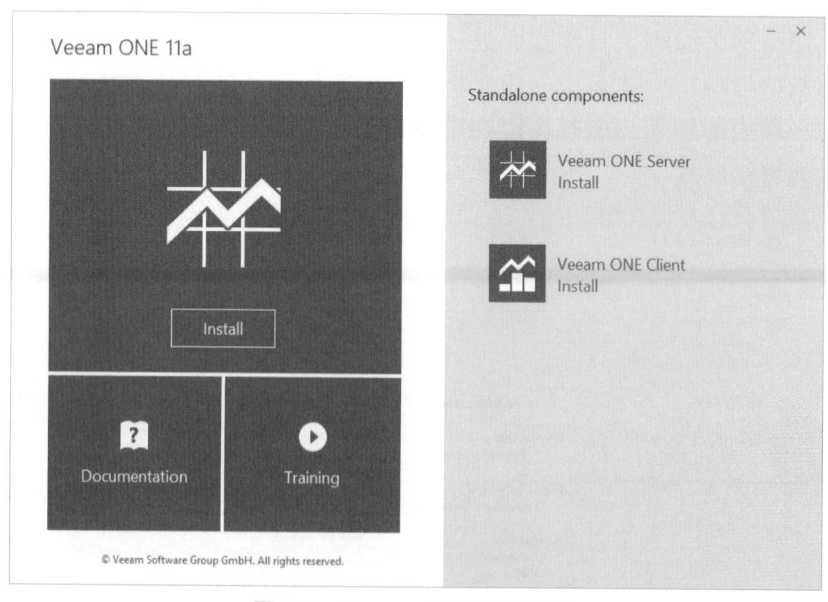

圖 9-9 Veeam ONE 安裝介面

直接安裝之後可能會出現需要加裝 Microsoft Visual C++ 2019 轉發程式，點選[確定]即可。在[Deployment Scenario]頁面中，建議直接選取[Typical]設定來將所有元件都安裝在同一台伺服器即可。點選[Next]。在如圖 9-10 的[System Configuration Check]頁面中，系統將會檢查所有預先必要的程式是否已經安裝，您可以點選[Install]來完成所有缺少的程式安裝。點選[Next]。

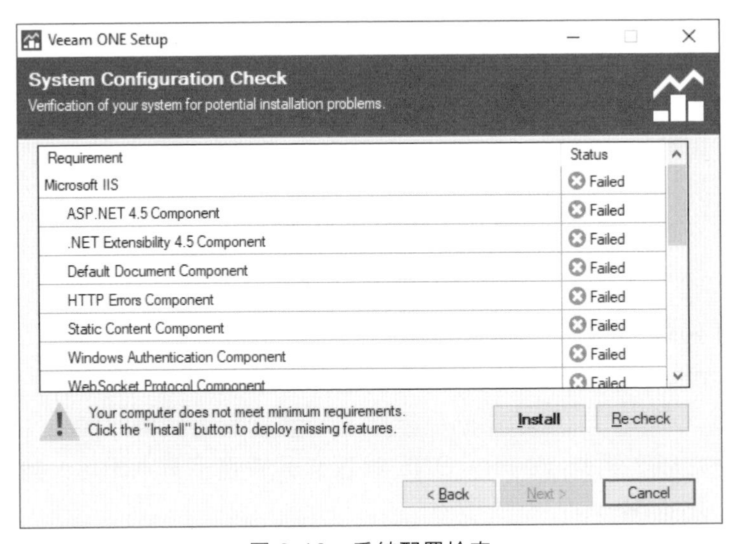

圖 9-10　系統配置檢查

在[Service Account]的頁面中，系統預設會使用當前登入的帳號來做為服務啟動的帳號，您可以點選[Browse]按鈕進行修改或點選[Next]繼續。在如圖 9-11 的[SQL Server Instance]頁面中，可以選擇讓系統自動安裝一個 SQL Server Express 版本的執行個體，若在現有的網路中已經有可用的 SQL Server，也可以選擇直接在此頁面完成 SQL Server 的連線設定。點選[Next]。

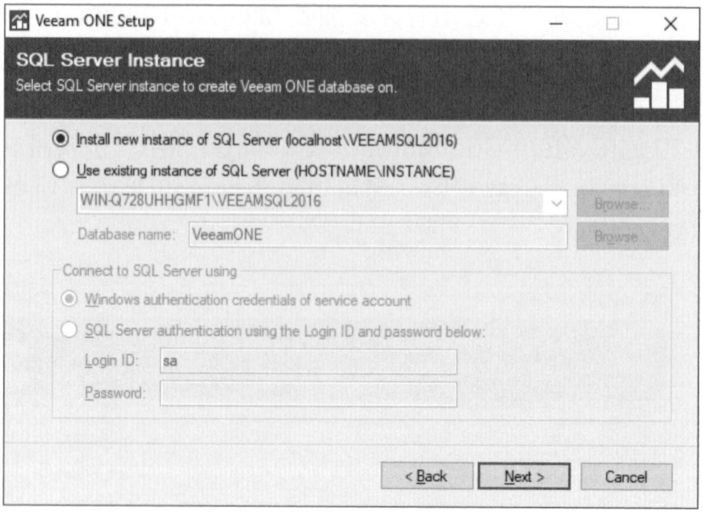

圖 9-11 SQL Server 連線設定

在如圖 9-12 的[Operation Mode]頁面中，預設已選擇了使用社群版本(Community)的安裝，若您已經準備好了合法的授權檔案，也可以在此直接載入來使用完整功能的授權版本。關於合法授權的檔案，也可以在未來取得之後，再到 Veeam ONE 管理介面中直接載入即可，無須重新安裝系統。點選[Next]。

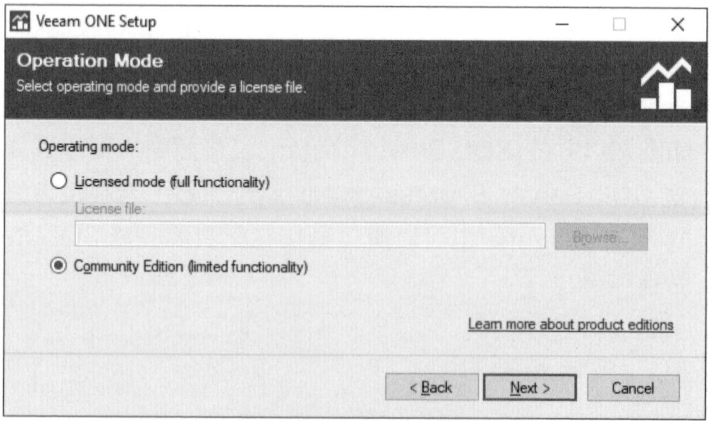

圖 9-12 運行模式選擇

在[Connection Configuration]頁面中，可以自定義通訊連接埠、Web API 連接埠、網站連接埠、Veeam ONE agent 連接埠以及網站所要使用的 SSL 憑證。點選[Next]。在[Performance Data Caching]頁面中，用以存放效能快取資料的資料夾。在如圖 9-13 的[Add vCenter Server]頁面中，請輸入 vCenter Server 的連線位址以及帳號與密碼。點選[Next]。緊接著可能會出現[Untrusted Certificate]的提示訊息，請點選[Trust and Continue]按鈕。

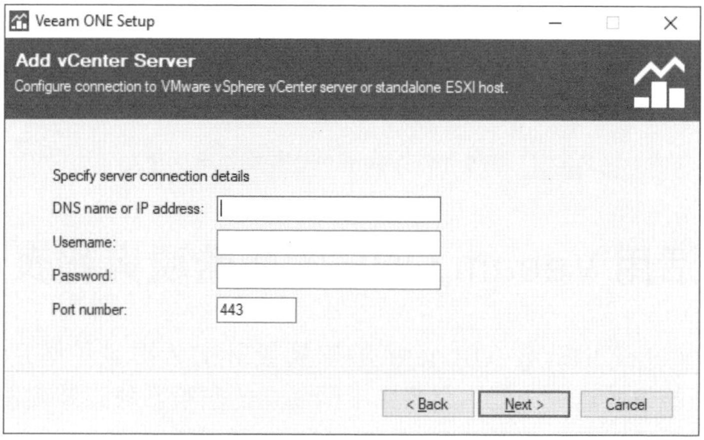

圖 9-13　vCenter Server 連線設定

若在現行的網路中有正在運行中的 Veeam Backup & Replication Server，將可以緊接著完成連線的整合管理設定，否則可以直接略過該設定。接著在[Data Collection Mode]頁面中，選擇現行 vSphere 的運行架構規模。最後請在[Ready to Install]頁面中確認上述所有步驟設定無誤之後，點選[Install]即可。

完成 Veeam ONE 的安裝設定之後，就可以透過網頁瀏覽器開啟此網站的登入頁。在如圖 9-14 的[Veeam ONE Web Client]頁面中，點選[Login as current user]超連結，以便使用當前登入 Windows 的管理員帳號來直接進行登入即可。

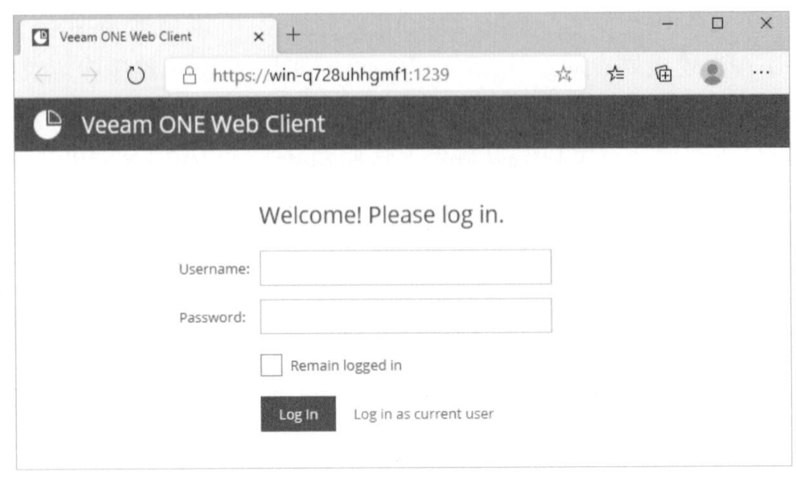

圖 9-14　Veeam ONE 網站用戶登入

9.6 活用 Veeam ONE 效能監視與報表

Veeam ONE 在 vSphere 的監視設計上，提供了有別於 vSphere Client 的效能監視功能，它透過不同面向的監視數據以及報告功能，輔助管理人員能夠更加全面掌握 vSphere 的整體運行狀態。

在開始用 Veeam ONE 的報告功能之前，可以先開啟位在首頁右上方的[Configuration]頁面，並且在如圖 9-15 的[Data Collection]頁面中，透過點選[Schedule]超連結來設定資料收集的計劃，例如您可以設定每天的凌晨一點整或每間隔二小時，自動從 vSphere 收集一次最新效能資料。

除了可以設定自動執行收集資料的計劃之外，管理員也可以隨時透過點選[Start]來立即啟動資料收集的任務，若過程之中發生連線方面的問題，也會在此頁面之中顯示相關的錯誤訊息來提示管理員。

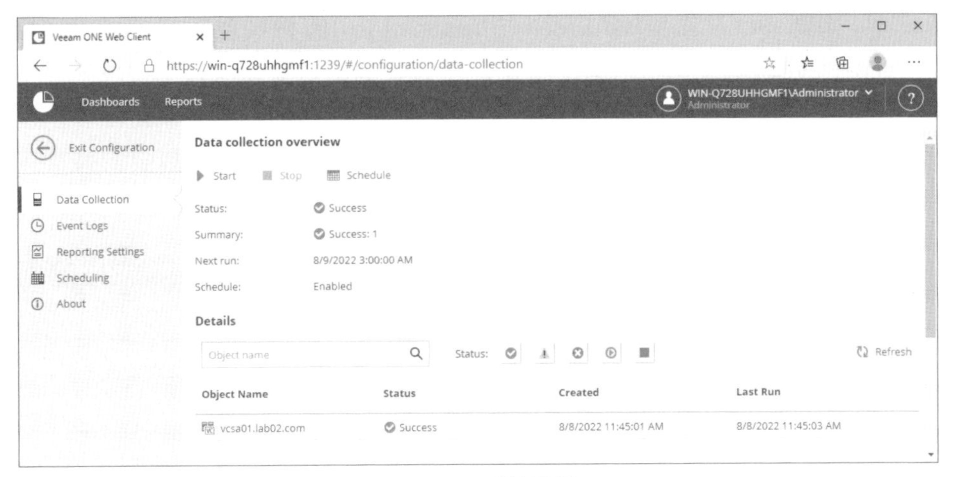

圖 9-15　系統配置

完成收集資料的操作設定之後，可回到如圖 9-16 的[Dashboards]首頁，來檢視各種內建的分析圖表，分別有 vSphere Trends、vSphere Alarms、vSphere Datastores、vSphere VMs、vSphere Infrastructure、vSphere Capacity Planning，其中有一些是必須升級至付費版本才能使用的功能。

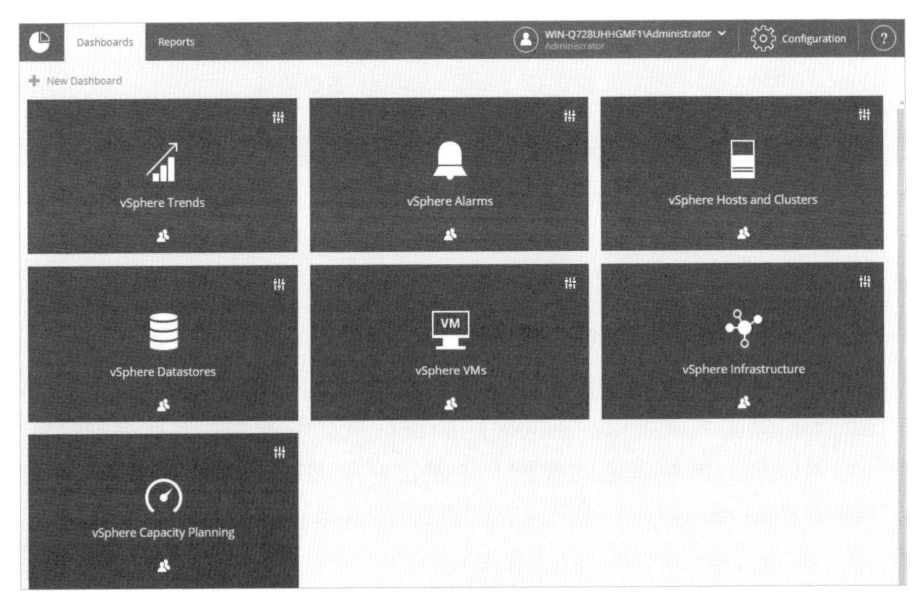

圖 9-16　儀錶板首頁

如圖 9-17 便是[vSphere Infrastructure]的檢視頁面，您可以從這裡檢視到 vSphere 整體架構中主要物件與資源的數量以及大小，例如您可以查看到 vCenter Server、叢集、主機、虛擬機器的數量，或是查看記憶體資源的總體容量以及已分配完成的容量大小。此外您還可以針對頁面中的任一小工具(Widget)，進行編輯設定、檢視完整報告以及刪除等操作。

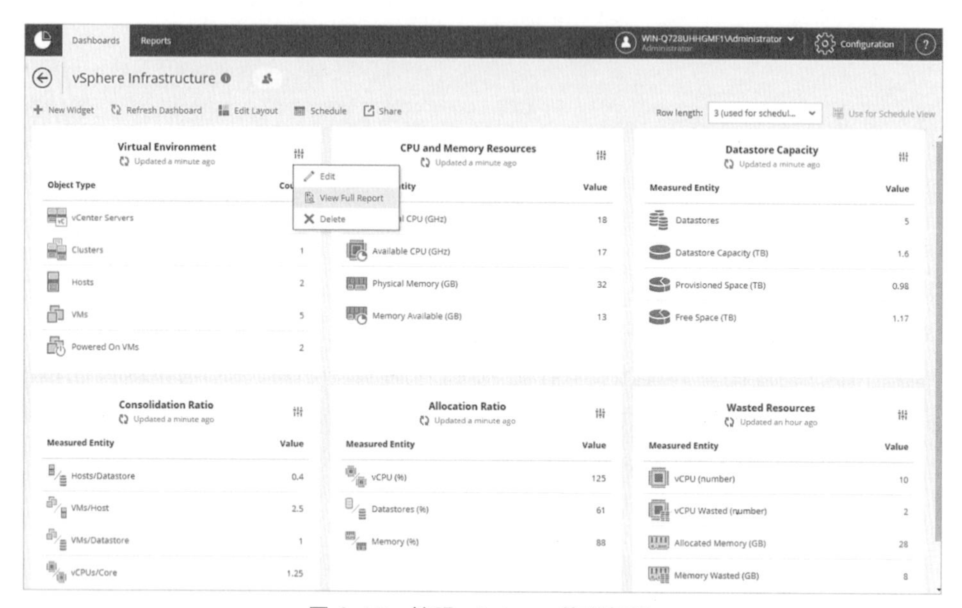

圖 9-17　檢視 vSphere 基礎架構

如圖 9-18 則是[vSphere Trends]的檢視頁面，在此分別檢視到關於叢集中對於 CPU 的使用、記憶體的使用、儲存區空間的使用、虛擬機器的成長以及虛擬機器上線運行時間的成長趨勢，這一些趨勢分析有助於我們在資源以及 IT 成本的管理。

Veeam ONE 除了有內建上述七種的分析圖表之外，還有提供針對各種不同面向的詳細報告以及自訂報告功能。如圖 9-19 只要點選至[Repots]頁面，就可以在不同類別的資料夾之中選定所要檢視的報告，例如您可以針對警報概觀的報告，先設定好所要檢視時間範圍(Period)以及排序方式(Group by)，便可以立即點選[Preview]超連結來檢視報告。

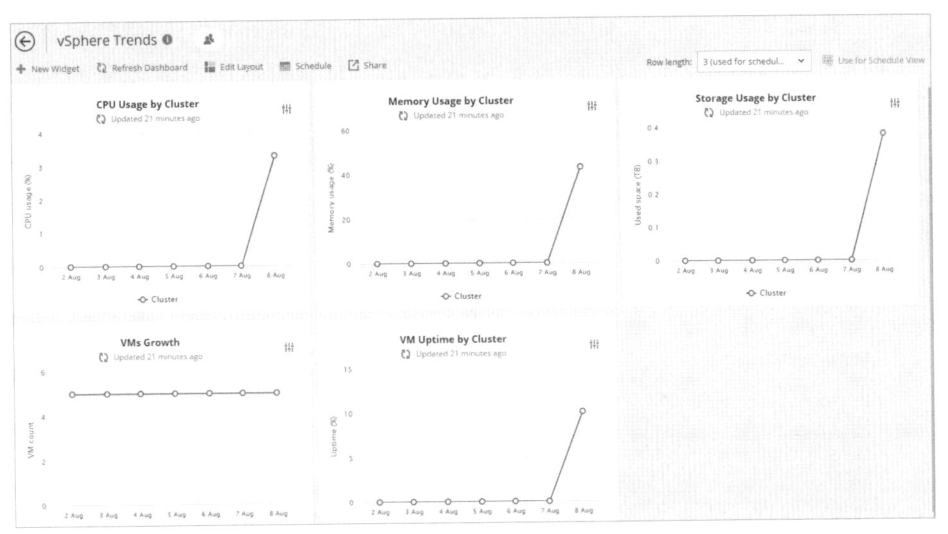

圖 9-18　檢視 vSphere 運行趨勢

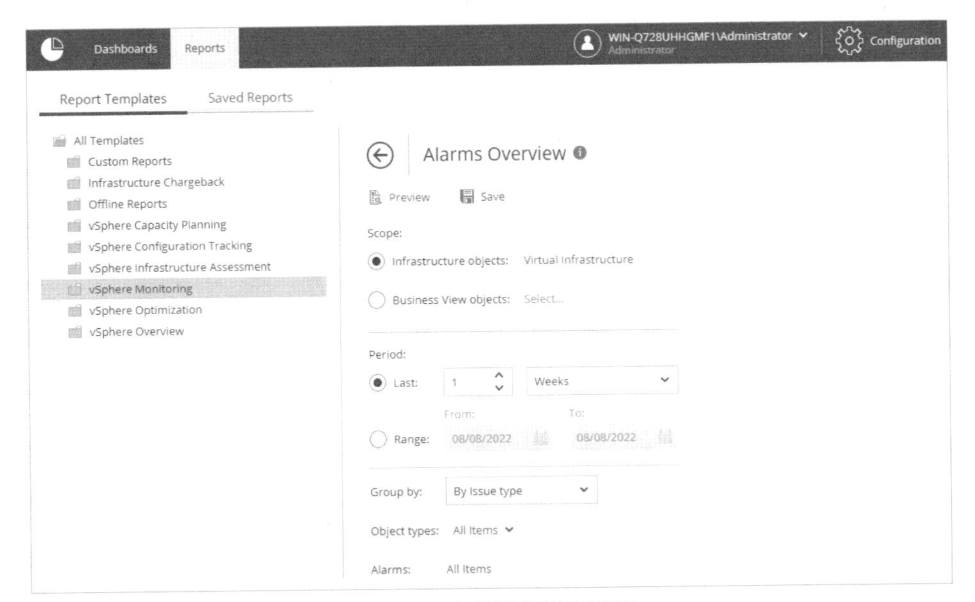

圖 9-19　各類報告範本選擇

如圖 9-20 則是[vSphere Infrastructure Assessment]的統計報告，在開啟之前可以先分別設定取樣的間隔時間、資料存放區讀取與寫入資料時的最大延遲時間、讀取與寫入資料操作的計數上限。在此報告之中除了可以查看到各資料存放區，在讀取與寫入的延遲數據之外，也可以得知每一個資料存放區所連線存取的 ESXi 主機、虛擬機器以及虛擬磁碟的數量。若進一步拖曳至此頁面的下方位置，則可以查看到有關各資料存放區在讀寫延遲以及 IOPS 的排名。

Assessment Results

Read Latency by Datastore

Datastore	Connected Hosts	N. of VMs	N. of Virtual Disks	Average Value
vcsa01.lab02.com\Datacenter\datastore1	1	4	3	0.00
vcsa01.lab02.com\Datacenter\datastore1 (1)	1	1	17	0.00
vcsa01.lab02.com\Datacenter\FlashDatastore1	1			0.03
vcsa01.lab02.com\Datacenter\iSCSIDatastore01	1			0.17
vcsa01.lab02.com\Datacenter\NFSDatastore	2	1	1	0.00

Write Latency by Datastore

Datastore	Connected Hosts	N. of VMs	N. of Virtual Disks	Average Value
vcsa01.lab02.com\Datacenter\datastore1	1	4	3	0.15
vcsa01.lab02.com\Datacenter\datastore1 (1)	1	1	17	0.00
vcsa01.lab02.com\Datacenter\FlashDatastore1	1			0.49
vcsa01.lab02.com\Datacenter\iSCSIDatastore01	1			0.42
vcsa01.lab02.com\Datacenter\NFSDatastore	2	1	1	0.00

IOPs by Datastore

Datastore	Connected Hosts	N. of VMs	N. of Virtual Disks	Average Value
vcsa01.lab02.com\Datacenter\datastore1	1	4	3	9.00
vcsa01.lab02.com\Datacenter\datastore1 (1)	1	1	17	58.31
vcsa01.lab02.com\Datacenter\FlashDatastore1	1			0.00
vcsa01.lab02.com\Datacenter\iSCSIDatastore01	1			1.18
vcsa01.lab02.com\Datacenter\NFSDatastore	2	1	1	0.47

圖 9-20 資料存放區讀寫效能報告

如圖 9-21 則是在[vSphere Optimization]分類中的[Idle VMs]統計報告。此圖表是根據選定的間隔時間以及 CPU、記憶體、磁碟、網路最小使用率的設定，來統計出虛擬機器以及各資源的閒置數據。

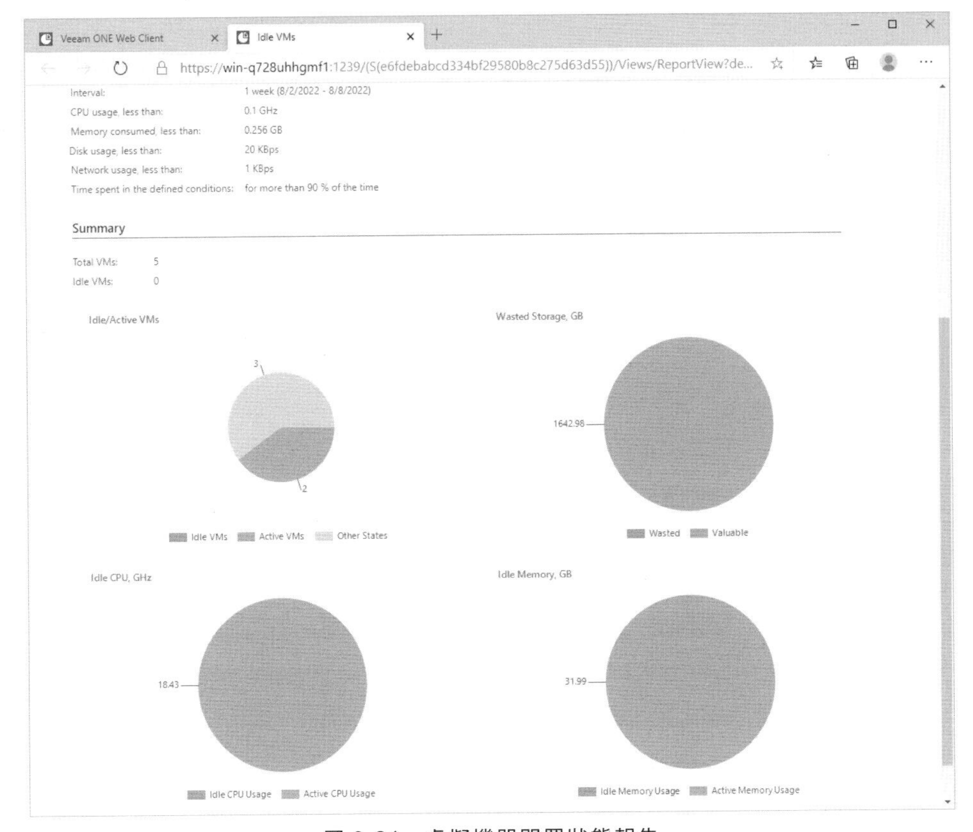

圖 9-21　虛擬機器閒置狀態報告

如圖 9-22 則是在[vSphere Overview]分類中的[Datastore Capacity]統計報告，上方主要是呈現在各資料存放區之中，儲存容量排名以及各自已使用的空間大小，下方則是呈現各虛擬機器的儲存容量大小的排名，以目前快照檔案所占用的空間大小。

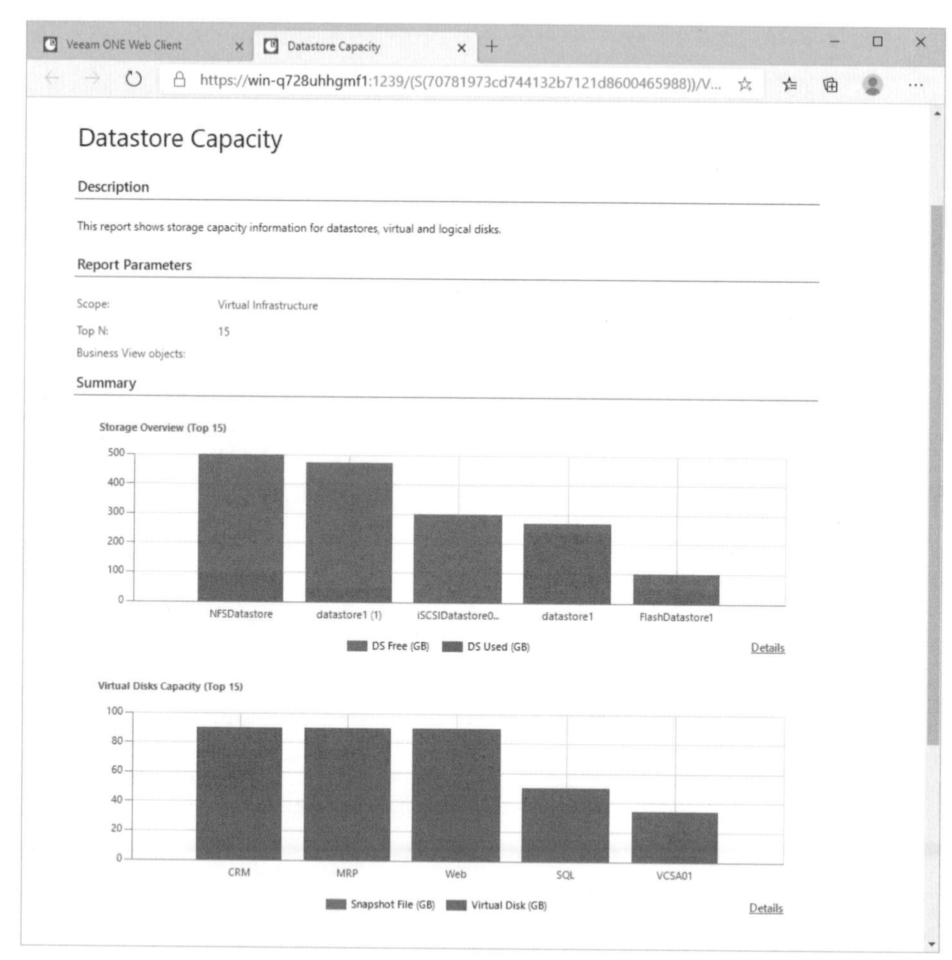

圖 9-22 資料存放區容量使用狀態

9.7 安裝 Netwrix Auditor 免費稽核工具

當您平日所負責維護的 vSphere 運行架構，在主機、儲存設備、網路設備等相關硬體規格都不變的情況之下，運行的應用系統或資料庫服務，其執行速度卻開始無端的變慢，可能的原因除了會是用戶數量增加、資料量變大等因素之外，就是虛擬機器的配置遭到的異動所致，這究竟是怎麼一回事呢？

舉例來說，相關的管理人員可能會因為某一些虛擬機器運行的需要，臨時調整了虛擬機器的資源配置，例如 CPU 與記憶體的大小。此外也有可能不是直接調整了虛擬機器設定，而是修改了虛擬機器所在的應用程式集區的配置。其實無論是哪一種與虛擬機器相關的資源配置進行了異動，都有可能會因此造成相關聯的虛擬機器運行效能受到影響。

為此我們最好能夠在平日的定期維護中，追蹤與檢閱 vSphere 整體主要配置的異動記錄。上述這段話聽起似乎相當有道理，問題是實作起來卻是相當困難，因為以 vSphere 現行內建的工具而言，管理員只能透過事件與工作的記錄來稽核這一些異動資訊，然而由於混雜的記錄類型太多了，因此在實務上肯定是不可能真的那麼做。

為了解決 vSphere 異動配置追蹤的管理問題，筆者特別推薦一套名為 Netwrix Auditor 的稽核工具。這套軟體目前有提供免費社群版本的下載網址，儘管它有一些不同於標準版的功能限制，但仍然有提供配置異動的追蹤報告、異動前後的設定比對以及記錄完整異動事件的內容、時間與位置。

- Netwrix Auditor 免費社群版本下載網址：
  https://www.netwrix.com/netwrix_change_notifier_for_vmware.html

如圖 9-23 則是 Netwrix Auditor 的安裝主選單，在此頁面中除了可以直接點選[Install]按鈕來進行安裝之外，也可以透過相關連結來開啟線上的說明文件以及參與課程學習。請注意！您實際所下載的版本應該會是更新的版號。

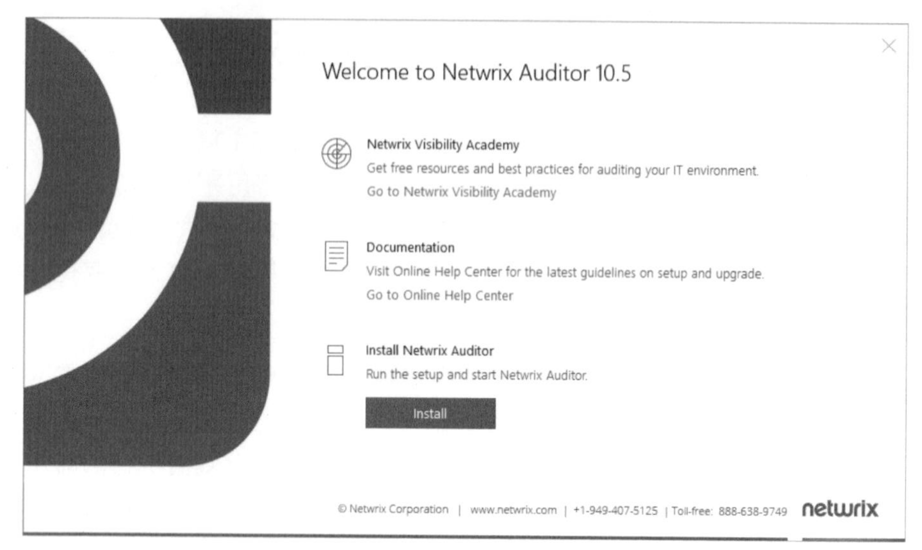

圖 9-23　Netwrix Auditor 安裝介面

在如圖 9-24 的[Select Installation Type]頁面中，建議直接選擇[Full installation]來進行伺服器與用戶端程式的完整安裝，等到未來需要從網路中的其他電腦來連線管理時，再到此電腦中來執行[Client installation]即可。點選[Next]。在[Destination Folder]頁面中，可自行選擇程式要安裝的路徑。點選[Next]。在[Working Folder]頁面中，則可以選擇稽核資料的存放路徑。點選[Next]後再緊接著點選[Install]按鈕，即可開始進行安裝。

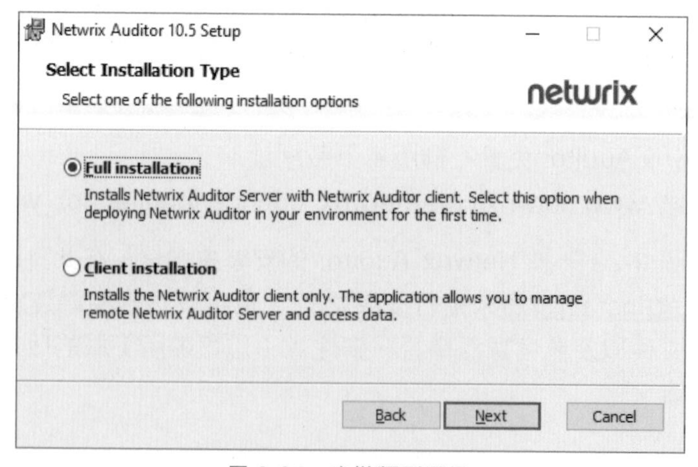

圖 9-24　安裝類型選擇

如圖 9-25 便是[Netwrix Auditor]工具的管理介面。在[Welcome to Netwrix Auditor]區域中已顯示了有三項初始任務必須先行完成，依序分別是建立監視計劃、確認監視計劃配置的正確性、執行搜尋功能來查看成功收集的稽核資料。此外值得注意的是位在頁面左下方的[HEALTH STATUS]區域，可以查看目前系統的整體健康狀態，而在右上方的[ALERTS]區域之中，則可以檢視到最近七日內的最新警示訊息。

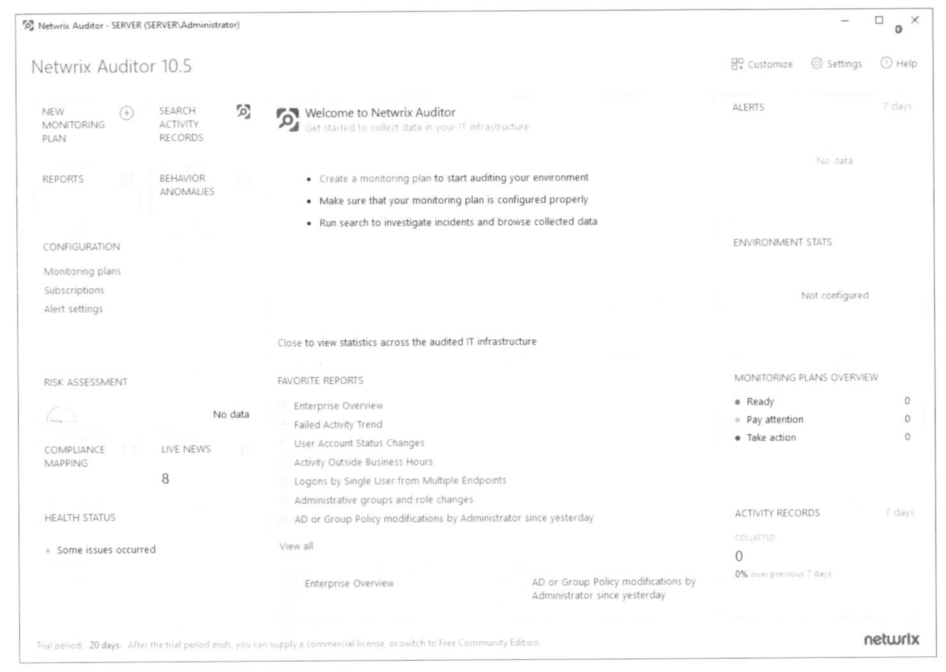

圖 9-25　Netwrix Auditor 管理介面

9.8 設定 Netwrix Auditor 監視計劃

想要對於現行的 vSphere 架構建立 Netwrix Auditor 監視計劃，只要在管理介面中點選[NEW MOMITORING PLAN]，即可開啟如圖 9-26 的設定頁面。在此可以發現除了 VMware 之外，它也能夠建立其他系統的監視計劃，包括了常見的 Active Directory、Exchange、SQL Server、Windows Server 等等。

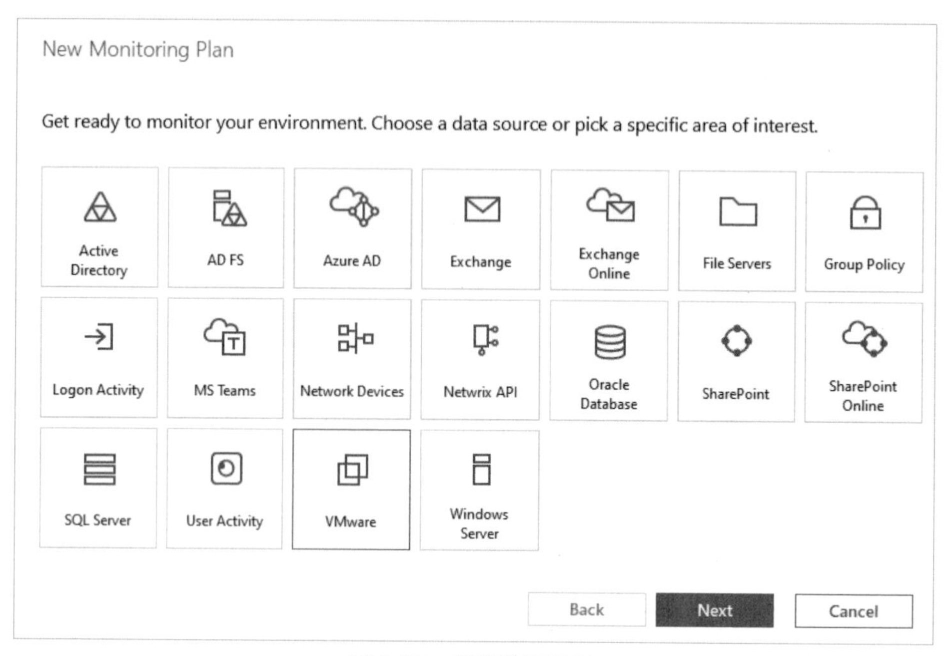

圖 9-26 新增監視計劃

接下來在[Specify the account for collecting data]頁面中，請輸入準備用來收集稽核資料的帳號與密碼。在此建議也將[Collect data for state-in-time reports]設定一併勾選。點選[Next]。在如圖 9-27 的[Default SQL Server Instance]頁面中，您可以連線選定的 SQL Server 或讓系統自動安裝 SQL Server Express 版本，若採用後者設定則必須確認此主機目前可以正常連線 Internet，以便自動下載試用的版本。點選[Next]。

在[Specify credentials for administrator account]頁面中，可以決定用以連線本機 SQL Server Instance 的帳號與密碼。點選[Next]。在如圖 9-28 的[Audit Database]頁面中，可以自行設定稽核資料庫的名稱以及連線資料庫服務的帳號與密碼，其中若是選擇採用 Windows 驗證方法，則系統將會自動以目前已登入的 Windows 帳號來進行連線存取。點選[Next]。

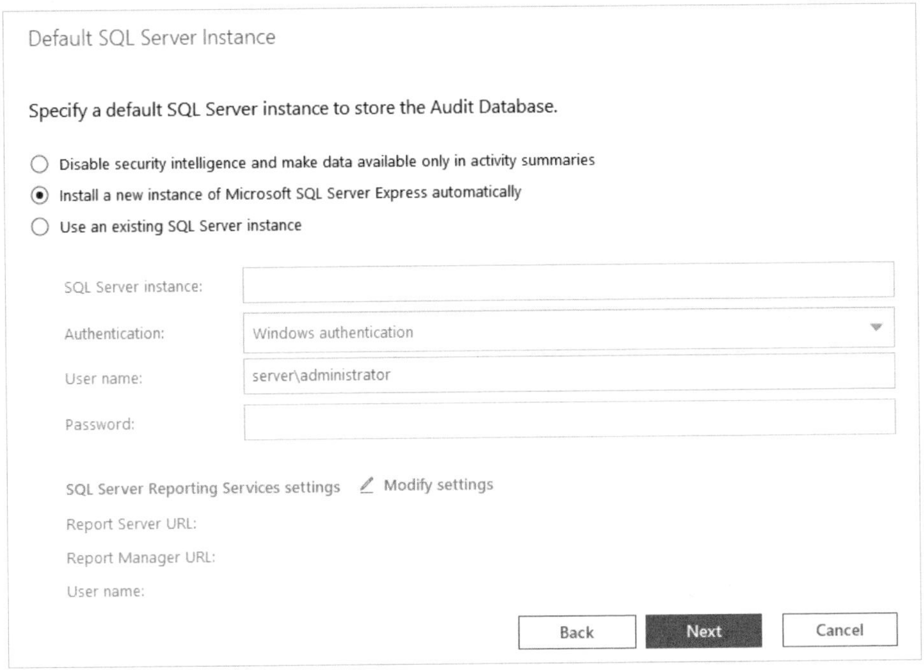

Default SQL Server Instance

Specify a default SQL Server instance to store the Audit Database.

○ Disable security intelligence and make data available only in activity summaries
◉ Install a new instance of Microsoft SQL Server Express automatically
○ Use an existing SQL Server instance

SQL Server instance:
Authentication: Windows authentication
User name: server\administrator
Password:

SQL Server Reporting Services settings Modify settings
Report Server URL:
Report Manager URL:
User name:

Back Next Cancel

圖 9-27　設定 SQL Server 連線配置

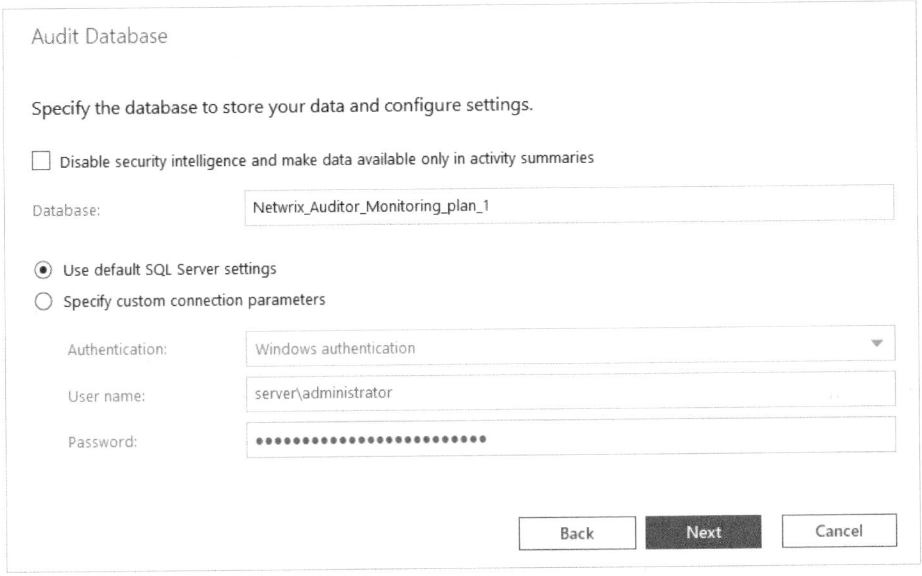

Audit Database

Specify the database to store your data and configure settings.

☐ Disable security intelligence and make data available only in activity summaries

Database: Netwrix_Auditor_Monitoring_plan_1

◉ Use default SQL Server settings
○ Specify custom connection parameters

Authentication: Windows authentication
User name: server\administrator
Password: ••••••••••••••••••••••••••

Back Next Cancel

圖 9-28　設定稽核資料庫

在如圖 9-29 的[Notifications]頁面中，請設定 Mail Server 連線配置，包括了 SMTP 伺服器位址、連接埠、寄件者地址、帳號、密碼以及安全驗證機制，其中若 Mail Server 已有開放此主機可以進行 Mail Relay 的權限，那麼有關 SMTP 連線驗證的帳號與密碼便可以不需要輸入。完成設定後可以點選[Send Test Email]按鈕，來測試 Email 的發信設定是否正確。點選[Next]。

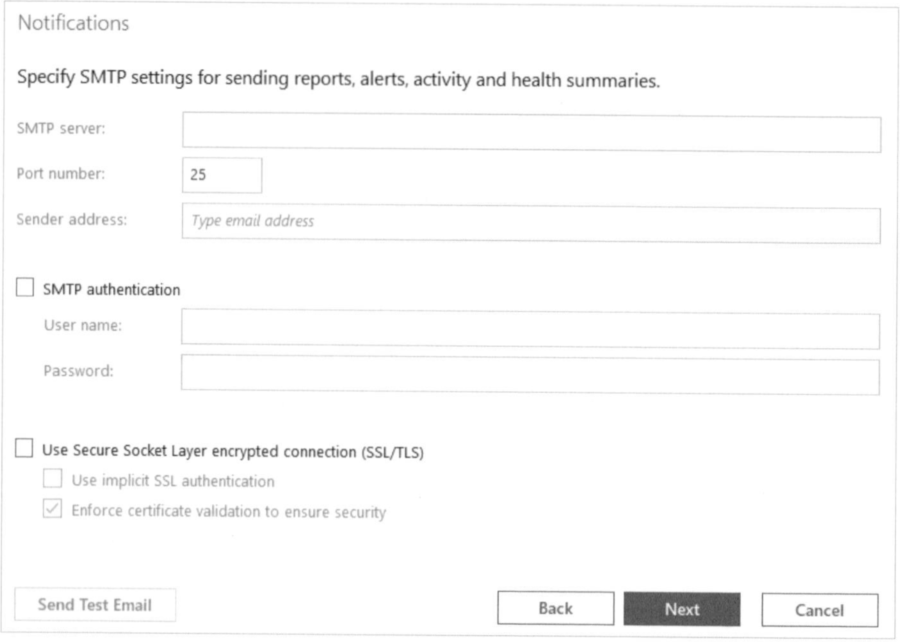

圖 9-29 設定 Email 通知配置

接下來您可以設定 vSphere 每日稽核活動摘要報告，所要接收的 Email 地址清單。點選[Next]。在[Monitoring Plan Summary]頁面中，請輸入新監視計劃的名稱、描述並且勾選[Add item now]設定。點選[Finish]。完成上述設定之後，將會開啟如圖 9-30 的[Specify Item for Monitoring]設定頁面，請在選取[VMware ESX/ESXi/vCenter]設定之後點選[Select]按鈕繼續。

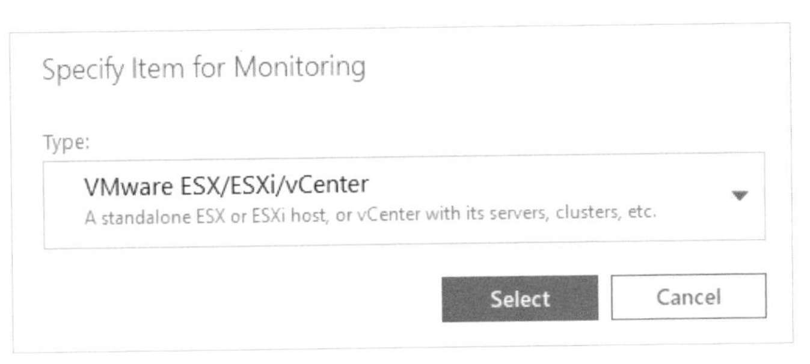

圖 9-30　設定監視目標

在如圖 9-31 的[General]頁面中，請先輸入 vCenter Server 的連線網址，再輸入管理員連線的帳號密碼，值得注意的是如果目前的 vCenter Server 驗證方法已經整合了 Active Directory，並且現行登入的網域帳號已被授權為 vSphere 的管理員角色，那麼在此頁面的登入帳號設定中，便只要選取[Default account for this monitor plan]即可。

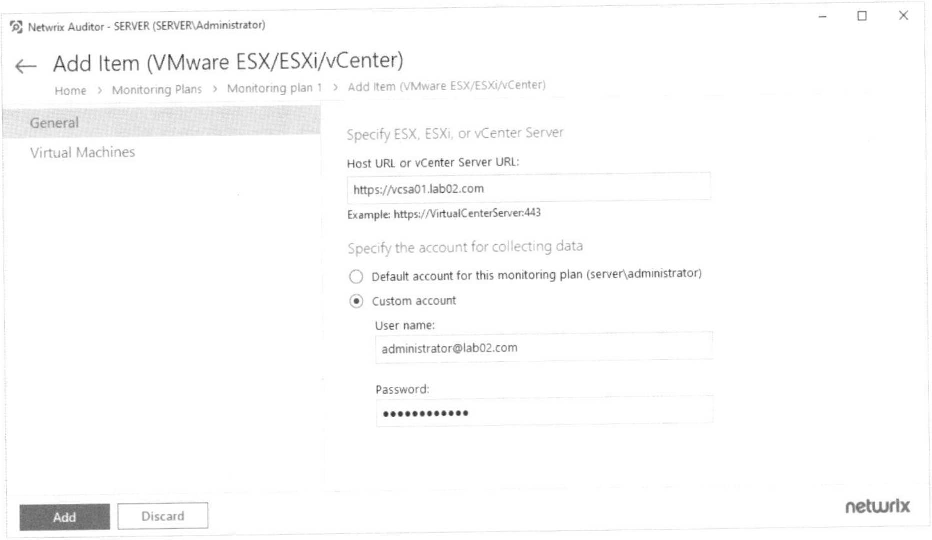

圖 9-31　vCenter Server 連線設定

在[Virtual Machines]頁面中可設定多筆要排除監視的虛擬機器清單。完成上述設定之後點選頁面左下方的[Add]按鈕即可。接下來系統將會回到此監視計劃的頁面，只要確認在[Status]區域中的 Ready 狀態已經打勾，即表示目前該監視計劃已經在正常運行之中。關於監視計劃的管理，未來您仍可以進行配置修改或是新增資料來源等設定。

當再次回到 Netwrix Auditor 管理介面的首頁之中，便會發現需要完成的三項任務已經達成了前兩項，因此請點選第三項任務的[Run search]超連結，來開啟如圖 9-32 的稽核資料搜尋頁面，以便測試是否能夠經由各種篩選條件的設定，來找到相關符合條件的系統異動資料。

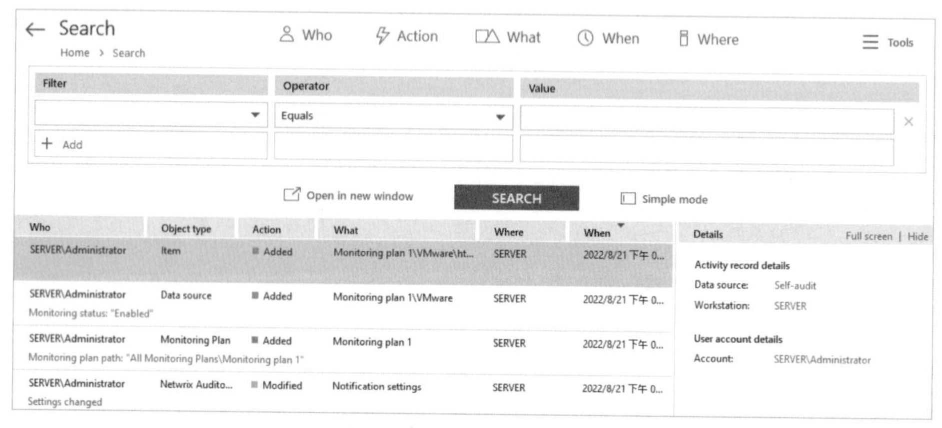

圖 9-32 資料搜尋測試

9.9 活用 Netwrix Auditor 監視異動配置

在陸續完成了 Netwrix Auditor 的安裝設定，以及 vSphere 監視計劃的建立之後，只要從 Search 的功能之中確認稽核資料已被收集進來，那麼就可以從管理頁面之中開啟如圖 9-33 的[Reports]的檢視頁面。

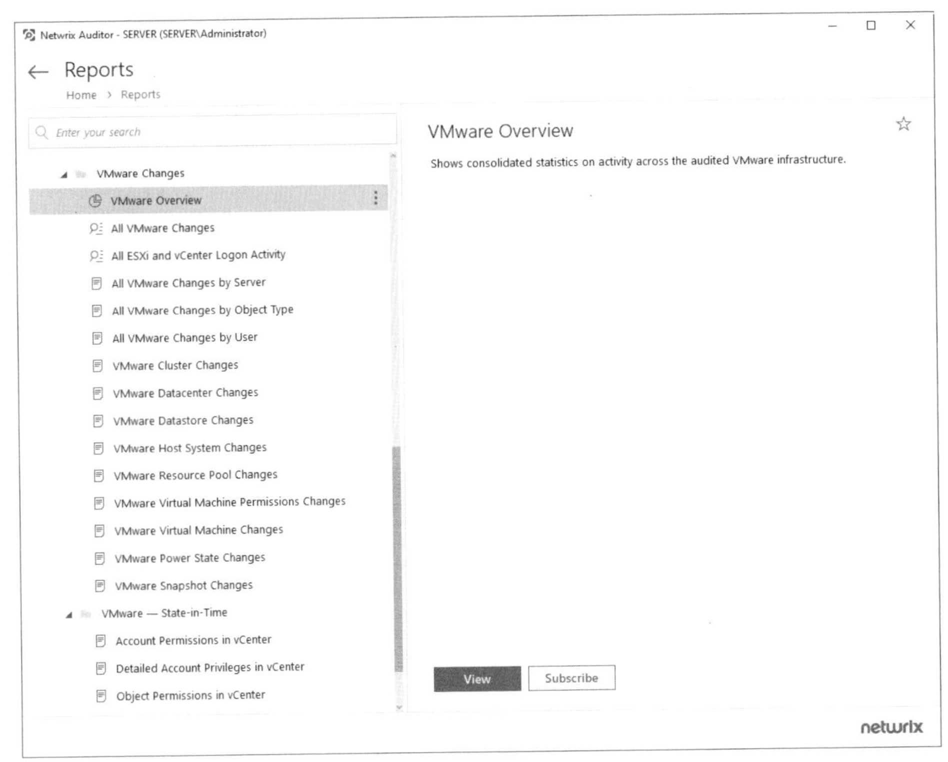

圖 9-33　報告檢視清單

在此可以發現針對 VMware vSphere 的報告主要可區分為兩大類，分別是異動報告以及即時權限的配置查詢，前者提供了 15 種報告而後者則提供了 3 種報告。您可以針對任一報告點選[View]來立即查看，或是點選[Subscribe]來進行訂閱。

如圖 9-34 便是[VMware Overview]的報告分析，在此頁面之中可以查看到有關 vSphere 整體運行的活躍趨勢、所有 vCenter Server 的活躍記錄、最活躍的管理員記錄、最常被修改配置的物件類型…等。

接著在如圖 9-35 的[All VMware Changes]搜尋結果頁面中，可以查看到近期在整個 vSphere 運行架構之中，所完成的相關配置記錄，以此範例來說就是對於虛擬機器記憶體的異動，已從 4096MB 變更為 8192MB，而 CPU 核心數設定則由 2 個變更為 4 個。

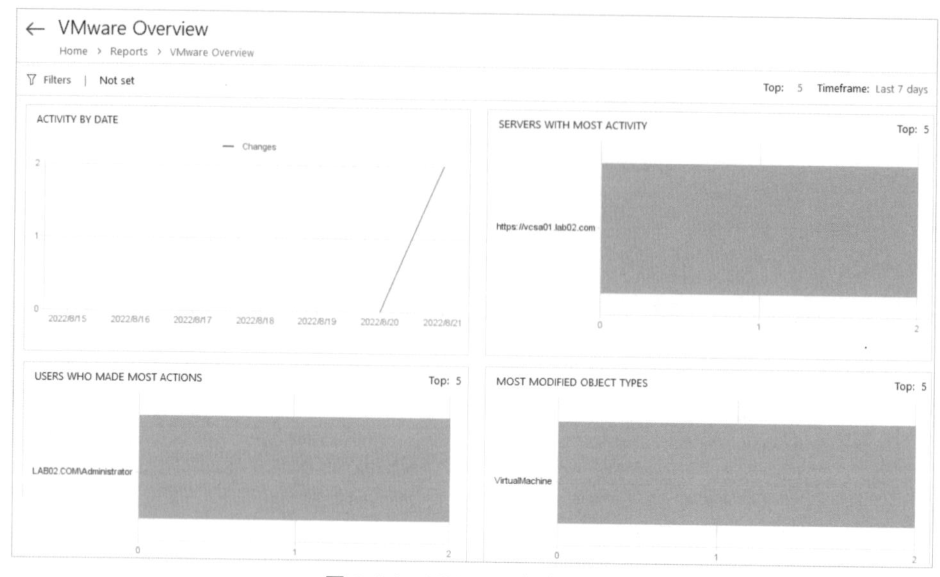

圖 9-34 VMware 概觀檢視

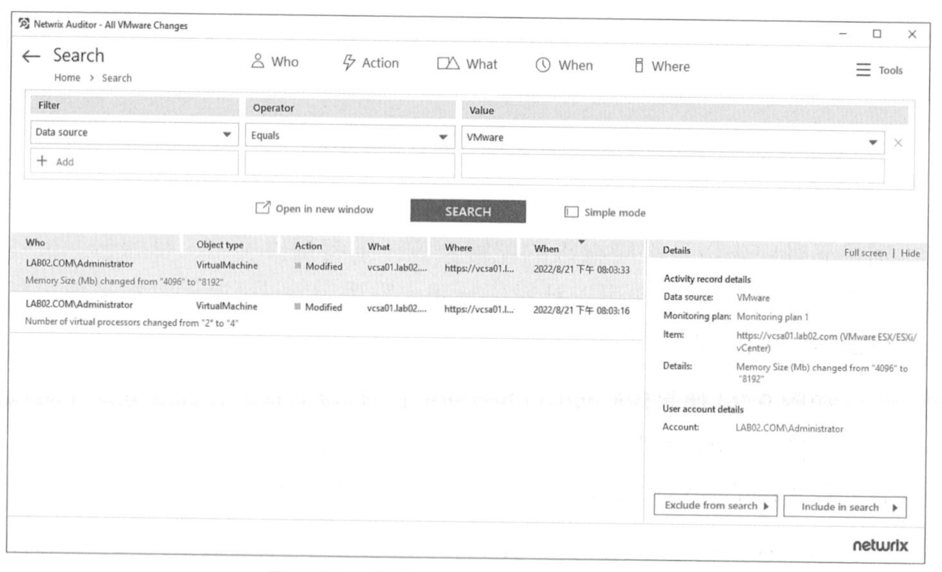

圖 9-35 檢視 VMware 所有異動記錄

在虛擬機器快照異動記錄的部分，則可以參考如圖 9-36 的[VMware Snapshot Changes]報告。在此報告頁面之中我們可以先設定好日期與時間的區間，再設定資料排序遵循的規則，然後再點選[檢視報表]按鈕即可。從此報告的範例之中，我可以查看到相關虛擬機器從新增、刪除到復原快照的所有記錄。

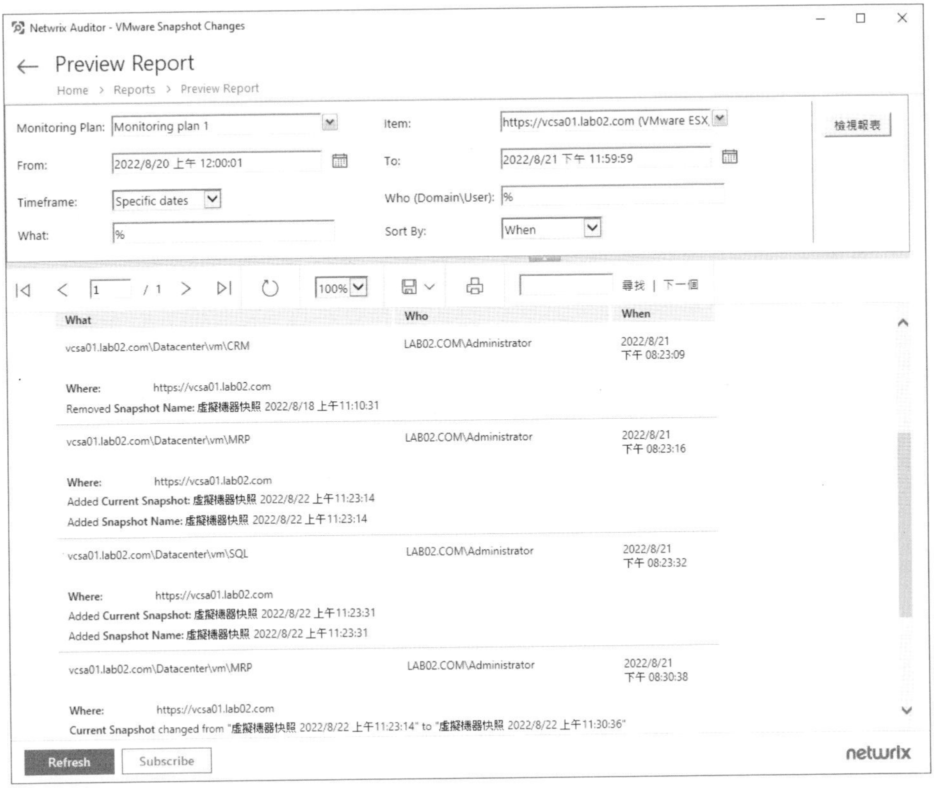

圖 9-36　檢視虛擬機器快照異動記錄

無論是叢集之中的 ESXi 主機還是獨立的 ESXi 主機，皆可以透過建立資源集區來控管資源的使用限制，因此一旦資源集區的配置有不當的異動，便可能會影響當前資源集區或其他資源集區中虛擬機器的運行效能。為此管理員可以藉由[VMware Resource Pool Changes]報告頁面，如圖 9-37 來查看新增與修改的資源集區稽核記錄。其中以資源集區的修改記錄為例，可以查看到 CPU 資源的保留設定已從 3000 MHZ 變更為 4000MHz，而記憶體資源限制則從 8192 變更為 10240。

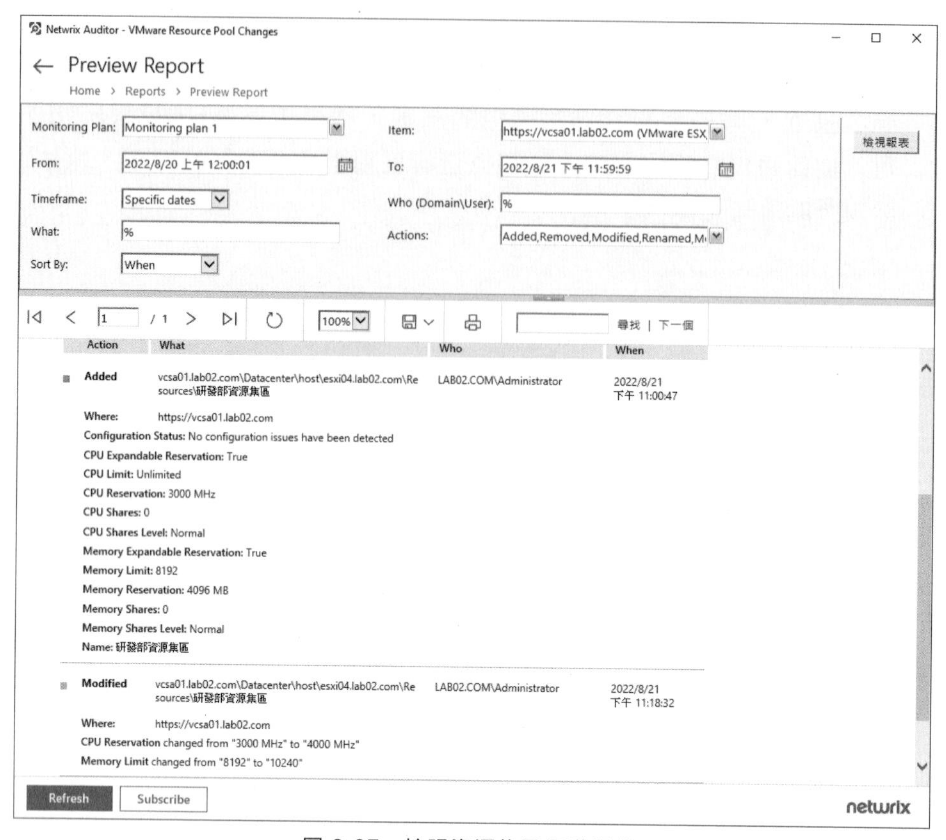

圖 9-37 檢視資源集區異動記錄

看完了有關於 Netwrix Auditor 在稽核報告的強大功能之後，最後我們必須了解一下在它本身的系統配置中，有哪一些設定可能需要依據企業資訊管理的規範來進行調整的。首先請點選開啟[Settings]\[General]頁面，在此可以決定是否要勾選[Collect data for self-audit]設定，來啟用本身系統的稽核記錄收集功能。

緊接著在如圖 9-38 的[Long-Term Archive]頁面之中，則可以自行決定稽核資料的存放路徑，以及稽核資料的保存期限(預設值=120 個月)，如果需要修改請點選[Modify]按鈕即可。至於在[Notifications]頁面中，除了可以設定 Email 通知的 SMTP 連線配置之外，還可以設定系統運行的活動與健康摘要報告，所要固定傳送通知的收件者 Email 地址清單。

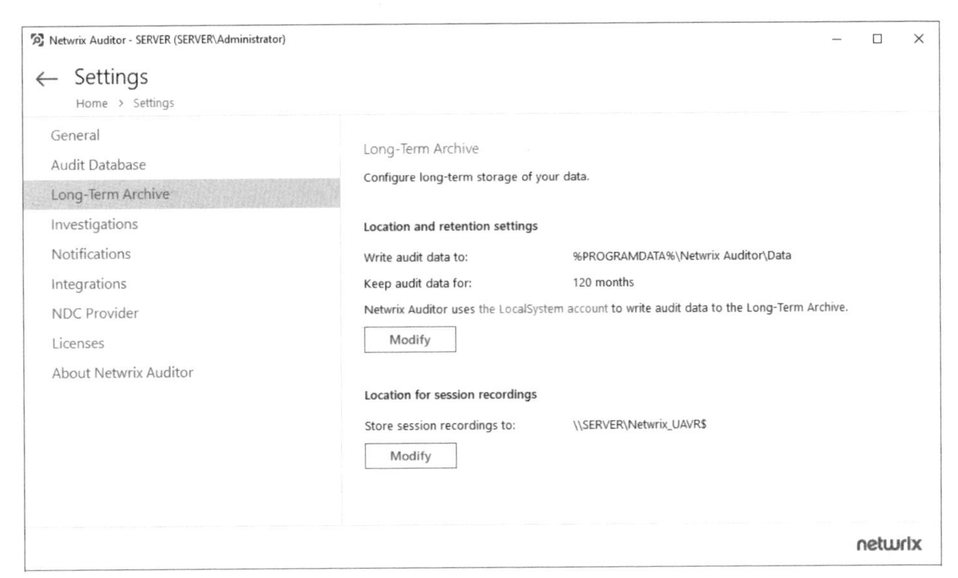

圖 9-38　修改系統配置

9.10 建立 vSphere Alert Center

想要讓 vSphere 始終維持在高效能的運行狀態，除了需要定期做好效能監視與異動追蹤之外，最好還要能夠掌握 vCenter Server 的警示事件，以便能夠在第一時間發現與解決任何可能影響運行效能的問題，然而傳統的做法我們都是透過 vSphere Client 網站來檢視 vCenter Server 相關的事件，如今您可以善用一支免費的 vSphere Alert Center 視窗工具，來更即時的掌握各種事件的訊息。

這項免費好用的工具提供三種平台的執行程式，分別是 Windows 7、Linux(Ubuntu 14.04、Fedora 24、Debian 8)以及 MacOS 10.11 以上版本，您可以從下列網址自行選擇所需要的版本類型，而程式類型依序對應的是 .exe、.AppImage、dmg。

- 免費 vSphere Alert Center 工具下載網址：
  https://flings.vmware.com/vsphere-alert-center

關於 vSphere Alert Center 工具的使用並不需要安裝，不過在 Windows 作業系統中首次執行時，可能會出現如圖 9-39 的[Windows 已保護您的電腦]頁面訊息，請點[仍要執行]按鈕即可。

圖 9-39 可能的警示訊息

緊接著只要設定進入此工具的管理員密碼即可開始使用。如圖 9-40 在它的管理介面之中，筆者建議可以先在[Theme]的子選單之中，將配色樣式修改成[Dark]，如此一來將可以更清楚檢視後續的各種警示事件。在這個[File]選單之中您也可以隨時選擇進行密碼的修改或登出。

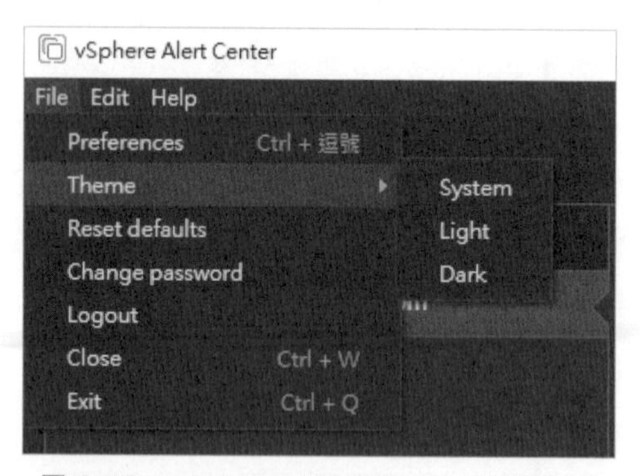

圖 9-40 vSphere Alert Center 管理介面

回到主頁面之中請點選[ADD]連結，將會開啟如圖 9-41 的[Add a new vCenter Instance]設定頁面，請依序輸入 vCenter Server 位址、管理員帳號以及密碼。點選[ADD]按鈕。若還有更多 vCenter Server，請繼續完成新增操作。

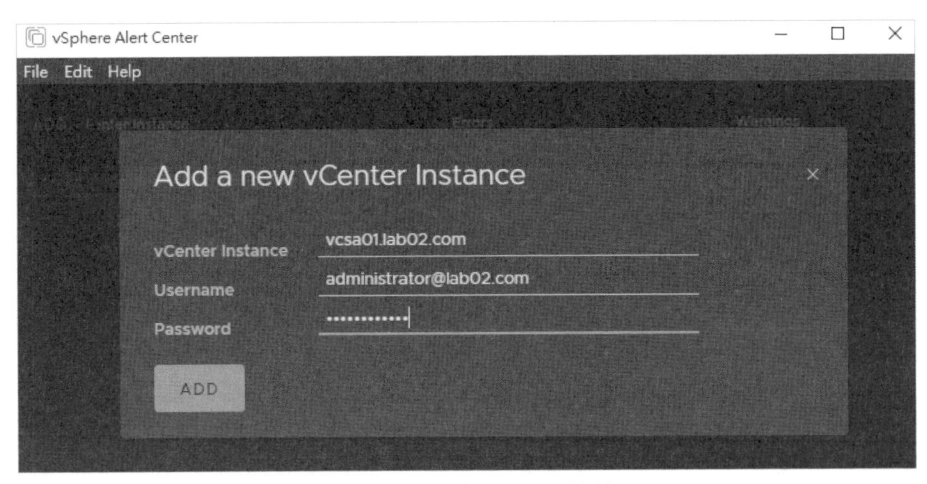

圖 9-41　新增 vCenter 連線

如圖 9-42 便是完成一台 vCenter Server 連線的警示管理頁面。您可以隨時在此頁面中點選[LOAD ALARMS]按鈕，來載入最新的警示清單。一旦發現有任何重要警示問題需要解決，請立即開啟 vSphere Client 網站來進行相關配置的調整。

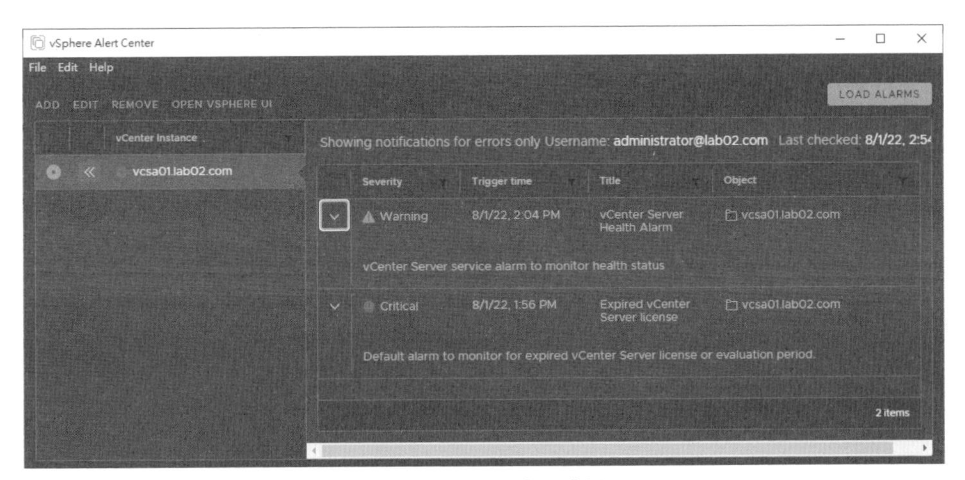

圖 9-42　檢視警示清單

本章結語

看完了本文的實戰講解之後，相信讀者們都可以感受到對於 vSphere 的效能監視與調教，除了必須懂得善用內建的各種工具之外，進一步學習第三方工具的使用也是相當重要的，因為它們往往可以協助我們從不同的面向，來發現效能問題的癥結點進而解決運行表現不佳的難題。

然而在眾多第三方工具之中除了完全免費的開源版本之外，筆者永遠首推的通常是有提供社群版本(Community Edition)的解決方案，因為它讓我們可以優先享用完全免費功能的使用，等到確認必須進階的商用付費版才能滿足我們的管理需求時，再自行透過相關的經銷管道採購即可。

10

chapter

三種虛擬機器加密法實戰運用

對於駭客而言想要偷走一台實體伺服器肯定困難重重，但若是選擇經由網路連線的管道來偷走數台虛擬機器，那肯定來得容易許多。虛擬化平台的誕生與普及，雖然解決了實體伺服器維運中的各種難題，但在便利之餘卻可能引發虛擬機器或虛擬磁碟遭竊的資安問題。如何有效解決？且看接下來筆者所要實戰分享的三套保護秘訣。

10.1 簡介

當談論到有關於加密保護的議題時，我想大部分的企業 IT 只會聯想到針對 Email 與文件的加密，因為似乎許多的敏感資訊都含在其中，尤其是研發以及財務方面的相關資訊。此時若再進一步深入討論，可能就會有人提到有關網路傳輸以及資料庫的加密。

其中網路傳輸的加密，可確保用戶從登入的帳號密碼，到操作過程中的各種資料傳遞不會遭到竊取，通常都必須對用戶端的網路或服務連線，要求使用所選定的加密保護措施，常見的像是 Wifi 網路的 WPA 加密、網站的 HTTPS(SSL)連線、Email 服務的 TLS、VPN 網路的 IPSec 連線。

而資料庫加密主要目的在於確保資料表(Table)中所存放的各類型資料，必須通過相同的演算法以及相對的解密金鑰，才能取得正確的資料。常見需要保護的敏感資料包括了帳號、密碼、人事資料、財務資料等等。一旦資料庫中的資料表欄位資料受到加密保護之後，若沒有前面所提到的相關解密金鑰，人員便只能夠從前端的應用程式，透過合法的帳號與權限來取得資料，而無法藉由直接開啟資料表來查看到這一些加密資料。

有了 Email、文件、網路以及資料庫的加密處理後，是否就足以確保重要資料不會外洩了呢？針對這個疑問若是發生在以實體主機架構為主的年代，保護措施確實已經相當足夠。但如今已是以虛擬化平台架構為主，幾乎所有的伺服器系統、應用程式、服務甚至於用戶端程式皆部署在虛擬機器之中。

換句話說，有心人士只要透過網路連線的管道，直接竊取整個虛擬機器到外網，或是由內賊從內網將虛擬機器複製一份至任一儲存裝置，如此一來就連進入嚴密管制的主機房都不需要，等到下班時再神不知鬼不覺攜出即可。這樣的結果若是發生在實體主機架構的年代，等同是把整台伺服器偷走了。

如何防範這樣的資安事件發生？同樣還是得依賴最先進的加密技術，讓虛擬機器的檔案即便遭到竊取，也無法在其他主機運行此虛擬機器，或是存取相關虛擬磁碟內容。

接下來就讓我們一同來實戰學習一下，如何讓運行在 VMware vSphere 8 架構下的虛擬機器，得到最具完善的加密保護。

10.2 金鑰提供者配置

在 IT 的世界裡無論是網站連線、檔案存取、資料庫存取、儲存設備的使用，凡是需要進行加密保護的安全機制，幾乎都需要使用到金鑰搭配演算法的加解密技術。如今在 VMware vSphere 的虛擬化平台運行架構之中，為了保護最重要的虛擬機器資產，同樣也需要使用到金鑰管理系統，來加密虛擬機器的檔案或結合 vTPM 的虛擬裝置，來保護 Guest OS 磁碟資料的安全。

接下來就讓我們先準備好 vSphere 架構下所需要的金鑰提供者。請在登入 vSphere Client 網站之後，點選至 vCenter Server 節點下的[安全性]\[金鑰提供者]頁面即可。在如圖 10-1 的[新增]選單之中，可以發現有[新增原生金鑰提供者]與[新增標準金鑰提供者]兩個選項，其中標準金鑰提供者可用於整合第三方的金鑰管理系統(KMS，Key Management System)。至於原生金鑰提供者則可以直接供 vSphere 來使用於虛擬機器的加密。

圖 10-1　金鑰提供者管理

在如圖 10-2 的[新增原生金鑰提供者]頁面中，請輸入一個全新的命名即可(例如：vKMS01)，至於是否要將[僅對受 TPM 保護的 ESXi 主機使用金鑰提供者]的選項勾選，則可以視實際的安全需求來決定，如果您是在巢狀的虛擬化環境中進行測試，請勿勾選此設定。在實務的運行環境之中，雖然實體的 ESXi 主機也可以不需要啟用 TPM 裝置，就能夠使用原生金鑰提供者來對於虛擬機器進行加密，但是若多了一層 TPM 的保護肯定會讓整體的運行更加安全。點選[新增金鑰提供者]按鈕繼續。

圖 10-2 新增原生金鑰提供者

剛完成原生金鑰提供者的新增之後，便可以在下方的[詳細資料]子頁面之中，如圖 10-3 看到目前金鑰管理伺服器的上線狀態，請點選[備份]按鈕繼續。

圖 10-3 金鑰提供者狀態

在[備份原生金鑰提供者]的頁面中，您可以直接點選[備份原生金鑰提供者]按鈕，或是先勾選[使用密碼保護原生金鑰提供者]選項，來開啟如圖 10-4 的密碼設定頁面，並將[我已將密碼儲存在安全的位置]選項勾選，如此一來將可以得到更加安全的保護措施。您必須妥善保存所設定好的密碼，因為當發生災害重建時唯有此密碼，才能夠讓您恢復已加密虛擬機器的連線存取。

備份原生金鑰提供者 | vKMS01

使用密碼保護原生金鑰提供者資料 (建議)

密碼 ············· 複製密碼

驗證密碼 ·············

我已將密碼儲存在安全的位置。

請確保此密碼已安全儲存，因為在發生災難時還原原生金鑰提供者組態將需要此密碼。如果沒有此密碼，將無法存取已加密虛擬機器及具有虛擬 TPM 裝置的虛擬機器等資源。

取消 備份金鑰提供者

圖 10-4 備份原生金鑰提供者

完成原生金鑰提供者的檔案(.p12)備份之後，將可以在[金鑰管理伺服器]子頁面中，看到已成功完成備份的圖示，並且也可以在[金鑰提供者]的狀態欄位之中看到顯示為[作用中]。至於在 vSphere 資料中心叢集下的所有 ESXi 主機取得金鑰提供者，以及 vCenter Server 更新其快取的時間大約需要五分鐘。

10.3 虛擬機器加密原則配置

無論您所使用的金鑰管理伺服器是原生還是標準，只要完成了 vCenter Server 與金鑰管理伺服器的信任連線之後，那麼接下來就可以來建立虛擬機器儲存區原則，以便讓後續需要受加密保護的虛擬機器可以套用此原則。由於此做法是直接針對虛擬機器的檔案進行加密保護，因此適用在使用任何一種 Guest OS 類型的虛擬機器，包括了 Windows、Linux 以及 Mac。

關於虛擬機器儲存區原則的管理，您只要在 vSphere Client 網站的首頁選單點選[原則和設定檔]之後，便可以在[虛擬機器儲存區原則]頁面清單之中，如圖 10-5 查看到目前預設已經有一個[VM Encryption Policy]可以使用，進一步也可以在它下方的各個子頁面中查看到完整的配置資訊，包括了規則、虛擬機器符合性、虛擬機器範本、儲存區相容性。

圖 10-5 虛擬機器儲存區原則

確認已經完成了虛擬機器加密原則準備之後，就可以如圖 10-6 對於選定的虛擬機器，點選位在[動作]選單中的[虛擬機器原則]\[編輯虛擬機器儲存區原則]。

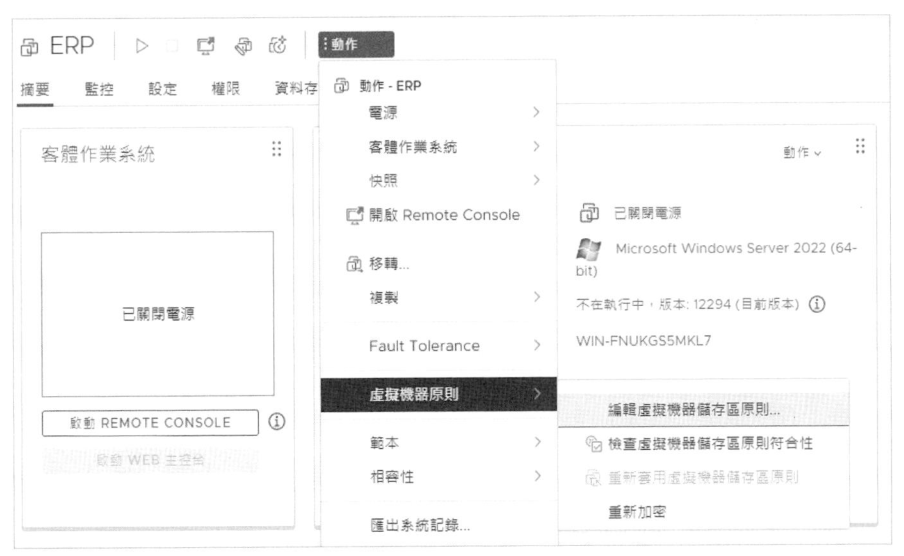

圖 10-6　虛擬機器動作選單

在如圖 10-7 的[編輯虛擬機器儲存區原則]頁面中，請選擇所要套用的虛擬機器儲存區原則的即可，進一步還可以自行決定是否要啟用[針對每個磁碟設定]的功能，例如您可以只針對存放重要檔案資料的虛擬磁碟，進行加密原則的套用。

圖 10-7　編輯虛擬機器儲存區原則

讓我們回到如圖 10-8 的[原則和設定檔]\[虛擬機器儲存區原則]頁面，即可在選取[VM Encryption Policy]原則之後，查看到位在[虛擬機器符合性]的子頁面之中，出現了所有已套用此原則的虛擬機器清單。

同樣的狀態資訊也可以從虛擬機器的摘要頁面之中，查看到[虛擬機器儲存區原則符合性]的狀態顯示為[符合標準]。若發現尚未呈現最新的狀態資訊，則可以點選[檢查符合性]超連結來進行狀態的更新。

圖 10-8　虛擬機器符合性

另一種套用虛擬機器儲存區原則的方法，則是先開啟虛擬機器的[編輯設定]頁面，再點選至如圖 10-9 的[虛擬硬體]子頁面，即可為每一個虛擬硬碟決定是否要設定虛擬機器儲存區原則。若已套用虛擬機器儲存區的加密原則，則可以在此頁面的[加密]選項中看到 "虛擬機器組態檔已加密"，以及虛擬硬碟下方出現 "已加密" 的提示訊息。

圖 10-9　虛擬硬體

如果您是要針對現行虛擬機器中的所有虛擬磁碟加密，也可以在如圖 10-10 的[虛擬機器選項]頁面中，針對[加密虛擬機器]設定選擇[VM Encryption Policy]原則，並完成所有磁碟的勾選即可。

一旦設定了加密虛擬機器的原則之後，您會發現下方的[已加密的 vMotion]與[已加密 FT]兩個選項，將會自動設定為[必要]。如果加密虛擬機器的原則尚未設定，則上述兩個選項設定將可以自行調整成以下三個設定之一。

- 已停用：請勿使用已加密的連線。
- 隨機：如果來源和目的地主機支援，則使用已加密的連線，否則回復至未加密的連線。此設定是預設選項。
- 必要：僅允許已加密的連線，如果來源或目的地主機不支援連線加密，請勿進行連線。

請注意！如果您是針對已開啟電源的虛擬機器來配置儲存區的加密原則設定，則在[最近的工作]清單之中將會立即出現錯誤訊息。

圖 10-10 虛擬機器選項

想要對於準備新增的虛擬機器設定加密原則，則只要在新增虛擬機器過程的[選取儲存區]頁面之中，如圖 10-11 直接從[虛擬機器儲存區原則]選單中，來挑選虛擬機器的加密原則即可。

圖 10-11 新增虛擬機器設定

不管是新增的虛擬機器還是現行的虛擬機器，只要已完成虛擬機器儲存區加密原則的套用之後，就可以來檢視一下它對於此虛擬機器的設定文件(.vmx)內容會產生什麼樣的變化。您只需要開啟虛擬機器檔案的資料存放區即可下載，在完成下載之後可以使用 Windows 的記事本開啟它，便可以發現最後兩個欄位分別是 encryption.keySafe 與 encryption.data，主要用以存放金鑰識別碼以及加密金鑰資料。

10.4 虛擬機器非法複製測試

前面我們已將所建立的虛擬機器加密原則，套用在一台選定的虛擬機器。現在問題來了，我們要如何證明已套用加密原則的虛擬機器，確實已經受到保護而不會發生虛擬機器檔案被盜的風險呢？

很簡單，在此我們可以選擇使用 VMware Workstation Pro 先完成與 vCenter Server 的連線，並且確認可以正常開啟、關閉以及操作所加密的虛擬機器，請注意！這時候虛擬機器的執行仍是在 vCenter 架構下的 ESXi 主機之中。

確認可以正常操作此虛擬機器之後，緊接著請如圖 10-12 選取該虛擬機器，並按下滑鼠右鍵點選[Manage]\[Download]，來嘗試進行整個已加密虛擬機器的下載。

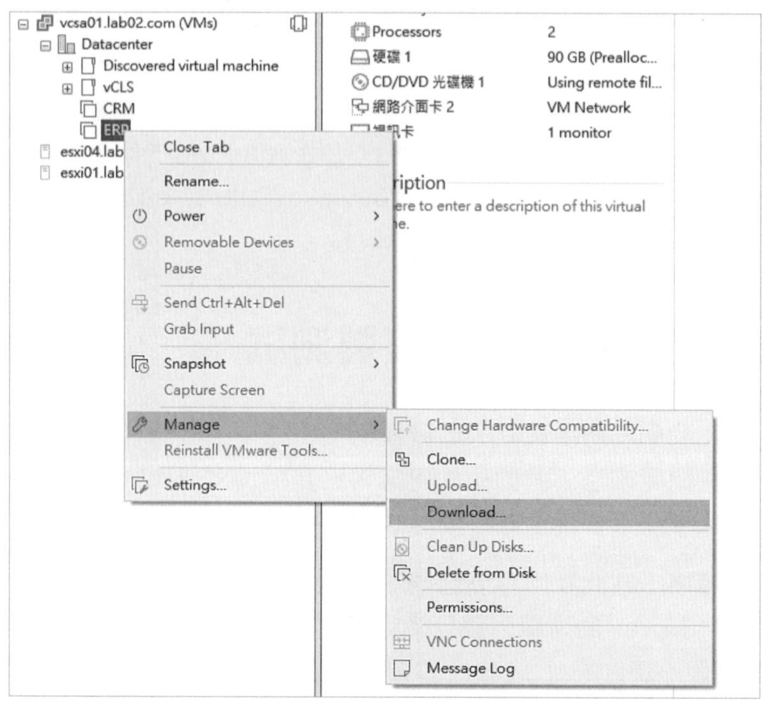

圖 10-12　下載已加密虛擬機器

執行後系統會要求新虛擬機器名稱的輸入，以及虛擬機器檔案下載的存放位置。完成設定後請點選[Download]按鈕，此時您將會看見如圖 10-13 的錯誤訊息。這表示我們無法直接下載任何已加密的虛擬機器檔案。接下來您可以嘗試下載任何尚未套用加密原則的虛擬機器，便會發現可順利執行下載任務。

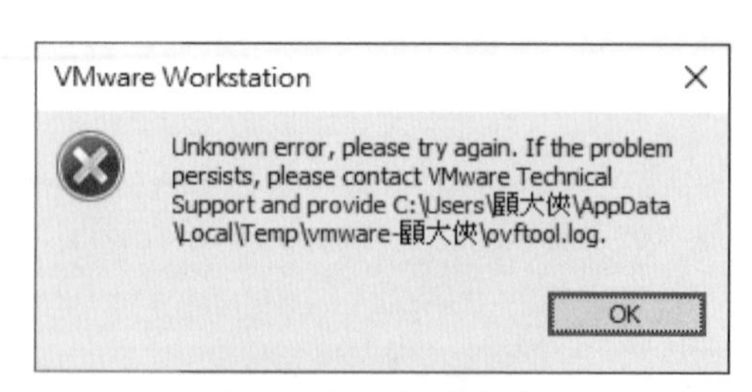

圖 10-13　下載失敗

除了上述複製已加密虛擬機器的方式之外，您也可以嘗試直接在 vSphere Client 網站的資料存放區中，來將此虛擬機器的檔案完整下載，然後再到其他非此 vSphere 架構的 ESXi 主機或 VMware Workstation Pro

管理介面中，來掛載相關已加密的虛擬磁碟檔案，將會出現無法讀取、讀取失敗等錯誤訊息。而當您將已加密的虛擬機器檔案完整複製到其他 vSphere 中的 ESXi 主機，執行開機時將出現 "需要加密金鑰才能開啟此虛擬機器" 的錯誤訊息。

如何解密虛擬機器？

請再次開啟虛擬機器儲存區原則的編輯頁面，然後將原則設定成[資料存放區預設值]即可。不再受加密儲存原則保護的虛擬機器，將可以被下載與複製到 VMware 的其他虛擬化平台中來運行。

10.5 虛擬信賴平台模組(vTPM)

透過電腦主機板內建的 TPM(Trusted Platform Module)晶片，來加密保護作業系統磁碟資料的安全，以 Windows 來說早在 Windows Vista 版本開始便已經提供，也就是結合大家所熟知的 Windows BitLocker 功能。而 TPM 版本的發佈與維護，主要是由一個非營利組織的 TCG(Trusted Computing Group)機構所負責，過去已被廣泛運用在許多商用的筆記型電腦之中，如今又進一步拓展至實體伺服器與虛擬機器磁碟的加密保護。

TPM(Trusted Platform Module)與 vTPM(Virtual Trusted Platform Module)之間有何差別呢？其實兩者都是執行相同的功能，只是前者採硬體的信賴平台模組來作為認證或金鑰儲存區，後者則是以軟體式的處理方式來完成相同的任務，在 vSphere 架構中就是使用.nvram 檔案來做為安全的儲存區，而該檔案便是透過虛擬機器加密功能來進行加密。

在金鑰管理方式的差異部分，硬體式的 TPM 包含了預先載入的簽署金鑰(EK，Endorsement Key)，這裡面存放了包括私密和公開金鑰，來作為唯一的身分識別。至於軟體式的 vTPM 則是透過 VMCA(VMware Certificate Authority)或是第三方憑證授權機構(CA)方案來提供這一些金鑰。

若要在 vSphere 中使用 vTPM 功能，其環境必須符合下列需求：

- 虛擬機器使用 EFI 韌體。
- 虛擬硬體版本採用 14 或更新版本。
- Windows Guest OS 的虛擬機器要求 vCenter Server 6.7 或更新版本。
- 目前 Windows 作業系統支援 Windows Server 2008、Windows 7 及更新版本。
- Linux Guest OS 的虛擬機器要求 vCenter Server 7.0 Update 2 或更新版本。
- 完成 vCenter Server 的金鑰提供者設定。

如果您的虛擬機器所運行的環境符合上述要求，那麼接下來就可以進一步來查看有關於虛擬機器的 vTPM 配置資訊。請開啟虛擬機器的[編輯設定]並在[虛擬機器選項]的子頁面中，如圖 10-14 將[在下次開機期間強制進入 EFI 設定畫面]選項勾選，然後重新啟動虛擬機器。

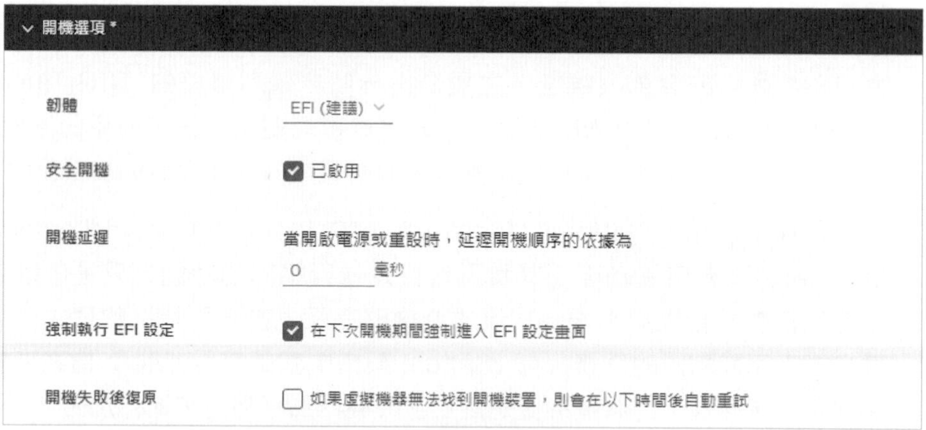

圖 10-14　虛擬機器開機選項

接著系統將會開啟如圖 10-15 的[Boot Manager]主頁面，在此可以發現我們除了可以選擇四種開機的方式之外，還可以重置系統配置。請選取[Enter setup]來進一步開啟[Boot Maintenance Manager]頁面。

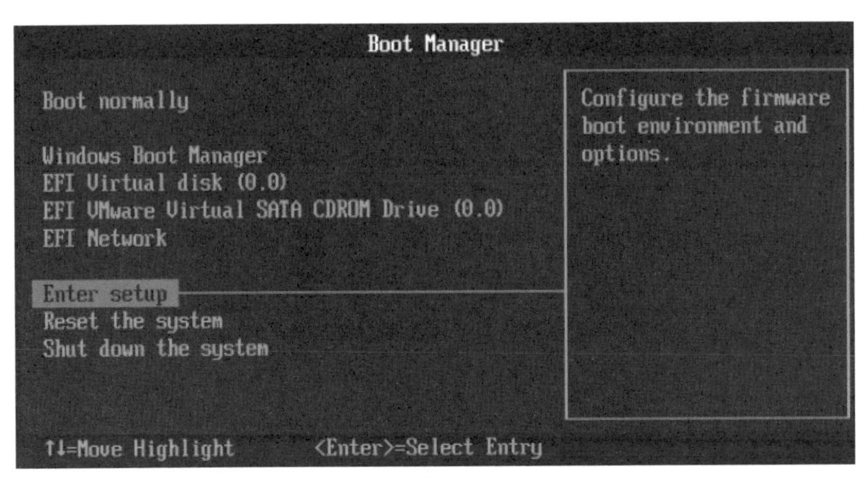

圖 10-15　虛擬機器開機管理

最後便可以選取[TPM Configuration]設定，來開啟如圖 10-16 的[TrEE Configuration]頁面，在此便可以查看到目前 TPM 配置的版本，以及決定是否要啟用 TPM 清除功能。

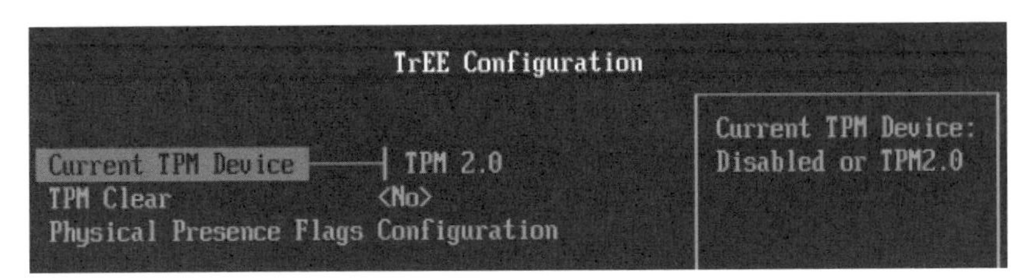

圖 10-16　TPM 裝置管理

10.6 虛擬機器 vTPM 啟用設定

關於虛擬機器 vTPM 功能的啟用，您可以選擇在執行新增虛擬機器的設定過程中從[自訂硬體]頁面，點選[新增裝置]按鈕並挑選[信賴平台模組]選項來完成設定。

同樣的做法也可以在關閉虛擬機器之後，開啟[編輯設定]頁面。接著點選至[虛擬硬體]子頁面中，再如圖 10-17 點選[新增裝置]按鈕並挑選[信賴平台模組]選項來完成即可。必須注意的是此操作只能在 vSphere

Client 網站中來完成，因為在 ESXi Host Client 網站中，只能從編輯虛擬機器設定中來移除虛擬 TPM 裝置而無法進行新增。

編輯設定 | CRM

虛擬硬體 虛擬機器選項 進階參數

新增裝置

CPU	2	
記憶體	4	GB
Hard disk 1	90	GB
SCSI controller 0	LSI Logic SAS	
Network adapter 1	VM Network	已連線
CD/DVD drive 1	資料存放區 ISO 檔案	已連線
USB xHCI controller	USB 3.1	
視訊卡	指定自訂設定	
SATA controller 0	AHCI	
安全性裝置	未設定	
其他	其他硬體	

磁碟、磁碟機和儲存區
硬碟
現有硬碟
RDM 磁碟
主機 USB 裝置
NVDIMM
CD/DVD 光碟機
控制器
NVMe 控制器
SATA 控制器
SCSI 控制器
USB 控制器
其他裝置
PCI 裝置
信賴平台模組
監視程式計時器
精確時鐘
序列埠
網路

圖 10-17 新增虛擬機器裝置

如圖 10-18 緊接著在完成新增操作之後，如果在[安全性裝置]\[信賴平台模組]欄位中出現 "存在" 訊息，即表示此虛擬機器能夠使用 vTPM 功能。未來如果不需要再使用到此裝置，也可以在此將信賴平台模組的裝置移除。

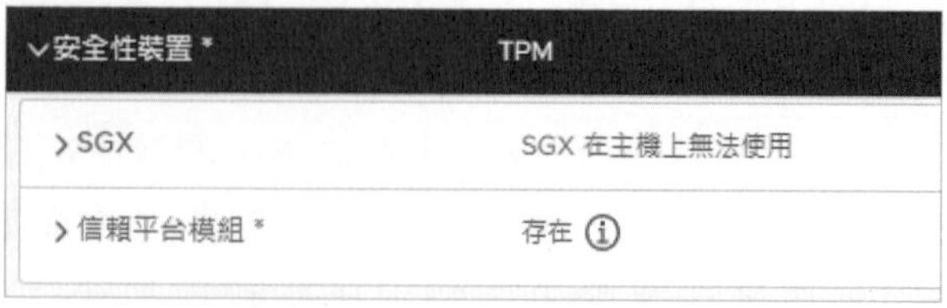

安全性裝置 *	TPM
SGX	SGX 在主機上無法使用
信賴平台模組 *	存在

圖 10-18 安全性裝置資訊

針對 TPM 的憑證相關資訊，可以在此虛擬機器的[設定]\[TPM]\[憑證]頁面之中，如圖 10-19 查看到所選定憑證的簽發者、版本、種類、有效日期與時間、演算法等資訊。必要時還可以對於憑證進行匯出。

圖 10-19　TPM 憑證資訊

在確認虛擬機器已啟用 vTPM 功能之後，請開啟虛擬機器電源來進入 Guest OS 的桌面。凡是相容的 Windows 版本便可以在打開[裝置管理員]的介面，查看到在[Security devices]節點下，如圖 10-20 多了一個[Trusted Platform Module 2.0]。

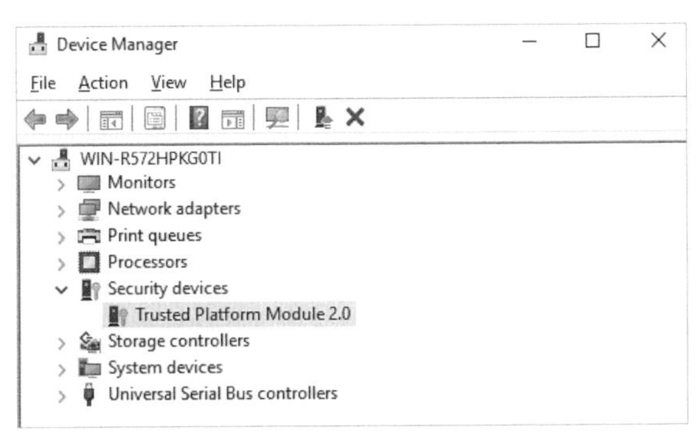

圖 10-20　Windows 裝置管理員

無論是在 Windows Server 2019、Windows Server 2022 或 Windows 10、Windows 11 之中，您除了可透過傳統的 MMC 介面開啟 [Device Manager]來檢視 TPM 裝置資訊之外，也可以選擇從 Windows 設定介面中來檢視。

操作方法很簡單，只要在開啟[Windows Settings]之後點選進入[Update&Security]頁面，再點選[Windows Security]頁面中的[Device security]。在[Device security]頁面中，點選位在[Security processor]選項中的[Security processor details]超連結。最後在如圖 10-21 的頁面之中，便可以查看到有關 TPM 的版本資訊與現行狀態。

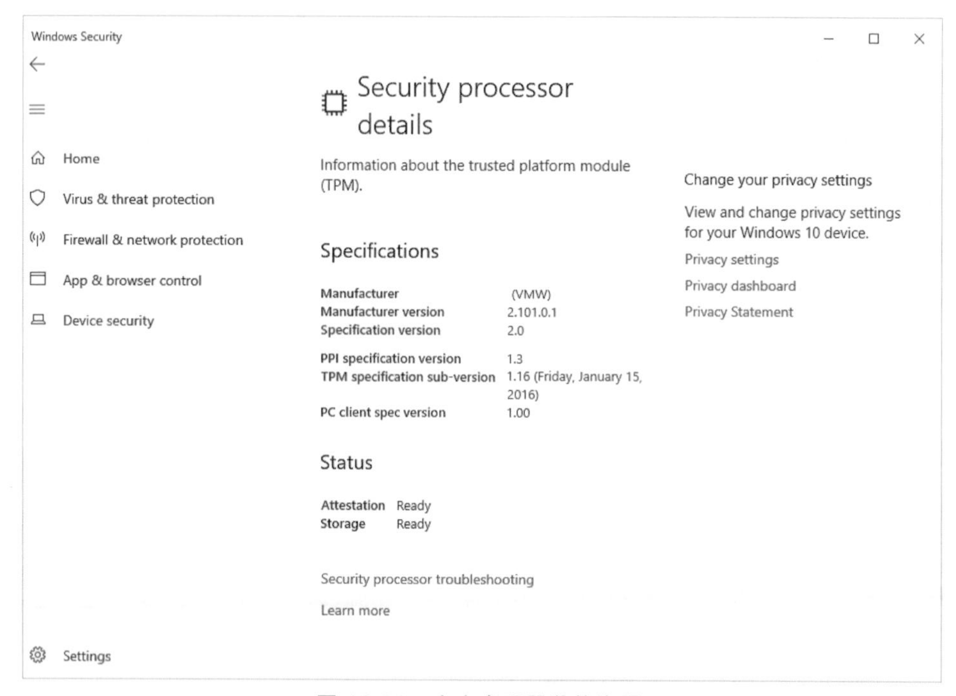

圖 10-21 安全處理器狀態資訊

針對 Windows 作業系統中的 TPM 管理設定，除了可以透過簡易的 GUI 操作介面之外，對於進階的管理員而言也可以透過內建的 Windows PowerShell 來完成。請參閱表 10-1 說明。若想知道某一個命令的用法與範例，只要執行 Get-Help 命令名稱 -Detailed 即可。

表 10-1 TPM 管理命令一覽

命令	說明
Clear-Tpm	清除 TPM 重回預設狀態
ConvertTo-TpmOwnerAuth	從所輸入的字串建立一個 TPM 擁有者授權值
Disable-TpmAutoProvisioning	關閉 TPM 自動配置
Enable-TpmAutoProvisioning	啟用 TPM 自動配置
Get-Tpm	查看關於 TPM 的資訊
Get-TpmEndorsementKeyInfo	獲取有關 TPM 的認可密鑰和憑證資訊
Get-TpmSupportedFeature	檢查 TPM 是否支援所選定的功能
Import-TpmOwnerAuth	匯入 TPM 擁有者授權值至登錄檔(registry)
Initialize-Tpm	初始化 TPM 配置
Set-TpmOwnerAuth	修改 TPM 擁有者授權值
Unblock-Tpm	重置 TPM 鎖定

10.7 安裝 BitLocker 功能

成功啟用了虛擬機器的 TPM 裝置之後，接下來將可以來準備進入到 Windows Guest OS 之中，透過 BitLocker 功能來加密系統磁碟，以及任何需要受到保護的資料磁碟。而系統對於所產生的加密以及憑證的相關資訊，也將會自動寫入至虛擬機器的.nvram 檔案之中，並且受到 VM Encryption 安全加密機制的保護。

無論是最新的 Windows Server 2022、Windows 11 還是前一版的 Windows Server 2019、Windows Server 2016、Windows 10 專業版以及企業版，皆提供支援相容 VMware vSphere 8 vTPM 的 BitLocker 功能。Windows Server 預設並沒有安裝此功能，而是需要透過[Server Manager]操作介面或 Windows PowerShell 命令來進行安裝。

首先在[Server Manager]操作介面部分，請在[Manage]選單中點選[Add Roles and Features]。再連續點選[Next]來到如圖 10-22 的

[Features]頁面中，勾選[BitLocker Drive Encryption]後，點選[Next]完成安裝並重新開機即可。

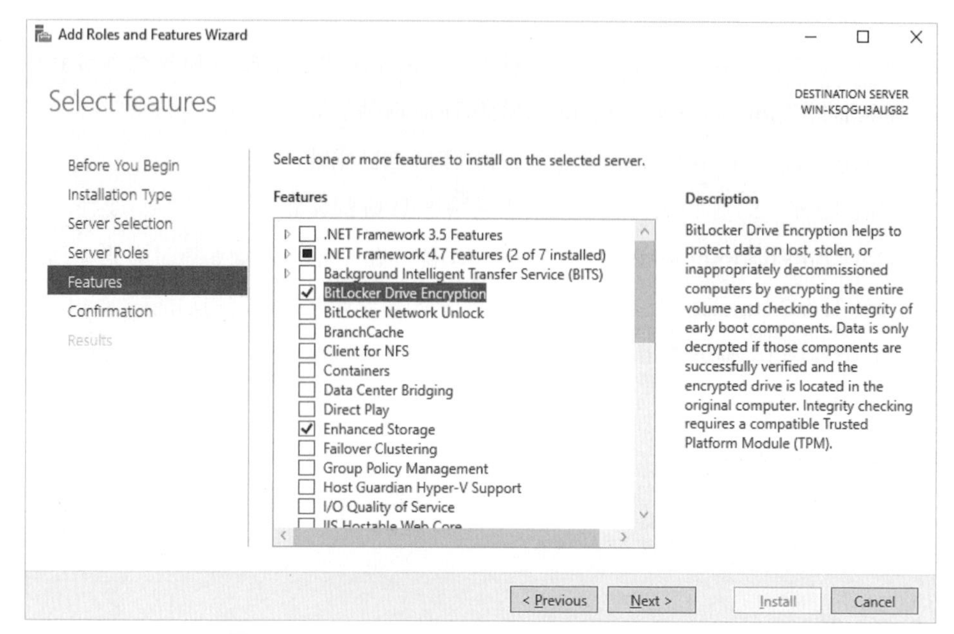

圖 10-22 Windows Server 安裝 BitLocker 功能

若是想透過 Windows PowerShell 命令來安裝 BitLocker 功能，只要以管理員的身份執行下列命令參數即可。成功安裝之後系統將會自動重新開機。

```
Install-WindowsFeature BitLocker -IncludeAllSubFeature -
IncludeManagementTools -Restart
```

10.8 啟用 BitLocker 配置

在完成了 BitLocker 功能的安裝之後，就可以來加密保護選定的磁碟。至於應該要加密哪一些磁碟呢？對於 Windows Server 的 Guest OS 而言，在此建議將系統磁碟與資料磁碟皆啟用加密保護，以預防虛擬機器在被非法複製之後，遭到惡意人士嘗試將作業系統進行啟動，或是將資料磁碟掛接至其他虛擬機器來進行資料竊取。

接下來就讓我們實際動手來啟用 BitLocker 功能吧。首先請在準備要加密的磁碟上方，如圖 10-23 按下滑鼠右鍵並點選[Turn on BitLocker]繼續。

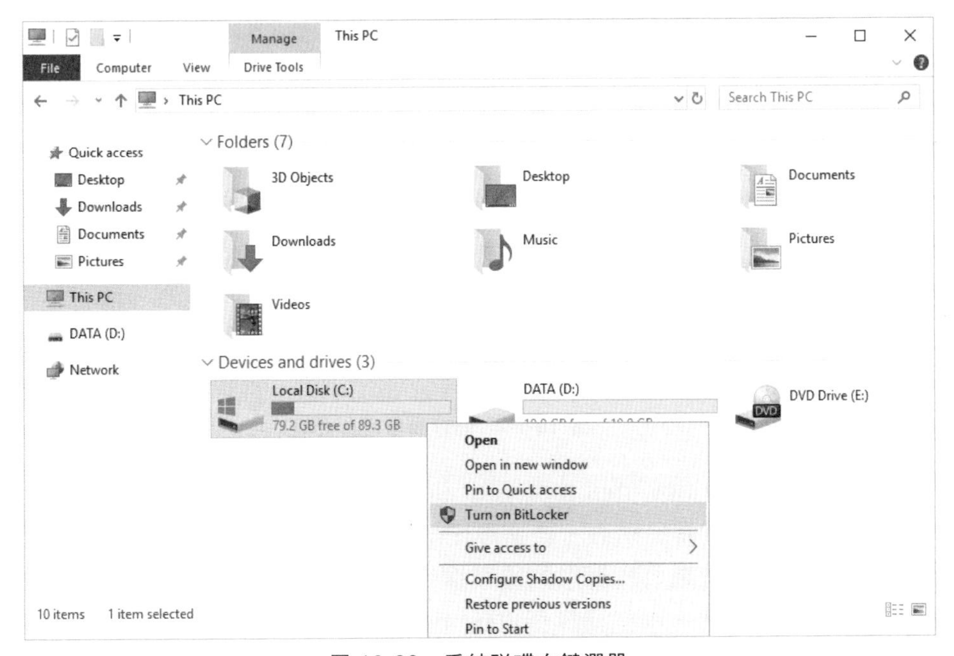

圖 10-23　系統磁碟右鍵選單

接著在如圖 10-24 的[How do you want to back up your recovery key?]頁面之中，建議點選[Save to a file]的選項，來選定要存放備份修復金鑰檔案的位置。必須注意的是不可以選擇準備要使用 BitLocker 加密或是已經加密的磁碟路徑，而是選擇外接的 USB 磁碟機最為理想，並且最好能夠複製此檔案至更多磁碟來妥善保存，因為一旦此電腦發生故障而無法使用時，還是可以透過此修復金鑰檔案的認證，來繼續存取已加密磁碟中的所有資料。點選[Next]。

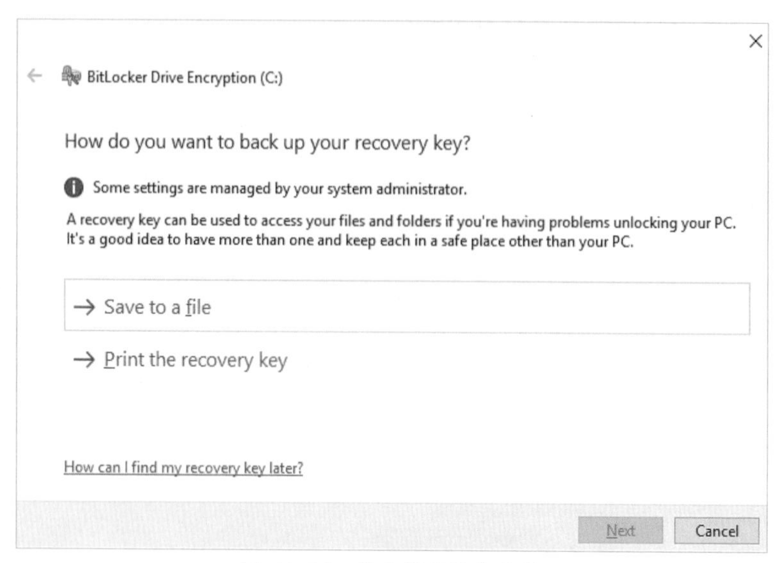

圖 10-24　儲存備份修復金鑰

在[Choose how much of your drive to encrypt]頁面中，如果是針對全新尚未存放檔案的磁碟，請選取[Encrypt used disk space only]，如此系統後續將會自動對於新增的檔案進行加密。相反的如果是針對已經存放許多檔案的磁碟，則是建議選取[Encrypt entire drive]，以確保整個磁碟中的檔案階完整受到加密保護。點選[Next]。

在如圖 10-25 的[Choose which encryption mode to use]的頁面中，如果針對抽取式的 USB 行動磁碟要進行加密，而且這個磁碟機還會繼續在舊版的 Windows 7 或 Windows 8/8.1 作業系統中來存取，則在此就必須選取[Compatible mode]。

若是加密的是本機的固定磁碟，並且也不會將此磁碟移動至舊版的 Windows 中來存取，請選取[New encryption mode]將可以獲得更高的安全性保護。若準備加密的虛擬機器 Guest OS 是 Windows Server 2016 以上版本，強烈建議您選擇[New encryption mode]設定。點選[Next]。

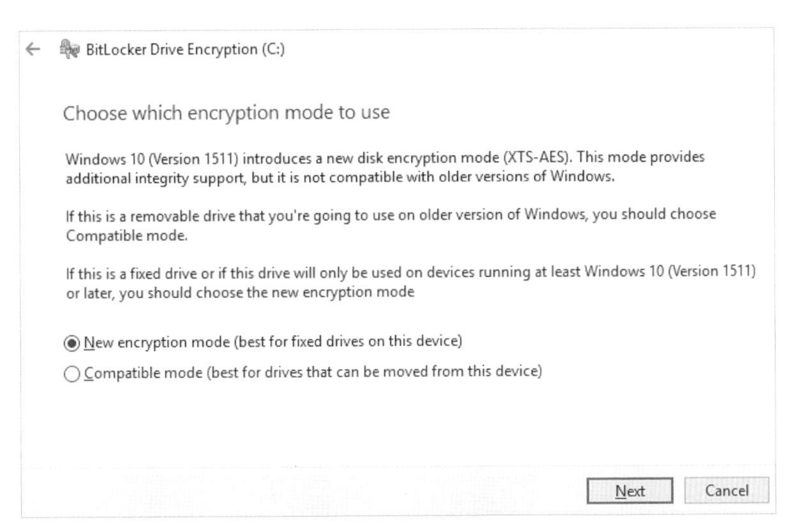

圖 10-25　加密模式選擇

在[Are you ready to encrypt this drive]頁面中，請確認已勾選[Run BitLocker system check]選項，以確保 BitLocker 能夠正確讀取修復和加密金鑰。點選[Start encrypting]按鈕之後，您可能會在 Windows 桌面的右下方，如圖 10-26 看到 "重新啟動電腦之後將會開始加密" 的提示訊息，請在點選此訊息後立即重新啟動電腦。一旦成功完成加密任務之後在桌面的右下方一樣會出現加密完成的訊息。

圖 10-26　BitLocker 加密提示

在完成了選定磁碟的 BitLocker 加密之後，往後如果需要管理 BitLocker 的所有磁碟配置，最快速的方法就是在該磁碟的右鍵選單中來點選[Manage BitLocker]。

在如圖 10-27 的[BitLocker Drive Encryption]管理頁面中，除了可以繼續選擇加密其他磁碟之外，也能夠對於任何已經加密的磁碟執行暫停加密、備份加密金鑰以及關閉 BitLocker 加密功能等操作。如果需要管理有關於 TPM 的配置，可以點選位在頁面左下方的[TPM Administration]超連結。若是一般磁碟與分割區的管理則可以點選[Disk Management]超連結。

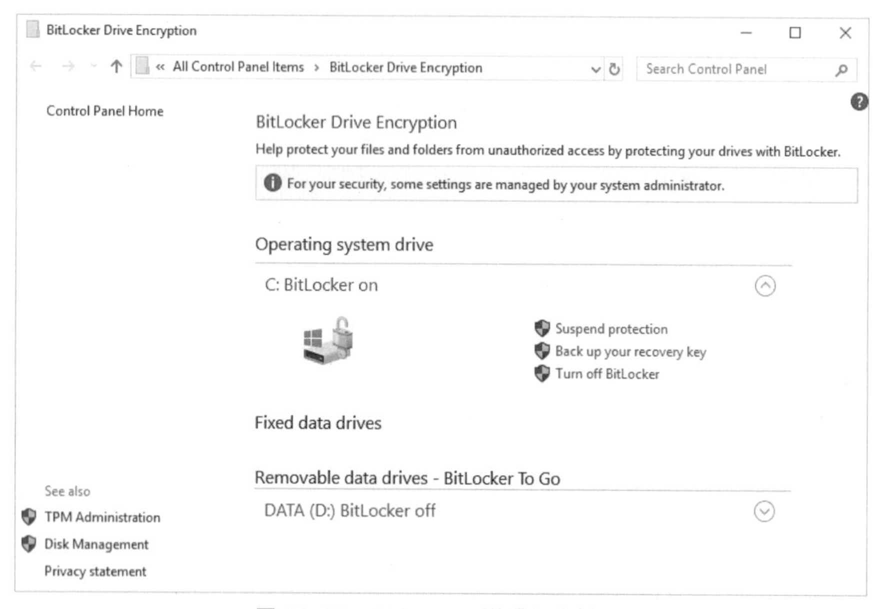

圖 10-27 BitLocker 磁碟加密管理

10.9 無 vTPM 的 BitLocker

針對沒有安裝 vTPM 裝置的虛擬機器而言，是否也能夠在相容的 Windows Guest OS 中來使用 BitLocker 功能呢？答案是可以的，不過 Windows 預設只能夠對於非系統的磁碟(例如：C 磁碟)進行加密，也就是我們用以存放重要檔案資料的磁碟(例如：D 磁碟)，否則您將會在啟動 BitLocker 功能的操作中，出現如圖 10-28 的 "This device can't use a Trusted Platform Module." 的訊息。不過訊息中也同時提示了我們，必須先完成相關 Windows 本機原則的相關設定，才能啟動系統磁碟的 BitLocker 功能。

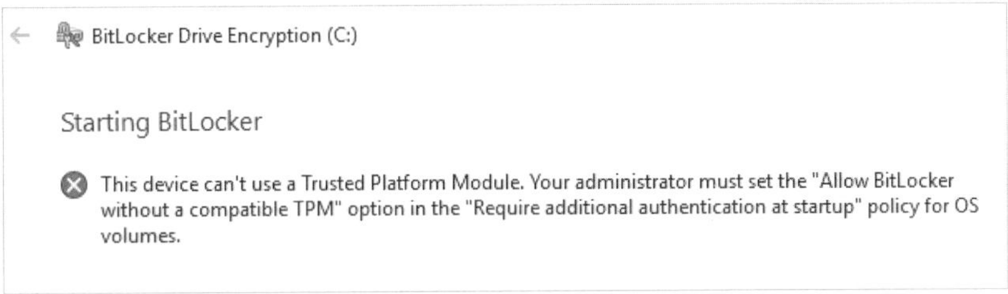

BitLocker Drive Encryption (C:)

Starting BitLocker

This device can't use a Trusted Platform Module. Your administrator must set the "Allow BitLocker without a compatible TPM" option in the "Require additional authentication at startup" policy for OS volumes.

圖 10-28 BitLocker 錯誤訊息

如何設定 BitLocker 的本機原則呢？首先請在[開始]\[執行]欄位中輸入 gpedit.msc 命令，來開啟[本機群組原則編輯器]介面。接著展開至[電腦設定]\[系統管理範本]\[Windows 元件]\[BitLocker 磁碟機加密]\[作業系統磁碟機]節點頁面中，請點選並開啟[啟動時需要其他驗證]的原則設定。

接著在[啟動時需要其他驗證]頁面中，請先勾選[已啟用]再勾選[在不含相容 TPM 的情形下允許使用 BitLocker（需要密碼）]設定。再依序修改[設定 TPM 啟動 PIN]的選項為[允許啟動 PIN 搭配 TPM]、[設定 TPM 啟動金鑰]的選項為[允許啟動金鑰搭配 TPM]、[設定 TPM 啟動金鑰和 PIN]的選項為[允許啟動金鑰和 PIN 搭配 TPM]。點選[確定]。

完成了 BitLocker 的本機群組原則設定之後，便可以立即再次針對系統磁碟執行 BitLocker 的功能。執行後將會先出現[BitLocker 磁碟機加密安裝程式]頁面，請連續點選[下一步]至[選擇啟動時如何解除鎖定磁碟機]的頁面，在此可以選擇系統開機時的解鎖方式。選擇[插入在 USB 快閃磁碟機]肯定是比較理想，但選擇[輸入密碼]的方式會更安全，且 Windows Server 重新啟動的機率也不高。

接下來只要繼續完成剩下的 BitLocker 步驟，便可以成功完成系統磁碟的加密。緊接著您可以在檔案管理介面中，針對已加密的系統磁碟按下滑鼠右鍵，發現多了一個[變更 BitLocker 密碼]選項。

進入到[變更啟動密碼]頁面中，便可以依序輸入舊的 BitLocker 啟動密碼、新的密碼、確認新密碼來完成密碼的異動。密碼的設定建議越複雜越好，不過無論如何得記住它，否則您將無法啟動作業系統，而演變成得依賴備份的修復金鑰來解決。

如圖 10-29 則是 BitLocker 系統開機時的密碼提示，您只要在輸入正確的密碼後按下 Enter 鍵即可啟動作業系統。如果忘記了啟動密碼，那就得按下 Esc 鍵來進行 BitLocker 的修復操作。

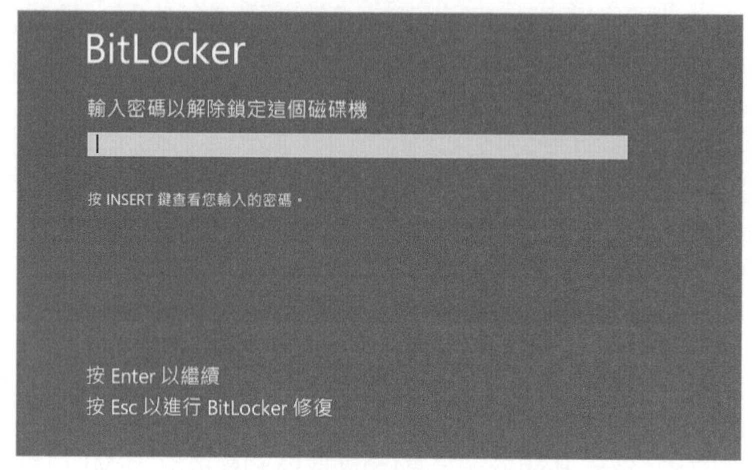

圖 10-29 開機解鎖 BitLocker 要求

如同 TPM 的管理工具一樣，關於 BitLocker 的管理無論是否有結合 TPM 裝置來使用，除了一樣可以透過簡易的 GUI 操作介面之外，對於進階的管理員而言也可以透過 Windows PowerShell 來完成。請參閱表 10-2 說明。若想知道某一個命令的用法與範例，只要執行 Get-Help 命令名稱 -Detailed 即可。

表 10-2 BitLocker 管理命令一覽

命令	說明
Add-BitLockerKeyProtector	針對一個 BitLocker 磁碟區增加一個金鑰保護程式
Backup-BitLockerKeyProtector	針對一個 BitLocker 磁碟區儲存一個金鑰保護程式在 AD DS 之中
Clear-BitLockerAutoUnlock	刪除 BitLocker 自動解鎖金鑰
Disable-BitLocker	針對選定的磁碟區關閉 BitLocker 加密功能
Disable-BitLockerAutoUnlock	針對一個 BitLocker 磁碟區關閉自動解鎖金鑰

命令	說明
Enable-BitLocker	針對選定的磁碟區啟用 BitLocker
Enable-BitLockerAutoUnlock	針對選定的磁碟區啟用 BitLocker 自動解鎖金鑰功能
Get-BitLockerVolume	獲取 BitLocker 磁碟區相關保護資訊
Lock-BitLocker	防止存取已受 BitLocker 保護的磁碟區
Remove-BitLockerKeyProtector	針對選定的 BitLocker 磁碟區刪除金鑰保護程式
Resume-BitLocker	針對選定的 BitLocker 磁碟區恢復加密保護
Suspend-BitLocker	暫停選定的 BitLocker 磁碟區加密保護
Unlock-BitLocker	針對選定的 BitLocker 磁碟區恢復資料存取

本章結語

由於虛擬機器是以檔案的形式存在於主機中來運行，因此在資訊安全的部分，除了必須先做好基本存取權限的控管之外，還必須對於所有存放敏感性資料的虛擬機器，藉由本文所介紹的加密機制來妥善保護，以避免虛擬機器遭竊的資安事件發生，畢竟對於駭客而言竊取虛擬機器可比偷走實體主機來得容易許多。

虛擬機器的加密保護不僅可以防範外部的駭客也可以有效防範內賊，相信只要實體安全與虛擬安全的全面戒備，便可以讓任何有心人士無機可乘。

11

chapter

vSphere 整合 Storage Space 應用管理

在 vSphere 的架構規劃中，用以存放虛擬機器檔案的共用儲存區，並非得採用純硬體配置的品牌設備，而是可以考慮採用 Windows Server 2022 來做為資料存放區，如此一來便可以善用其內建的 Storage Space 功能，讓即便是入門型的伺服器主機，都可以享有 RAID 的容錯保護機制。當此伺服器想要同時做為一般檔案伺服器，來提供用戶端存取使用時，將可以藉由 Storage Tiers 的功能讓檔案的存取更快更有效率。

11.1 簡介

在 vSphere 的叢集架構部署之中，IT 部門通常都會選購一台大品牌的共用儲存設備，來做為所有叢集主機共用連接的儲存區，甚至於還會搭載光纖通道(Fibre Channel)的網卡與網路設備，以便可以高效率的運行 HA(High Availability)熱備援功能。然而像這樣高貴也很貴的架構，絕非是一般中小企業的有限預算所能夠負擔的起，身為 IT 專業人士的您或許應該要有另類的架構思維。

其實想要準備一台供 vSphere 叢集專用的儲存設備，對於中小型企業的 IT 環境而言，只要準備一台入門款且支援 1Gigabit 網路以上的伺服器主機，也不需要額外採購那昂貴的磁碟陣列卡(RAID Card)，只要搭載 Windows Server 2022 標準版作業系統的 Storage Space 功能，即可滿足高效能運行與磁碟容錯的需求。如此規劃不僅成本低廉且易於維護與管理。

Windows Server 2022 所內建的 Storage Space，不需要運行於 Active Directory 的網域之中，只要在獨立伺服器的運行中就可透過儲存層(Storage Tiers)的技術，讓本機中的 SSD 與 HDD 所形成的儲存空間，自動將不常使用的資料(Clod Data)存放在 HDD 空間，而將經常性讀寫的資料(Hot Data)，存放在 SDD 空間，如此可大幅度改善整個伺服器中的檔案存取效能。此外它還能夠配置以軟體定義儲存(SDS)技術為基礎的容錯技術，例如設定鏡像或同位的復原機制，來確保單一磁碟故障時的熱備援機制。

關於 Storage Space 的架構方式，主要可以讓您在一台獨立的伺服器之中，選擇建立一個或多個儲存池(Storage pools)，每一個儲存池即是實體磁碟的集合，因此可隨時彈性擴充其容量。接著在選定的儲存池之中便可以同樣建立一個或多個虛擬磁碟(Virtual Disk)，而這裡的每一個虛擬磁碟皆是一個儲存空間(Storage Space)。最後在每一個儲存空間之中，就可以開始建立一個或多個磁碟區，每一個磁碟可以設定自己的磁碟機代號、標籤、檔案系統類型、空間大小等等。

針對 Storage Space 的建立與管理，皆可以透過圖形操作介面的伺服器管理員，或 Windows PowerShell 的 Cmdlet 來完成。接下來就讓筆者以實戰的講解方式，帶領讀者們一氣呵成完成 Storage Space 功能的安裝配置、iSCSI Target 的建立、vSphere ESXi 主機的連接配置。

11.2 儲存池的準備

還記得筆者在前面的介紹曾提及建立 Storage Space 的第一步，必須先建立好儲存池，而儲存池的建立必須預先準備好多顆尚未使用的磁碟，這一些磁碟可以是 HDD 與 SSD 的混合。不過當準備好這一些磁碟之後，最好能夠先藉由執行 PowerShell 的 Get-Physicaldisk ｜ FL 命令參數，來診斷這一些磁碟是否皆能夠用來作為儲存池的磁碟。

如圖 11-1 所示在此範例之中可以發現目前所檢視的這一顆磁碟，並不符合儲存池的規格要求，因此在 CanPool 欄位中顯示了 False，而在 CannotPoolReason 欄位中則顯示了無法作為儲存池的原因是 "Insufficient Capacity"，也就是磁碟空間不足，然而之所以顯示磁碟空間不足的主要原因，通常就是該磁碟並非一顆全新未使用的磁碟。此外建議您順便把每一顆可用磁碟的 UniqueId 欄位值記錄下來，因為後續的操作步驟將會使用到它，來做為執行更新設定的條件判斷。

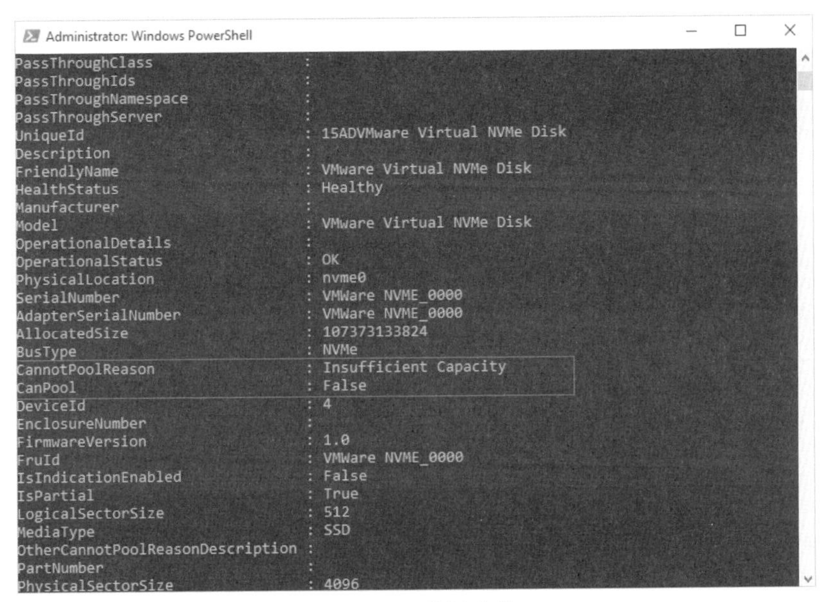

圖 11-1　診斷磁碟

接下來筆者就以在虛擬機器實驗室環境之中，所準備好的三顆 HDD 與一顆 SSD 磁碟為例，來準備開始建立第一個儲存池，但由於是以虛擬機器環境所安裝的 Windows Server 2022 Guest OS，因此還必須先完成一些前置的準備工作。

首先請在 PowerShell 命令視窗之中，透過執行以下命令參數來查看目前的磁碟清單。在如圖 11-2 所示的範例中，可以發現目前用來作為系統磁碟的 CanPool 欄位是呈現為 False，其他四顆磁碟雖然是呈現為 True，但若要用來做為儲存池的磁碟用途，還必須修改一下磁碟的類型(MediaType)後才能夠正確使用。

```
Get-Physicaldisk | Sort-Object Size | FT FriendlyName,SerialNumber,
Mediatype,Size,CanPool,DeviceId,UniqueId
```

緊接著筆者透過以下命令參數的執行，完成所有磁碟類型(MediaType)以及易記名稱(NewFriendlyName)的修改，其中 UniqueId 便是每一顆磁碟的唯一識別碼。

```
Set-PhysicalDisk -UniqueId "5000C28995EDD6C7" -NewFriendlyName
"HDD-Disk1" -MediaType HDD
Set-PhysicalDisk -UniqueId "5000C209277EEE5A" -NewFriendlyName
"HDD-Disk2" -MediaType HDD
Set-PhysicalDisk -UniqueId "5000C209A0EDF1A3" -NewFriendlyName
"HDD-Disk3" -MediaType HDD
Set-PhysicalDisk -UniqueId "5000C259EEC0B99A" -NewFriendlyName
"SSD-Disk1" -MediaType SSD
```

最後在完成所有磁碟的配置修改之後，請再一次執行以下命令參數，即可確認所有磁碟配置的修改結果是否成功。有沒有發現目前無論是磁碟類型還是識別名稱，皆已按照我們前面步驟的修改完成了設定。

```
Get-Physicaldisk | Sort-Object Size | FT FriendlyName,SerialNumber,
Mediatype,Size,CanPool,DeviceId,UniqueId
```

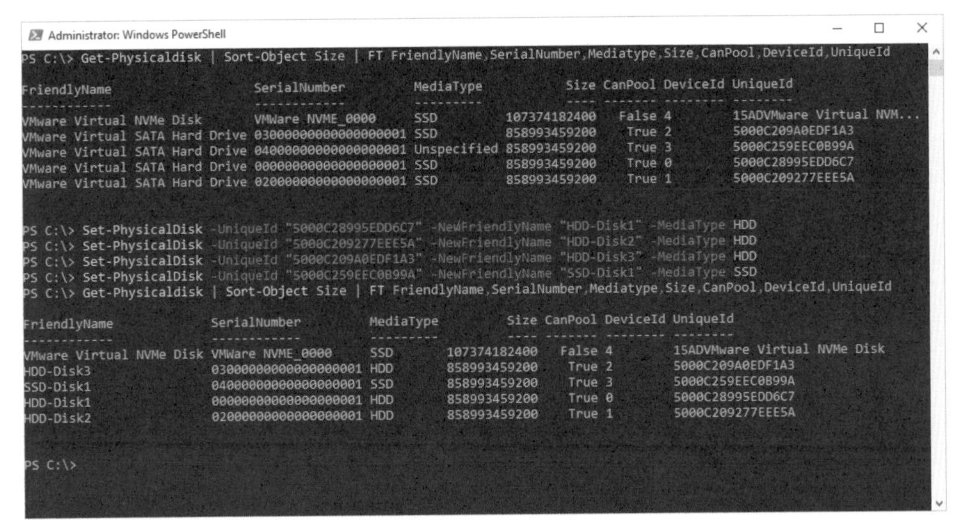

圖 11-2 儲存池磁碟前置設定

11.3 開始建立儲存池

完成了磁碟的準備之後，接下來我們就可以開始來建立第一個儲存池了。請開啟 Windows Server 2022 的伺服器管理員(Server Manager)介面，然後開啟至[File and Storage Services]\[Volumes]\[Storage Pools]頁面。在[PHYSICAL DISKS]區域中可以查看到目前所有已準備好的磁碟，也就是同樣大小的三顆 HDD 與一顆 SSD 磁碟。確認無誤之後請如圖 11-3 所示在選定的主機選項上，按下滑鼠右鍵並點選[New Storage Pool]繼續。

小提示 您無法使用儲存池空間來運行 Windows 作業系統，只能夠使用它來存放檔案。

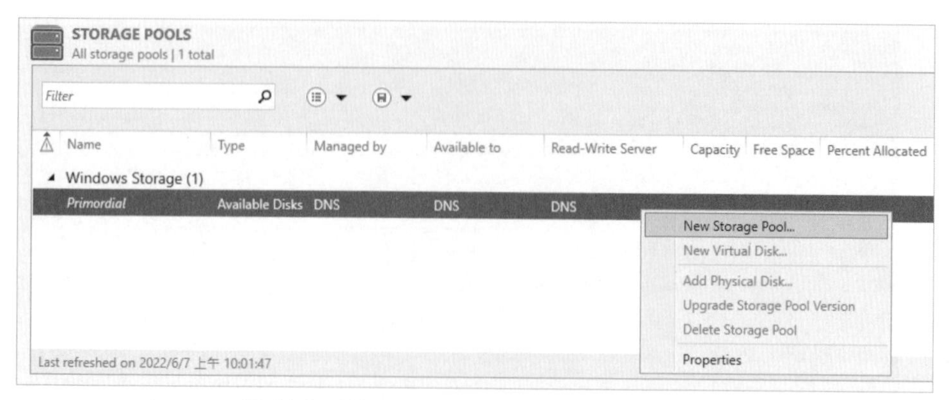

圖 11-3　Windows Server 2022 儲存池管理

在[Storage Pool Name]頁面中，可以設定新的儲存池名稱、描述以及選定伺服器。點選[Next]。在如圖 11-4 所示的[Physical Disks]頁面中，除了可以勾選要加入至儲存池的磁碟之外，還可以設定每一顆磁碟的用途分配，依序分別有自動(Automatic)、熱備援(Hot Spare)、手動(Manual)，例如您可以選擇其中一顆磁碟來做為熱備援的用途。點選[Next]。

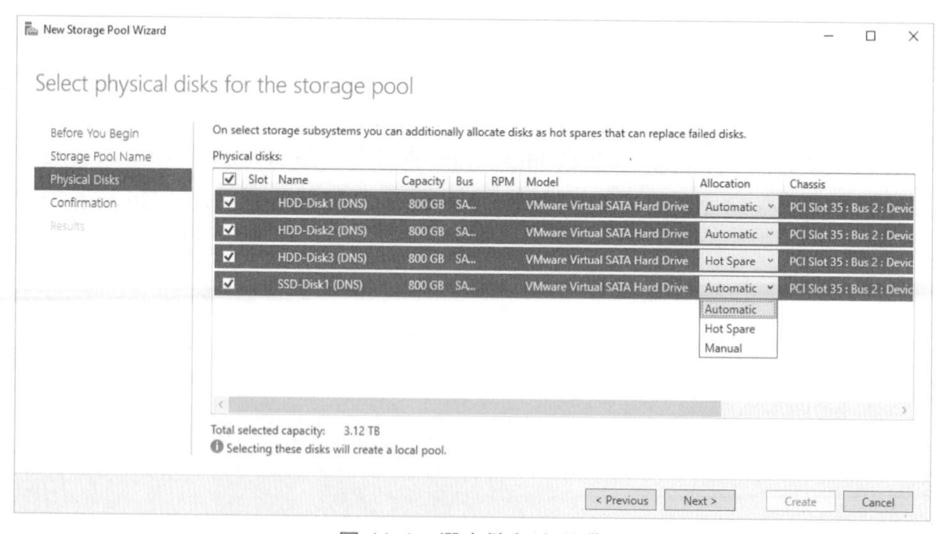

圖 11-4　選定儲存池磁碟

最後在[Confirmation]的頁面中確認上述步驟設定皆無誤之後，就可以點選[Create]完成儲存池的建立。在[Results]的結果頁面中，若勾選了[Create a virtual disk when this wizard closes]設定，便可以在點選[Close]按鈕之後，緊接著自動開啟虛擬磁碟的新增設定頁面，不過在此我們先回到如圖 11-5 的[Storage Pools]管理頁面，從[PHYSICAL DISKS]區域之中可以發現筆者已成功將二顆 HDD 與一顆 SSD 配置為 Automatic 用途，而將一顆 HDD 配置為 Hot Spare 用途。

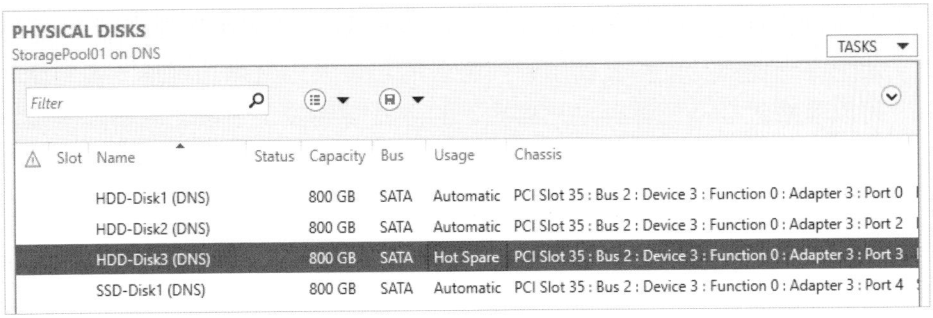

PHYSICAL DISKS
StoragePool01 on DNS
TASKS

Filter

Slot	Name	Status	Capacity	Bus	Usage	Chassis
	HDD-Disk1 (DNS)		800 GB	SATA	Automatic	PCI Slot 35 : Bus 2 : Device 3 : Function 0 : Adapter 3 : Port 0
	HDD-Disk2 (DNS)		800 GB	SATA	Automatic	PCI Slot 35 : Bus 2 : Device 3 : Function 0 : Adapter 3 : Port 2
	HDD-Disk3 (DNS)		800 GB	SATA	Hot Spare	PCI Slot 35 : Bus 2 : Device 3 : Function 0 : Adapter 3 : Port 3
	SSD-Disk1 (DNS)		800 GB	SATA	Automatic	PCI Slot 35 : Bus 2 : Device 3 : Function 0 : Adapter 3 : Port 4

圖 11-5 完成儲存池的建立

如果想要透過 Windows PowerShell 來建立儲存池，可以參考以下的命令參數。執行後會自動將所有目前可用的磁碟，也就是將 CanPool 欄位值等於 Ture 的磁碟，全部配置在名為 StoragePool01 的新儲存池之中。

```
New-StoragePool -FriendlyName StoragePool01 -
StorageSubsystemFriendlyName "Windows Storage*" -PhysicalDisks
(Get-PhysicalDisk -CanPool $True)
```

11.4 新增虛擬磁碟

完成了儲存池的建立之後，便可以在[PHYSICAL DISKS]區域之中看見所有磁碟的容量大小、匯流排、用途等配置。確認配置無誤之後請在[VIRTAUL DISKS]區域中，如圖 11-6 點選位在[TASKS]選單中的[New Virtual Disk]繼續。

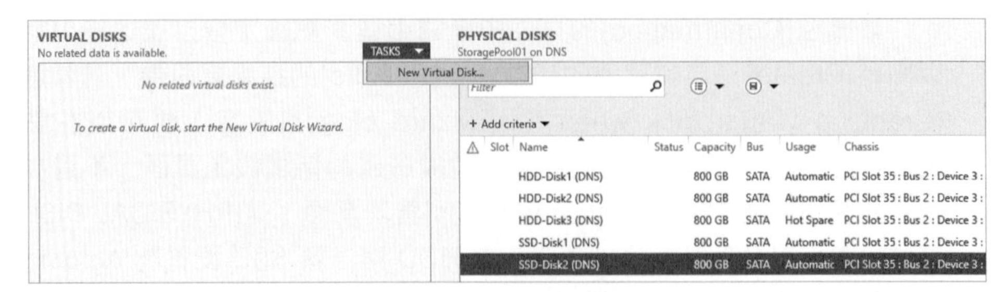

圖 11-6　虛擬磁碟管理

首先在[Select the storage pool]頁面之中，可以選擇目標的儲存池，每一個儲存池都會顯示它們各自的容量大小與剩餘容量，換句話說您可以陸續建立多個儲存池來對應新的虛擬磁碟設定，以因應不同的需求用途或不同的用戶。點選[OK]。

緊接著來到如圖 11-7 的[Virtual Disk Name]頁面中，請先輸入新虛擬磁碟的名稱與描述，再決定是否要勾選[Create storage tiers on this virtual disk]設定，此功能便是前面介紹中所提到的儲存層設定，一旦啟用之後系統便會在往後的運行之中，自動將經常被存取的檔案自動置放在高速的 SSD 儲存區之中，而將相對較少被存取的檔案置放在一般的 HDD 儲存區之中。必須注意的是一旦完成虛擬磁碟的建立之後，您將無法移除已啟用的儲存層功能。點選[Next]。

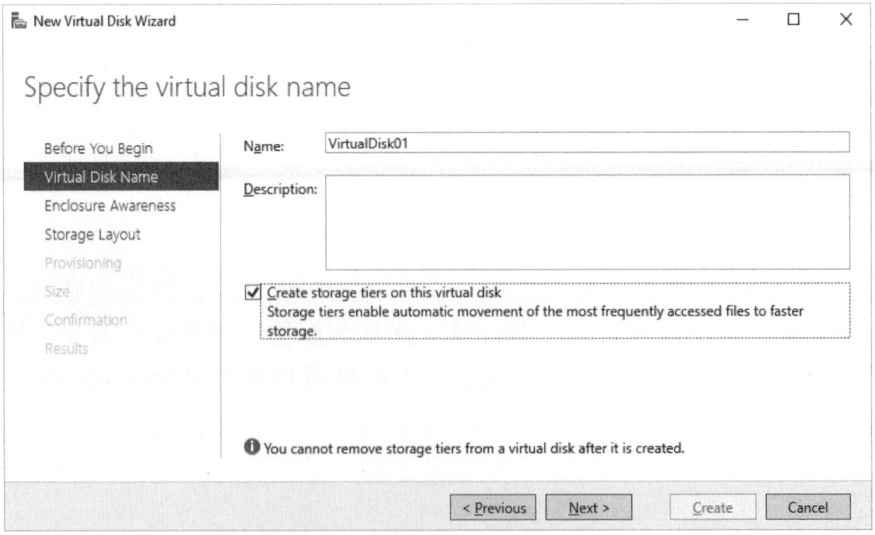

圖 11-7　新增虛擬磁碟設定

接下來在[Enclosure Awareness]頁面中，若勾選[Enable enclosure awareness]設定，將可以進一步協助我們自動以副本檔案的方式，儲存在分開的 JBOD 外接儲存裝置之中，以便確保萬一發生了整個 enclosure 失敗時，仍然保有重要的副本檔案。點選[Next]。

在如圖 11-8 的[Storage Layout]頁面中，為了避免單一顆磁碟失敗的風險問題，您可以挑選磁碟容錯的備援方法，在這個範例中可以查看到除了無容錯機制的 Simple(簡單)選項之外，目前僅有 Mirror(鏡像)選項可以選擇。若儲存池中有五個以上的可用磁碟，那麼在下一步的頁面之中，將可以進一步選擇雙向鏡像或三向鏡像功能。

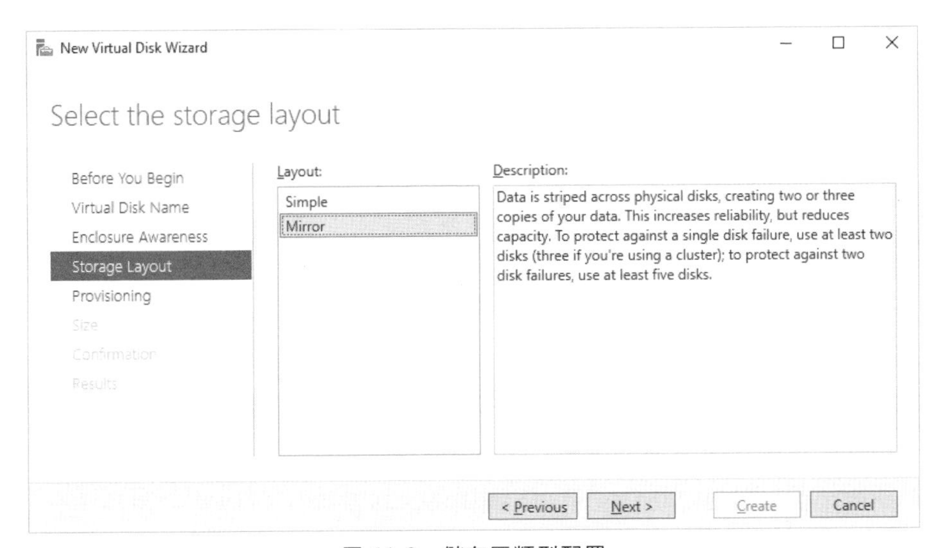

圖 11-8　儲存區類型配置

另外當儲存池中的實體磁碟數量夠多時，將可以進一步看見如圖 11-9 的 Parity 選項。此選項至少需要三顆磁碟的配置，才能避免單一顆磁碟故障的問題，其容錯的運行方式就如同 RAID 5。若想要防範同時兩顆磁碟故障的風險問題，則需要至少七顆磁碟的 Parity 架構才可以達成。點選[Next]。

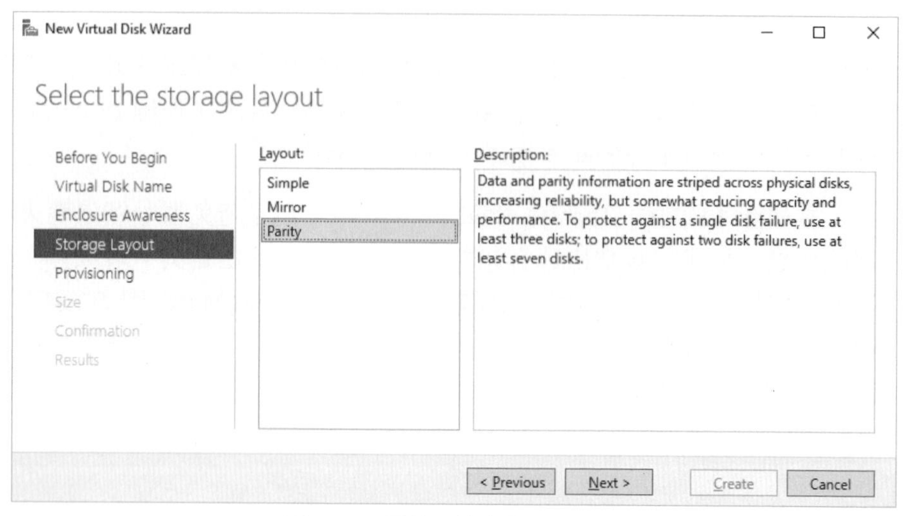

圖 11-9 同位元檢查的配置選項

在[Provisioning]頁面中可以設定虛擬磁碟的類型，分別有[Thin]與[Fixed]兩種類型可以選擇，前者會隨著檔案與資料量的成長而自動增長虛擬磁碟的大小，後者則是直接使用固定大小來建立虛擬磁碟。由於固定式的磁碟大小配置，已不再需要經常性的計算磁碟擴增空間，因此 I/O 的運行效能肯定更好，相當適合用來存放虛擬機器檔案或資料庫檔案。

必須注意的是，若您在前面的步驟之中有勾選使用儲存層的功能，那麼在此頁面之中僅能選擇[Fixed]類型。點選[Next]。另外若有啟用儲存層功能的設定，則在如圖 11-10 的[Size]頁面中，可以進一步設定快速層(Faster Tier)與標準層(Standard Tier)的空間的大小，當然您也可以直接選取使用最大可用空間(Maximum size)。在整個儲存層開始讀寫運行的過程之中，系統可能自動善用一小部分的空間來做為資料回寫的快取用途，以加速整體運行的速度。點選[Next]。

在如圖 11-11 的[Results]頁面中，可以查看到所有建立虛擬磁碟的步驟是否已經完成。確認皆完成之後，可以勾選[Create a volume when this wizard closes]設定，以便在點選[Close]按鈕之後自動開啟建立磁碟區的精靈介面，當然您也可以選擇在後續自行從儲存池管理介面中來手動開啟。

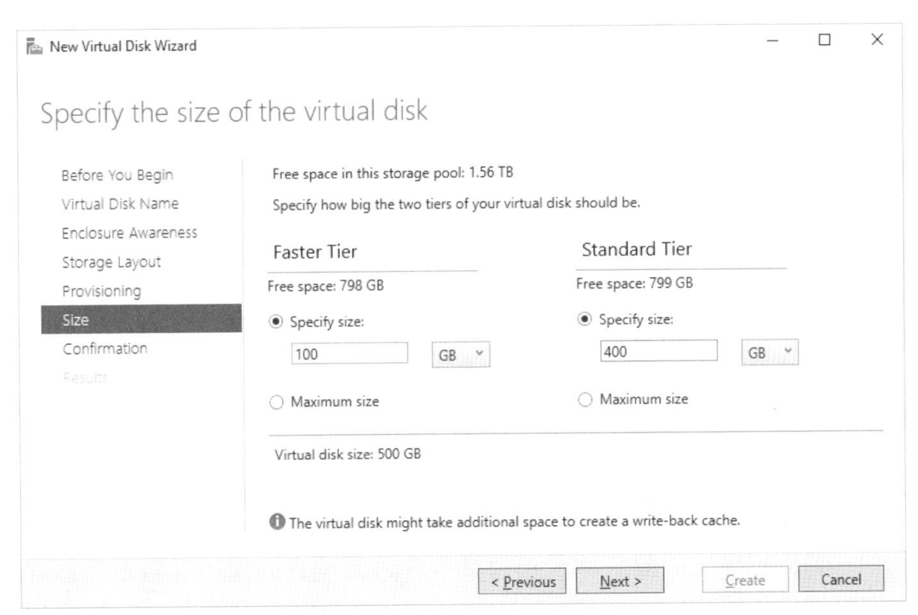

圖 11-10 虛擬磁碟大小配置

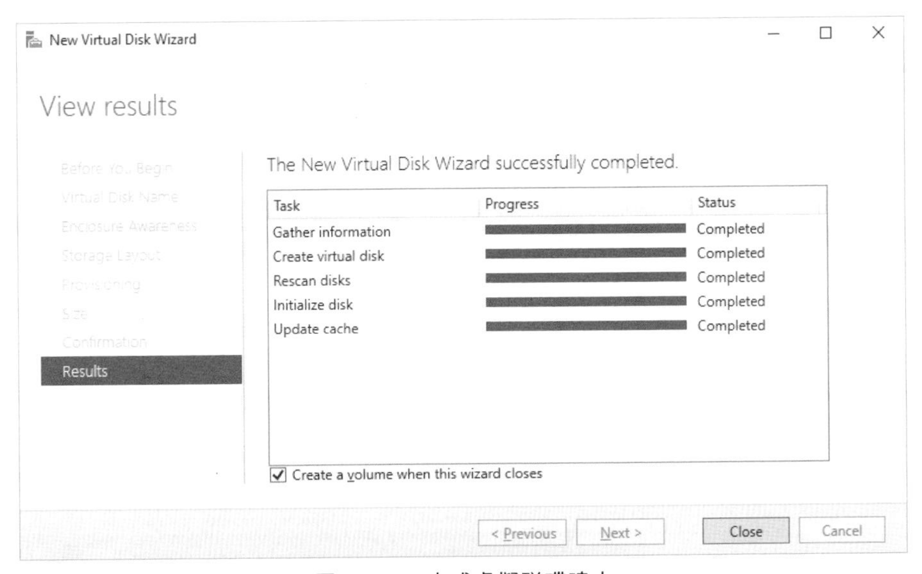

圖 11-11 完成虛擬磁碟建立

如果想要透過 Windows PowerShell 來建立虛擬磁碟，可以參考以下的命令參數。執行後會自動將所有目前的可用空間，完成配置在名為 VirtualDisk01 的虛擬磁碟之中，並且選擇採用 Mirror 的復原機制。如果想設定使用指定的儲存空間大小，可以將 UseMaximumSize 參數改成 Size，例如您可以輸入-Size 50GB。

```
New-VirtualDisk -StoragePoolFriendlyName StoragePool01 -FriendlyName
VirtualDisk01 -ResiliencySettingName Mirror -UseMaximumSize
```

11.5 建立資料磁碟

完成了儲存池中虛擬磁碟的建立之後，接下來就可以繼續來完成最後步驟，那就是建立用以存放檔案資料使用的磁碟，而這一些檔案可能是 vSphere 虛擬機器檔案、一般文件、資料庫檔案等等，無論如何皆適用於任何檔案資料的儲存需求。

關於磁碟區的建立除了可以從儲存池管理介面中，針對選定的虛擬磁碟來開啟如圖 11-12 的[New Volume Wizard]設定頁面之外，也可以從磁碟管理員或 Windows Admin Center 網站來完成同樣的操作設定。在開啟新磁碟區精靈介面之後，首先必在[Server and Disk]頁面之中，選定儲存池的伺服器以及所要使用的虛擬磁碟，如果發現剛新增的虛擬磁碟尚未出現在清單之中，可以嘗試點選[Rescan]按鈕。點選[Next]。

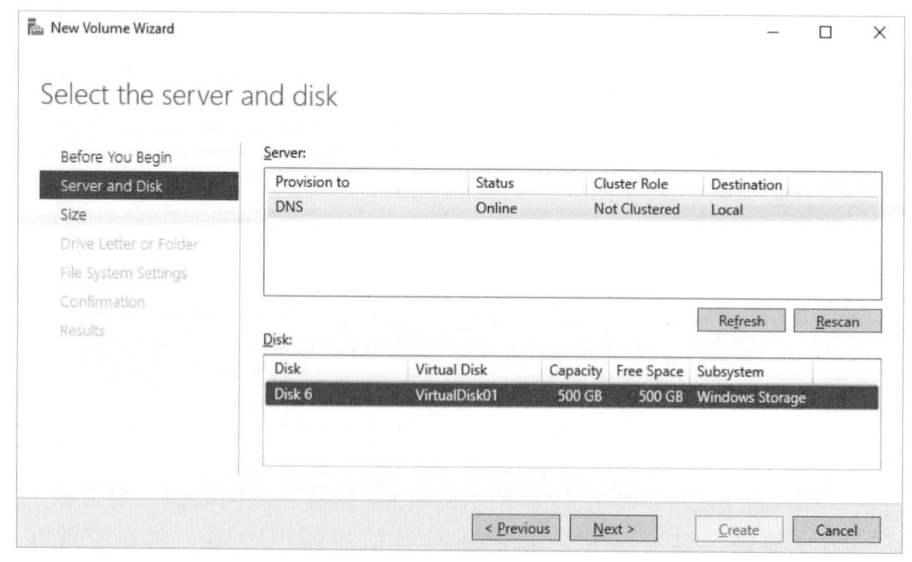

圖 11-12 新增資料磁碟設定

在如圖 11-13 的[Size]頁面中您會發現無法修改資料磁碟的大小設定，這是因為我們所使用的虛擬磁碟已啟用了儲存層功能，換句話說如果在一開始設定中不使用儲存層功能，而僅是使用磁碟容錯的功能，那麼在此便可以隨意變更所要使用的空間大小。點選[Next]。

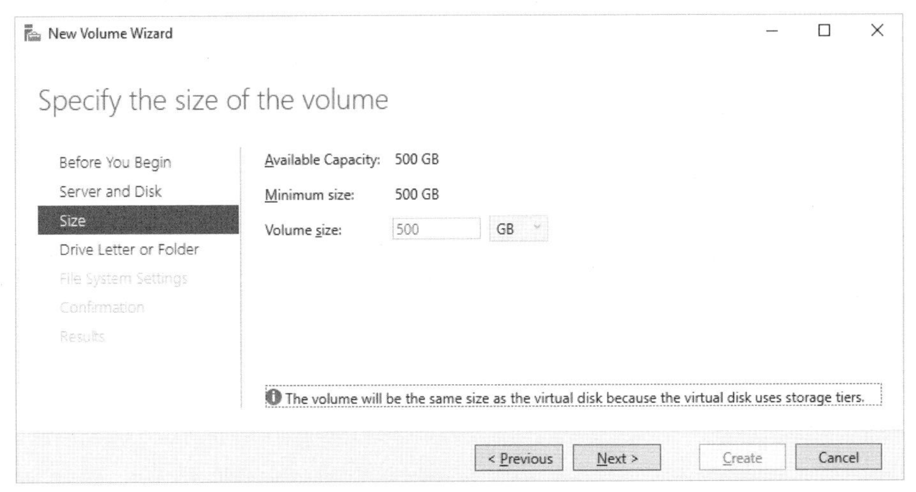

圖 11-13 資料磁碟大小設定

在[Drive Letter or Folder]頁面中，可以進一步選擇新磁碟區的代號，當然您也可以選擇使用一個現存的資料夾來對應到此磁碟區。點選[Next]。在如圖 11-14 的[File System Settings]頁面中，請設定此磁碟區所要使用的檔案系統以及標籤名稱，其中 NTFS 的檔案系統可以適用於所有的使用需求，但如果希望能夠獲得更好的存取效能，可以考慮使用 ReFS 檔案系統，至於[Generate short file name]的設定請勿勾選。點選[Next]。

最後在[Confirmation]頁面中確認上述設定皆無誤之後，點選[Create]按鈕即可完成新磁碟區的新增。針對磁碟區的基本管理，目前除了可以透過視窗介面的伺服器管理員或磁碟管理員之外，若您有另外安裝 Windows Admin Center 的網站程式，則可以在登入之後如圖 11-15 開啟至[Storage]節點頁面，來進行包括磁碟區的新增、初始化磁碟、建立虛擬磁碟、附加虛擬磁碟、卸載虛擬磁碟等操作。至於針對所選定的虛擬磁碟是否為 Storage Space 所使用，在[Properties]的子頁面中來查看即可。

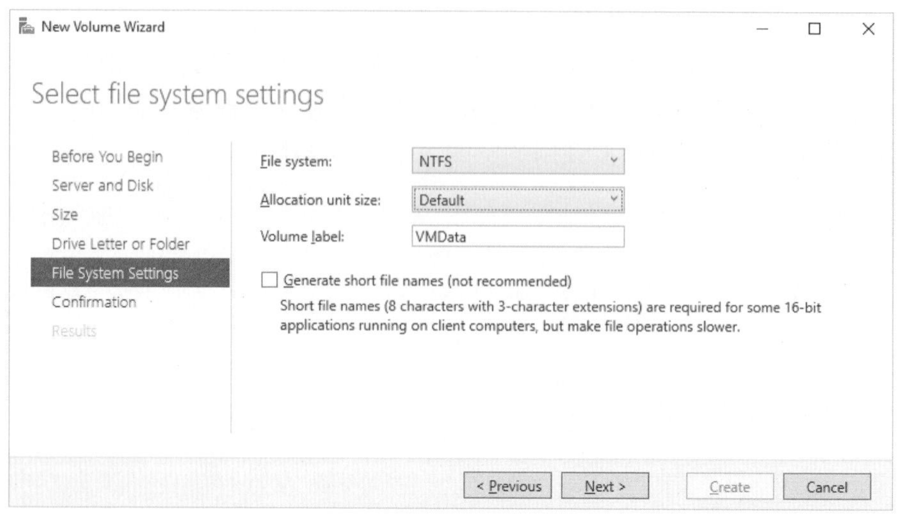

圖 11-14 檔案系統設定

Disks Volumes

+ Create volume　Initialize disk　+ Create VHD　Attach VHD　Detach VHD　…

Number ↑	Name	Health	Status
Disk 4	VMware Virtual NVMe Disk	Healthy	Online
Disk 6	VirtualDisk01	Healthy	Online

Details - Disk 6

Volumes　Properties

Friendly name	Capacity	Boot from disk
VirtualDisk01	500 GB	No
Bootable	**Clustered**	**Highly available**
No	No	No
Read-only	**Scale-out**	**System disk**
No	No	No
Model	**Partitions**	**Offline reason**
Storage Space	2	-

圖 11-15 Windows Admin Center 儲存管理

關於 Windows Admin Center 網站的使用，對於一些不熟悉 Windows Server 2016 之後版本的 IT 人員來說可能是相當陌生，實際上它是一個相當實用的 Windows 管理工具，尤其是在一個以 Active Directory 為基礎的運行環境之中，它能夠方便網域管理人員進行多台

Windows 主機的切換管理，儘管現在還無法達到像伺服器管理員視窗介面的完整功能，例如建立與配置 Storage Space 或 iSCSI Target 的功能，但對於一些系統常用的基本功能管理已相當足夠。

您可以透過以下官方網址進行免費下載。如圖 11-16 便是它的安裝設定介面，請務必將[允許 Windows Admin Center 修改此電腦的授信任主機設定]勾選，點選[下一步]。最後請決定此網站要使用的連接埠以及 SSL 憑證，在此建議選擇使用系統所產生的自我簽署憑證即可。點選[安裝]。

- Windows Admin Center 官方下載網址：
  https://www.microsoft.com/en-us/windows-server/windows-admin-center

圖 11-16　Windows Admin Center 安裝設定

小祕訣 未來存放在 Windows Server 2022 儲存池的 vSphere 虛擬機器要如何備份呢？很簡單，只要透過 Windows Server Backup 功能來備份整個虛擬磁碟，即可完成所有虛擬機器的備份。

11.6 擴增儲存池空間

當發現提供給 vSphere 虛擬機器使用的儲存池空間即將滿載時怎麼辦？其實解決方法很簡單！只要兩個步驟即可完成擴充儲存池的任務。在此筆者以新增 SSD 磁碟為例，只要在完成磁碟的安裝之後，先如圖

11-17 透過以下命令來查詢新磁碟是否已經就緒，也就是 CanPool 欄位值必須等於 True，然後再將選定的新磁碟完成更名。完成更名之後再執行一次查詢，來確認更名結果是否成功。在此範例中可以發現筆者已成功修改了 SSD-Disk2 磁碟的識別名稱。

```
Get-Physicaldisk | Sort-Object Size | FT FriendlyName,SerialNumber,
Mediatype,Size,CanPool,DeviceId,UniqueId
Set-PhysicalDisk -UniqueId "5000C259FAF747B6" -NewFriendlyName
"SSD-Disk2"
Get-Physicaldisk | Sort-Object Size | FT FriendlyName,SerialNumber,
Mediatype,Size,CanPool,DeviceId,UniqueId
```

```
Select Administrator: Windows PowerShell
PS C:\> Get-Physicaldisk | Sort-Object Size | FT FriendlyName,SerialNumber,Mediatype,Size,CanPool,DeviceId,UniqueId

FriendlyName                 SerialNumber         MediaType         Size CanPool DeviceId UniqueId
------------                 ------------         ---------         ---- ------- -------- --------
VMware Virtual NVMe Disk     VMWare NVME_0000     SSD       107374182400   False 4        15ADVMware Virtual NVMe ...
HDD-Disk3                    0300000000000000001 HDD       858993459200   False 2        5000C209A0EDF1A3
SSD-Disk1                    0400000000000000001 SSD       858993459200   False 3        5000C259EEC0B99A
VMware Virtual SATA Hard Drive 0500000000000000001 SSD     858993459200    True 5        5000C259FAF747B6
HDD-Disk1                    0000000000000000001 HDD       858993459200   False 0        5000C28995EDD6C7
HDD-Disk2                    0200000000000000001 HDD       858993459200   False 1        5000C209277EEE5A


PS C:\> Set-PhysicalDisk -UniqueId "5000C259FAF747B6" -NewFriendlyName "SSD-Disk2"
PS C:\> Get-Physicaldisk | Sort-Object Size | FT FriendlyName,SerialNumber,Mediatype,Size,CanPool,DeviceId,UniqueId

FriendlyName             SerialNumber         MediaType         Size CanPool DeviceId UniqueId
------------             ------------         ---------         ---- ------- -------- --------
VMware Virtual NVMe Disk VMWare NVME_0000     SSD       107374182400   False 4        15ADVMware Virtual NVMe Disk
HDD-Disk3                0300000000000000001 HDD       858993459200   False 2        5000C209A0EDF1A3
SSD-Disk1                0400000000000000001 SSD       858993459200   False 3        5000C259EEC0B99A
SSD-Disk2                0500000000000000001 SSD       858993459200    True 5        5000C259FAF747B6
HDD-Disk1                0000000000000000001 HDD       858993459200   False 0        5000C28995EDD6C7
HDD-Disk2                0200000000000000001 HDD       858993459200   False 1        5000C209277EEE5A
```

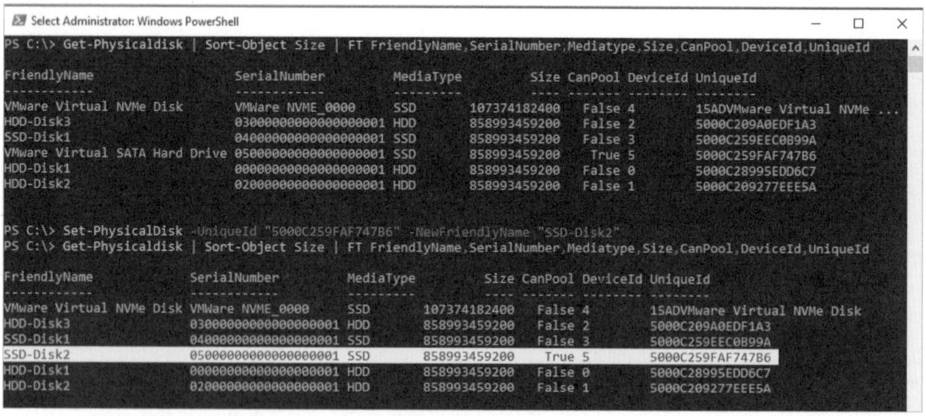

圖 11-17　新磁碟設定

確認新磁碟更名成功之後，請回到伺服器管理員的儲存池頁面之中，來開啟如圖 11-18 的[Add Physical Disk]設定頁面。在此將可以選定剛剛所準備好的新磁碟，並設定好磁碟角色的類型要使用自動、熱備援還是手動配置即可。點選[OK]。

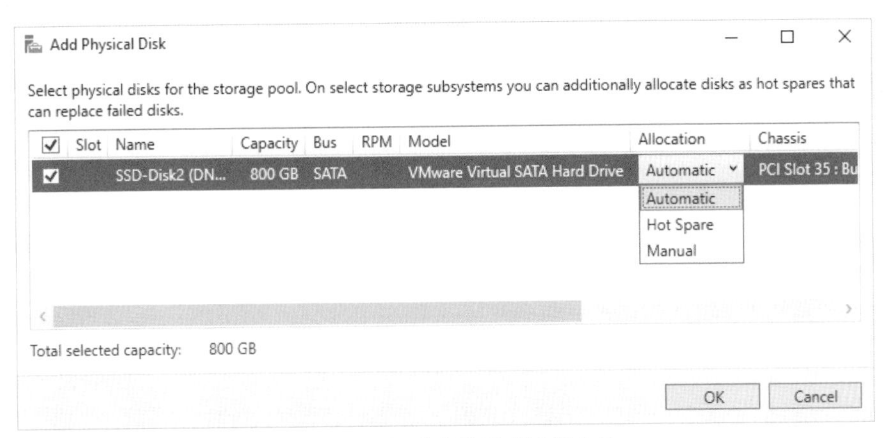

圖 11-18　新增實體磁碟至儲存池

11.7 建立 iSCSI 遠端儲存區

在確認已準備好了 Storage Space 的磁碟區之後，接下來就可以準備來建立 iSCSI Target 的儲存區在這個磁碟之中，以便可以讓後續的 vSphere ESXi 主機進行連接與存取，並且進一步啟用 HA 與 DRS 等高可用性功能。

首先請在 Windows Server 2022 伺服器管理員介面中開啟[Add Roles and Features Wizard]，然後在如圖 11-19 的[Server Roles]頁面中，展開至[File and Storage Services]\[File and iSCSI Services]功能選項，並將[iSCSI Target Server]功能勾選。點選[Next]完成安裝即可。

小祕訣　覺得使用伺服器管理員的操作介面，來新增 iSCSI Target 伺服器角色太麻煩嗎？您可以改試試執行 PowerShell 的 Install-WindowsFeature FS-iSCSITarget-Server -IncludeManagementTools 命令參數。

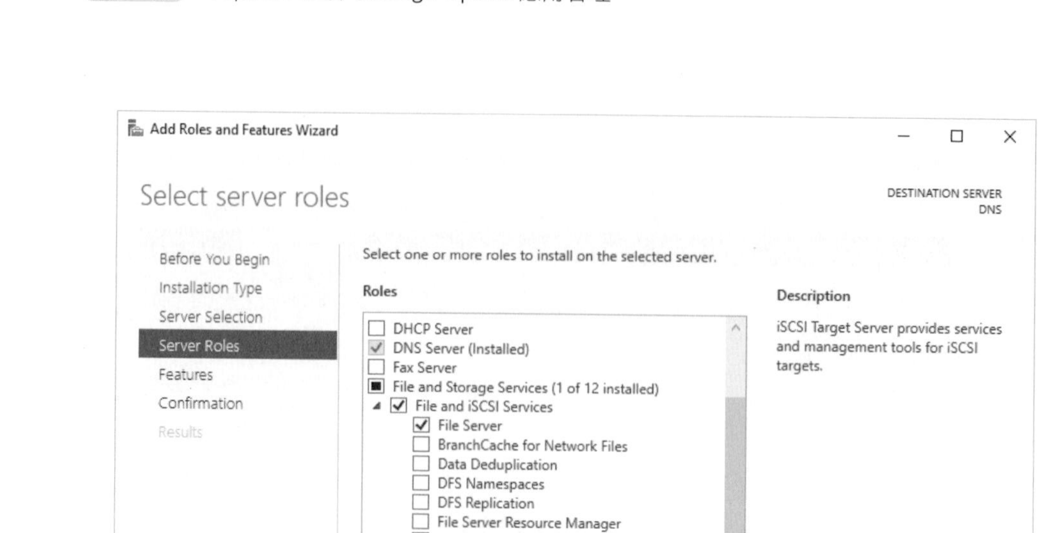

圖 11-19　伺服器角色管理

完成 iSCSI Target Server 的安裝之後，請在伺服器管理員介面之中點選至[File and Storage Services]\[iSCSI]頁面，再到如圖 11-20 的[iSCSI VIRTUAL DISKS]區域中，點選位在[TASKS]選單中的[New iSCSI Virtual Disk]繼續。

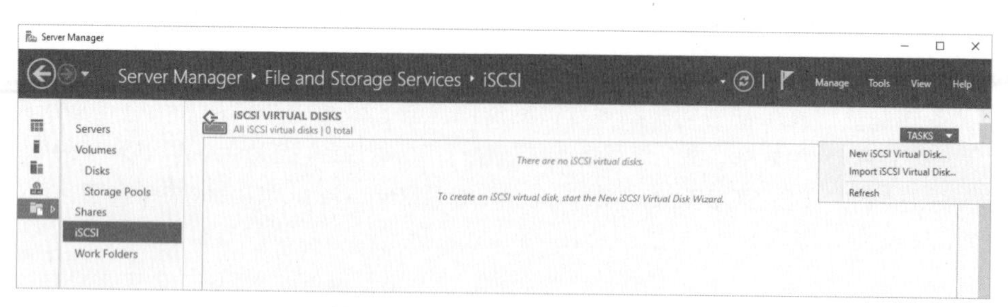

圖 11-20　iSCSI 虛擬磁碟管理

在[iSCSI Virtual Disk Location]的頁面中，請直接選擇前面所建立的儲存池磁碟代號或是輸入自訂的存放路徑。指定的磁碟若非儲存池，那麼最好也是已具備容錯設計，如果能夠在叢集熱備援的架構下運作更是理想。點選[Next]。在如圖 11-21 的[iSCSI Virtual Disk Name]的頁面中，請輸入新虛擬磁碟名稱以及描述，資料夾名稱則由系統預設產生。點選[Next]。

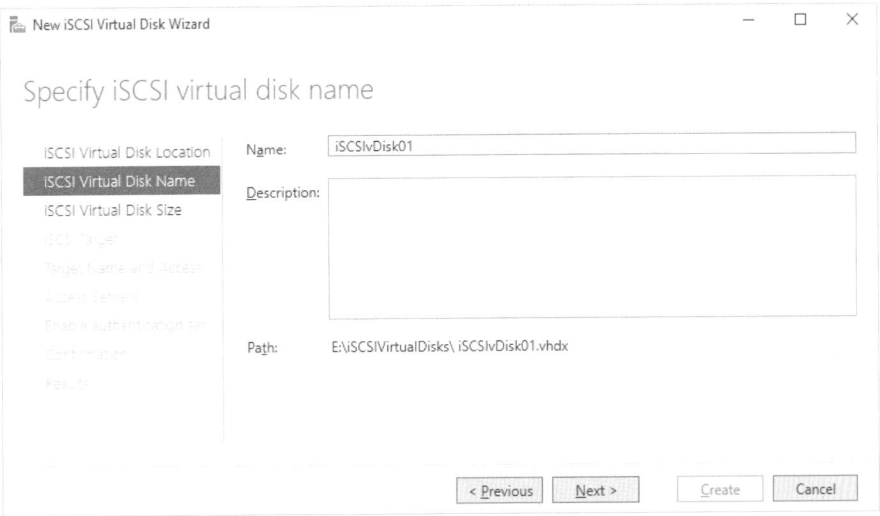

圖 11-21　設定 iSCSI 虛擬磁碟名稱

在如圖 11-22 的[iSCSI Virtual Disk Size]頁面中，除了需要輸入虛擬磁碟的大小之外，還可以選擇要採用的固定大小(Fixed size)、動態擴充(Dynamically expanding)還是差異(Differencing)類型的虛擬磁碟。在此若以運行效能為優先考量，請務必選擇[Fixed size]。相反的若是現行的儲存池可用空間相當有限，則可以選擇[Dynamically expanding]。至於[Differencing]磁碟類型在此情境中尚使用不到。點選[Next]。

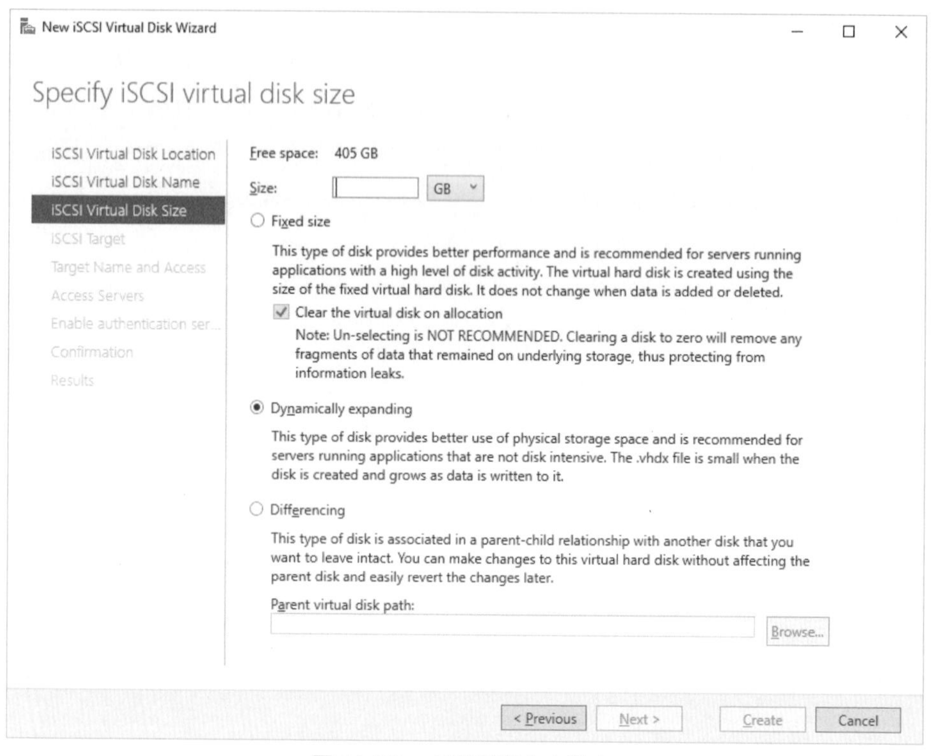

圖 11-22　虛擬磁碟大小設定

在如圖 11-23 的[iSCSI Target]頁面中，請選擇[New iSCSI Target]設定來準備配置新的 iSCSI Target Server。往後若需要繼續新增更多的虛擬磁碟，則可以在此頁面中選擇[Existing iSCSI target]設定之後，再挑選已建立好的 iSCSI Target Server 來新增虛擬磁碟即可。點選[Next]。

在[Target Name and Access]的頁面中，請輸入新的 iSCSI Target 名稱與描述。點選[Next]。在如圖 11-24 的[Access Servers]頁面中，請加入允許連線的 iSCSI initiator，也就是 ESXi 主機的 IQN 位址。關於這部分的 iSCSI initiator 清單的產生方式，只要先回到 vSphere Client 網站中，然後再到 ESXi 主機的[設定]\[儲存裝置介面卡]頁面中完成 iSCSI Software Adapter 新增，並完成 iSCSI Target Server 的[動態探索]新增設定，即可讓擔任 iSCSI initiator 的 ESXi 主機出現在清單之中。

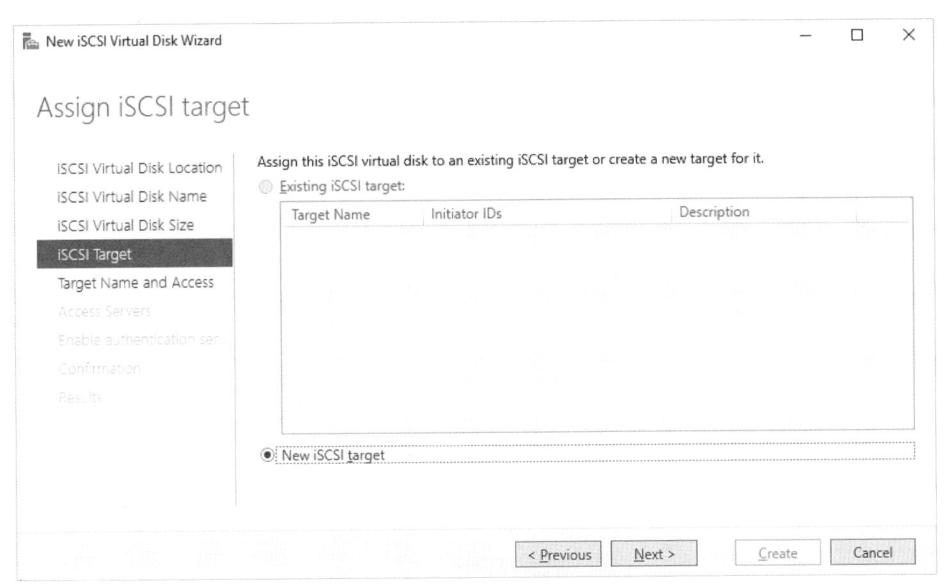

圖 11-23　新增 iSCSI Target

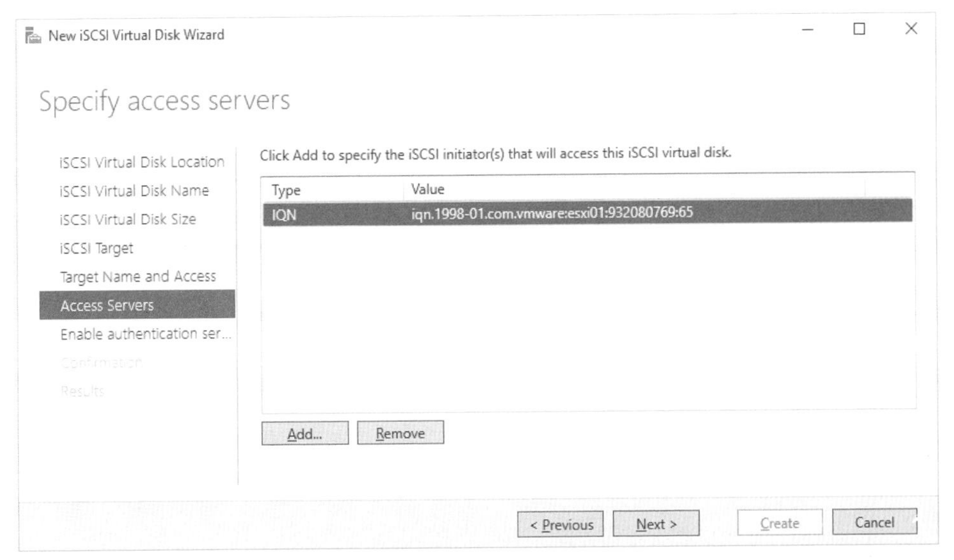

圖 11-24　設定允許的存取伺服器

在[Enable Authentication]頁面之中，可以決定是否要啟用正向與反向的 CHAP 驗證，如果有啟用此驗證設定則在擔任 iSCSI initiator 的 ESXi 主機配置中，也同樣必須設定 CHAP 的驗證連線。如圖 11-25 便是在 vSphere Client 網站上的 ESXi 主機[編輯驗證]設定頁面，在此除了可以設定驗證的名稱與密碼之外，還可以決定多種不同的驗證方法，分別有無、目標需要使用單向 CHAP、除非目標禁止否則使用單向 CHAP、使用單向 CHAP、使用雙向 CHAP。完成設定後點選[確定]繼續。

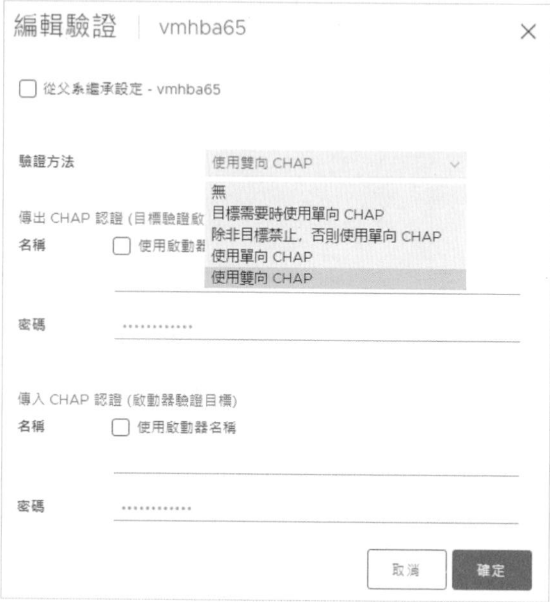

圖 11-25　編輯驗證

繼續回到 iSCSI 虛擬磁碟的設定頁面之後請點選[Next]。最後在如圖 11-26 的[Confirmation]頁面中，請確認上述步驟的設定是否正確，其中最重要的就是虛擬磁碟的大小以及存取伺服器的清單設定，確認無誤之後點選[Create]按鈕。

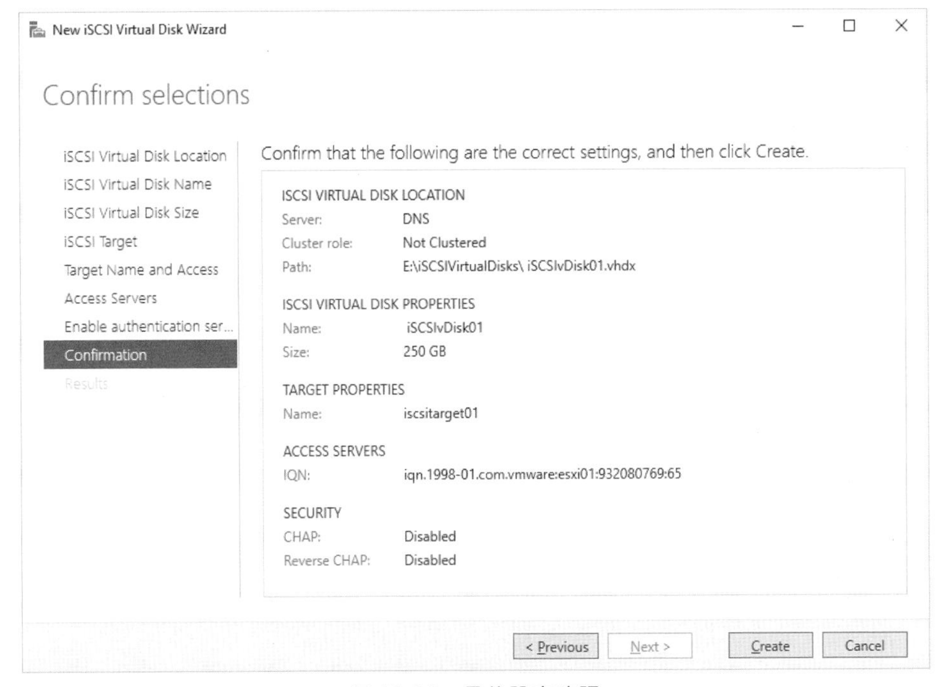

圖 11-26　最後設定確認

11.8 vSphere 建立 iSCSI 專用網路

原則上虛擬機器所使用的網路連線，最好能夠與後端的共用儲存區分開來，這樣一來即便虛擬機器與連線用戶的數量越來越多，也不會影響網路頻寬使用的品質。接下來就讓我們來幫 vSphere 叢集中的 ESXi 主機，建立專屬於 iSCSI Target Server 的網路連線。開始之前請記得先安裝好一片新的網卡。

首先請在 ESXi 主機節點的[設定]\[網路]\[虛擬交換器]頁面之中，點選[新增網路]超連結繼續。在如圖 11-27 的[選取連線類型]頁面中，請選取[VMkernel 網路介面卡]選項。點選[NEXT]。

圖 11-27　新增網路

在[選取目標裝置]的頁面中，可以選擇[選取現有網路]的設定或是選擇[新增標準交換器]，在此筆者選擇後者並點選[NEXT]。在如圖 11-28 的[建立標準交換器]的頁面中，請將預先額外準備好的實體網卡添加到[作用中介面卡]的區域之中。點選[NEXT]。

圖 11-28　建立標準交換器

在[連接埠內容]頁面中請輸入[網路標籤]，如有使用到 VLAN 識別碼則可以進一步輸入。在[已啟用的服務]選項中請勿勾選任何設定。點選[NEXT]。在如圖 11-29 的[IPv4 設定]頁面中，請設定新網路所要使用的 IPv4 位址、子網路遮罩、預設閘道以及 DNS 伺服器位址。點選[NEXT]。

圖 11-29　IPv4 設定

11.9 vSphere 連接 iSCSI 資料存放區

完成了 Windows Server 2022 iSCSI Target 儲存系統的建立，以及 vSphere ESXi 的 iSCSI 網路準備之後，接下來就可以繼續在 vSphere Client 的網站上，完成各主機的 iSCSI initiator 的連線配置。首先請在選定的 ESXi 主機節點，點選至[設定]\[儲存區]\[儲存裝置介面卡]的頁面。

接著點選[新增軟體介面卡]超連結來完成[iSCSI Software Adapter]的新增。成功完成 iSCSI 軟體介面卡的新增之後，請選定該介面卡並在[網路連接埠繫結]子頁面中，點選[新增]超連結來如圖 11-30 完成專屬網路連線綁定設定。

圖 11-30 iSCSI 網路連接埠繫結

在完成 iSCSI 專屬網路的綁定設定之後，請如圖 11-31 點選至[動態探索]子頁面並點選[新增]超連結繼續。緊接著只要輸入 Windows Server 2022 iSCSI Target 的 IP 位址或 FQDN 即可建立連線，至於系統預設的 3260 連接埠是否需要更改呢？原則是不需要去異動的，除非 iSCSI Target 已經預先完成變更。

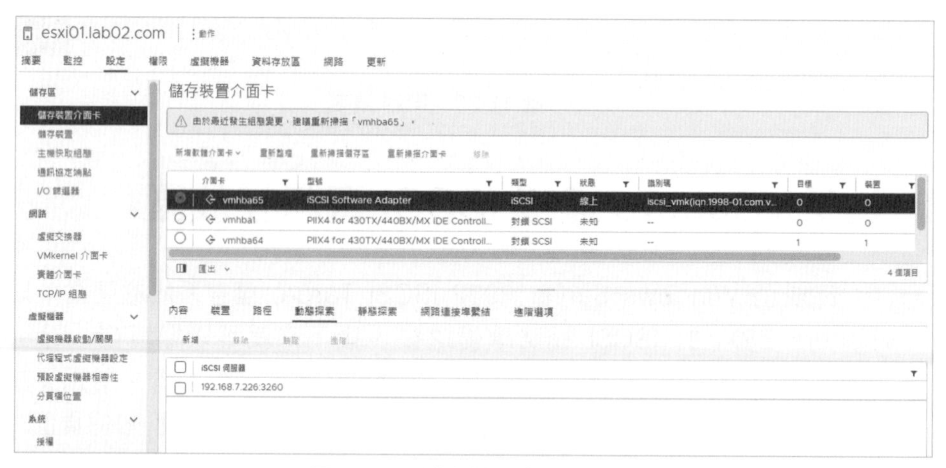

圖 11-31 儲存裝置介面卡管理

如果您在新增動態探索設定之後，發現並沒有能夠成功連線至 iSCSI Target 的儲存區，此時可以回到 Windows Server 2022 的伺服器管理員介面，來開啟 iSCSI Target Server 的屬性頁面。接著在[Initiators]頁面中點選[Add]按鈕。最後在如圖 11-32 的[Select a method to identify the initiator]頁面中，可以發現有三種方式可以來設定允許連線的 iSCSI initiator 用戶端，由上而下依序分別說明如下：

- 選定電腦查詢 initiator：當 iSCSI initiator 用戶端來自於 Windows 內建的 iSCSI initiator 服務之時便可使用，不過此選項僅適用於 Windows 8 以及 Windows Server 2012 以後版本的 Windows 作業系統。
- 從 initiator 快取中來選取：只要我們預先在 vSphere Client 的[儲存裝置介面卡]頁面中，完成[動態探索]的連線設定，則相對的 ESXi 主機的 IQN 便會出現在此清單之中供我們來選擇。
- 手動輸入 IQN 識別碼：您可以自行透過在 vSphere Client 的[儲存裝置介面卡]頁面中，完成 ESXi 主機的 IQN 查詢之後再手動輸入即可。

小提示 何謂 IQN(ISCSI Qualified Name)？它是 iSCSI 用戶端的唯一識別，用以提供 iSCSI Target Server 控制存取權限，它的標準格式輸入是 iqn.YYYY-MM.com.reversed.domain[:optional_string]。

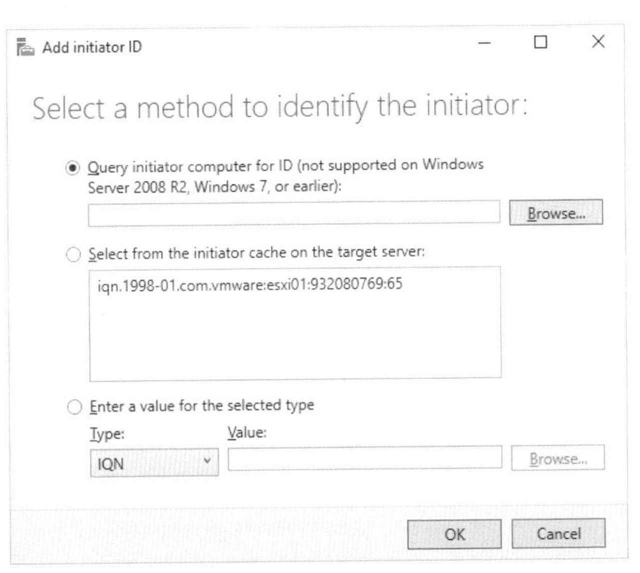

圖 11-32 Windows Server 2022 iSCSI Target 屬性修改

完成了 vSphere ESXi 的 iSCSI initiator 與 Windows Server 2022 iSCSI Target 連線之後，接下來請回到 vSphere Client 網站並點選至 ESXi 主機節點。在[動作]下拉選單之中請點選[儲存區]\[新增資料存放區]。在如圖 11-33 開啟的[類型]頁面之中，分別有三種資料存放區類型可以選擇，分別是 VMFS、NFS 以及 vVol。在此由於我們已經建立好 iSCSI Target 的 LUN 連線，因此請選擇 VMFS 類型的資料存放區，來作為後續存放虛擬機器檔案的儲存區。點選[下一頁]。

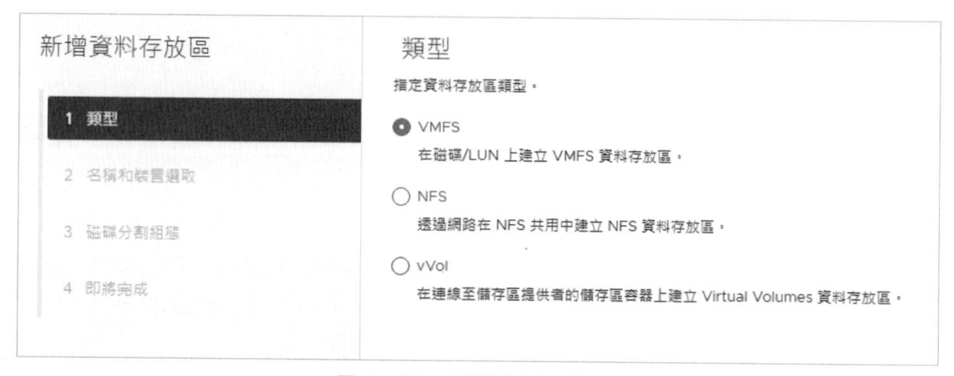

圖 11-33　新增資料存放區

在如圖 11-34 的[名稱和裝置選取]頁面中，可以查看到目前已經連線的 iSCSI LUN。請在選取之後輸入一個新的資料存放區名稱(例如：iSCSIDatastore01)。點選[下一頁]。

圖 11-34　名稱和裝置選取

在[VMFS 版本]的設定頁面中，如果沒有 ESXi 主機舊版本相容性的考量，請直接選擇最新的 VMFS 的版本，因為更新的版本將會提供更多功能的支援。點選[下一頁]。在如圖 11-35 的[磁碟分割組態]頁面之中，首先可以自行選擇要使用所有可用空間來配置磁碟分割區，還是要自訂資料存放區的分割大小。除此之外在進階配置部分，還可以分別自訂區塊大小、空間回收細微度、空間回收優先順序。點選[下一頁]。在[即將完成]的頁面中，若確認上述設定皆無誤請點選[完成]按鈕。

圖 11-35　設定磁碟分割組態

11.10 如何擴增 iSCSI 資料存放區

隨著企業應用需求的不斷增加，vSphere 虛擬機器的數量肯定也會跟著持續成長，在這種情況下我們所使用的 iSCSI 資料存放區，終究將會面臨儲存空間不足的問題。一旦我們在定期的維護過程中發現 iSCSI 資料存放區的可用空間即將不足時，該如何正確處理呢？

首先我們必須從資料存放區的源頭開始檢查，也就是先檢查 Windows Server 2022 的儲存池是否還有可用空間，如果發現實體的儲存空間也即將不足，那麼就必須先根據前面所介紹過的操作說明，透過伺服器員管理介面來優先完成儲存池磁碟的擴增。緊接著就可以在如圖 11-36 的[iSCSI]頁面中，選定 vSphere 虛擬機器所使用的虛擬磁碟，然後按下滑鼠右鍵點選[Extend iSCSI Virtual Disk]，來完成所需要容量的擴增。

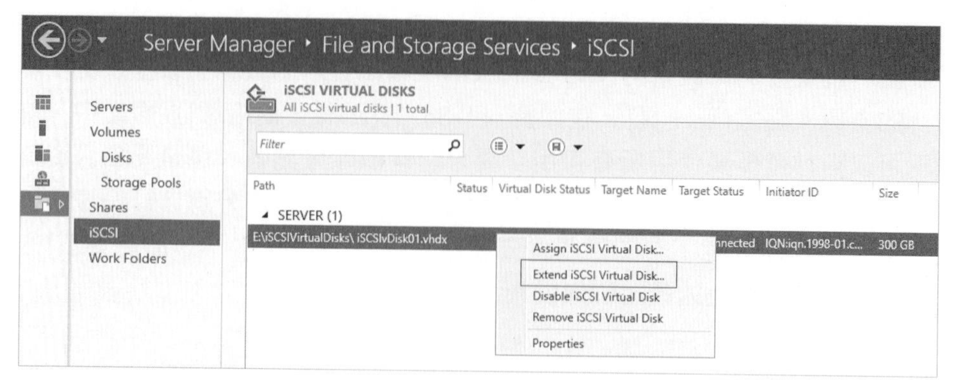

圖 11-36 iSCSI 虛擬磁碟功能選單

最後就可以開啟 vSphere Client 的網站，在進入到 ESXi 主機節點的[資料存放區]頁面之後，如圖 11-37 針對選定的 iSCSI 資料存放區按下滑鼠右鍵點選[增加資料存放區容量]繼續。

圖 11-37 ESXi 主機資料存放區管理

接下來在[選取裝置]的頁面中，便可以查看到目前可擴充的 iSCSI LUN，請在選取後點選[下一頁]。在如圖 11-38 的[指定組態]頁面中，可以看見目前可擴增的空白空間大小，您可以自由設定所要擴增的容量大小。點選[下一頁]。

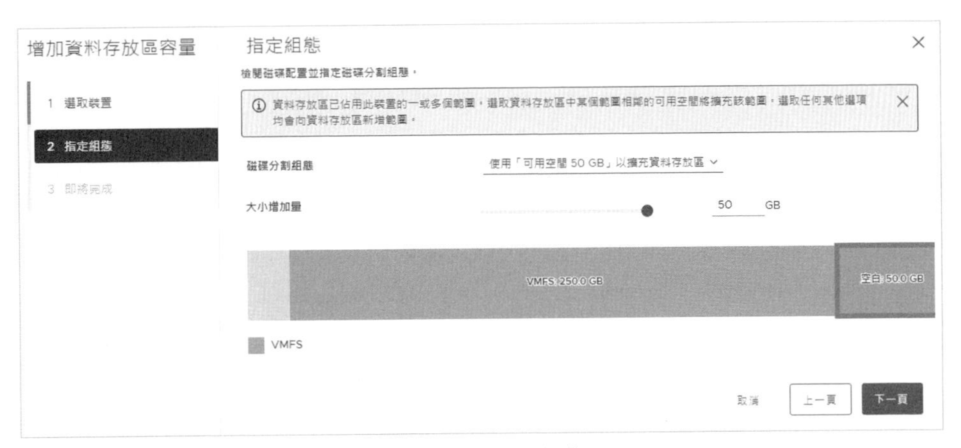

圖 11-38　指定組態

在[即將完成]的頁面中確認上述步驟設定皆無誤之後，點選[完成]按鈕即可。當再一次回到如圖 11-39 的[資料存放區]頁面之時，便可以立即看見目前的可用空間已成功添加。

名稱	狀態	類型	資料存放區叢集	容量	可用空間
datastore1	正常	VMFS 6		271.75 GB	35.19 GB
FlashDatastore1	正常	VMFS 6		99.75 GB	48.34 GB
iSCSIDatastore01	正常	VMFS 6		299.75 GB	298.34 GB
NFSDatastore	正常	NFS 3		499.98 GB	404.5 GB

圖 11-39　完成資料存放區空間擴增

本章結語

雖然 Microsoft 與 VMware 在虛擬化平台的解決方案上是競爭關係，但其實雙方在許多功能整合應用上是可以相互搭配的。因此筆者認為如果 vSphere Client 在操作介面的設計之中，能夠加入許多與 Windows Server 的整合功能，那肯定是 IT 部門在維運管理上的一大福音，畢竟企業的各種應用伺服器仍是以 Windows Server 為主流。

可惜的是目前主要僅與 Active Directory 的整合功能比較齊全，其他方面的整合應用便只能由管理員自行發揮巧思。無論如何期盼在未來雙方的功能，能夠有更多的整合應用。舉例來說，可以讓管理人員直接在 vSphere Client 的管理介面之中，直接控制與監視 Windows Server 的防火牆、防毒以及 Windows Update 的狀態，甚至於能夠有相關的報告統計可以查詢等等，那就真的太棒了！

12

chapter

vSphere 整合開源 TrueNAS Scale 儲存管理

準備一台以上的專屬儲存設備，幾乎是任何虛擬化平台架構規劃中的必要選項，因為舉凡從叢集的虛擬機器熱備援共用儲存、虛擬機器的冷備份、管理伺服器的備份等等，通通都得要有專屬的儲存設備來負責管理。只是一台能夠同時滿足在虛擬化架構之中，各種應用需求的儲存設備往往價格都不菲，且維護的成本也相當高，因此對於預算相當有限的中小型企業 IT 而言，在 vSphere 架構規劃上是否能夠有更好的替代方案呢？

12.1 簡介

即便現在已經是雲端的世代，但是仍有許多的個人用戶會選擇安裝一台網路儲存伺服器(NAS，Network Attached Storage)，來保存整個家庭裡大大小小所需要使用到的相片、影片、音樂、文件等等，而不是選擇將這一些檔案直接存放在付費的雲端硬碟之中，其主要原因不外乎是每年訂閱的費用、維護管理的彈性以及安全問題等等。

同樣的檔案保存需求來到企業 IT 之中也是差不多的，主要的差別僅在於連線的用戶更多，因此儲存設備的容量必須更大、運行效能必須更好、網路速度要更快、資料保全機制要更安全、應用整合能力必須更廣。想要這麼多的功能集於一身，是不是得花大錢買大品牌的 NAS 才能辦到呢？

其實無論是個人用戶還是企業用戶，對於大量檔案的儲存管理需求，並非一定得要花大錢買大品牌的 NAS。以企業 IT 部門為例，由於 IT 人員本身就是這個領域的專業，因此可以考慮在多台 NAS 設備的部署之中，選擇讓其中幾台採用完全 DIY 的開源方案，如此一來只要所選擇的開源方案功能夠齊全，不僅可以幫 IT 部門節省掉不少預算支出，還可以讓負責的 IT 人員能夠深入掌握整台 NAS 從安裝、配置、校調、整合應用到各項細部參數的設定過程，這將有助於往後定期維護計劃的執行。

關於開源方案的 NAS 系統相當多，但若要選擇適合運行於企業 IT 環境，且又可整合 vSphere 儲存管理的 NAS 系統，筆者首推在 2022 年最新推出不久的 TrueNAS Scale，主要原因就是它歷經多個版本的發行，皆得到了廣大用戶的好評，這一些用戶有來自於企業 IT 人士、家庭用戶、專業玩家。此外它整體的設計不僅功能齊全，版本的更新也仍持續不斷進行中。

TrueNAS Scale 於 2022 年所發行，它的前身是 TrueNAS Core(原 FreeNAS)發行於 2005 年，雖然兩者皆是由 iXsystems 團隊所開發，但是它們從基礎架構、功能以及運行的效能都有些不同。首先舊版的 TrueNAS Core 是以 FreeBSD 為基礎，而 TrueNAS Scale 採用的則是 Debian Linux 作業系統，兩者檔案系統則皆是採用 OpenZFS。

TrueNAS Core 提供了一般 NAS 設備的常用功能，包括了儲存池的管理、VPN、Rsync、FTP、TFTP、WebDAV、SMB、NFS、iSCSI 的共用存取以及用戶與群組權限的管理。TrueNAS Scale 則是在上述的基礎上提供了 HCI (Hyper-Converged Infrastructure)超融合的管理功能，讓 NAS 可以同時運行虛擬機器以及 Linux 容器，並且還提供了許多 TrueNAS Core 所沒有的功能擴展選項，這包括了數以 PB 儲存空間以及高可用性(HA)的配置。

12.2 TrueNAS Scale 下載與安裝

關於最新版本的 TrueNAS Scale 安裝映像，只要到以下官網即可進行註冊與下載即可，其中登入部分可以自由選擇 Google、GitHub、Facebook 帳號來進行登入，並訂閱有關於 TrueNAS 的所有相關新聞。在下載的選擇部分，除了可以選擇正式穩定的版本之外，也可以選擇仍在測試階段的 Beta 版本，

- TrueNAS Scale 下載網址：
  https://www.truenas.com/download-truenas-scale/

TrueNAS Scale 僅唯一提供 64 位元的安裝版本，並且它並不支援安裝在多重開機系統的配置之中，因此您必須準備一台專用的實體主機或是虛擬機器來運行它。至於其他系統規格需求請參考如下說明：

- 記憶體(RAM)：8GB 是安裝的最小需求，如果您想要在 TrueNAS 系統中運行虛擬機器，或是執行許多額外加裝的插件(plugins)，請務必增加更多的記憶體，建議配置 16GB 的記憶體。
- 開機儲存磁碟：負責用以儲存開機系統檔案的空間至少需求 16GB，如能採用 SSD 來做為開機磁碟肯定是最理想的選擇。至於採用 USB 的儲存設備雖然仍是支援但並不建議這麼做。
- 備份儲存磁碟：由於是用來儲存各種重要檔案與 vSphere 虛擬機器的運行，因此儲存空間的大小與速度就非常重要。建議至少採用兩顆以上的大容量 SSD 磁碟，一方面可以用來存放更多的檔案與資料，另一

方面還可以配置具備容錯能力的 Mirror 磁碟陣列架構，以確保大量資料的儲存安全。

- 網路連線：請選擇有線的網路連線方式，目前並不支援無線網路連線。
- 安裝媒體：可將下載好的 TrueNAS Scale 安裝映像寫入至 DVD 或 USB 行動碟，由於此映像超過 700MB 以上因此無法使用 CD。請注意！開機儲存磁碟不能夠與安裝媒體使用相同的磁碟。

在以實體主機或虛擬機器啟動 TrueNAS Scale 的 ISO 映像之後，便會開啟系統的選單，在預設的狀態下您若沒有輸入選項號碼，將會自動進入選項 1 的安裝設定。在如圖 12-1 的[Console Setup]頁面中。您若直接點選[OK]將會自動進入系統的[Install/Upgrade]選項，也就是安裝與升級的操作，因此這個選項也可以作為未來大改版時的就地升級操作，若僅是小型的更新任務只要透過它專屬的 Web 控制台來完成即可。

小提示 在舊版的 TrueNAS Core 的 ISO 檔案，若選擇以 VMware Workstation 虛擬機器來安裝時，系統會自動偵測到 Guest OS 是屬於 FreeBSD，但對於 TrueNAS Scale 的 ISO 檔案，則必須自行選擇 Debian Linux。

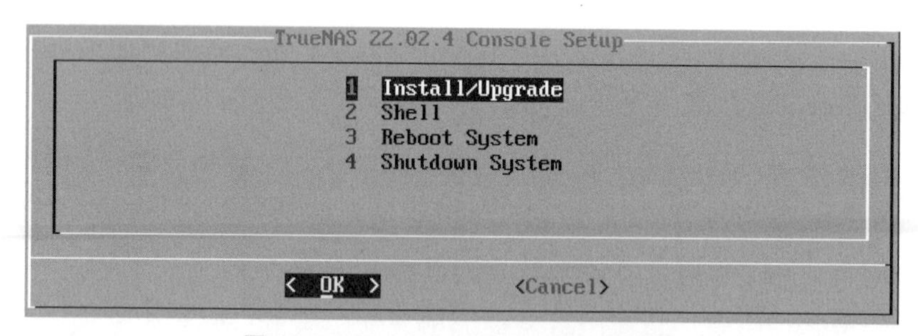

圖 12-1 TrueNAS Scale 控制台選單

在如圖 12-2 的[Choose destination media]頁面中，請選擇準備用來安裝 TrueNAS 系統的本機磁碟。在此筆者強烈建議同時選擇兩顆同樣大小的磁碟，讓系統自動配置 Mirror 的磁碟陣列，以避免單一磁碟故障而導致系統毀損。至於準備用來存放各種資料與文件專用的磁碟，則可以等到系統完成安裝與設定之後再來隨時添加。當點選[OK]之時系統將會提示您磁碟中的所有資料將會被全部清除，確認無誤後可以進一步點選[Yes]。

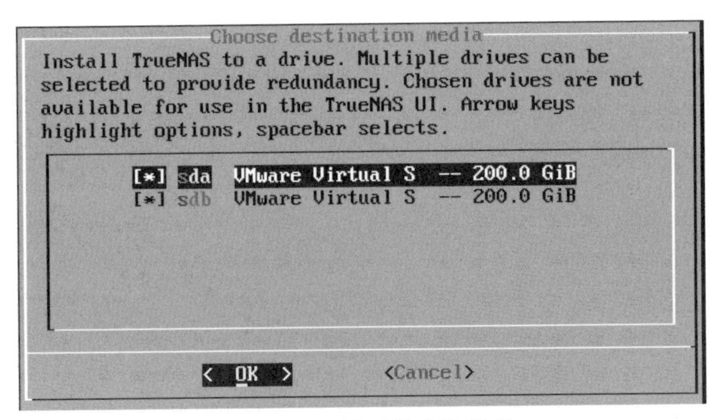

圖 12-2　選擇系統安裝磁碟

接下必須在如圖 12-3 的頁面之中，設定預設管理員 root 帳號的密碼，這個 root 帳號也是我們之後要用來登入 TrueNAS Scale 網站的帳號與密碼。點選[OK]。在完成系統安裝之後，回到[Console Setup]頁面，點選[Reboot System]來重新啟動系統即可。

Enter your root password; cancel for cancelling installation

Password: ************

Confirm Password: ************

< OK > <Do not set password> < Cancel >

圖 12-3　設定 root 密碼

完成安裝並重新啟動之後，將會來到如圖 12-4 的文字模式主控台頁面(Console setup)。在此將可以查看到管理網站所使用連線位址，包括了 http 與 https 兩種連線方式都可以的。在基本配置與管理部分，您可以隨時從 1 至 9 的按鍵選項，來分別執行網卡設定、網路設定、靜態路由設定、重置 root 密碼、重置回預設配置、開啟 TrueNAS CLI Shell、開啟 Linux Shell、重新開機、關機。

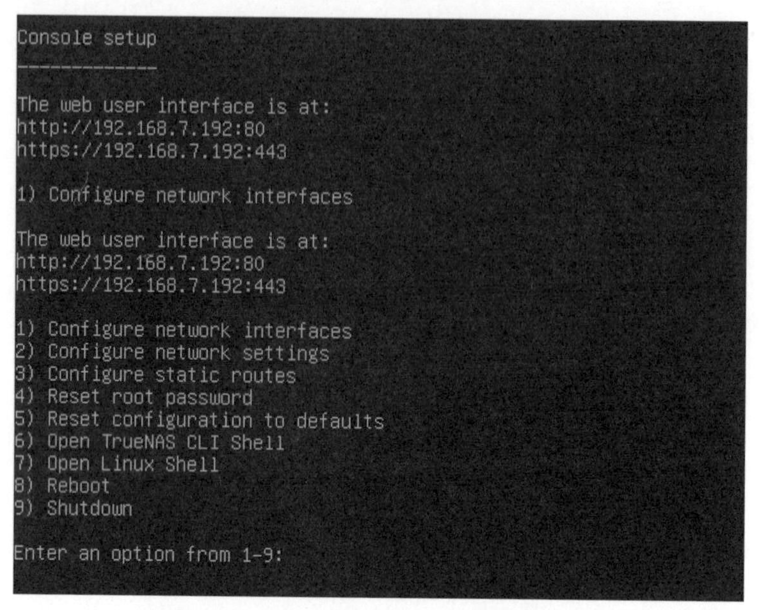

圖 12-4 TrueNAS Scale 主機端控制台

最後您可以根據文字模式主控台所提示的網址，來連線 TrueNAS Scale 的管理網站。如圖 12-5 在此登入頁面之中，您只需要輸入安裝時所設定的 root 帳號與密碼並點選[Log In]按鈕即可。

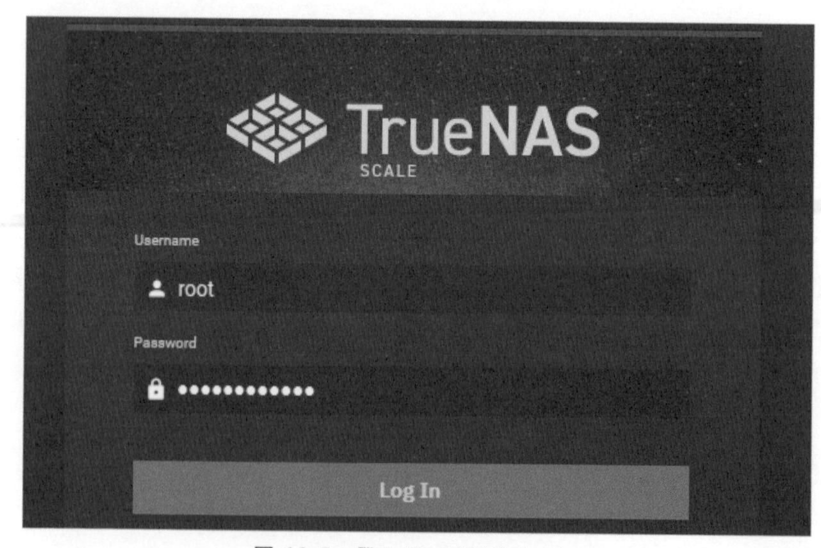

圖 12-5 登入 TrueNAS Scale

小提示 若您是將 TrueNAS Scale 安裝在 VMware 的虛擬機器之中，且未來準備在 TrueNAS Scale 系統中來安裝巢狀虛擬機器，請記得必須預先在虛擬機器的處理器(Processors)配置中將[Virtualize Intel VT-x/EPT or AMD-V/RVI]選項勾選。

12.3 TrueNAS Core 升級指引

相信很多讀者和筆者一樣，早已經在使用 TrueNAS Core 來做為 IT 資料中心的儲存設備，雖然 TrueNAS Core 與 TrueNAS Scale 的作業系統核心不同，但依舊可以進行升級任務。至於升級的方法官方則是提供了兩種做法供我們選擇，其中第一種是採用如同安裝一樣的停機升級方式，而第二種則是採用手動的線上升級法。

無論您將選擇哪一種做法，都必須先將 TrueNAS Core 更新至 12.0-U8 以上的版本，如此才能準備開始升級至最新的 TrueNAS Scale，至於更新的方法只要在管理網站的[System]\[Update]頁面中來完成即可。接下來就讓我們實際來演練一下這兩種升級方式的操作與講解。首先請透過文字模式主控台的關機選項，或如圖 12-6 所示 Web 管理網站的電源選單，來完成正常關機的操作。

圖 12-6 TrueNAS Core 電源選單

在將舊的 TrueNAS Core 伺服器關機之後，請放入最新版本的 TrueNAS Core 安裝映像並進行開機。成功開機之後會來到[Console Setup]選單，請選擇[Install/Upgrade]並點選[OK]按鈕。來到如圖 12-7 的[Choose destination media]頁面中，請確認已選取了第一項 sda 磁碟並點選[OK]繼續。

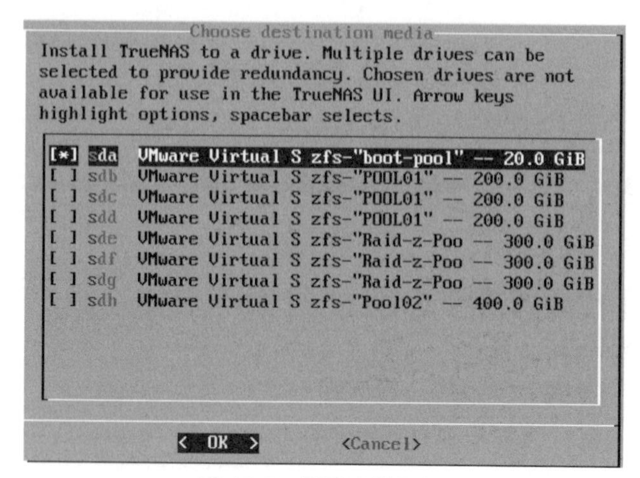

圖 12-7　選擇安裝目標

緊接著由於系統已偵測出目前有舊版的 TureNAS，因此會出現如圖 12-8 的升級提示訊息。請點選[Upgrade Install]按鈕開始進行就地升級，若點選[Fresh Install]按鈕即表示執行全新安裝。

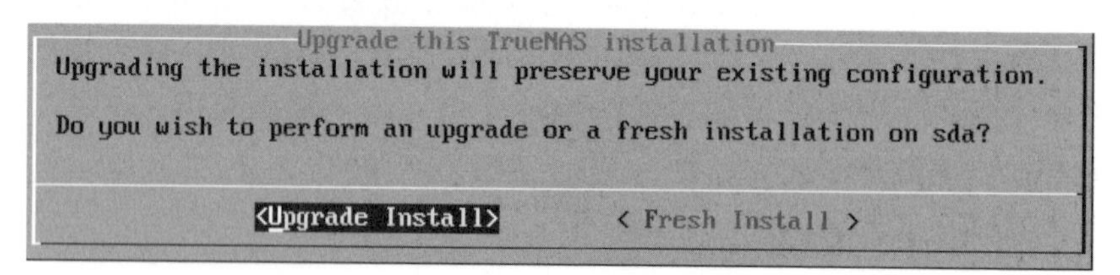

圖 12-8　選擇安裝類型

在如圖 12-9 的[Update Method Selection]頁面中，可以自由選擇只要安裝在全新的開機環境之中，還是要格式化現有的開機磁碟以移除舊版本的程式。在此筆者選擇前者，也就是[Install in new boot environment]選項。接著會出現即將清除 sda 分區磁碟的資料，點選選擇[Yes]。最後請輸入現行的 root 密碼兩次之後，即可完成升級任務。

```
Update Method Selection
User configuration settings and storage volumes are preserved and not
affected by this step.

The boot device can be formatted to remove old versions, or the
upgrade can be installed in a new boot environment without affecting
any existing versions.

<Install in new boot environment> <  Format the boot device  >
```

圖 12-9　更新方式選擇

完成升級之後系統會提示卸載安裝映像並重新開機。在重新開機之後，我們可以從全新 TrueNAS Scale 管理網站的[Dashboard]頁面之中，如圖 12-10 查看到系統版本的完整資訊，若系統有偵測到目前有更新的檔案可以下載，便可以透過點選[Updates Available]按鈕來進一步更新。

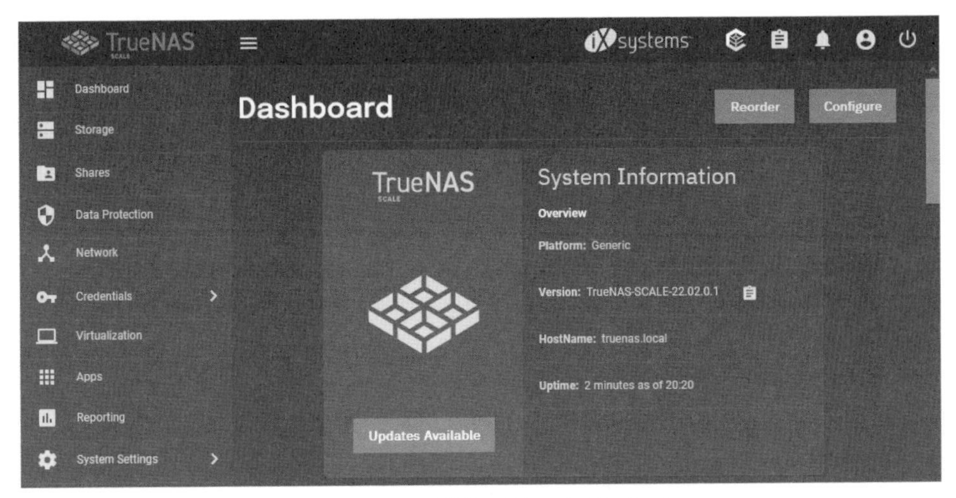

圖 12-10　完成升級至 TrueNAS Scale

接著來學一下線上手動更新方法。您只要在 TrueNAS Core 管理網站的[System]\[Update]\[Manual Update]頁面中，如圖 12-11 點選[瀏覽]按鈕來上傳所下載的 TrueNAS Scale 更新檔案(例如：TrueNAS-SCALE-22.02.0.1.update)，再點選[APPLY UPDATE]按鈕即可完成升級任務。

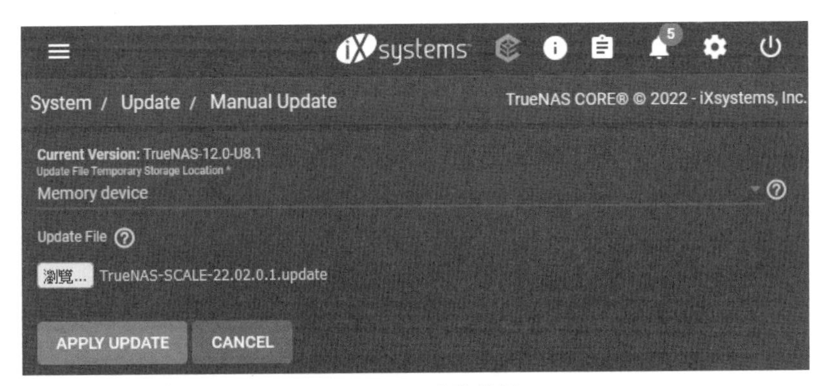

圖 12-11　手動升級

無論您是透過上述的哪一種方法來完成升級任務，只要再一次重新開機並登入管理網站，就可以透過[Storage]頁面中的[Import]按鈕，來如圖 12-12 將系統升級過程之中所自動匯出的現有儲存池完成匯入。成功完成匯入後，便可以開始繼續使用最新 TrueNAS Scale 的各項管理功能了。

圖 12-12　匯入舊版儲存池

12.4 TrueNAS Scale 基本配置

任何新安裝好的 NAS 系統通常都有許多基本配置需要完成，但是 TrueNAS Scale 所需要額外配置的設定其實並不多，因為有許多的功能皆只要在需要啟用時再來進行設定即可，這一些包括了像是 iSCSI Target、SMB、NFS 共享等等。

若您是首次使用 TrueNAS 相關的操作介面，在登入它的管理網站介面之後，如圖 12-13 您會發現它的整體設計皆是相當簡約與直覺化。首先以維護時最重要的首頁資訊來說，除了版本資訊之外還可以得知目前 CPU、Memory、Network 的負載狀態，若想要進一步開啟效能詳細報告，只要點選該項小工具右上角的小圖示即可。

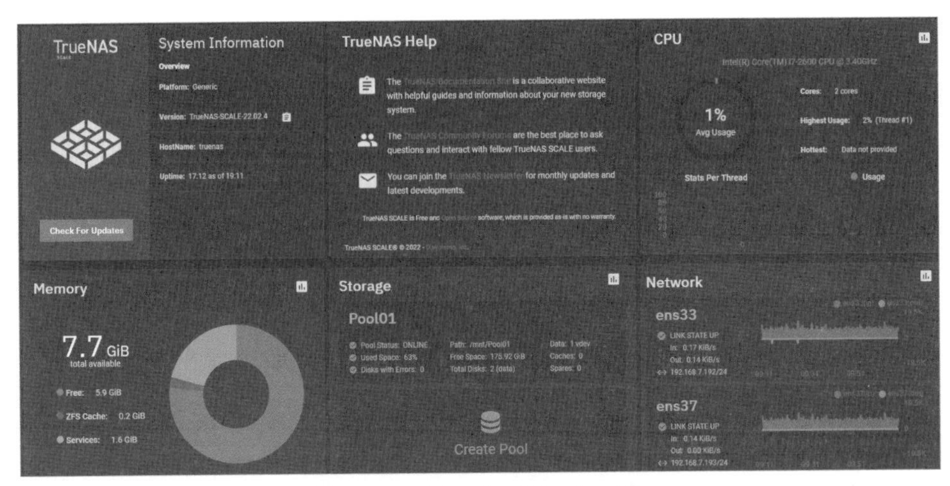

圖 12-13　TrueNAS Scale 首頁

如圖 12-14 便是網路效能詳細報告的範例，在此主要能夠讓管理員更完整檢視到每一張網卡的傳輸流量，進而判斷在某一些時段是否有流量壅塞的情況。若想要切換到其他資源或服務的效能報告，只要透過右上方的下拉選單即可開啟，這一些包括了 CPU、Disk、Memory、NFS、Partition、System、Target、ZFS。

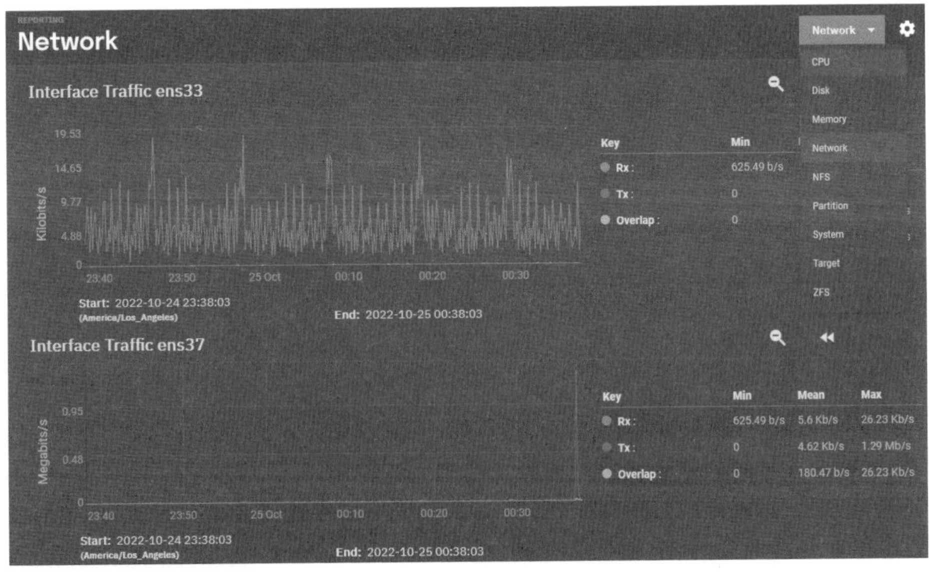

圖 12-14　網路效能詳細報告

在了解了有關資源與服務效能檢視技巧之後，接下來筆者會建議您為 TrueNAS Scale 的主機配置兩張網卡，其中一張網卡用於管理員的連線維護，另一張網卡則是提供給與其他應用服務的整合使用，例如提供給 VMware vSphere 的 iSCSI Target 以及 SMB 的共用儲存。

首先請在如圖 12-15 的[Network]頁面中來查看目前網路配置的相關資訊，包括了網卡、主機名稱、網域名稱、名稱伺服器。其中在網卡(Interfaces)部分，可以發現筆者已經安裝好了一個名為 ens37 的網卡，只是尚未完成網路的配置。

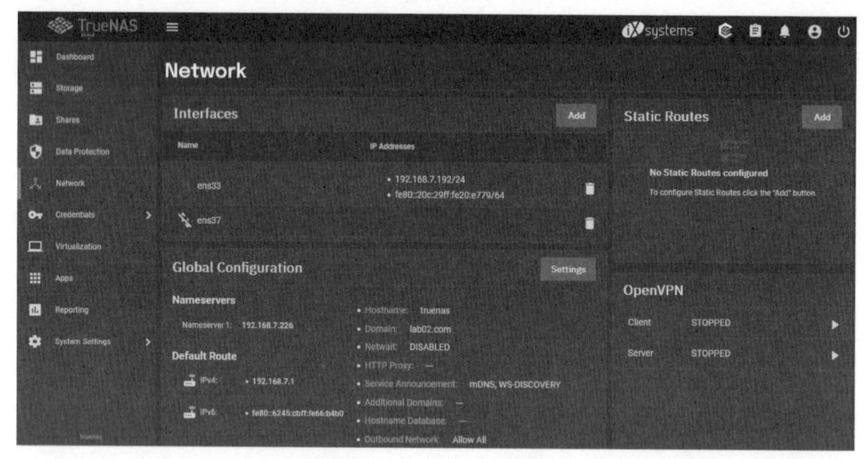

圖 12-15 網路管理頁面

因此接下來只要點選所要進行編輯的網卡圖示，便會在主頁面右側開啟如圖 12-16 的[Edit Interface]頁面。在此您除了可以輸入此網卡的用途描述之外，還可以決定是否要啟用 DHCP 與自動配置 IPv6 的設定，請選擇以手動輸入的方式來完成靜態 IP 位址的設定。點選[Apply]按鈕。

圖 12-16 編輯新網路介面設定

除了網卡的配置之外，筆者強烈建議再建立一組帳號，來負責提供外部各種應用系統的共享存取需求，例如：SMB、NFS 等等，而不是直接使用預設的 root 管理員帳號。帳號的管理方法很簡單，首先請點選至[Credentials]\[Users]頁面。

接著在如圖 12-17 的範例之中可以看到筆者已額外新增的一個帳號(joviku)，包括了此帳號的家目錄、Shell 設定、Email 地址、是否關閉密碼功能、鎖定與否、是否啟用 Sudo 授權功能、是否可做為 Microsoft 帳號、是否啟用 Samba 驗證功能。由於此帳號筆者後續將用於 SMB 共享連線與 vCenter Server Appliance 的備份用途，因此請將[Microsoft Account]設定為 true。

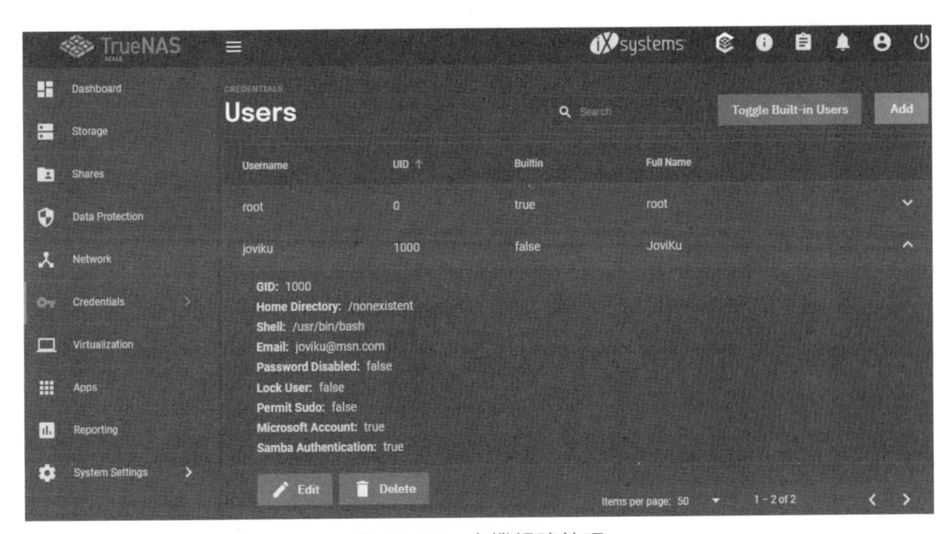

圖 12-17　本機帳號管理

12.5 TrueNAS Scale 儲存池管理

無論是前一版的 TrueNAS Core 還是最新的 TrueNAS Scale，儲存池的檔案系統皆是採用 ZFS(Zettabyte File System)檔案系統。它除了可透過內建原生的邏輯磁碟管理功能，來建立 RAID 0(Stripe)、RAID 1(Mirror)、RAID Z(RAID 5)等磁碟陣列配置之外，由於它是採用了 128 位元的地址方式，因此可建立擁有 PB 級的儲存容量，讓用戶在連線單一網路共享資料夾時，即可獲得巨量的可用空間，並且還提供了區塊層級資料重複刪除機制(Data Deduplication)，以及最快速的 LZ4 資料壓縮技術。

關於儲存池的新增方式，請先點選至如圖 12-18 的[Storage]頁面。在系統預設的狀態下並不會有任何可用的儲存池。請點選[Create Pool]按鈕繼續。

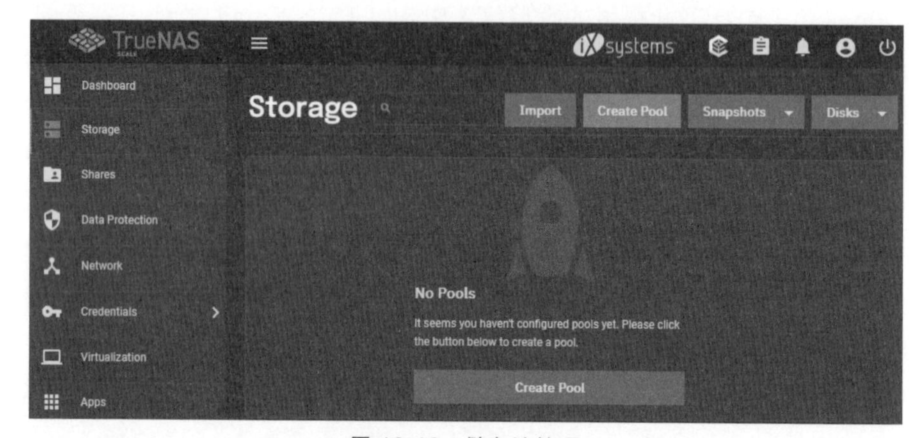

圖 12-18　儲存池管理

在如圖 12-19 的[Create Pool]頁面中，除了必須設定新儲存池的名稱以及決定是否啟用加密(Encryption)功能之外，您可以選取任何尚未使用的本機磁碟，來加入至[Data VDevs]區域之中。

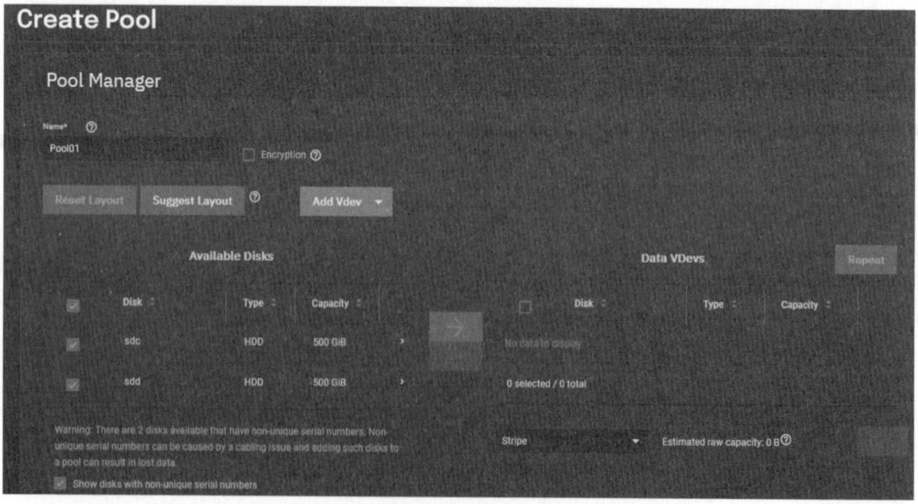

圖 12-19　建立儲存池

在成功加入之後便可以如圖 12-20 選擇儲存池的磁碟陣列類型(例如：Stripe 或 Mirror)，並且查看此磁碟陣列架構的實際可用空間。確認完成設定之後，請在上一步驟的頁面之中點選[CREATE]按鈕。

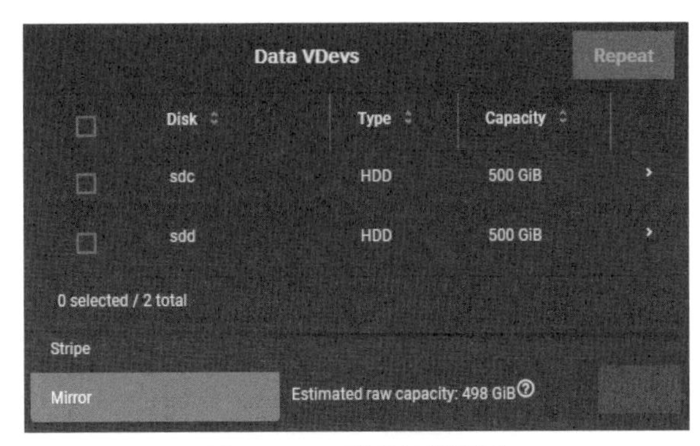

圖 12-20　磁碟架構配置

最後回到如圖 12-21 的[Storage]頁面中，便可以看到剛剛筆者所建立的儲存池，您可以繼續透過[Create Pool]按鈕來建立更多不同用途的儲存池，在此將可以查看到每一個儲存池已使用的空間、可用空間、壓縮類型、壓縮比、唯讀與否以及是否已啟用重複刪除機制。此外未來您也可以針對個別的儲存池的功能選單，來新增資料存放區設定、修改基本配置、管理權限、設定用戶配額、設定群組配額以及建立快照等操作。

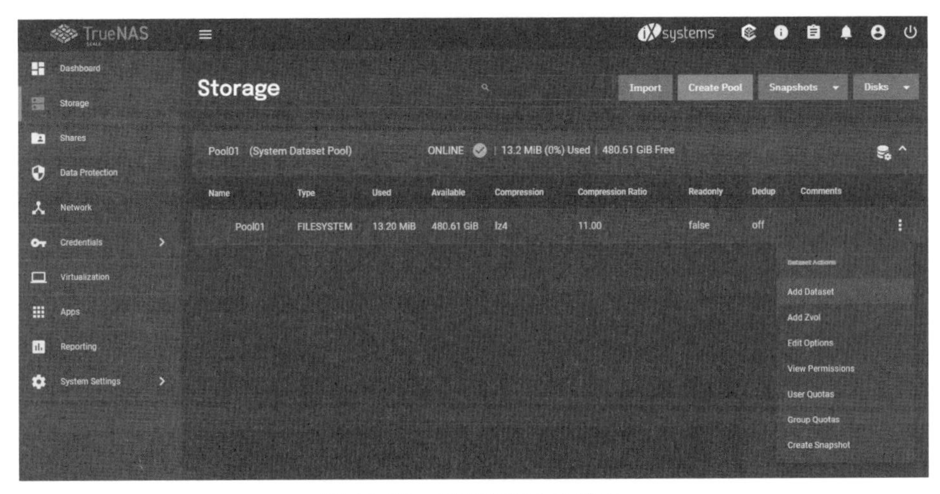

圖 12-21　完成新儲存池建立

12.6 建立 iSCSI Target 儲存區

完成了 TrueNAS Scale 儲存池的建立之後，接下來我們就可以來配置 iSCSI Target 並且將 LUN 設定在此儲存池之中，如此一來就可以供後續的 vSphere ESXi 主機來做為虛擬機器資料存放區。首先請在[System Settings]選單中開啟如圖 12-22 的[Services]頁面。在此請將[iSCSI]服務的[Running]設定啟用，並將[Start Automatically]選項打勾，以便可以在系統進行重新啟動時自動啟動 iSCSI 服務。

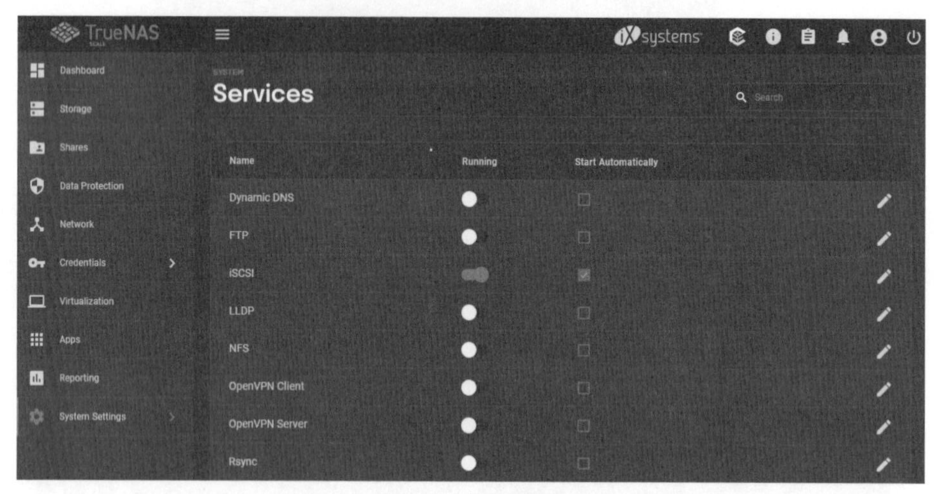

圖 12-22 服務管理

接下來可以點選至[Sharing]的頁面，您將可以查看到目前的[Block(iSCSI)Shares Targets]服務已呈現 RUNNING 狀態，只是尚未完成設定。請點選[Configure]按鈕來開啟如圖 12-23 的[iSCSI]\[Targets]管理頁面。在預設的狀態下並不會有任何的 Target，至於最快新增 Target 的方法不是點選[Add Targets]按鈕，而是點選右上方的[Wizard]按鈕。

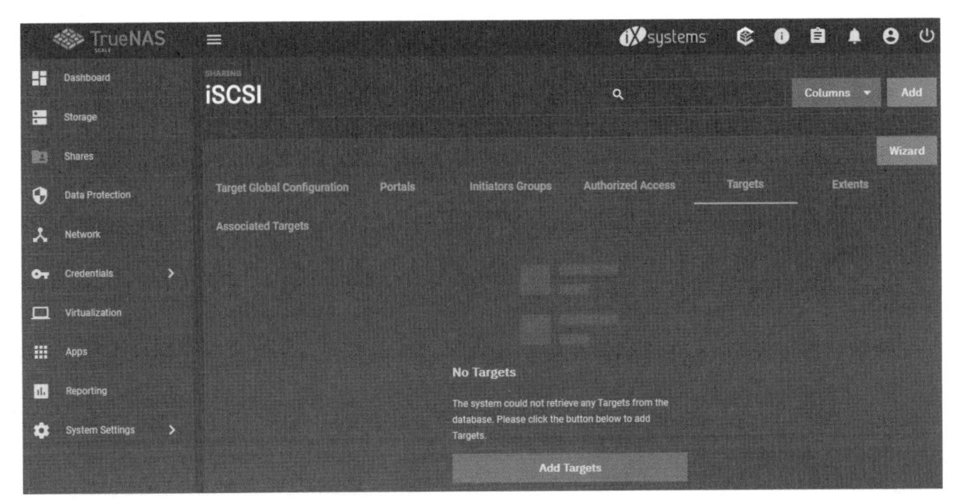

圖 12-23 iSCSI 配置管理

在如圖 12-24 的[Wizard]頁面之中，首先您可以輸入新 Target 的識別名稱，然後在[Pool/Dataset]欄位中選擇前面所建立的儲存池，至於[Extent Type]與[Device]欄位則採用預設選項即可。

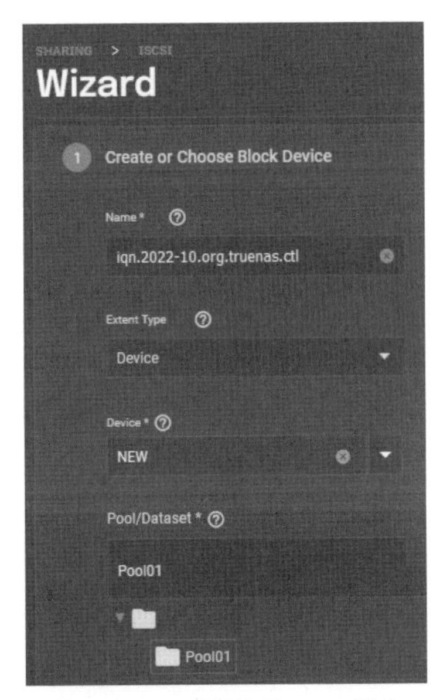

圖 12-24 iSCSI Target 設定

緊接著在[Size]的欄位請輸入所要使用的儲存空間大小，若輸入的值大於儲存池可用空間，則在最後開始建立 iSCSI Target 的過程之中將會出現錯誤。在[Sharing Platform]欄位中可以選擇[VMware:Extent block size 512b,TPC enabled,no Xen compat mode,SSD speed]。點選[Next]。

接著在如圖 12-25 的[Portal]配置區域中，首先必須設定 iSCSI Target 的連線入口，在此僅需要輸入 IP Address 的設定即可，若有多個入口連線的 IP 位址，可以繼續點選[ADD]按鈕來新增。另外，如果需要驗證 iSCSI Initiator 的連線，可以展開[Discovery Authentication Method]欄位，來選擇單向的[CHAP]或雙向的[Mutual CHAP]驗證方法，在預設的狀態下則是不執行驗證(NONE)。點選[Next]。

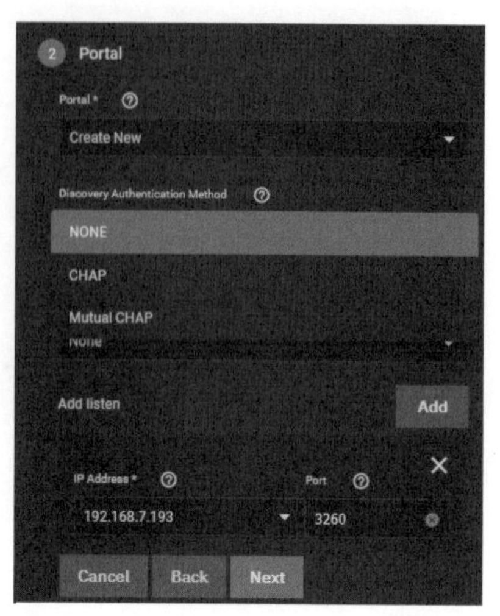

圖 12-25　iSCSI Target 入口設定

在[Initiator]頁面中可以授予連線存取的 iSCSI 啟動器與網路，若要讓所有 iSCSI 啟動器與網路皆可以連線，則維持空白的配置即可。相反的如果只想唯一授權給選定的 ESXi 主機可以連線，則必須將每一台 ESXi 主機的 Initiator 名稱，輸入至 Initiators 欄位之中即可。點選[NEXT]。最後在[Confirm Options]頁面中，確認上述步驟皆設定無誤之後點選[SUBMIT]。回到[Sharing]頁面中便可以如圖 12-26 查看到已完成新增設定的 iSCSI Target。

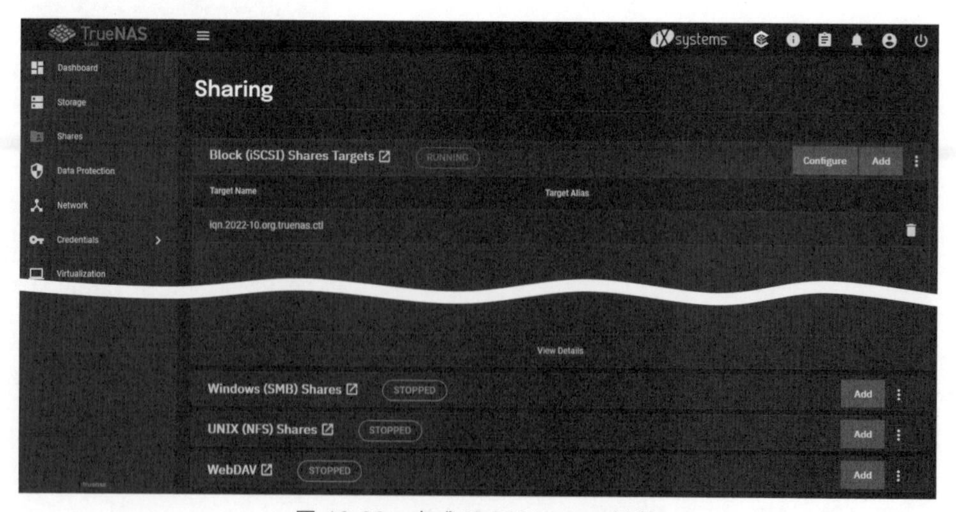

圖 12-26　完成 iSCSI Target 新增

12.7 vSphere 連接 iSCSI Target 儲存區

在開始動手設定 vSphere ESXi 主機與 TrueNAS Scale 的 iSCSI Target 連線之前，筆者建議先準備一個尚未使用的實體網卡，來建立一個連接 iSCSI 儲存區專用的網路，以便和現行虛擬機器運行的網路流量分隔開來，達到基礎虛擬網路的優化目標。

建立此專屬網路的方法很簡單，首先請在 vSphere Client 網站上選定任一台 ESXi 主機，再點選位在[設定]\[網路]\[虛擬交換器]頁面中的[新增網路]，來開啟[選取連線類型]設定頁面。請選取[VMkernel 網路介面卡]並點選[NEXT]繼續。

接著在[選取目標裝置]的頁面中，建議選取[新增標準交換器]以便建立一個 iSCSI 專屬的網路連線。點選[NEXT]。在[建立標準交換器]頁面中，請點選新增的小圖示來加上入一個尚未使用的實體網卡。點選[NEXT]。在 [連接埠內容]頁面中，請先完成網路標籤的輸入，再選擇性需要的 VLAN 識別碼、MTU、TCP/IP 堆疊等資訊，至於可用服務的選項可以不用勾選。點選[NEXT]。

在[IPv4 設定]頁面中，請選取[使用靜態 IPv4 設定]並依序完成 IPv4 位址、子網路遮罩位址。根據不同的網路架構的不同，您可能需要勾選[覆寫此介面卡的預設閘道]設定，然後輸入專屬此網路連線的閘道位址。點選[NEXT]確認上述設定皆正確之後便可完成設定。

在陸續完成了 iSCSI Target 網路儲存區以及 iSCSI 網路的準備之後，接下來請在 ESXi 主機節點的[設定]\[儲存區]\[儲存裝置介面卡]頁面之中，點選[新增軟體介面卡]。接著請選取[新增軟體 iSCSI 介面卡]並點選[確定]。如圖 12-27 便可以看到已成功新增的[iSCSI Software Adapter]儲存裝置介面卡。

圖 12-27　ESXi 儲存裝置介面卡

接著請點選至[動態探索]的子頁面並點選[新增]超連結，來開啟如圖 12-28 的[新增傳送目標伺服器]頁面。在[iSCSI 伺服器]欄位中請輸入前面步驟所建立的 iSCSI Target 主機 IP 位址或 FQDN。至於[連接埠]欄位部分，如果 iSCSI Target 沒有進行過異動便採用預設值(3260)即可。點選[確定]。

新增傳送目標伺服器 | vmhba65
iSCSI 伺服器 192.168.7.193
連接埠 3260
從父系繼承驗證設定
取消 確定

圖 12-28　新增傳送目標伺服器

完成動態探索設定之後，請切換至[網路連接埠繫結]的子頁面中，點選[新增]超連結來選取前面步驟中所建立的 iSCSI 專屬網路。在初步完成設定之時，會看到在[路徑狀態]欄位中出現 "未使用" 的訊息，此時只要點選[重新掃描儲存區]功能，然後在如圖 12-29 的頁面中點選[確定]按鈕，便會立即看到該欄位的狀態資訊已改顯示為 "上次作用中" 的訊息，這表示此網路已經成功連線 TrueNAS 的 iSCSI Target 儲存區。

圖 12-29　重新掃描儲存區

接下來您只要點選至[設定]\[儲存裝置]的頁面中，就可以查看到如圖 12-30 的[TrueNAS iSCSI Disk]的相關儲存裝置，一旦選取後就可以從下方的頁面中查看到此儲存區的完整資訊，包括了識別碼、位置、容量、磁碟機類型、硬體加速、傳輸、擁有者、路徑以及磁碟分割詳細資料等等。在上方的功能選項中主要能夠執行的有重新整理、卸除、清除磁碟分割。

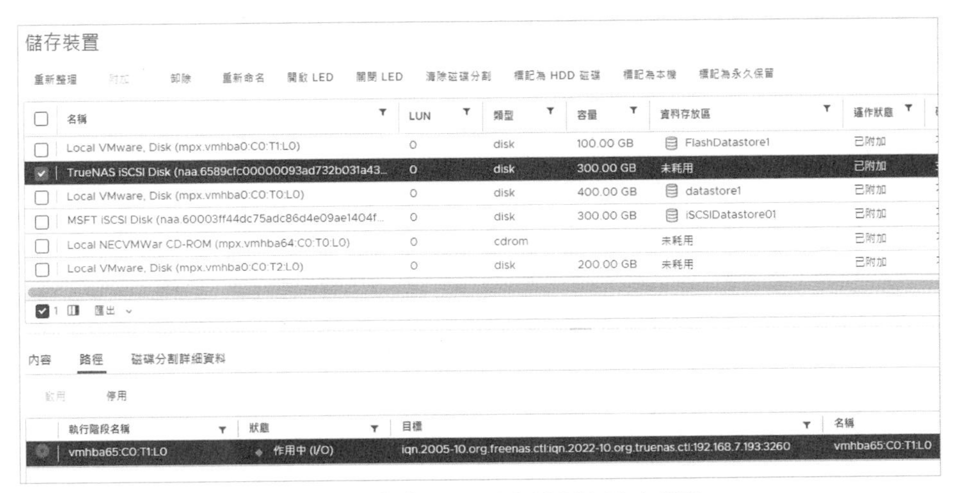

圖 12-30　完成 TrueNAS iSCSI Disk 新增

在完成了每一台 ESXi 主機連線 TrueNAS iSCSI Target 儲存裝置的設定之後，接下來就可以來完成新增資料存放區的配置，值得注意的是若在叢集架構下，此配置僅需要在其中一台 ESXi 主機完成設定即可，而不需要在每一台 ESXi 主機皆完成相同設定。請到 ESXi 主機節點的[資料存放區]頁面中，如圖 12-31 點選[動作]選單中的[儲存區]\[新增資料存放區]功能，來完成 LUN 虛擬磁碟連接。

圖 12-31　ESXi 主機動作選單

在[類型]頁面中請選擇[VMFS]類型的資料存放區。至於 NFS 類型的資料存放區，則可以在往後如果有同樣於 TrueNAS 儲存區中，建立 NFS 的共享資料夾之時，就可以在此完成 NFS 資料存放區的新增。點選[下一頁]。在如圖 12-32 的[名稱和裝置選取]頁面中，可以檢視到每一個 LUN 磁碟編號、容量、是否支援、硬體加速、磁碟機類型以及磁碟區格式。請先為這個新的資料存放區命名，然後選取所要連接的 TrueNAS iSCSI Disk。點選[下一頁]。

圖 12-32　名稱和裝置選取

在[VMFS 版本]頁面中，建議選擇採用最新的 VMFS 版本以支援更先進的儲存區格式。點選[下一頁]。在如圖 12-33 的[磁碟分割組態]頁面中，可以設定要使用的資料存放區大小、區塊大小、空間回收細微度、空間回收優先順序配置。點選[下一頁]完成設定。未來萬一發生現行資料存放區空間不足時，仍是可以進行擴充的，只要先到 TrueNAS Scale 的 iSCSI Target 完成虛擬磁碟大小的擴充，再回到 ESXi 主機上完成相對儲存裝置的資料存放區擴充即可。

圖 12-33　磁碟分割組態

如圖 12-34 便可以看到筆者已成功新增的 TrueNASDatastore 資料存放區，在此您可以依照當時的管理需要，隨時選定它並透過右鍵選單來執行瀏覽檔案、重新整理容量資訊、增加資料存放區容量、重新命名、卸載資料存放區、新增權限以及刪除資料存放區等動作。

圖 12-34　資料存放區動作選單

12.8 擴充磁碟與儲存池

當您在定期維護 vSphere 的過程之中，發現目前 ESXi 主機所連線的 TrueNAS Scale 儲存空間即將不足時，要如何正確解決眼前棘手的問題呢？其實解法很容易，首先查看 TrueNAS Scale 的儲存池是否還有尚未配置的可用空間，如果發現已經完全沒有尚未配置的空間，那麼您需要執行的操作就是先停機並添加更多磁碟。如圖 12-35 您只要先開啟[Pool Status]頁面並點選相對磁碟陣列選單，再點選[Extend]選項繼續。

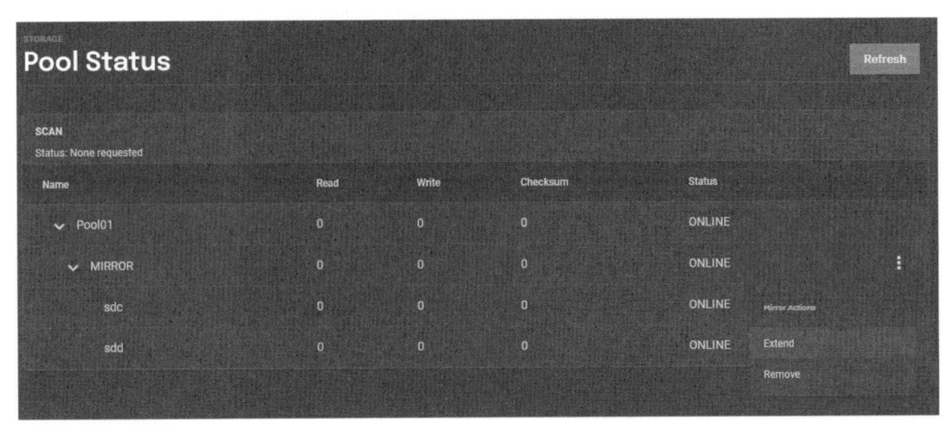

圖 12-35 儲存池狀態

在如圖 12-36 的[Extend Vdev]頁面的下拉選單之中，便可以選取所要添加的新磁碟即可。點選[Extend]。

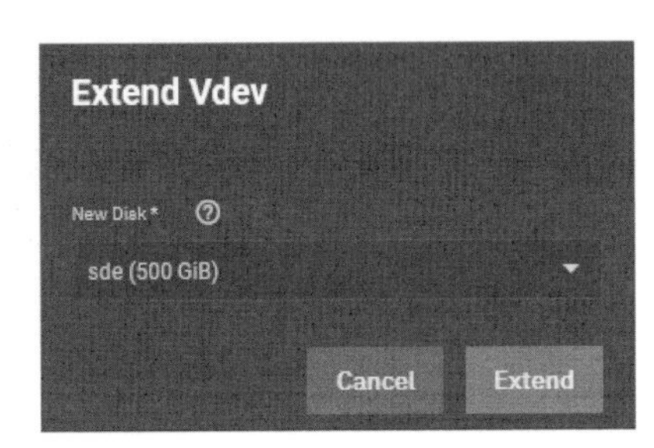

圖 12-36 添加新磁碟

至於如果查看到現行的儲存池有未用盡可用空間，則可以如圖 12-37 先開啟[Storage]頁面，再從選定儲存池的下拉選單之中，點選[Expand Pool]即可進一步開啟如圖 12-38 的確認頁面，一旦點選了[Expand Pool]按鈕，便會將目前磁碟剩餘的所有空間完成擴充。

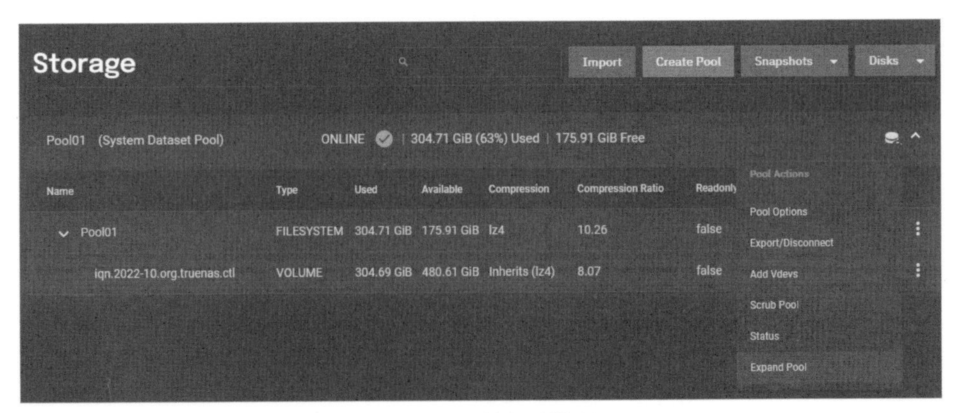

圖 12-37 儲存池管理

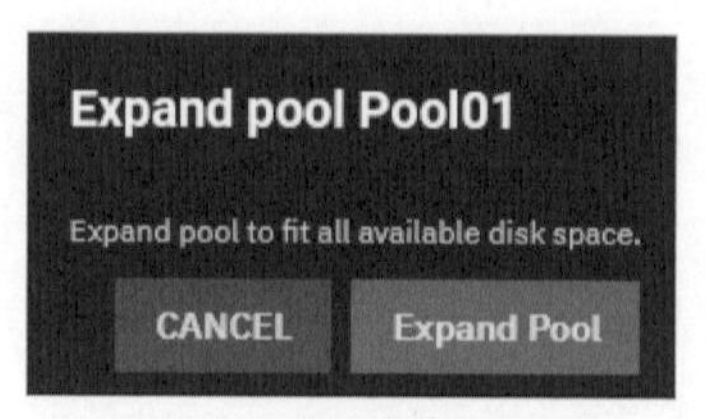

圖 12-38 擴增儲存空間

12.9 擴充 vSphere 資料存放區

在完成了 TrueNAS Scale 實體磁碟的添加以及儲存池空間的擴充之後，接下來就可以回到 vSphere Client 的管理網站之中，針對所有已連接此儲存池的 ESXi 主機，並且已確認空間不足的資料存放區來進行擴充。如圖 12-39 範例，在此筆者選擇了一個名為 TrueNASDatastore 的資料存放區，並按下滑鼠右鍵點選[增加資料存放區容量]繼續。

圖 12-39 資料存放區功能選單

在如圖 12-40 的[選取裝置]頁面中，可以看見目前所連接的 TrueNAS Scale 的儲存池空間配置是 300GB，並且是屬於快閃(Flash)磁碟的類型。在[可擴充]的欄位之中若顯示為[是]，即表示現行的已使用空間是可以繼續擴充的。點選[下一頁]。

圖 12-40 選取裝置

在如圖 12-41 的[指定組態]頁面之中，可以查看到目前已配置的 VMFS 儲存空間是 200GB，可擴充的空白儲存空間則為 100GB，您可以透過[大小增加量]的調整來決定要擴充空間大小。點選[下一頁]。最後在[即將完成]的頁面中，確認上述的設定無誤之後，便可以點選[完成]即可。

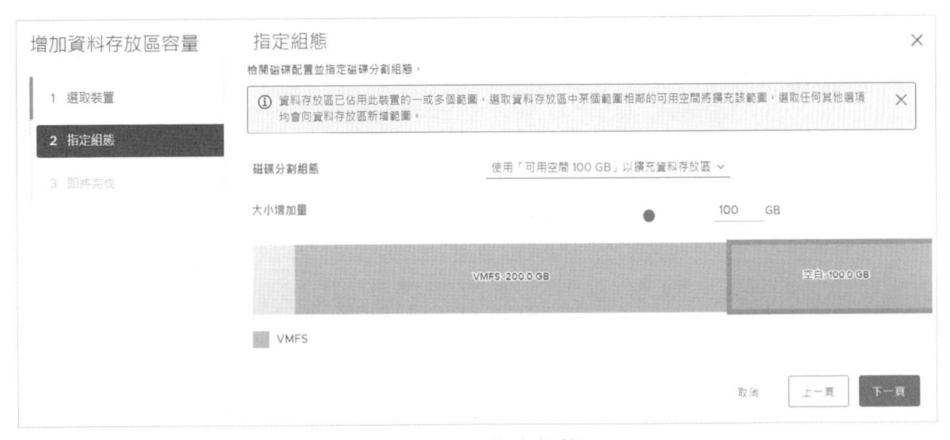

圖 12-41 指定組態

12.10 建立 SMB 共用儲存區

針對我們在 TrueNAS Scale 中所建立的儲存池，不僅可應用在與 vSphere 的各類資料存放區之整合，還可以善用它高效能的 ZFS 檔案系統之特色，來做為虛擬機器或 vCenter Server Appliance 備份的儲存區。接下來筆者以備份 vCenter Server Appliance 為例，看看如何讓 TrueNAS Scale 儲存池成為 vCenter Server Appliance 的遠端備份儲存區。

首先請在 TrueNAS Scale 管理網站中點選至[Storage]頁面，再針對選定的儲存池功能選單中如圖 12-42 點選[Add Dataset]，來建立一個專門用來存放 vCenter Server Appliance 備份的目錄。

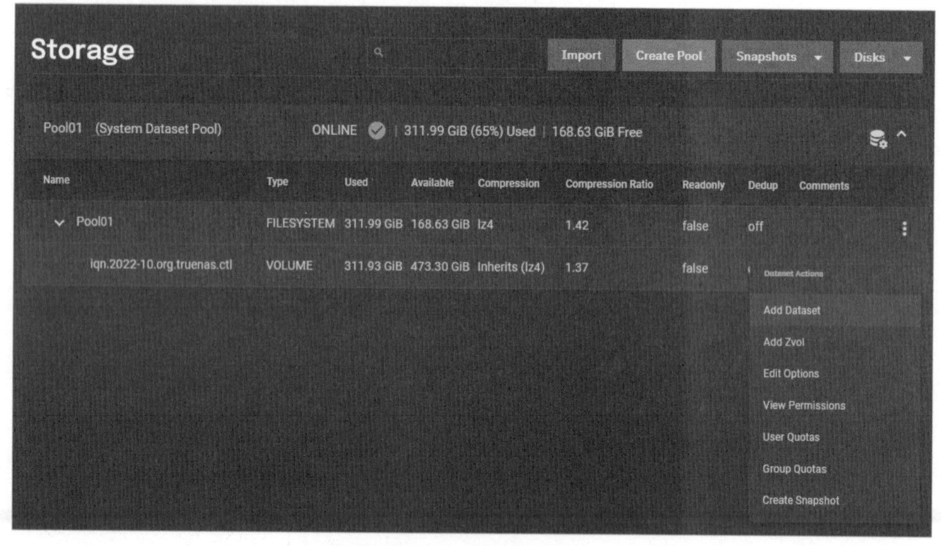

圖 12-42　儲存池管理

在如圖 12-43 的[Add Dataset]頁面中，請先輸入此新目錄的名稱與用途說明，再決定[Other Options]的配置，原則上皆保留預設值即可。點選[Save]。

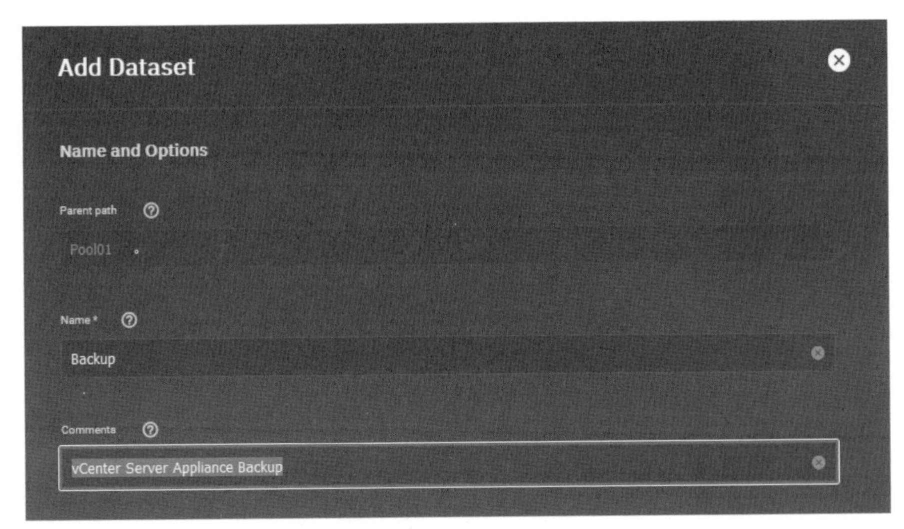

圖 12-43　新增 Dataset

完成了備份存放目錄的建立之後，接下來請點選至如圖 12-44 的[SMB]頁面。在預設的狀態下並沒有任何 SMB 的共享設定。請點選[Add SMB Share]按鈕繼續。

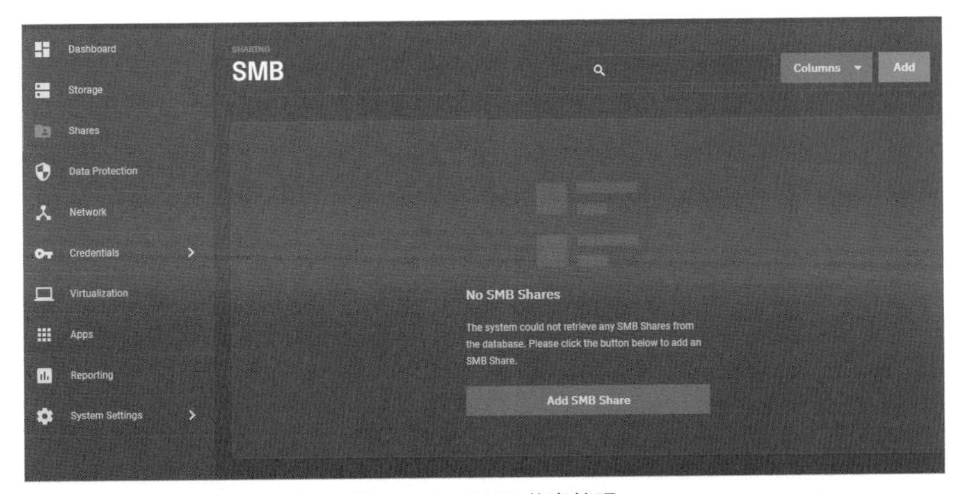

圖 12-44　SMB 共享管理

在如圖 12-45 的[Add SMB]頁面之中，首先請在[Path]的欄位中選定好準備進行共享的目錄，再到[Name]欄位之中輸入共享的顯示名稱。至於要不要立即啟用此共享設定，決定於[Enabled]設定是否已經勾選。點選[Save]。

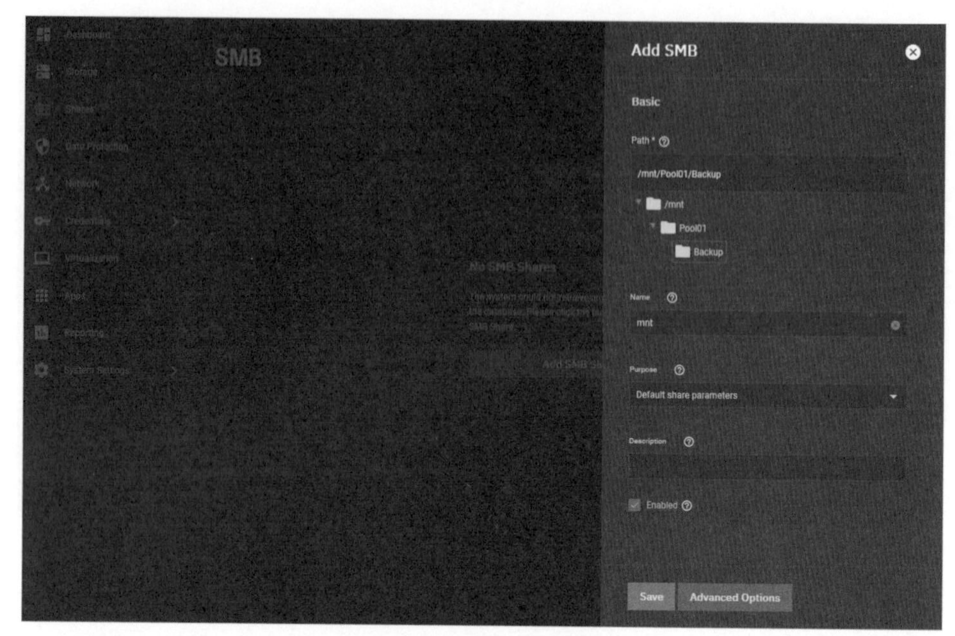

圖 12-45 新增 SMB 設定

完成了備份目錄的共享設定之後，回到[SMB]頁面中請點選共用目錄功能選單中的[Edit Share ACL]。在如圖 12-46 的[Share ACL]頁面中，便可以自訂共享目前的權限配置。點選[Save]。

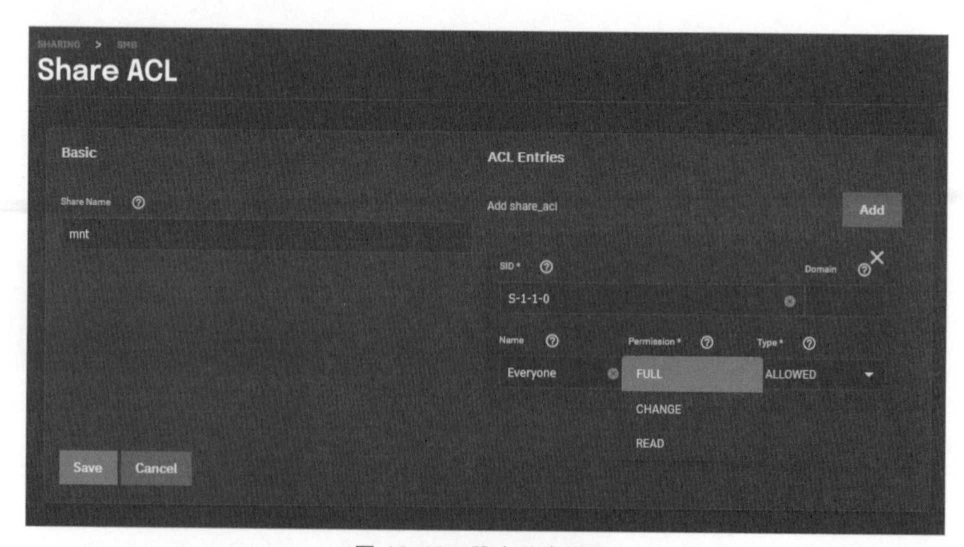

圖 12-46 設定共享權限

關於備份目錄的共享配置，除了需要設定共享的權限之外，還得設定目錄本身的權限配置。請在[Storage]頁面中針對備份的目錄，點選位在功能選單中的[View Permissions]，來開啟如圖 12-47 的[Dataset Permissions]頁面，便可以開始編輯權限配置。

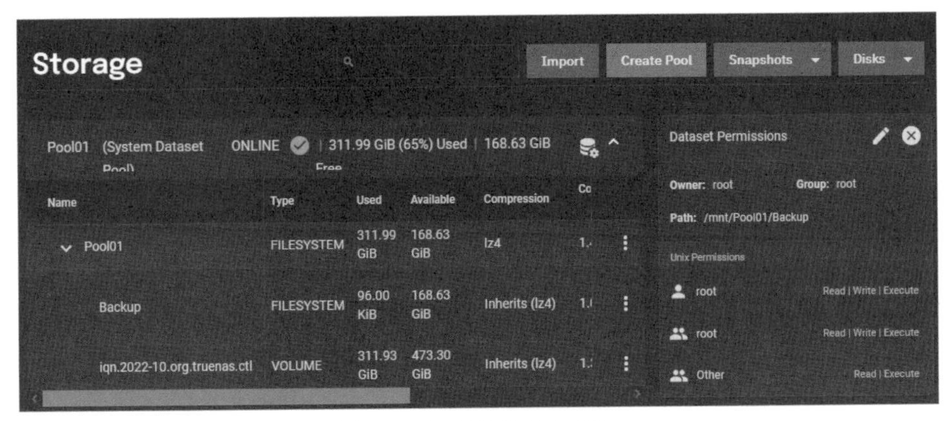

圖 12-47　檢視資料夾權限

12.11 備份 vCenter Server Appliance

完成了備份目錄的共享設定以及相關的權限配置之後，接下來就可以開始來到 vCenter Server Appliance 管理網站，進行備份與排程的設定。請以網頁瀏覽器登 vCenter Server Appliance 的網址，例如：https://vcsa01.lab02.com:5480。其中 5480 是它預設的連接埠。登入後請點選至[備份]頁面，再點選[設定]超連結繼續。

在如圖 12-48 的[建立備份排程]頁面中，請先於[備份位置]欄位中輸入 TrueNAS Scale 的 SMB 共享存放位置(例如：SMB://192.168.7.193/mnt)。在[備份伺服器認證]欄位中，請輸入可以讀寫此共享存放位置的帳號以及密碼，然後設定執行此備份任務的排程週期與時間。

接著在[加密備份(選擇性)]部分，可以設定用以保護此備份檔案的密碼，其密碼的輸入必須至少 8 個字元但不超過 20 個字元，並且至少有 1 個大寫字母、1 個小寫字母、1 個數字以及一個特殊字元才可以。

在[資料庫健全狀況檢查]功能部分請自行決定是否要停用，因為此功能將會增加完成備份所需要的時間，不過卻可以確保備份資料的可靠度。最後在[要保留的備份數目]部分，可以決定要保留所有備份還是僅保留最新的幾個備份。至於是否要備份資料庫中的統計資料(Stats)、事件(Events)和工作(Tasks)以及詳細目錄和組態(Inventory and configuration)的部分可以自行決定。點選[建立]。

建立備份排程

備份位置 SMB://192.168.7.193/mnt
備份伺服器認證 使用者名稱 joviku
密碼 ....
排程 每天 11 : 59 下午 Etc/UTC
加密備份 (選擇性) 加密密碼 ....
確認密碼 ....
資料庫健全狀況檢查 已啟用
要保留的備份數目 保留所有備份
保留最後一個 3 備份
資料 Stats, Events, and Tasks 32 MB
Inventory and configuration 144 MB
大小總計 (已壓縮) 176 MB
取消 建立

圖 12-48　建立備份排程

對於已建立好的備份排程，後續仍可以隨時在[備份排程]的區域中進行修改、停用或是刪除。而在所設定的執行時間尚未到來之前，您也可以如圖 12-49 隨時點選[立即備份]的超連結來手動執行備份任務。

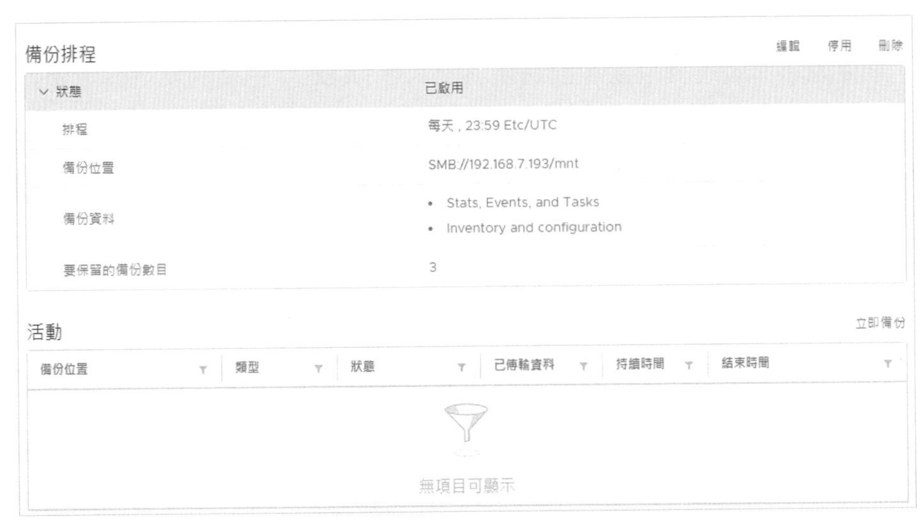

圖 12-49　完成備份排程設定

當成功完成備份之後除了可以查看到備份的位置、類型、狀態、已傳輸資料、持續時間、結束時間等資訊之外，也可以得知連線備份儲存區的帳號名稱以及 vCenter Server 的版本資訊。

最後讓我們開啟 TrueNAS Scale 備份儲存區的共享目錄。如圖 12-50 在此便可以查看到 vCenter Server Appliance 在備份過程之中所自動建立的備份資料夾。只要確保這一些資料夾與其中的檔案完整，並且沒有被任何的人為異動，那麼未來就可以隨時通過相同版本的 vCenter Server 安裝程式，來進行必要的還原任務了。

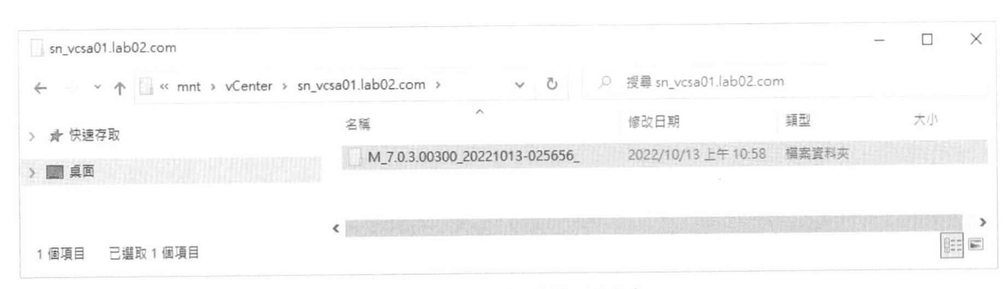

圖 12-50　查看備份檔案

在 vCenter Server 8.0 的備份管理設計中，看起來似乎與前一版沒有太大的差別嗎？其實您可就錯了喔，因為它實際上已增強了還原的機制，那就是避免執行備份後的一段時間內所進行的異動，例如新增了 ESXi 主機至現行的叢集之中，使得當您需要完成此備份時間點的 vCenter Server 配置還原之後，便需要手動重新再一次進行 ESXi 主機的新增設定操作。

在 vCenter Server 8.0 的備份還原機制中，增加了分佈式金鑰庫功能，一旦管理員進行 vCenter Server 的還原操作之時，vCenter Server 便會自動透過分佈式金鑰值來取得最新的叢集狀態和配置，如此一來即便完成了叢集異動配置前的還原操作，也無須再次重新設定叢集的配置。

本章結語

針對開源 TrueNAS Scale 儲存管理的應用，對於中小企業的 IT 而言當然不只是使用在 vSphere 的架構之中，而是可以陸續部署多台的 TrueNAS Scale 主機，來提供不同用途的連線存取需求，這包括了一般檔案伺服器、資料庫備份主機、異地備份主機等等，讓每一台儲存主機都有專責服務的用途，而不是選擇購買一台昂貴的品牌儲存設備來提供所有儲存需求，如此一來不僅更易於管理，也將使得檔案資料的保存風險大幅降低。

13
chapter

vSphere 整合 AOMEI Cyber Backup 實戰指引

對於 IT 人員而言採用實體主機與虛擬機器最大的差異點，就在於平日維護管理上的複雜度。就以系統的備份與還原來說，實體主機不僅不易於管理且復原失敗的風險也高，而虛擬機器由於只是檔案形式的存在，因此不受特殊硬體規格的束縛，只要備份有妥善保存就可以還原至任一相容的虛擬化平台繼續運行。不過即便虛擬機器的備份與還原任務較為容易，但面對沒有內建備份管理工具的 vSphere 8.0 而言，平常該如何做好虛擬機器的備份與還原呢？

13.1 虛擬機器手動備份方案

現今對於企業 IT 各種應用系統的輔導經驗中，無論客戶現行的 IT 環境之中是否已經有部署虛擬化平台，我皆會強烈推薦使用虛擬機器來部署所要導入的應用系統，其中一個最重要的原因就是它易於備份與復原，因為光是這項優點就可以為 IT 部門減少不少維護管理上的負擔與風險。

在運行有資料庫服務的虛擬機器備份策略中，通常我們會先行透過資料庫服務本身的管理工具來建立每日排程備份，再開始建立虛擬機器的每週排程備份，如此一來只要在 Guest OS 可正常運行的狀態下，原則上就不需要使用到虛擬機器的備份來進行還原。萬一發生了 Guest OS 損毀而無法正常啟動時，則只要先還原虛擬機器備份再還原資料庫的備份即可。

由此可見針對一個重要應用系統於虛擬機器中的運行，平日除了需要做好資料的排程備份之外，虛擬機器的備份計劃也是不可少的，只是在 VMware 最新的 vSphere 8.0 虛擬化平台架構中，要如何做好虛擬機器的備份工作呢？

還記得 VMware 官方早在 vSphere 6.7 版本開始就已經不再提供 VDP（vSphere Data Protection）備份方案了，因此 IT 部門必須自行採用手動備份方式，或另尋求適用的第三方解決方案。

關於手動備份 vSphere 虛擬機器的方法有兩種，分別說明如下：

- 下載虛擬機器檔案：在虛擬機器關機的狀態下，可以在 vSphere Client 的網站中開啟資料存放區的瀏覽頁面，然後找到此虛擬機器的資料夾並下載其中的所有檔案或是僅下載 vmdk 檔案即可。未來如果需要將備份的虛擬機器重新上線，只要將完整的虛擬機器檔案上傳至資料存放區，並且如圖 13-1 選定 vmx 檔案來點選[登錄虛擬機器]即可。若僅有備份 vmdk 檔案的狀態下，則必須再重新建立虛擬機器之後再來設定 vmdk 虛擬磁碟的掛接即可。

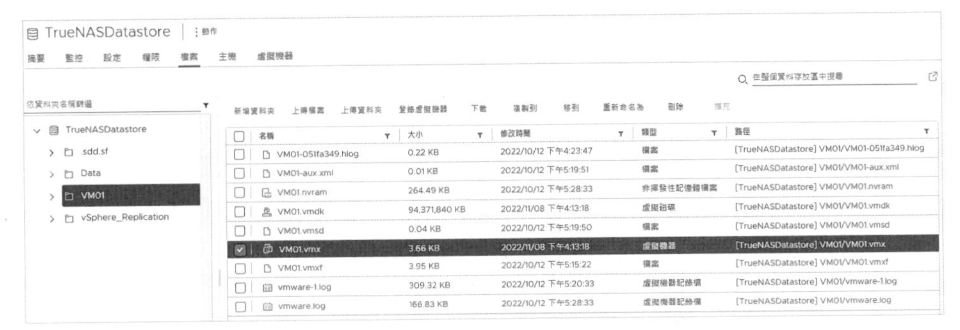

圖 13-1 虛擬機器檔案管理

- 匯出虛擬機器 OVF 範本：在 vSphere Client 的網站中切換至虛擬機器的頁面，再點選位在動作選單中的[範本]\[匯出 OVF 範本]，如圖 13-2 進一步還可以從[進階]選項中自行決定是否要包含 BIOS UUID、包含 MAC 位址，以及包含額外組態。點選[確定]。未來如果需要進行匯入，只要在選定的 ESXi 主機或叢集節點頁面，點選[動作]選單中的[部署 OVF 範本]，再選取所要上傳的虛擬機器檔案以及選定計算資源、儲存區以及網路即可。

圖 13-2 匯出 OVF 範本設定

快照可以取代備份？

若沒有整合第三方的備份系統，可以使用 vSphere 內建的快照功能來取而代之嗎？答案是不可以的，主要原因有以下兩個重點：

- 快照的還原操作需要相依在父虛擬磁碟，若父虛擬磁碟已經不存在則將無法還原。至於虛擬機器備份的還原操作，則可以不需要原始虛擬機器的存在仍可進行。
- 大量快照的建立不僅會占用掉許多的儲存空間，也會影響虛擬機器運行的效能。至於虛擬機器的備份檔案，通常是完全獨立存放在專用的儲存區，因此不會影響現行虛擬機器的運行。

13.2 AOMEI Cyber Backup 簡介

若要採用第三方解決方案，在此筆者秉持推薦有同時提供免費與付費版本的備份方案，方便讀者們在完成部署與使用一段時間之後，再來決定是否因應進階功能面的需要來啟用相關的付費版本。

在 VMware 目前最新的 vSphere 8.0 版本中，筆者主要推薦 AOMEI Cyber Backup 備份方案，主要原因除了它是最早發行支援 vSphere 8.0 的解決方案之外，更重要的是它簡單易用且有提供免費的標準版。以下是它主要的功能特色。

- 永久免費使用：您可以選擇使用免費版本，來保護付費或免費授權的 VMware ESXi 主機。值得注意的是許多第三方備份方案是不支援免費版本的 ESXi 主機，因為它並沒有提供 vSphere Storage APIs 可供備份系統使用。
- 無須安裝代理程式(Agentless Backup)：由於採用主機層級的備份機制，因此管理人員無需特別為每一個要進行保護的虛擬機器，額外安裝第三方的代理程式。
- 採用線上熱備份機制：即便是正在運行中的虛擬機器，也能夠零停機的進行備份，並且可讓備份期間所造成的效能衝擊降至最低。

- 提供中央控制台：無論現行要保護的 vSphere 架構如何龐大，皆可透過 AOMEI Cyber Backup 的直覺化操作界面，來集中管理所有 ESXi 主機中的虛擬機器備份與還原任務。
- 彈性的備份策略選擇：除了提供整台虛擬機器的完整備份，也可以透過排程備份配置來建立增量式或差異式的備份，讓自動化備份的時程更加縮短。
- 可自定義保留原則：對於備份檔案的保存策略，管理人員可以根據不同虛擬機器的重要性，來定義備份數量保留的原則，以騰出更多的備份儲存空間。
- 從任何備份時間點還原：只要所建立的排程皆有確認完成備份，那麼管理員便可以輕鬆地從任何備份時間點還原虛擬機器，而不需要先還原一個完整備份再來還原一連串的備份。
- 分權管理備份系統：擁有最高權限的管理員可以建立多個不同權限的人員帳戶，讓他們可以協助監視備份與還原的運行狀態、管理特定授權的虛擬機器備份與還原、修改系統配置等等。
- AOMEI Cyber Backup 官方下載網址：
  https://www.ubackup.com/enterprise/vmware-backup.html

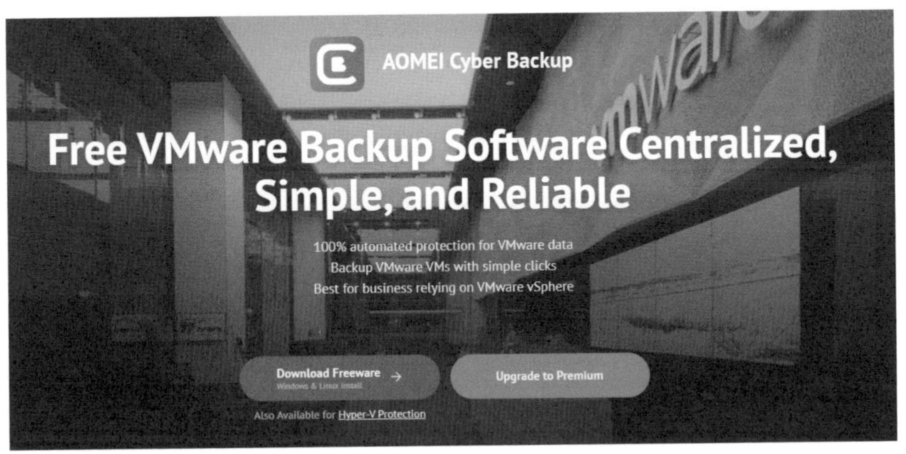

圖 13-3 AOMEI Cyber Backup 下載

13.3 AOMEI Cyber Backup 安裝設定

目前筆者所下載使用的是 AOMEI Cyber Backup 2.1.0 版本，它所支援的虛擬化平台分別是 VMware vSphere 6.0 至 8.0 以及 Windows 8 至 11 與 Windows Server 2012 R2 至 2019 的 Hyper-v。至於管理工具則支援安裝在 Windows 7/8/8.1/10/11、Windows Server 2008 R2/2012/2012 R2/2016/2019、Ubuntu20.04.1 LTS 至 Ubuntu20.04.4 LTS 版本之作業系統。

在此以安裝在 Windows 10 作業系統為例，執行後請點選[Install]按鈕。在如圖 13-4 的[Select Destination Location]頁面中，可透過點選[Browse]按鈕來自訂安裝路徑。點選[Next]。在[Ready to Install]頁面中點選[Install]即可完成安裝。

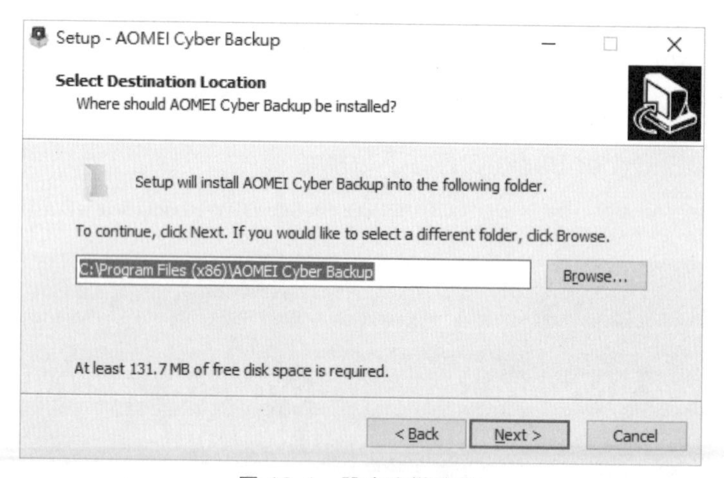

圖 13-4 設定安裝路徑

在完成安裝的頁面中請勾選[Click "Finish" to launch the program]設定。點選[Finish]。必須注意的是對於某一些防毒軟體(例如：Kaspersky)，在啟動 AOMEI Cyber Backup 控制台網站的過程之中，可能會出現如圖 13-5 的自我簽署憑證的警示訊息，點選[繼續]按鈕即可正常開始使用。

圖 13-5 安全警示

如圖 13-6 便是 AOMEI Cyber Backup 控制台網站的登入頁面，在系統預設的狀態下管理員的帳號與密碼皆是 "admin"，正確輸入後點選[Login]按鈕即可。此外，您也可以選擇使用 Windows 本機的管理員帳戶進行登入，只要切換至頁面下方的[Windows Account]來進行登入即可。

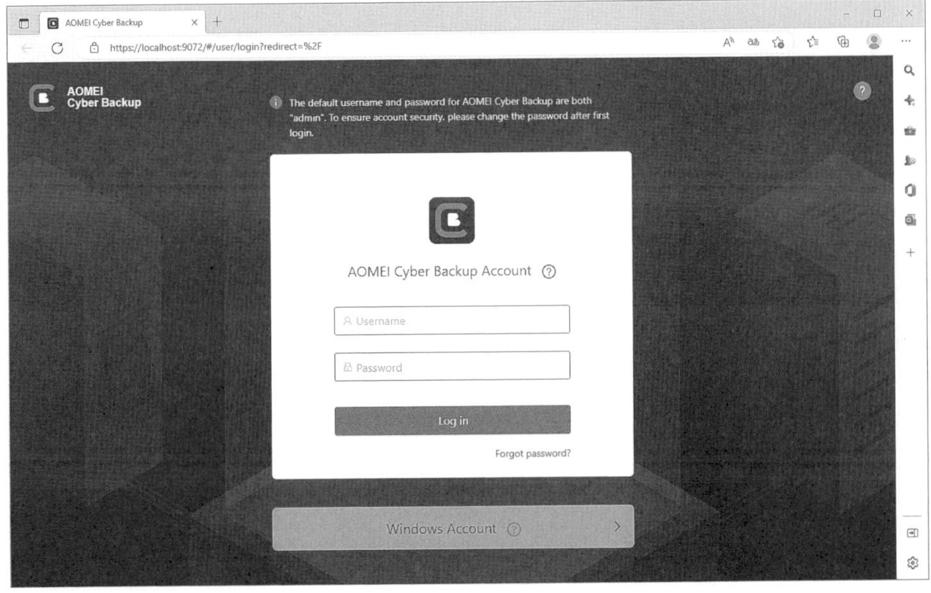

圖 13-6 連線登入 AOMEI Cyber Backup 控制台

成功登入之後便可以在頁面右上方的人員圖示選單之中，如圖 13-7 來使用各項與個人有關的功能，包括設定(Settings)、變更密碼(Change Password)、用戶手冊(User Manual)、反饋(Feedback)、聯繫官方(Contact us)以及登出(Log out)。請點選[Change Password]繼續。

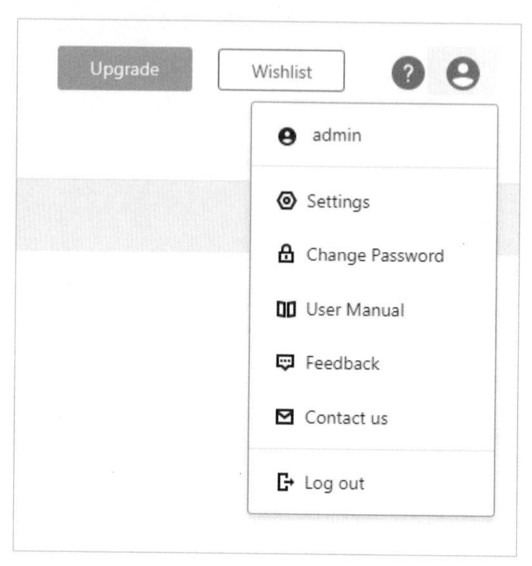

圖 13-7　用戶功能選單

在如圖 13-8 的[Change Password]頁面中，請立即輸入兩次全新的密碼設定，來取代系統預設的密碼。點選[Confirm]。

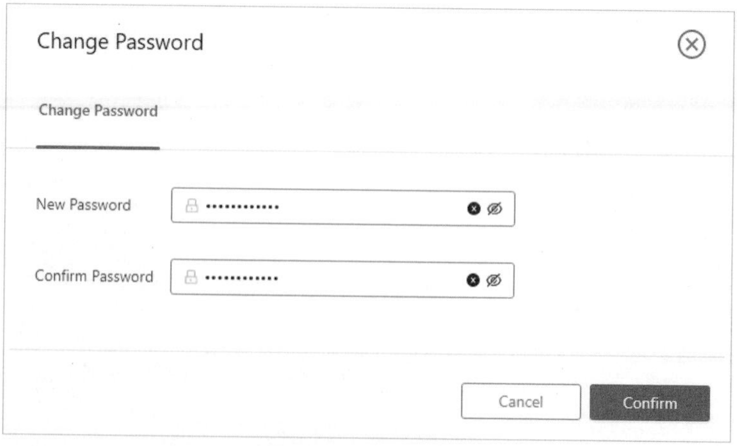

Change Password

Change Password

New Password

Confirm Password

Cancel　Confirm

圖 13-8　變更密碼

13.4 建立 VMware vSphere 設定

在完成了首次的登入與預設管理員密碼的變更之後，就可以開始來設定所要備份的來源虛擬化平台連線。在如圖 13-9 的[Dashboard]頁面中，可以發現系統已經提示我們目前支援了 VMware 以及 Hyper-v 的虛擬化平台。請點選[Add VMware]按鈕繼續。

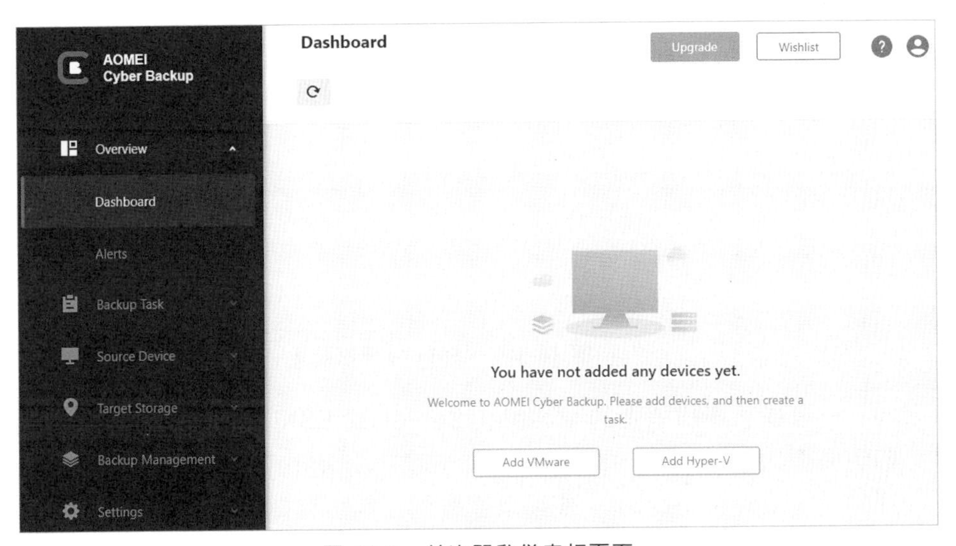

圖 13-9　首次開啟儀表板頁面

在如圖 13-10 的[Add Device]頁面中，請在[Device Information]欄位中輸入 vCenter Server 或獨立運行的 ESXi 主機 IP 位址，再分別輸入管理員的帳號與密碼在[User Information]欄位之中，必須注意的是其中[Device Information]欄位的輸入，目前僅支援 IP 位址並不支援 FQDN 格式的輸入。點選[Confirm]按鈕。

小提示 目前筆者所安裝使用的 AOMEI Cyber Backup 版本，尚不支援連線免費的 ESXi 版本，但仍可以連線與管理評估版本。

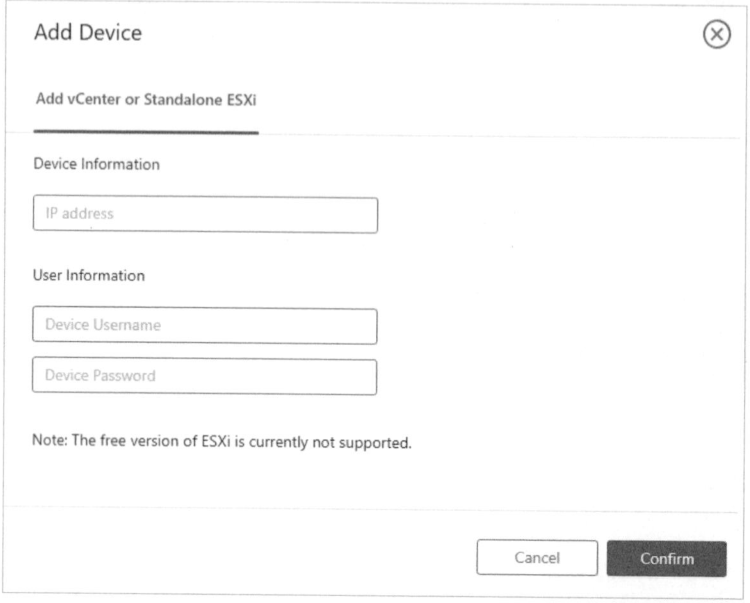

Add Device

Add vCenter or Standalone ESXi

Device Information

IP address

User Information

Device Username

Device Password

Note: The free version of ESXi is currently not supported.

Cancel Confirm

圖 13-10 vSphere 連線設定

一旦成功連線選定的 vCenter Server 或 ESXi 主機之後，系統將會自動切換到如圖 13-11 的[Source Device]\[VMware]頁面。在此若是您所連線的是 vCenter Server，便可以查看到目前所有關聯的 ESXi 主機與虛擬機器清單，未來若有新的 ESXi 主機加入至相同的 vCenter Server 管理之中，則此管理頁面將會自動顯示該 ESXi 主機與旗下所有虛擬機器的資訊。相反的，若您所連線管理的是獨立的 ESXi 主機，則必須自行在此頁面之中透過點選[Add VMware Device]按鈕，來添加更多的 ESXi 主機連線設定。

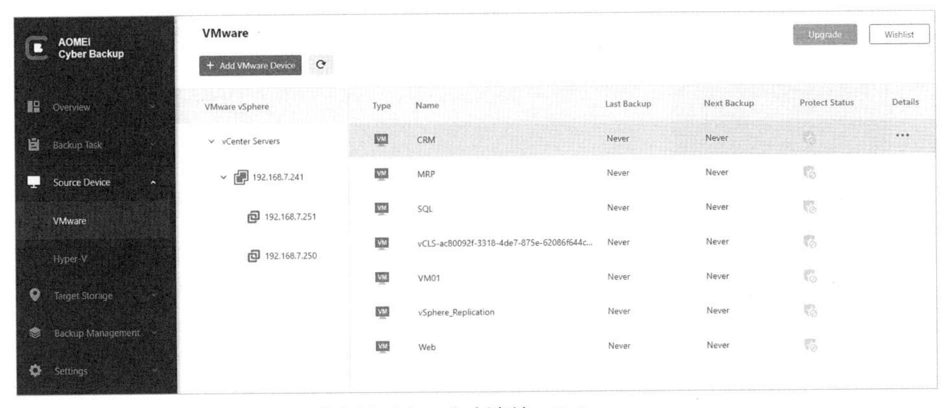

圖 13-11 成功連線 vSphere

請注意！如果所連線的 vCenter Server 評估版授權已經過期，那麼當完成連線之後將無法檢視到任何的 ESXi 主機以及虛擬機器。

13.5 建立備份儲存區

在我們開始新增備份排程設定之前，必須先準備好用來存放備份檔案的儲存區，此備份儲存可以是在本機磁碟路徑或遠端的共用路徑，無論備份儲存區的存放路徑為何，建議可以使用低成本的 HDD 搭配 RAID 1 或 RAID 5 的容錯機制，來保存所有虛擬機器的備份檔案即可。

首先就讓我們來建立一個本機備份儲存區。請點選至如圖 13-12 的 [Target Storage]\[Local Storage]節點頁面。在此可以發現預設的狀態下並沒有任何本機的儲存區可以使用，請點選[Add Target]按鈕繼續。

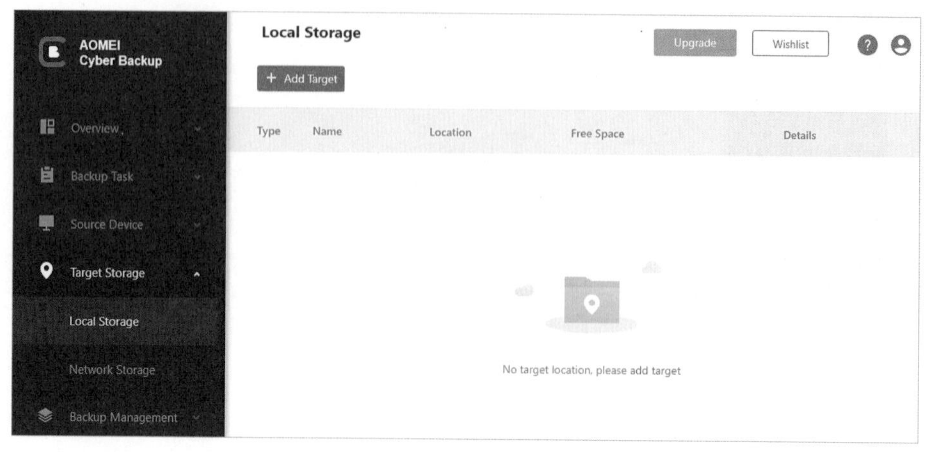

圖 13-12 本機儲存區管理

在如圖 13-13 的[Add Target]頁面中，可以自行展開至任意磁碟的資料夾路徑，來作為存放備份檔案的儲存路徑。點選[OK]。

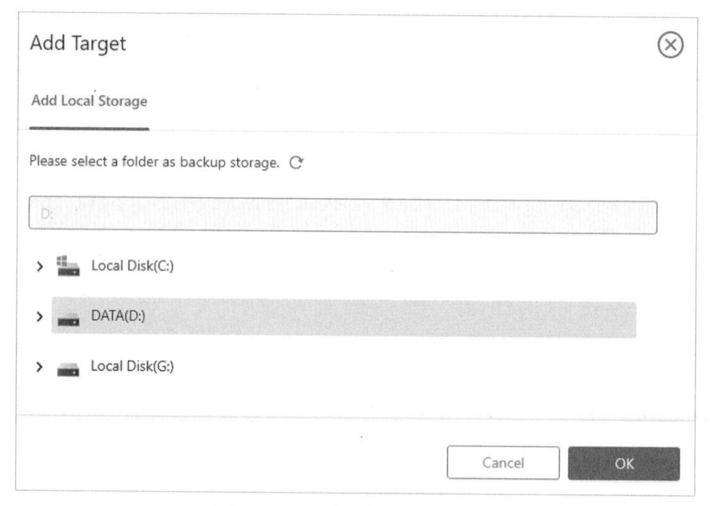

圖 13-13 新增本機儲存區

完成本機備份儲存區的新增設定之後，在[Local Storage]頁面中就可以查看到剛剛所新增的本機備份儲存區，您可以繼續點選[Add Target]按鈕來新增更多本機備份儲存區，以便讓之後的排程備份設定能夠針對不同虛擬機器的備份，來選擇不同的本機備份儲存區，例如您可以把比較重要的虛擬機器備份存放在速度較快的儲存區。

另外，後續您也可以隨時針對任一本機備份儲存區，在如圖 13-14 的功能選單之中點選[View Details]來查看詳細設定資訊，或是點選[Associated Tasks]來查看所有與此備份儲存區相關的備份設定，必要時也可以透過點選[Delete]來進行刪除或點選[Refresh]來重整儲存區狀態資訊。

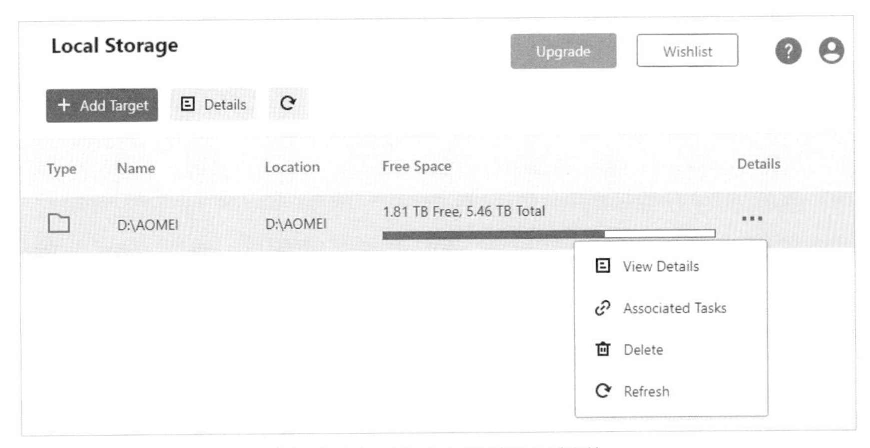

圖 13-14　完成本機儲存區新增

如果您安裝 AOMEI Cyber Backup 程式的電腦僅是一台管理專用的電腦，那麼建議您可以將備份儲存區建立在網路其他主機的共享路徑，只要這一台主機的共享路徑有提供 SMB 連線存取的帳號與密碼，無論是 Windows 或 Linux 作業系統皆可。

請點選至[Target Storage]\[Network Storage]節點頁面，再點選[Add Target]按鈕即可開啟如圖 13-15 的[Add Network Storage]設定頁面。在此必須輸入網路共享的 UNC 路徑，其中主機的輸入可以是主機名稱、FQDN 或 IP 位址。點選下一步的箭頭圖示繼續。

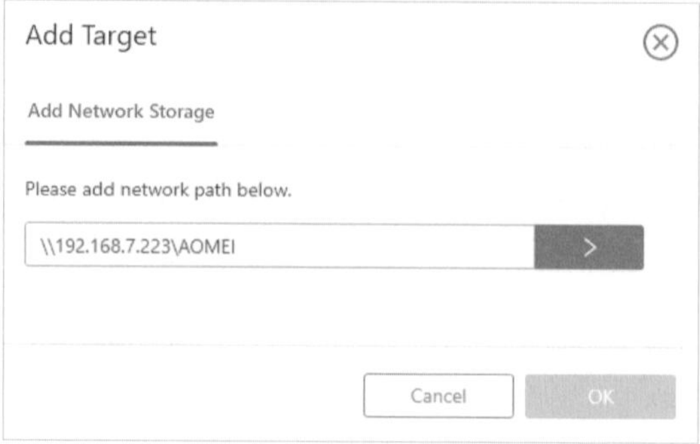

圖 13-15　新增網路儲存區

緊接著在[Authentication]頁面中，請輸入已授權完整讀寫權限的帳號與密碼。點選[Verify]按鈕後若通過權限檢查即可完成設定。值得注意的是在此設定頁面中雖然有提供[Anonymous login]的選項，但是因備份檔案的存放安全考量，筆者並不建議主機端的共享設定啟用匿名存取。

完成網路備份儲存區的新增之後，同樣可以在[Network Storage]頁面中查看到所有已連接的共享儲存區，您可以選定任一個共享儲存區的功能選單，如圖 13-16 來查看詳細資訊、相關任務、執行連線驗證設定、刪除儲存連線設定、重整儲存區狀態資訊。

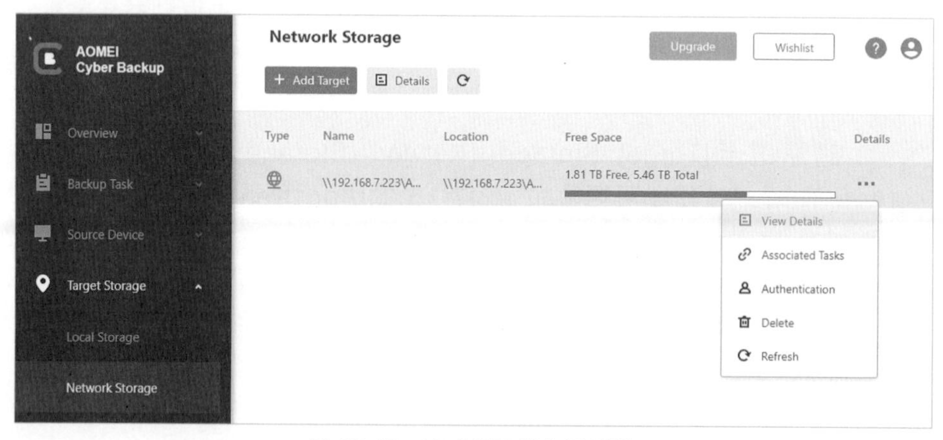

圖 13-16　完成網路儲存區新增

關於 AOMEI Cyber Backup 目前對於本機備份儲存區的管理部分，比較可惜的是尚未提供建立儲存池(Storage Pool)的功能，也就是配置多個磁碟形成一個大儲存池，甚至於進一步提供 RAID 的容錯機制，來確保備份檔案的存放安全。不過沒關係，您只要善用 Windows Server 2012 R2 以上版本，所內建提供的 Storage Space 功能來建立具備容錯機制的儲存空間，同樣可以解決大容量與容錯保護的存放需求。

13.6 管理虛擬機器備份

還記得筆者曾經介紹過一些開源且免費的備份系統，雖然也有提供備份虛擬機器的功能，但若要使用排程備份功能則必須啟用付費版的授權，相較之下 AOMEI Cyber Backup 不但是免費版本，還有提供排程備份功能。

接下來就讓我們來建立一個虛擬機器的備份排程。請在[Backup Task]\[Backup Task]的節點頁面中點選[Create New Task]按鈕，來開啟如圖 13-17 的[Create New Task]頁面。在此首先必須在[Device Type]欄位中挑選[VMware ESXi Backup]，再輸入此排程備份任務的名稱(Task Name)。在[Device Name]欄位中可以點選添加的圖示，來挑選所有要列入本次備份排程的虛擬機器。

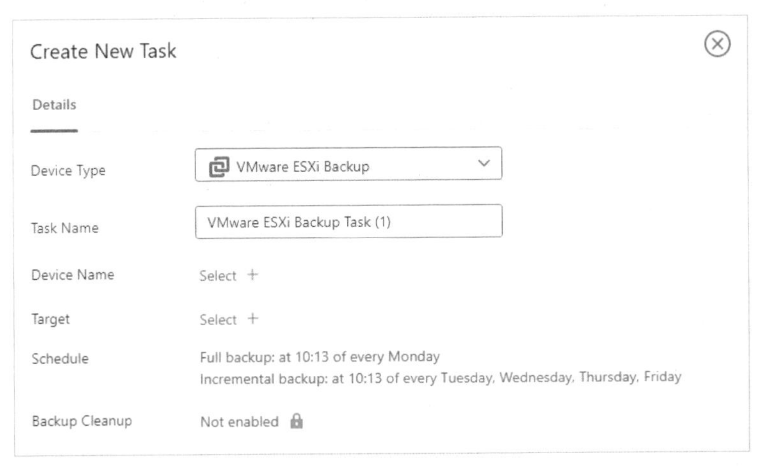

圖 13-17　新增備份任務

緊接著在[Target]欄位中可以點選添加的圖示，開啟如圖 13-18 的[Choose backup Target]的頁面來挑選備份儲存區。在此您除了可以挑選現行的備份儲存區之外，也可以透過點選[Add a new local storage]來新增一個本機備份儲存區，或點選[Add a new network storage]來新增一個網路備份儲存區。在此還必須特別留意每一個備份儲存區的剩餘空間，以免挑選到一個空間不足的備份儲存區，導致後續的備份任務執行失敗。

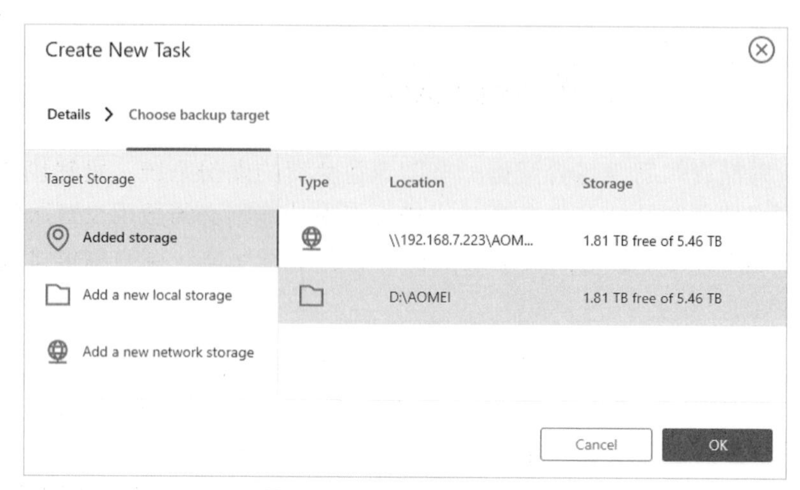

圖 13-18　選擇備份儲存區

在[Schedule]欄位中您可以透過點選預設排程的超連結，來開啟如圖 13-19 的[Set up Backup Schedule]設定頁面。在此您可以先從[Backup Method]欄位之中選擇備份的方式，分別有增量式、差異式以及完整三種備份方式。在[Schedule Type]欄位中則可以選擇排程的類型，可以選擇每月、每周或每日。若是你設定如範例中的增量式每周排程備份方式，將需要進一步設定每一週的哪幾天要使用完整備份以及增量式備份，再設定執行的時間即可。點選[OK]。

如圖 13-20 便是完成新排程備份設定的範例。在此您可能會發現為何其中的[Backup Cleanup]選項無法使用，其實這是因為此功能為付費版本才能夠使用，其功能用途便是讓管理者設定備份檔案的保存期限，以便讓系統能夠自動清除舊的備份檔案，來騰出更多的備份儲存空間。

最後在點選[Start Backup]的按鈕選單中，可以自行決定要在新增備份排程之後立即執行備份任務，還是僅新增排程備份設定即可。至於虛擬機器備份的時間長短則取決於虛擬機器整體的大小，以及當下網路連線的速度與主機的運行效能。

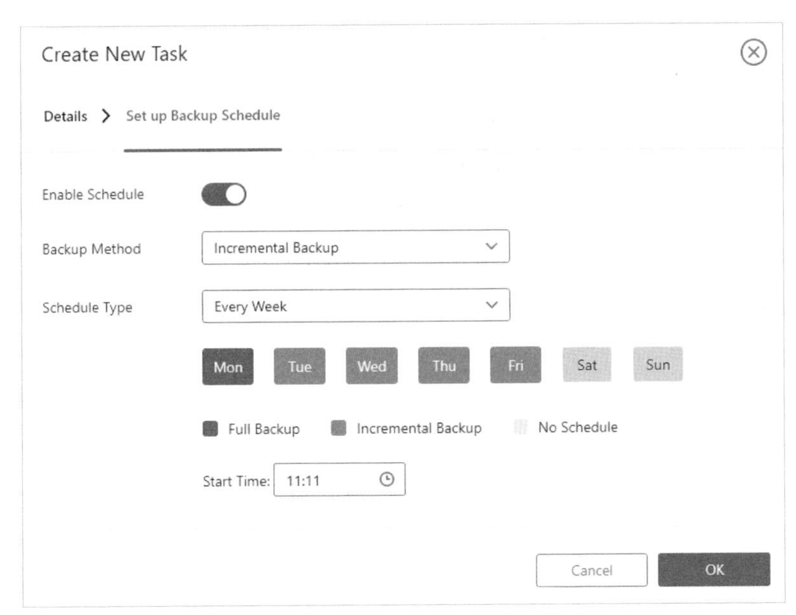

圖 13-19　設定備份排程

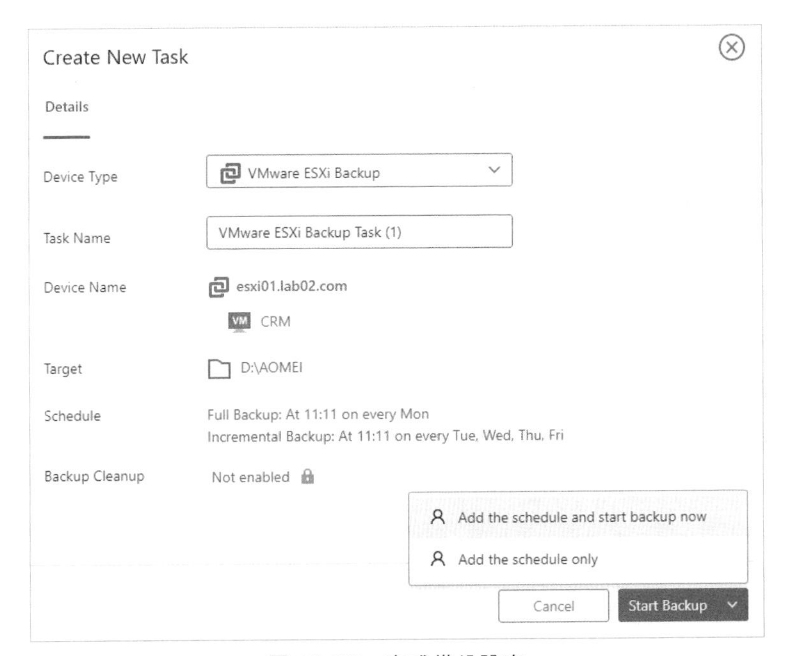

圖 13-20　完成備份設定

再次回到如圖 13-21 的[Backup Task]頁面之後，將可以查看到剛剛所新增的備份排程設定，您可以隨時透過它的功能選單，來開啟[Details]頁面查看詳細的配置資訊，或是針對執行中的備份任務點選[Progress]來查看備份進度，若想要取消現行的備份任務則可以點選[Cancel]，必須注意的是如果是已經執行完畢的備份任務，將不會有[Cancel]選項可以點選，但可以選擇[Delete]來刪除整個選定的備份。如果只是想要修改現行的備份設定，只要點選[Edit]即可。

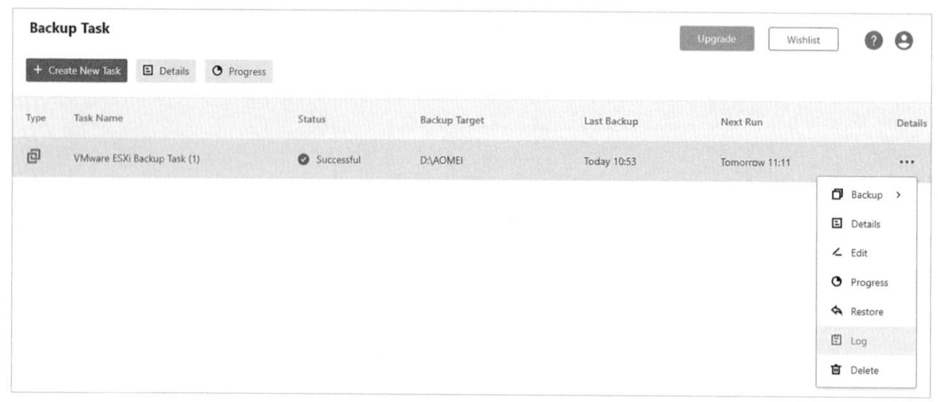

圖 13-21 備份任務執行完成

排程備份任務執行完成之後，後續就可以到如圖 13-22 的[Backup Log]頁面中，來查看所有的備份記錄。管理員除了可以在這個摘要頁面中，查看到關於每一個備份任務的執行結果、選用的備份方式、備份大小、備份花費的時間以及備份的執行時間之外，還可以透過[Details]圖示的點選來查看更完整的詳細記錄，包括了備份的虛擬機器清單、使用的備份儲存區等資訊。

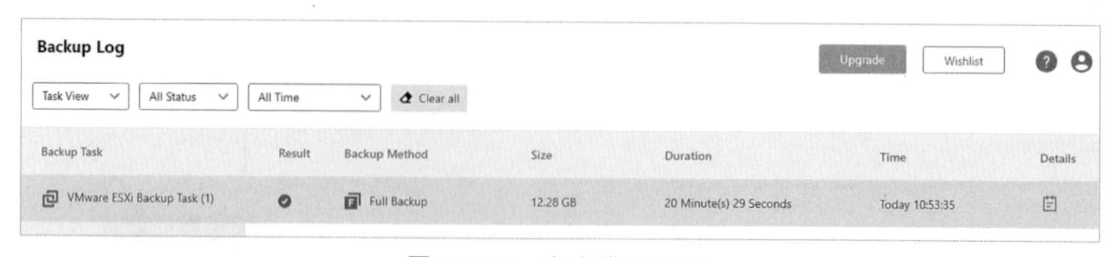

圖 13-22 查詢備份記錄

關於備份任務的管理，相信許多 IT 人員可能會有一點疑惑，那就是對於現行已經建立好的各種備份排程任務，是否一定得等到排程的時間到來才能夠進行備份呢？當然不是，其實您只要點選至如圖 13-23 的[Backup Task]頁面，便可以針對任一排程備份任務，透過[Backup]的子選單來立即執行完整式備份(Full Backup)、增量式備份(Incremental Backup)或差異式備份(Differential Backup)。

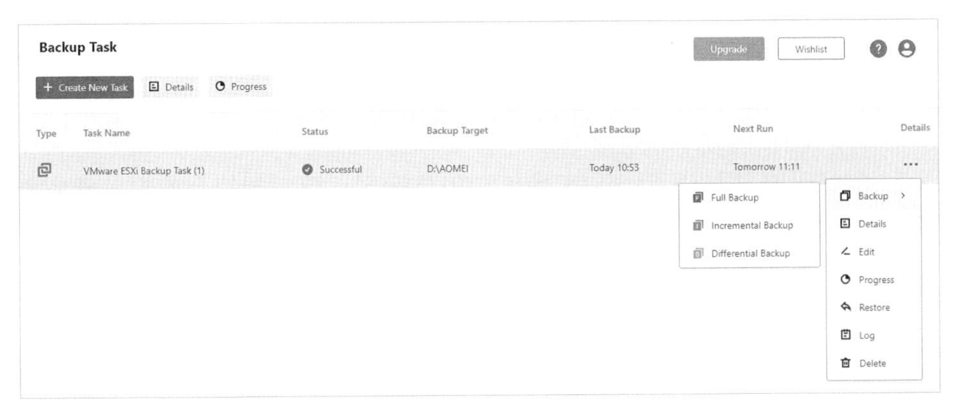

圖 13-23　手動執行增量備份

13.7 復原虛擬機器

當受保護的虛擬機器因為 Guest OS 無法正常啟動、更新後無法正常使用、系統損毀或儲存設備故障等因素，皆可以經由備份檔案的還原操作，讓原有的虛擬機器恢復正常運行。

首先請點選至如圖 13-24 的[Backup Management]\[History Versions]頁面，便可以針對選定的備份查看到所有的歷史版本，您可以從所選定的版本功能選單之中點選[Restore]繼續。

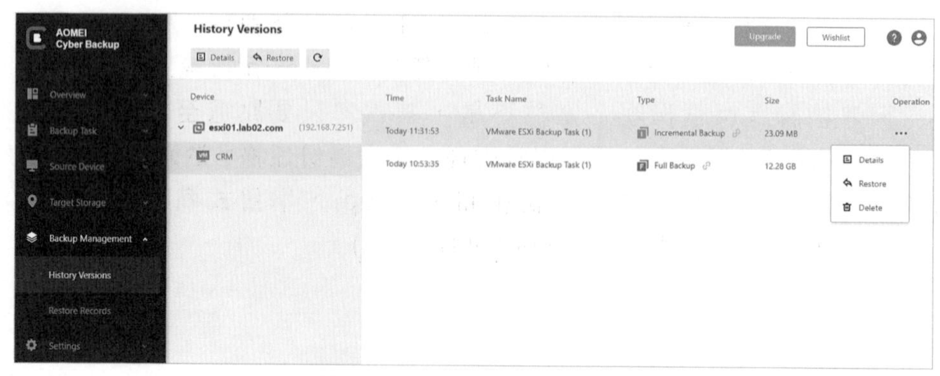

圖 13-24　備份歷史版本管理

在如圖 13-25 的[Start Restore]頁面中，除了可以查看到此備份的來源主機以及虛擬機器之外，還可以從[Restore to]的下拉選單欄位之中，選擇要將備份還原至原始位置(Restore to original location)或還原至新的指定位置(Restore to new location)。確認設定之後請點選[Start Restore]按鈕。

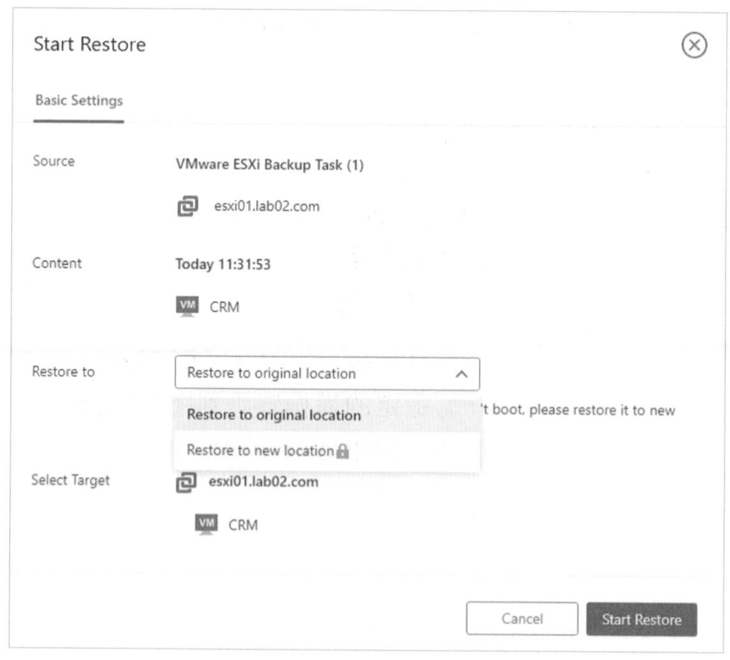

圖 13-25　虛擬機器還原設定

在上一個步驟操作中若您選擇了[Restore to original location]設定，則在執行復原操作後將會出現一個警示的確認提示，其內容主要是告知管理員對於復原目標的現行虛擬機器必須先完成關機操作，如此虛擬機器在復原的過程之中才能夠順利進行覆寫。

至於虛擬機器復原的時間長短則取決於備份檔案的大小，以及當下網路連線的速度與主機本身的運行效能。在完成虛擬機器的復原任務之後，後續就可以在[Backup Management]\[Restore Records]頁面之中，如圖 13-26 針對選定的復原記錄來查看詳細的虛擬機器復原資訊。當復原記錄數量很多時，您也可以考慮刪除掉一些較舊的記錄。

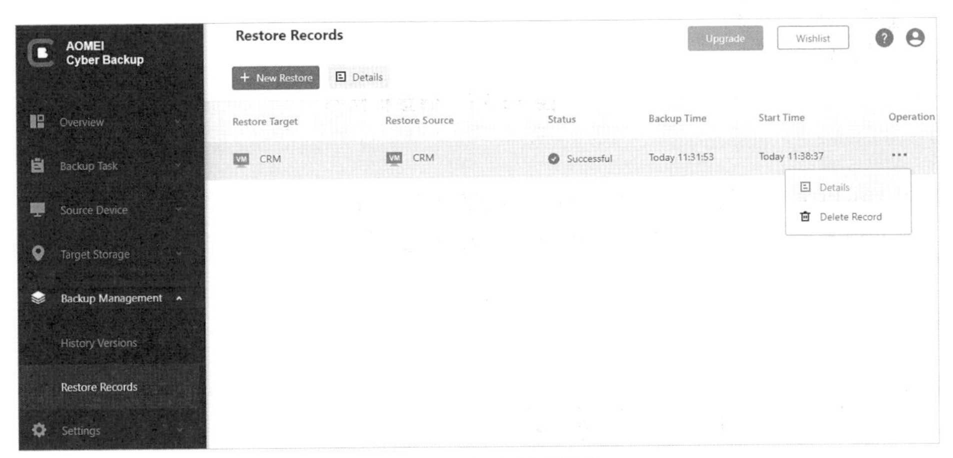

圖 13-26　查詢還原記錄

在我們陸續完成了備份儲存區、虛擬機器備份任務、虛擬機器復原任務之後，往後只要導覽至如圖 13-27 的[Dashboard]頁面，便可以查看到各項的統計資訊，包括了總體備份的大小、版本數量、受保護的虛擬機器數量、每日任務執行結果統計、備份儲存區空間狀態、各項任務狀態統計、錯誤記錄清單等等。您可以透過[Manage View]的點選，來自定義所要顯示的小工具(Widget)。

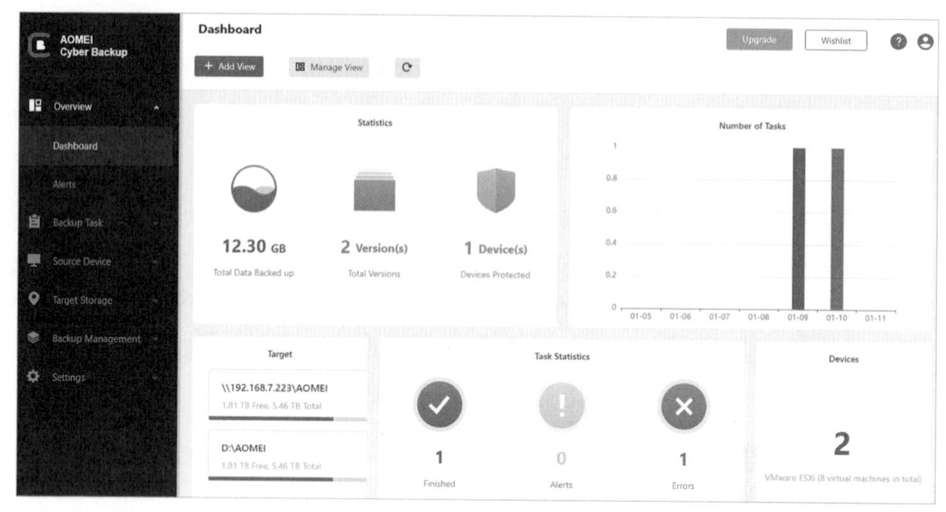

圖 13-27　儀錶板網站

小提示　關於本文中所介紹的 AOMEI Cyber Backup 版本，目前尚未提供虛擬機器的精細復原，以及個別虛擬磁碟的復原功能。

13.8 系統進階管理

針對 AOMEI Cyber Backup 網站最高權限的管理員而言，除了必須掌握各項備份與還原任務的運行狀態之外，對於系統本身各項進階配置也必須熟悉，如此才能夠真正管理好整個 vSphere 備份系統的運行。接下來就讓我們一起來學習一下，有關於此系統的幾項重要管理設定。

首先請點選至[Settings]\[System Settings]頁面。如圖 13-28 在此請確定已勾選[Automatic Logout]選項，並設定當管理員在此網站閒置多久之時(建議 15 分鐘)，將自動進行此帳號的登出以確保管理上的安全。點選[Save]。

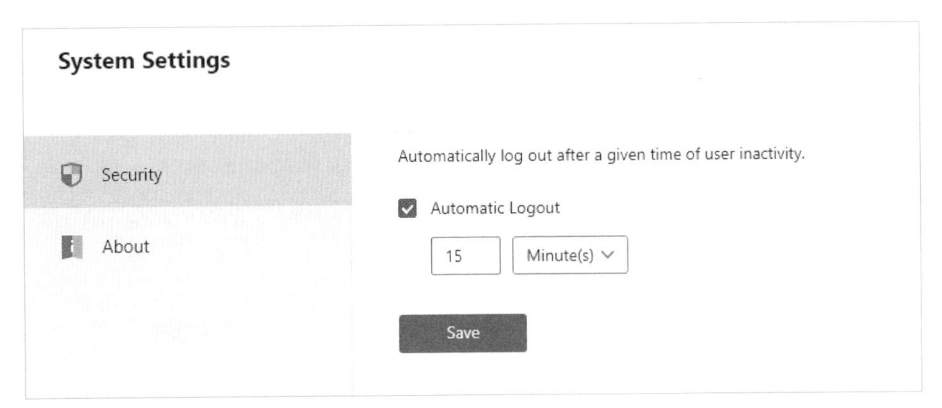

圖 13-28　自動登出設定

接著請點選至[Settings]\[Operation Log]頁面。如圖 13-29 在此將可以針對您所選定的記錄類型與時間，來搜尋出在選定期間內所有管理員的操作記錄，例如您想知道負責管理虛擬機器還原的人員，在這個月內所執行的還原任務有哪些。必要時還可以點選[Clear all]來清除所有的系統記錄。

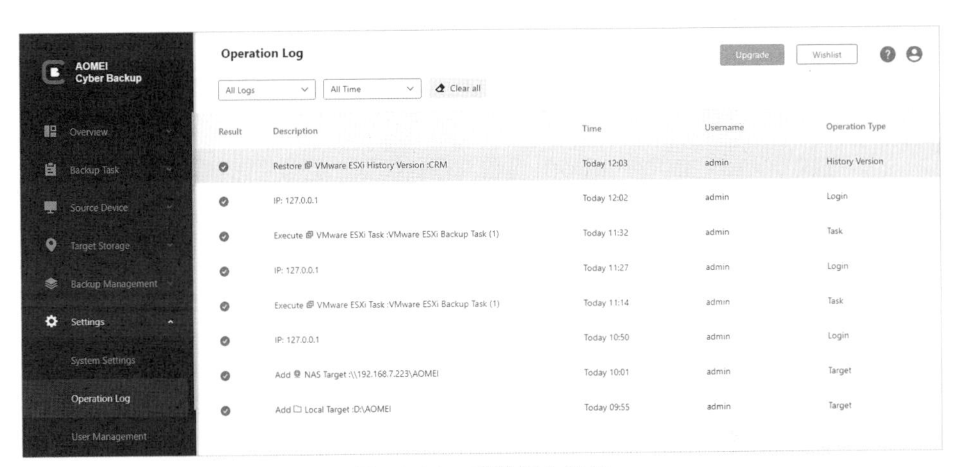

圖 13-29　系統操作記錄

當 IT 部門所管理的是一個中大型的 vSphere 架構時，除了需要同時有多位管理員來維護 vSphere 的運行之外，對於備份系統而言也同樣需要多位管理員來進行分工合作，例如有人負責監視每日的運行狀態，有人則負責管理各虛擬機器的備份，而當需要進行虛擬機器的復原任務，則交由另一位專責的人原來處理。

關於 AOMEI Cyber Backup 的帳號管理，請點選至[Settings]\[User Management]頁面。如圖 13-30 在此首先您可以針對現行的任何帳號，透過功能選單來進行密碼的重置(Reset Password)、編輯角色(Edit Role)設定以及刪除帳號(Delete Account)。在系統預設的狀態下，僅會有一個 admin 的管理員帳號，若要新增更多帳號請點選[Create account]按鈕繼續。

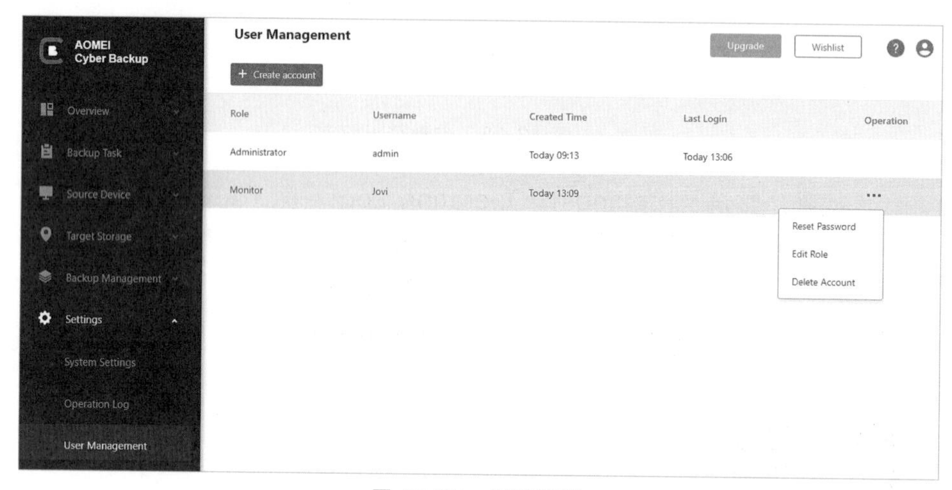

圖 13-30 帳號管理

在[Account Information]頁面中請輸入一組全新的帳號名稱以及兩次的密碼設定。點選[Next]。在如圖 13-31 的[Sub-account Details]頁面中，可以從[Role]下拉選單的欄位之中挑選此帳號要擔任的角色，分別有檢視者(Viewer)、監視者(Monitor)、備份操作員(Backup Operator)以及復原操作員(Restore)。

- 檢視者(Viewer)：唯一僅能檢視儀表板頁面、異常事件、作業系統設定以及帳戶資訊。
- 監視者(Monitor)：具備檢視者的權限以及能夠檢視任務、來源裝置、目標備份儲存區以及備份管理資訊。
- 備份操作員(Backup Operator)：具備監視者的權限以及能夠管理備份任務、管理來源裝置設定、檢視和刪除歷史備份版本。
- 復原操作員(Restore)：擁有備份操作員的權限以及能夠管理目標備份儲存區、管理歷史備份版本、管理系統運行記錄。

查看了上述的四大角色清單，大家可能會好奇怎麼少了最高權限的管理員(Admin)角色呢？其實主要原因是目前系統僅允許一個內建的管理員帳號，或是使用 Windows 的本機管理員來進行登入，也唯有這個管理帳號才能夠進行其他用戶帳號的管理與產品金鑰設定。

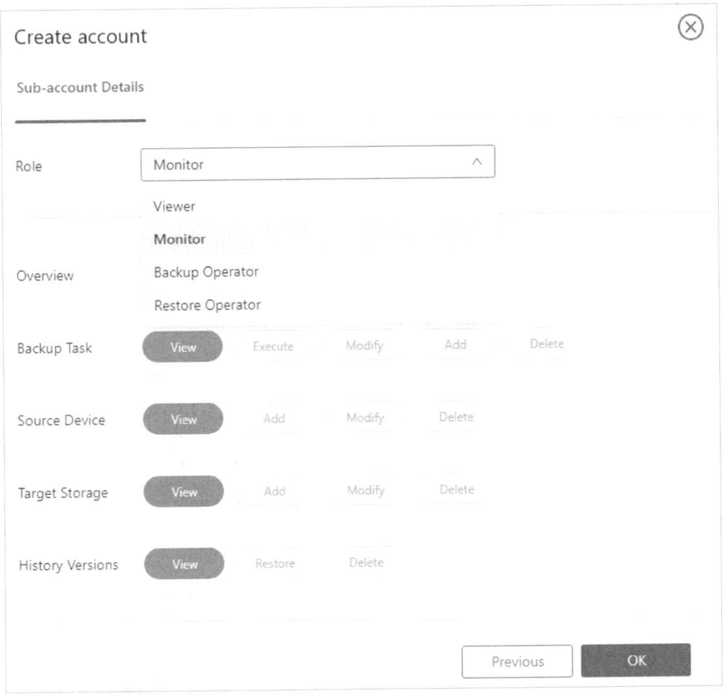

Create account
Sub-account Details
Role　Monitor
Viewer
Monitor
Backup Operator
Restore Operator
Overview
Backup Task　View　Execute　Modify　Add　Delete
Source Device　View　Add　Modify　Delete
Target Storage　View　Add　Modify　Delete
History Versions　View　Restore　Delete
Previous　OK

圖 13-31　新增帳號設定

大多數的備份管理系統都會有提共 Email 通知功能，以便讓管理員能夠在第一時間掌握到備份排程運行的狀態是成功還是失敗。可惜的是本文範例中的 2.1.0 版本還尚未提供此功能，根據官方的最新消息此功能將於後續的版本中釋出。

13.9 如何更新 AOMEI Cyber Backup

還記得前面筆者有提及到目前所安裝的 AOMEI Cyber Backup 2.1.0 版本，還無法連線免費版本的 ESXi 主機，以及尚未提供 Email 通知的功能。此時若您透過[Settings]\[System Settings]節點的[About]頁面中點選

[Check for updates]按鈕，便會開啟如圖 13-32 的更新檢查結果，只要下載 2.3.0 以後的更新版本並完成安裝，便可獲得上述的兩項新功能。

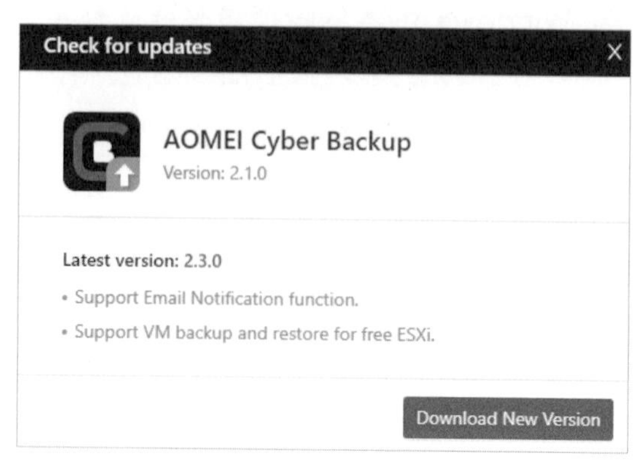

圖 13-32 檢查更新

在完成新版本的更新安裝之後，再重新開啟[Settings]\[System Settings]節點頁面，便會發現多了一個[Email Notification]頁面。在此您只要先勾選[Enable email notifications]設定，便可以選擇發送 Email 通知的服務類型，分別有 Gmail Server、Hotmail Server、Custom SMTP Server 三個選項。

如圖 13-33 筆者以[Custom SMTP Server]配置為例，只要依序完成 SMTP Server 位址、加密類型以及登入者的 Email 地址與密碼，即可立即在[Recipients]欄位中輸入最多 10 位收件者的 Email 地址，並且點選[Sending test email]按鈕來進行收信測試。

確定可以正常收到測試郵件之後，建議至少勾選[Send email notification when task is abnormal]設定，以便可以收到任務執行異常的通知，若想要進一步收到備份排程任務的完成通知，則可以將[Send email notification when task backup is successful]設定勾選。

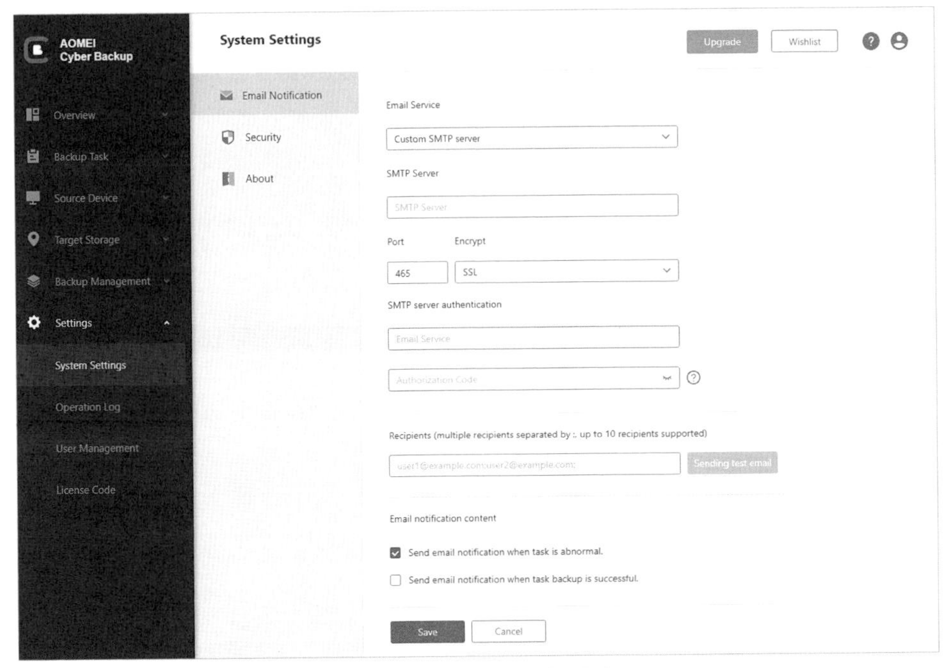

圖 13-33　Email 通知設定

13.10 備份 vDS 與分散式連接埠群組組態

虛擬機器的故障可以藉由備份來還原，但是對於中大型的 vSphere 架構而言，由於 ESXi 的主機數量也相當多，因此往往會善用 vDS(vSphere Distributed Switch)來管理網路配置，而不是採用 vSS(vSphere Standard Switch)配置方式來逐台設定，若是如此管理人員就必須懂得如何隨時做好 vDS 的備份與還原。

請開啟 vSphere Client 網站並點選至 vCenter Server 節點的[網路]頁面。在如圖 13-34 的[Distributed Switch]子頁面之中，可針對選定的 Distributed Switch 按下滑鼠右鍵點選[設定]\[匯出組態]，如此一來您便可以透過匯出功能設定，來將 Distributed Switch 與分散式連接埠群組組態，匯出到某個選定的檔案之中，由於該檔案將會保存現行的網路組態，因此未來便可以將這一些組態重新匯入並應用在不同的部署需求，而這一項需求可以是在相同或不同的 vSphere 架構之中。

小提示 您所部署的 VMware vSphere 必須擁有 Enterprise Plus 以上版本的授權類型，才能夠使用 Distributed Switch 管理功能。

圖 13-34 Distributed Switch 右鍵選單

在如圖 13-35 的[匯出組態]頁面中，您可以自由選擇匯出時[僅限 Distributed Switch]還是要[Distributed Switch 和所有連接埠群組]。點選[確定]。

圖 13-35 匯出組態設定

除了匯出整個 Distributed Switch 配置之外，您也可以如圖 13-36 在[分散式連接埠群組]子頁面中，透過將選定的分散式連接埠群組的組態匯出到檔案，這樣一來此組態檔案會保存現行各項網路的組態，未來您一樣可以善用這些一些組態檔案，來應用在 vSphere 架構中下的其他 Distributed Switch 部署需求。

圖 13-36 備份分散式連接埠群組

13.11 還原 vDS 與分散式連接埠群組組態

只要您曾經匯出過 Distributed Switch 的組態檔案，便可以在 vSphere Client 網站的資料中心節點上，按下滑鼠右鍵並點選[Distributed Switch]\[匯入 Distributed Switch]功能，如圖 13-37 來匯入已事先保存好的 Distributed Switch 組態檔案。此操作將可以協助我們快速建立新的 Distributed Switch，或直接還原之前已被刪除的 Distributed Switch。

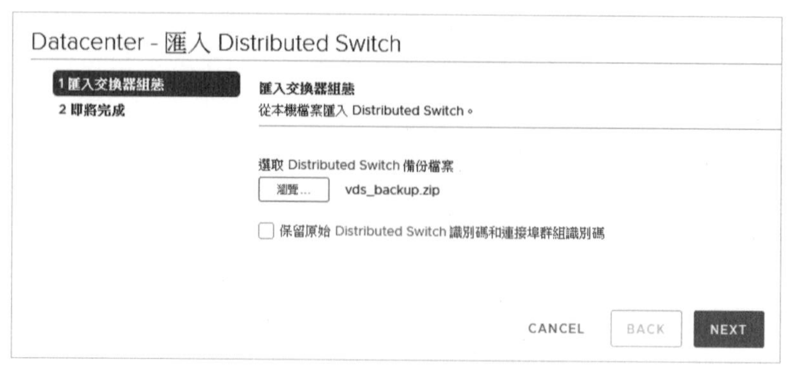

圖 13-37　匯入 Distributed Switch

同樣的您也可以透過使用匯入功能，從保存的分散式連接埠群組的組態檔案，來還原或建立新的分散式連接埠群組，只要如圖 13-38 先選定 Distributed Switch，再按下滑鼠右鍵點選[分散式連接埠群組]\[匯入分散式連接埠群組]即可。

圖 13-38　匯入分散式連接埠群組

若您是透過使用還原選項，則執行結果將會與使用匯入方式有所不同，因為它將會使得現行 Distributed Switch 的組態重新設定為備份組態檔案中的設定，而不是產生一個新的組態。怎麼做呢？很簡單，請在[Distributed Switch]子頁面中，針對選定的組態按下滑鼠右鍵並點選[設定]\[還原組態]，便會開啟如圖 13-39 的[還原交換器組態]頁面。在此請點選[瀏覽]按鈕來載入匯出的備份檔案，再選擇僅還原 Distributed Switch 或是要包含所有連接埠群組。點選[NEXT]按鈕完成設定即可。

圖 13-39　還原 Distributed Switch

如果您只是想還原 Distributed Switch 中特定的分散式連接埠群組，則可以改切換至[分散式連接埠群組]的子頁面中，針對選定的組態按下滑鼠右鍵並點選[還原組態]，便會開啟如圖 13-40 的[還原連接埠群組組態]頁面。請在[從檔案還原組態]的選項之中，點選[瀏覽]按鈕來載入先前已匯出的分散式連接埠群組備份檔案，再點選[NEXT]按鈕來完成設定。如此便可以將選定的分散式連接埠群組，重新設定為備份組態檔案中的設定。

DPortGroup - 還原組態

1 還原連接埠群組組態
2 即將完成

還原連接埠群組組態
從先前的組態或從檔案還原分散式連接埠群組。

還原為先前的組態
從檔案還原組態:
瀏覽... DPortGroup-backup.zip

CANCEL BACK NEXT

圖 13-40 還原分散式連接埠群組

本章結語

雖然從 vSphere 不再提供自家的虛擬機器備份方案之後，已經有許多第三方的整合備份方案問市，但是截至目前為止各家的產品皆僅有提供自己的管理控制台，而沒有進一步藉由 API、插件(Plug-in)、小工具(Widget)的整合方式，將主要的功能操作選項融入至 vSphere Client 管理介面之中，以至於讓負責維運的 IT 人員無法藉由一致性的操作體驗，使得虛擬機器備份與還原的管理變得更加簡單。

為此筆者認為若想要真正減輕 IT 人員的負擔，對於第三方的協力廠商而言在整合設計上，如果能夠僅將初始與進階配置部分，要求在自家的管理控制台介面中來完成，而日常的維護功能(例如：右鍵備份、還原、備份資訊檢視)則回歸到 vSphere Client 網站之中，相信如此一來肯定可以獲得更多 IT 人員的青睞。

14

chapter

vSphere Replication 虛擬機器複寫備援實戰

IT 部門若想要輕鬆做好 vSphere 的維運管理，最重要的就是在系統剛完成部署的初期，預先建立備援以及備份的安全機制。其中備援部份除了有 HA(High Availability)與 FT(Fault Tolerance)兩種功能可以選擇之外，還可以啟用 vSphere Replication 的非同步複寫機制，來確保重要虛擬機器的異機複本，能夠隨時在緊急的時刻進行快速復原，讓虛擬機器的安全添加一層保障。

14.1 簡介

以往採用實體主機的架構規劃時，想要做好異機或異地的備援與備份皆是相當不容易的。如今在以虛擬機器架構為主的 IT 世界中，由於異機與異地的備援備份技術已經變得相當普遍與容易，因此許多 IT 部門開始懂得善用虛擬機器的特性，來將眾多的資料庫系統、應用程式以及服務分散在多個不同的虛擬機器中來運行，以達到分散運行風險的目標。

在 VMware vSphere 的架構之中，想要建立與管理數以千計的虛擬機器是相當容易，只是對於其中一些較重要的虛擬機器，該如何做好異機或異地的備援與備份呢？首先在備份部分，打從 vSphere 6.7 版本開始官方便已經不再提供自己的解決方案 VDP(vSphere Data Protection)，因此必須自行去挑選第三方所支援的備份軟體。但是在異機或異地的備援解決方案部分，則仍有自家的 vSphere Replication 可以使用。

其實 vSphere Replication 所建立的異機或異地的備援方式是相當容易明白的。在異機的備援需求部分，僅需要在同一個 vCenter Server 執行個體的架構下，來配置 ESXi 主機中的虛擬機器複寫，並決定存放複本的 ESXi 主機與資料存放區，配置過程中再設定復原點目標(RPO，Recovery Point Objective)即可。至於異地的備援架構部分，則可以選擇在不同的分支辦公室建立各自的 vCenter Server 執行個體，如此一來就可以進行跨站台(Site)的虛擬機器複寫配置了。

VMware 最新推出的 vSphere Replication 8.6 除了相容於 vSphere 8.0 的運行之外，也增加與改善了一些功能設計，分別說明如下：

- 可複寫 vSAN Express Storage 資料存放區上的虛擬機器。
- 對於 vSphere 8.0 與更新版本以及 VMware Cloud on AWS SDDC 1.20 版與更新版本的 vCenter Server 執行個體，可支援最多 4000 個複寫的虛擬機器。
- 可呼叫整合 vSphere Replication REST API 來設定虛擬機器複寫，並且可以對於複寫配置進行啟動、停止、暫停、恢復以及刪除等動作，並可選擇是否保留複本磁碟。

小提示 vSphere Replication 8.6 也相容於舊版的 vSphere 7.0，包含了 vCenter Server 7.0 所支援的 ESXi 版本。

如同過去版本一樣想要部署 vSphere Replication，必須先查詢此版本所相容的 vCenter Server 以 ESXi 主機。從如圖 14-1 的官方網站查詢結果中，可以得知 VMware vSphere Replication 8.6 僅相容於 VMware vCenter Server 7.0 以上版本，若您進一步去查詢它與 VMware vSphere Hypervisor (ESXi)的相容性時，也同樣會發現它僅相容於 ESXi 7.0 以上版本，因此後續在選擇運行的 vCenter Server 以及 ESXi 主機時，都必須特別留意是否在相容的版本之中。

14

- VMware 產品相容性查詢網址：https://interopmatrix.vmware.com/

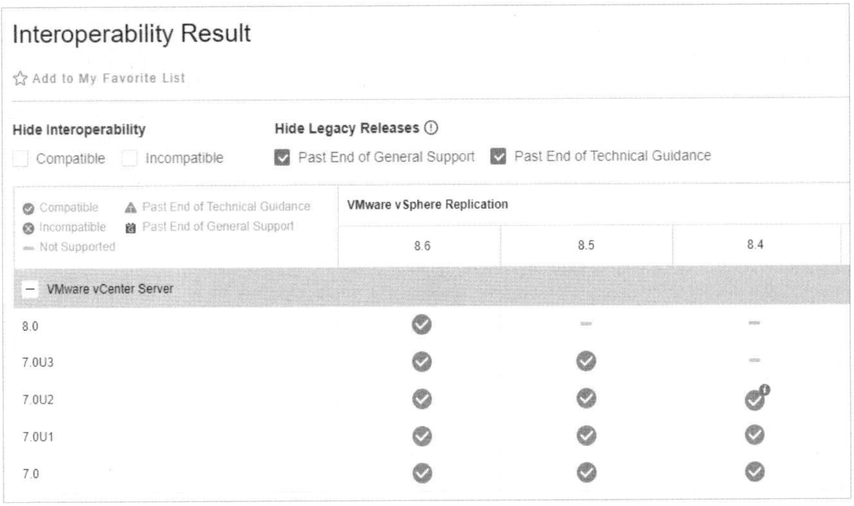

Interoperability Result

☆ Add to My Favorite List

Hide Interoperability: ☐ Compatible ☐ Incompatible

Hide Legacy Releases ⓘ: ☑ Past End of General Support ☑ Past End of Technical Guidance

Legend: Compatible / Incompatible / Not Supported / Past End of Technical Guidance / Past End of General Support

VMware vCenter Server	VMware vSphere Replication 8.6	8.5	8.4
8.0	✓	—	—
7.0U3	✓	✓	—
7.0U2	✓	✓	✓
7.0U1	✓	✓	✓
7.0	✓	✓	✓

圖 14-1 vCenter Server 相容性查詢

14.2 複寫虛擬機器前的準備

關於部署 64 位元 vSphere Replication 8.6 版本的基本系統需求主要是雙核心或四核心的 CPU、8GB RAM 以及 16GB 與 17GB 的磁碟空間。對於後續所額外添加的 vSphere Replication 伺服器的部署，則僅需要 1GB 的 RAM 即可。

在針對複寫網路的準備部分，首先必須注意的是雖然您可以在後續部署 vSphere Replication Appliance 的過程中，選擇使用 IPv4 或 IPv6 網路的配置，不過它並不支援混合 IP 位址的配置。此外務必確認 vSphere Replication 所連接的網路，可以正確解析到所關聯的 vCenter Server、ESXi 主機的 FQDN。

因應網路傳輸效能的考量，建議使用獨立的複寫網路連接，也就是讓虛擬機器複寫的流量與其他伺服器網路分開。關於 vSphere 複寫網路的準備您可以為每一台相關的 ESXi 主機，也就是複寫的來源與目標主機，開啟位在 vSphere Client 網站的[設定]\[網路]\[虛擬交換器]頁面，並透過點選[新增網路]來新增 VMkernel 網路介面卡的配置。在如圖 14-2 的[選取連線類型]頁面中請選取[VMkernel 網路介面卡]。點選[下一頁]。

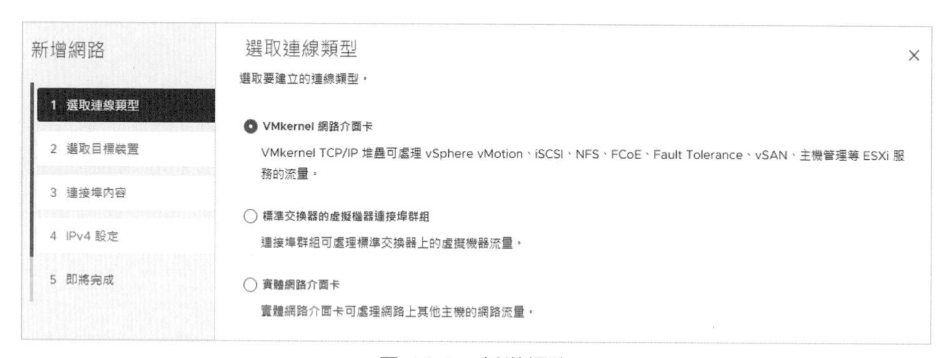

圖 14-2　新增網路

在[選取目標裝置]頁面中，您可以根據實際架構需求來自由選取現有網路、標準交換器或新增標準交換器。在此筆者以選取現有的標準交換器為例。點選[下一頁]。在如圖 14-3 的[連接埠內容]頁面中，除了輸入新的網路標籤與選用的 VLAN 識別碼之外，請唯一勾選[vSphere Replication]服務選項。點選[下一頁]。

圖 14-3　連接埠內容

在如圖 14-4 的[IPv4 設定]頁面中，可以自行選擇要採用預設的[自動取得 IPv4 設定]，還是[使用靜態 IPv4 設定]皆可。點選[下一頁]。最後在[即將完成]的頁面中確認上述各項步驟設定無誤之後，點選[完成]按鈕。

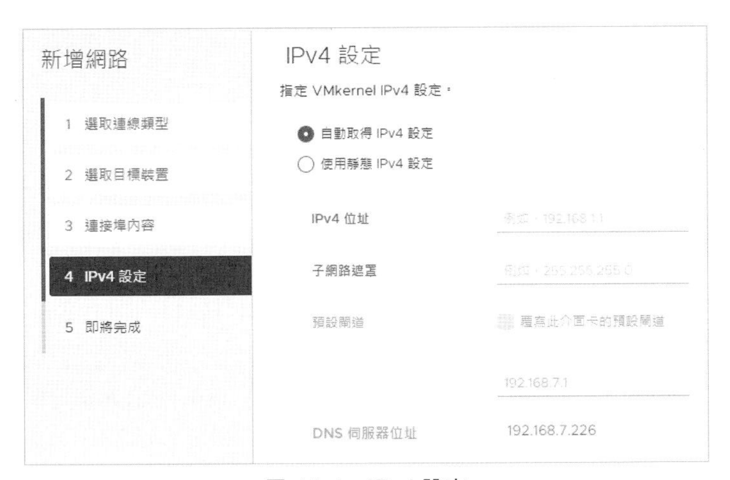

圖 14-4　IPv4 設定

如果您不想新增一個 VMkernel 網路介面卡來供 vSphere Replication 複寫流量使用，也可以選擇編輯現行的 VMkernel 網路介面卡，來添加[vSphere Replication]服務選項即可，不過必須注意此介面卡是否已經繫結到其他服務用途，否則將會出現類似如圖 14-5 的警示訊息而無法完成修改。

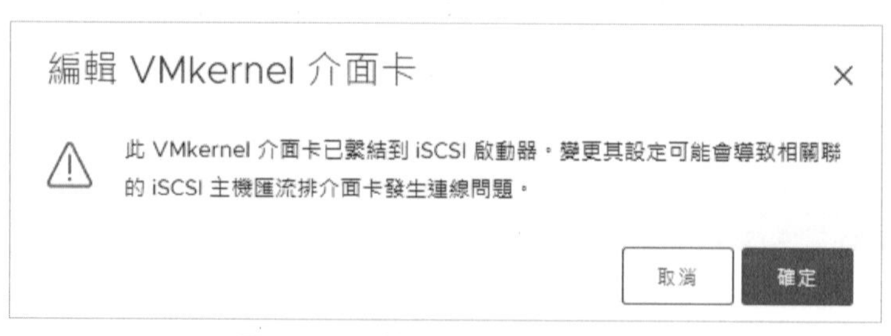

圖 14-5　編輯 VMkernel 介面卡

除了網路環境與配置的準備之外，也請預先準備好一台可以連線 vSphere Client 網站的 Windows 10 以上版本電腦，然後如圖 14-6 掛載 vSphere Replication 8.6 的 ISO 映像。

bin

檔案　常用　共用　檢視

本機 › DVD 光碟機 (E:) CDROM › bin　　搜尋 bin

快速存取 / 桌面 / OneDrive - Personal / 顧大俠 / 本機 / 媒體櫃 / 網路 / 控制台

名稱	修改日期	類型	大小
vSphere_Replication_AddOn_OVF10.c...	2022/10/1 上午 10:13	CERT 檔案	2 KB
vSphere_Replication_AddOn_OVF10.mf	2022/10/1 上午 10:13	MF 檔案	1 KB
vSphere_Replication_AddOn_OVF10.ovf	2022/10/1 上午 10:13	Open Virtualizati...	48 KB
vSphere_Replication_OVF10.cert	2022/10/1 上午 10:13	CERT 檔案	2 KB
vSphere_Replication_OVF10.mf	2022/10/1 上午 10:13	MF 檔案	1 KB
vSphere_Replication_OVF10.ovf	2022/10/1 上午 10:13	Open Virtualizati...	358 KB
vSphere_Replication-support.vmdk	2022/10/1 上午 10:13	VMware virtual d...	7,635 KB
vSphere_Replication-system.vmdk	2022/10/1 上午 10:13	VMware virtual d...	1,251,366...

圖 14-6　虛擬機器檔案準備

14.3 部署 vSphere Replication 伺服器

當我們從 my.vmware.com 下載了 vSphere Replication 的 ISO 映像 (例如 VMWare-vSphere_Replication-8.6.0-20555483.ISO)之後，請先在 Windows 中連續點選來將它掛載成 CDROM 裝置。接著開啟網頁瀏覽並登入 vSphere Client 網站。登入後如圖 14-7 您可以選擇在叢集或 ESXi 主機節點上，按下滑鼠右鍵點選[部署 OVF 範本]繼續。

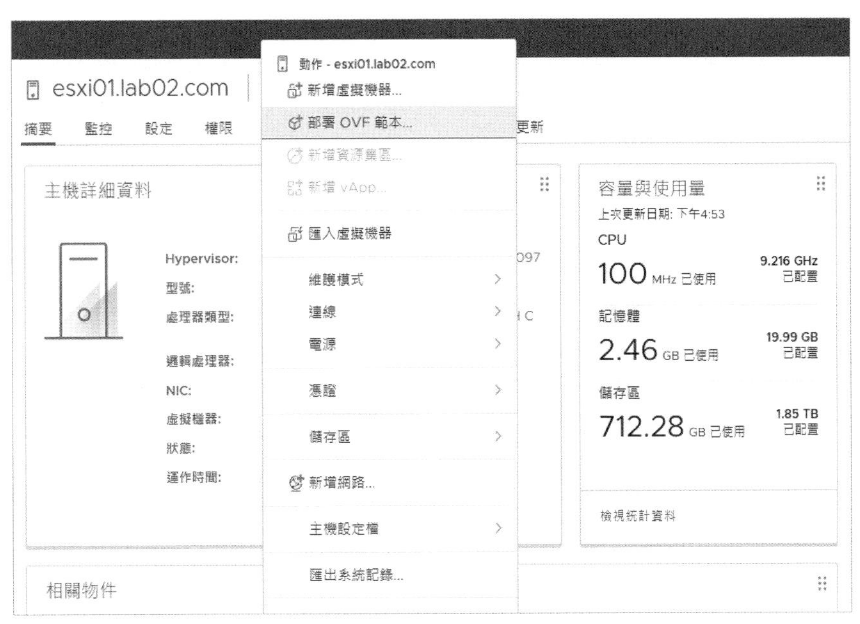

圖 14-7　ESXi 主機動作選單

接著在[選取 OVF 範本]的頁面中，如圖 14-8 請先選取[本機檔案]選項，再點選[上傳檔案]按鈕將位在 bin 資料夾中的三個檔案挑選進來，分別是 vSphere_Replication_OVF10.ovf、vSphere_Replication-support.vmdk 以及 vSphere_Replication-system.vmdk。點選[下一頁]。

圖 14-8　選取 OVF 範本

在[選取名稱和資料夾]的頁面中，請先輸入虛擬機器名稱再選擇虛擬機器要置放的位置。點選[下一頁]。在如圖 14-9 的[選取計算資源]頁面中，請選擇已有啟用 vSphere Replication 服務網路的 ESXi 主機，此主機也務必要有剩餘足夠的 CPU 與 RAM 的資源來運行此 vSphere Replication 虛擬機器。選取主機後只要出現 "相容性檢查成功" 的訊息，即可點選[下一頁]。

圖 14-9 選取計算資源

在[檢閱詳細資料]頁面中，可以得知目前 vSphere Replication 應用裝置完整的版本資訊，以及下載大小、磁碟大小。其中磁碟大小所指的是在完成部署後，虛擬磁碟所要占用的空間大小。在此我會建議若是測試階段，後續可以選擇[精簡佈建]即可，如此初步的使用將可以節省許多儲存空間。點選[下一頁]。在如圖 14-10 的[組態]頁面中，建議您在測試階段的環境中選取[2 個 vCPU]即可，但若是在正式上線的環境中則選取[4 個 vCPU]，以確保往後進行大量虛擬機器複寫時的高效能表現。點選[下一頁]。

在如圖 14-11 的[選取儲存區]頁面中，建議挑選一個速度較快的網路儲存區，來運行 vSphere Replication 虛擬機器。在測試階段對於虛擬磁碟格式的選擇，可以選取[精簡佈建]即可，因為它初步只會占用 1.6GB 的儲存空間，但若是在正式運行的環境中部署，建議選取完整佈建的磁碟格式，以獲得較高的 I/O 執行效能，不過它將在一開始便占用掉 33GB 的儲存空間。在確認已顯示了 "相容性檢查成功" 的訊息之後，點選[下一頁]。

圖 14-10　組態

圖 14-11　選取儲存區

在[選取網路]頁面中，便可以選擇前面步驟中所建立過的虛擬機器複寫網路，以及選擇採用靜態手動的 IPv4 位址配置設定。當然您也可以選擇採用動態的自動位址配置設定，只要確保往後以完整網域名稱(FQDN)

方式來連線 vSphere Replication 虛擬機器時不會發生無法解析名稱的問題即可。點選[下一頁]。

在如圖 14-12 的[自訂範本]頁面中，除了必須設定預設的 root 與 Admin 帳號密碼之外，還必須依序完成 NTP 伺服器位址、主機名稱(Hostname)、是否啟用檔案完整性旗標、主機網路 IP 位址家族(ipv4、ipv6)、主機網路模式(static、dhcp、autoconf)、預設閘道位址、網域名稱、網域搜尋路徑、網域名稱伺服器、網路 1IP 位址及網路 1 網路首碼。

其中網域搜尋路徑以及網域名稱伺服器，皆是可以輸入多筆位址的，只要位址與位址之間以逗號相隔即可。至於是否要啟用檔案完整性旗標功能，在此筆者是建議將它勾選的。點選[下一頁]。

圖 14-12 自訂範本

最後在[即將完成]的頁面中，確認上述的各項設定皆無誤之後，點選[FINISH]即可。完成部署之後您可以在 ESXi 主機節點下如圖 14-13 看到 vSphere Replication Appliance 虛擬機器。在啟動後的 Console 頁面中，可以看到系統所提示的 VAMI 位址，其連接埠口預設為 5480。往後凡是有關 vSphere Replication 系統配置的各項調整，都必須透過此網站的登入後來進行設定。

小提示 您無法在 vSphere Replication 應用裝置中來升級 VMware Tools，而必須採用升級整個 vSphere Replication 版本的作法才可以。

圖 14-13 vSphere Replication 虛擬機器

需要部署多台 vSphere Replication 伺服器嗎？

當您組織內同一個 vCenter Server 管理架構下的虛擬機器數量相當多，並且有許多都需要建立複寫的備援時，便可以考慮部署多台複寫伺服器，來達到複寫流量平衡的目標。一旦完成了多台 vSphere Replication Server 的部署與設定之後，往後您在設定虛擬機器複寫的時候，便可以自由選擇要負責處理此虛擬機器複寫任務的 vSphere Replication 伺服器。

14.4 配置 vSphere Replication 伺服器

在初步完成 vSphere Replication Appliance 的部署之後，並確定此虛擬機器已經啟動之後，管理人員必須以網頁瀏覽器連線登入它的虛擬應用裝置管理介面(VAMI)，它的連接埠口預設為 5480。

而透過此網站可以進行的配置，包括了密碼的修改、TCP/IP 位址的修改、啟動配置設定、時區的變更以及版本資訊的檢視與更新等等。如圖 14-14 請在此登入頁面，輸入部署 OVF 時所設定的 admin 帳號與密碼，點選[登入]按鈕即可完成登入。

圖 14-14　VMware VRMS 應用裝置管理

首次的登入後在如圖 14-15 的[摘要]頁面中，除了可以查看到目前的版本資訊之外，您必須先點選[設定應用裝置]按鈕來完成 vSphere Replication 與 vCenter Server 的連線配置，才能開始進行後續有關於虛擬機器複寫的管理。

小提示　在往後的維護任務中若需要對於 vSphere Replication 虛擬機器進行重新啟動或關機，建議您從 VRMS 應用裝置管理的[摘要]頁面中來完成。

圖 14-15　摘要頁面

14

接下來在如圖 14-16 的[Platform Services Controller]頁面中，請依序輸入 PSC 主機名稱、PSC 連接埠、使用者名稱以及密碼。其中 PSC 主機服務通常是與 vCenter Server 配置在同一台，因此只要輸入 vCenter Server 的位址與預設的 443 連接埠即可。點選[下一步]。緊接著可能會出現[安全性警示]的憑證提示訊息，請點選[連線]繼續。

設定 vSphere Replication
1 Platform Services Controller
Platform Services Controller
所有欄位皆為必填，除非標記為 (可選)
針對您想要設定 vSphere Replication 的 vCenter Server 輸入 Platform Services Controller 詳細資料。
PSC 主機名稱 vcsa01.lab02.com
PSC 連接埠 443
使用者名稱 Administrator@lab02.com
密碼 ············
附註: 如果出現提示，您必須接受憑證才能繼續設定。
取消
下一步

圖 14-16　設定 vSphere Replication

在如圖 14-17 的[vCenter Server]頁面中，便可以選擇想要設定的 vCenter Server。值得注意的是，當 vSphere 架構中有部署兩台 vCenter Server 在不同的兩個站台(Site)時，便可以考慮在每個站台下的 vCenter Server 之中，皆部署一台完整的 vSphere Replication 伺服器。

如此一來後續在 vSphere Client 網站的[Site Recovery]頁面中，將可以檢視到位在兩個不同站台下的 vCenter Server，已經連接了所屬的 vSphere Replication 伺服器。此刻您便可以建立它們各自的虛擬機器複寫以及相關配置。點選[下一步]。此時一樣會出現[安全性警示]的憑證提示訊息，請點選[連線]繼續。

圖 14-17 選擇 vCenter Server

在如圖 14-18 的[名稱和延伸]的頁面中，請輸入新的 vSphere Replication 站台名稱、管理員電子郵件、本機主機的位址。至於[儲存區流量 IP]則是一項選用的設定，當此應用裝置也配置多個 IP 位址時，您可以在此輸入一組專門用處理儲存區流量的 IP 位址。點選[下一步]。

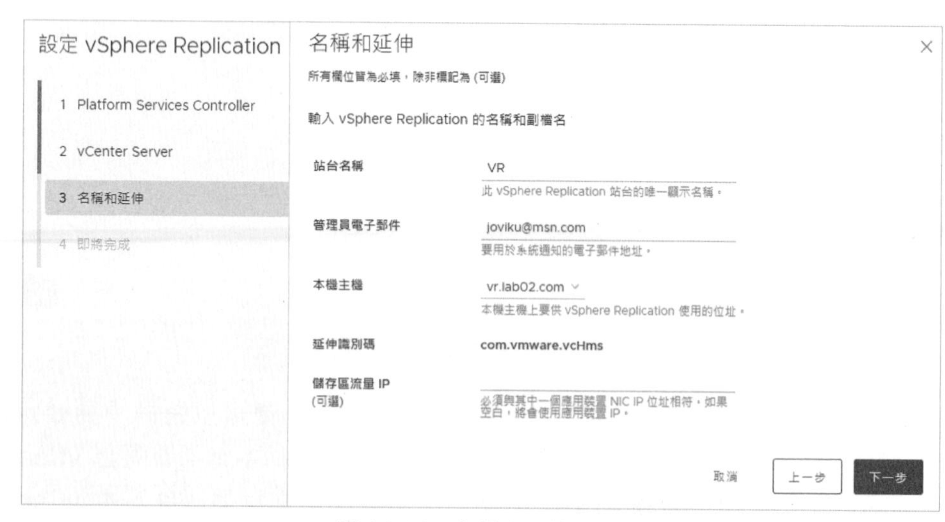

圖 14-18 名稱和延伸設定

最後在[即將完成]的頁面中確認上述所有步驟皆設定無誤之後，點選[完成]按鈕。再一次回到如圖 14-19 的[摘要]頁面中，不僅可以查看到主機版本資訊，還可以看到站台名稱、vCenter Server、儲存區流量的 IP 位址等資訊，必要時還可以點選[重新設定]超連結來修改原來有的設定。

圖 14-19　摘要頁面

在如圖 14-20 的[網路]頁面中，可以查看到目前此虛擬機器的 IP 位址資訊，以及各網路卡 IP 位址的配置方法。由於預設的部署是採用 DHCP 來取得 IP 設定，若要修改為靜態 IP 位址的設定，可以點選[編輯]超連結再來分別選擇手動輸入方式，並設定 IPv4 位址、閘道 IP 位址、DNS Server 的 IP 位址。點選[儲存]。

圖 14-20　網路設定

一旦確認完成了 vSphere Replication 的部署與應用裝置的設定之後，您將可以在 vSphere Client 網站的[捷徑]頁面之中，如圖 14-21 看到多出了一個[Site Recovery]的功能圖示。往後無論您在 vSphere 架構中部署了多少台的 vSphere Replication 伺服器，都可以從[Site Recovery]管理頁面中檢視到它們各自的運行狀態。

圖 14-21　vSphere Client 網站捷徑頁面

如果您在 vSphere Client 網站的[捷徑]頁面中沒有看到[Site Recovery]圖示，便可以到[系統管理]\[解決方案]\[用戶端外掛程式]頁面中，查看[VMware Site Recovery]是否像如圖 14-22 範例一樣，顯示了"失敗" 的狀態。此時可以嘗試關掉整個 vSphere Client 網頁瀏覽器再重新開啟，便會發現在[最近的工作]清單之中，系統已繼續嘗試進行此外掛程式的下載與部署，只要成功完成了部署任務，有關 Site Recovery 代理程式的狀態便會顯示為[已部署]，並且成功出現[Site Recovery]的功能圖示在[捷徑]頁面之中了。

圖 14-22　用戶端外掛程式錯誤

14.5 設定虛擬機器複寫

在確認了 vSphere Replication Appliance 配置正確，並且相關服務也正常啟動之後，便可以開始來建立虛擬機器的備援複寫。請開啟並登入 vSphere Client 網站，接著在所要保護的虛擬機器節點上，請如圖 14-23 所示點選位在[動作]選單中的[Site Recovery]\[設定複寫]。

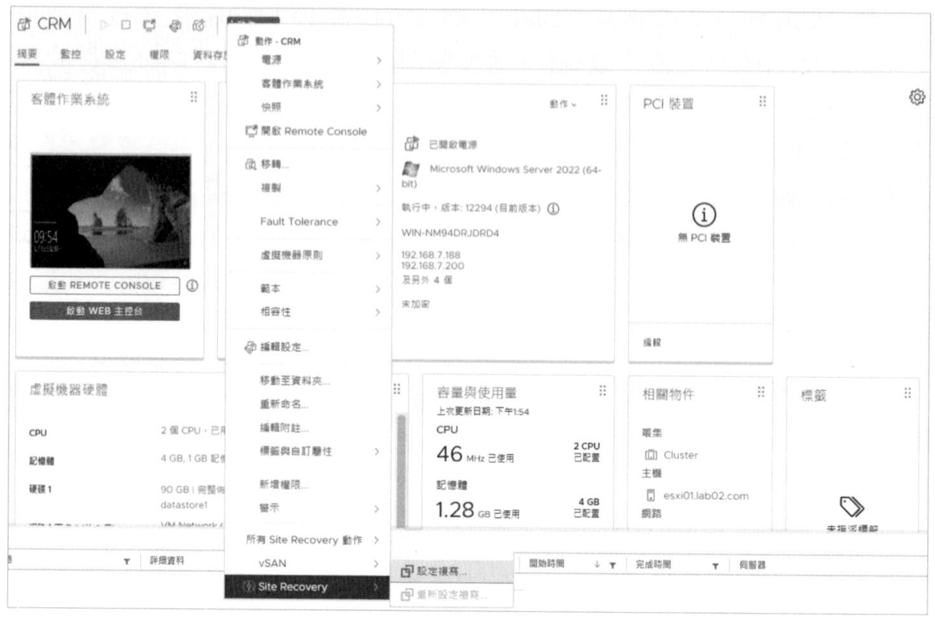

圖 14-23 虛擬機器動作選單

相同的功能您也可以從 vSphere Client 網站的[捷徑]頁面中，如圖 14-24 點選[開啟 Site Recovery]按鈕，再從如圖 14-25 的[複寫]子頁面中點選[新增]按鈕也是可行的。必須注意的是您無法透過此功能來設定虛擬機器範本，以及設定複寫虛擬機器的快照。

圖 14-24 vSphere Client 網站

圖 14-25　複寫管理

在如圖 14-26 的[目標站台]頁面中，如果在現行的 vSphere 架構中已有部署多個 vCenter Server 站台，請選取將負責執行本次複寫虛擬機器設定的目標站台。在預設的狀態下系統將會自動選定要執行此複寫任務的 vSphere Replication 伺服器，當然您可以改為手動方式來選定 vSphere Replication 伺服器。點選[下一步]。

圖 14-26　設定目標站台

在如圖 14-27[虛擬機器]的頁面中，系統將確認您所選取的虛擬機器是否符合複寫的資格，至於已經被設定為複寫保護的虛擬機器則不會顯示在此清單之中。點選[下一步]。

圖 14-27　選取虛擬機器

在如圖 14-28 的[目標資料存放區]頁面中，除了建議選擇剩餘空間較大的資料存放區，來存放後續所有虛擬機器複寫的檔案之外，在[磁碟格式]部分則是建議選擇預設的[與來源虛擬機器相同]即可。

如果因儲存空間管理或效能上的需求考量，則可以自行變更為完整佈建消極式歸零、完整佈建積極式歸零或精簡佈建。必須注意的是無論選擇哪一種磁碟格式，建議您一律勾選[在複寫中自動包含新磁碟]設定，以確保受保護的虛擬機器即便有添加新的資料磁碟，也能夠即時受到複寫的保護。

若有同時針對運行效能與兼顧安全的高度要求，您可以考慮選擇以 vSAN 資料存放區做為複寫的目標資料存放區，其主要優點有兩項分別是可提升資料 I/O 的存取效能，以及享有磁碟熱備援的安全機制。

此外由於 vSphere Replication 會對來源虛擬機器與複寫的複本進行初始完整同步，因此當需要同時複寫的虛擬機器數量較多時，可能會對於網路流量造成一定的影響。為此您可以善用[選取種子]的功能，來減少初始完整同步期間資料傳輸所產生的網路流量，不過必須注意的是複寫種子雖然可以減少初始複寫過程之中的網路流量，但若誤用複寫種子可能會導致資料遺失。點選[下一步]。

圖 14-28　設定目標資料存放區

在如圖 14-29 的[複寫設定]頁面中，依序可以設定復原點目標(RPO)、啟用時間點執行個體、啟用客體作業系統靜止、針對 VR 資料啟用網路壓縮、針對 VR 資料啟用加密、啟用資料集複寫，這裡的每一項設定都攸關著複寫的速度、複寫的安全性以及所需耗費的資源。

首先是[復原點目標]的設定，可以支援最短為 5 分鐘與最大為 24 小時的復原點目標設定。當復原點目標的時間越是縮短以及時間點執行個體數越多，受保護的虛擬機所會遺失的資料差異性就會越小，但是相對所會占用的網路頻寬時間會越長，且需要的目標位置儲存空間也會越大。

接著在[啟用時間點執行個體]的部分，其實就是設定複本保留的數量，也就是每一輪要保留的可復原之快照個體數量，其保留上限的數量為 24 個，越是往上遞增所占用的儲存空間越大。依照系統預設的範例來說就是設定每天保留 3 個時間點執行個體並且保留 5 天，也就是最多建立 15 個執行個體。

針對較大的虛擬機器複寫管理，您大可不必擔心每一次執行複寫時，所耗費的時間過長問題，因為它並非是每一次的複寫都建立一個完整的虛擬機器複製，而是除了第一次是以完整虛擬機器進行複製之外，其餘後面的複寫方式皆只會複寫異動的資料部份，因此相對需要進行複寫的資料量就會減少很多。

在[啟用客體作業系統靜止]的選項部分，僅適用於支援靜止的虛擬機器，而所謂的靜止(Quiescing)其實就是在執行複寫期間，自動暫停虛擬機正在執行的處理程序，以獲得更完整的虛擬機狀態複寫。緊接著如果來源站台與目標資料存放區伺服器的 CPU 資源夠大又快，建議勾選[針對 VR 資料啟用網路壓縮]設定，如此將可以減少網路頻寬的佔用並加快完成複寫的時間。

至於[針對 VR 資料啟用加密]的選項，啟用之後將可以有效確保複寫資料的安全，不過如果您原先已設定過加密虛擬機器的複寫，此選項會便自動開啟且無法停用。最後在[啟用資料集複寫]的選項部分，主要是額外提供了 vSphere 與客體作業系統之間共用資料的方式，您可以自行決定是否要啟用它。點選[下一步]後在[即將完成]的頁面之中，確認上述所有步驟的設定皆無誤之後，點選[完成]即可。

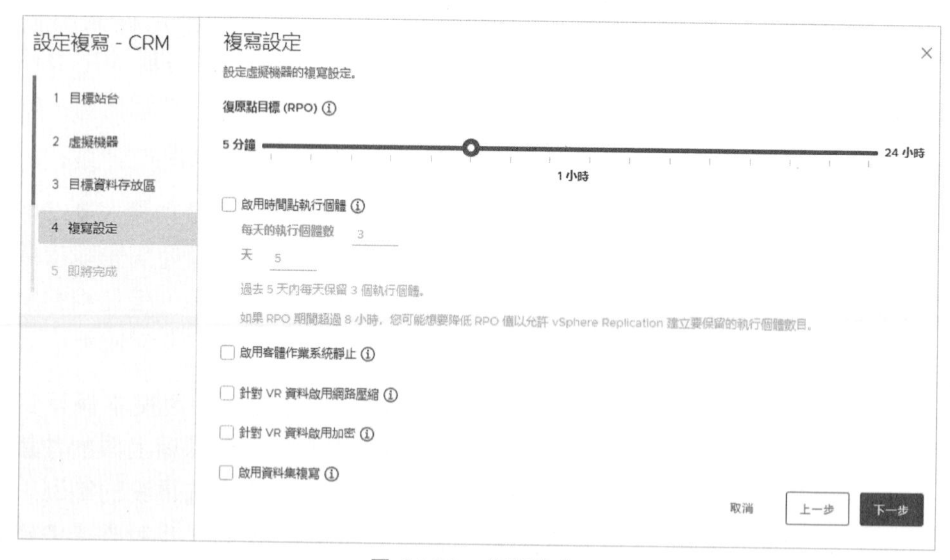

圖 14-29　複寫設定

如圖 14-30 最後您將可以在[複寫]的子頁面中，查看到正常進行複寫中的虛擬機器進度，除了已完成的百分比之外，也可以得知總傳輸量以及已傳輸的大小，而整個[狀態]的資訊也會依序分別顯示非作用中、初始同步、正常。

在進行複寫的過程之中，如果因故(例如：網路斷線)需要暫時停止複寫的任務，只要點選[暫停]超連結即可，等待之後恢復繼續複寫的任務時，仍可以從現行的進度來繼續完成複寫。一旦複寫同步完成，之後便可以同樣在此隨時執行[復原]操作，讓受保護的虛擬機器還原到選定的時間點。

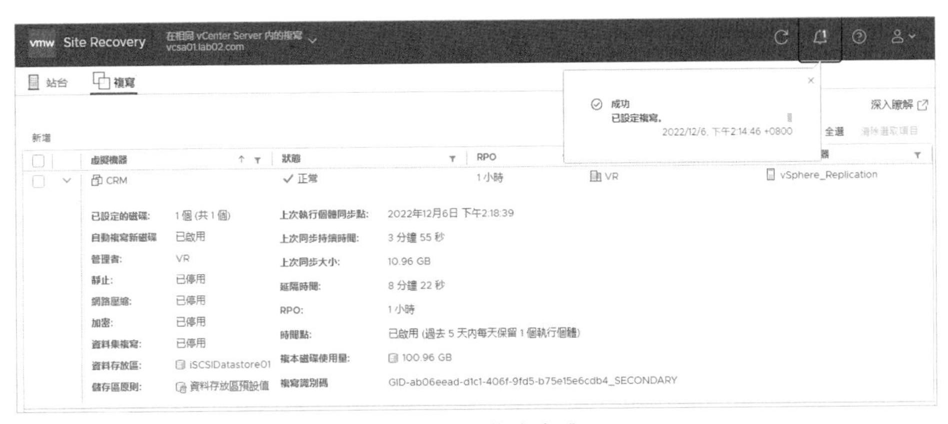

圖 14-30　複寫完成

關於在 vSphere Replication 8.5 以前的版本，管理伺服器雖然已可管理 3000 個複寫的虛擬機器，但是必須通過 remote console 的命列操作，來修改/opt/vmware/hms/conf/hms-configuration.xml 配置，並修改其中的 <hms-eventlog-maxage>10800</hms-eventlog-maxage> 設定。最後再執行 service hms restart 命令參數來重新啟動服務即可。從 8.6 的版本開始已無需要再手動修改此設定值。

14.6 從備援還原虛擬機器

對於首次使用 vSphere Replication 解決方案的 IT 人員，可能會對於是否真的能夠從複本的虛擬機器當中，完成選定虛擬機器的還原任務而感到懷疑。為此筆者會建議建立好一個測試用途的虛擬機器，並且完成第一次複寫任務的執行。確認已完成複寫之後緊接著請關閉此虛擬機器的電源，然後再執行[從磁碟刪除]的選項來徹底刪除此虛擬機器。執行後將會出現如圖 14-31 的提示訊息，請點選[是]按鈕。

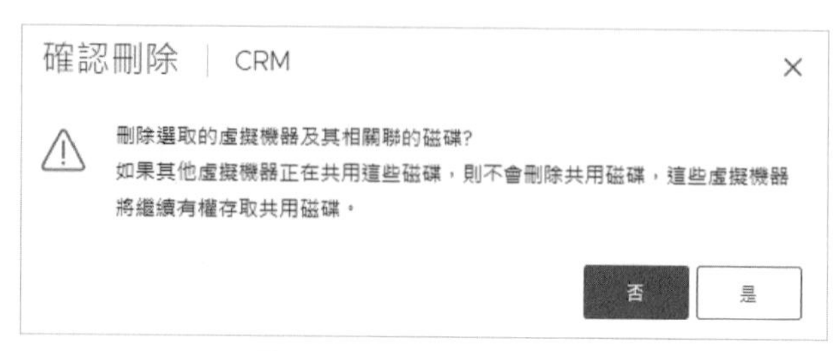

圖 14-31　刪除虛擬機器

接下來我們就可以針對前面所徹底刪除的虛擬機器，透過 vSphere Replication 的[Site Recovery]管理網站來進行復原。在如圖 14-32 的[複寫]頁面中，可以檢視到所有已設定複寫的虛擬機器狀態，並且可以針對所選定的虛擬機器執行重新設定、暫停、繼續、移除、立即同步以及復原等操作。在此我們選定準備要進行復原的虛擬機器，也就是目前[狀態]呈現 "錯誤" 的虛擬機器並點選[復原]超連結繼續。

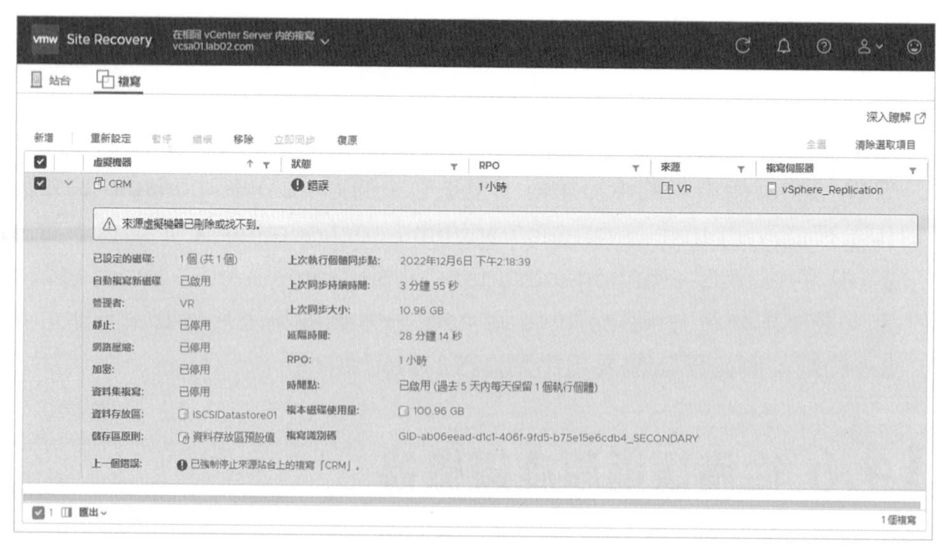

圖 14-32　複寫管理

在如圖 14-33 的[復原選項]頁面之中，如果來源虛擬機器處於關機且沒有毀損的狀況之下，可以透過選擇[同步最近變更]功能來復原此虛擬機器即可。但是如果來源虛擬機器已經毀損，則必須改選取[使用最新的可用資料]功能，來完成整個虛擬機器的復原任務。

無論選擇何者，凡是複寫所建立與保留的所有執行個體，都將在復原之後成為虛擬機器的快照。在此範例中我們必須選擇[使用最新的可用資料]設定，至於是否要勾選[復原後開啟虛擬機器的電源]設定可自行決定。點選[下一步]。

請注意！若在點選[下一步]出現了 "來源虛擬機器目前已開啟電源..." 的訊息時，這表示你得先將相對的來源虛擬機器關機，再來執行此操作。

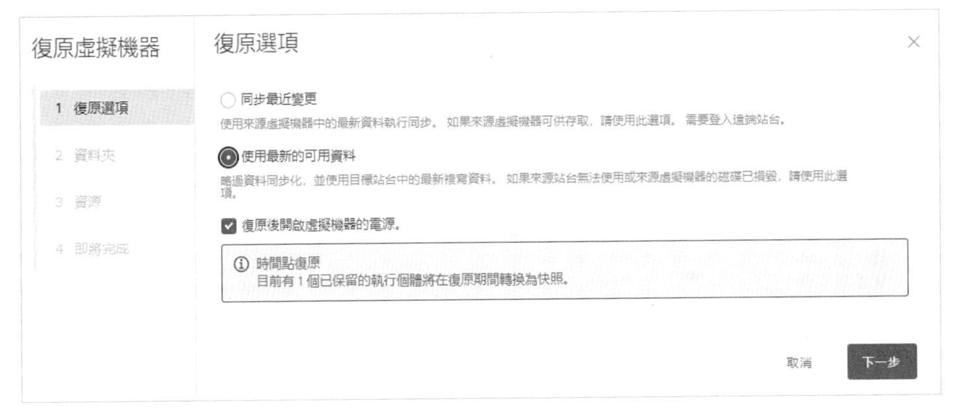

圖 14-33 復原選項

在[資料夾]的頁面中可以選擇復原後的資料夾位置，值得注意的是在只有部署單一台 vSphere Replication 於選定的 vCenter Server 站台時，您是無法選擇將虛擬機器復原至另一個 vCenter Server 站台中的資料夾。點選[下一步]。在如圖 14-34 的[資源]頁面中，請選取準備用來運行此虛擬機器的 ESXi 主機。如果原主機已經故障而沒有在正常連線狀態下，您一樣可以選擇其他可用的 ESXi 主機，來繼續運行復原後的虛擬機器。點選[下一步]。

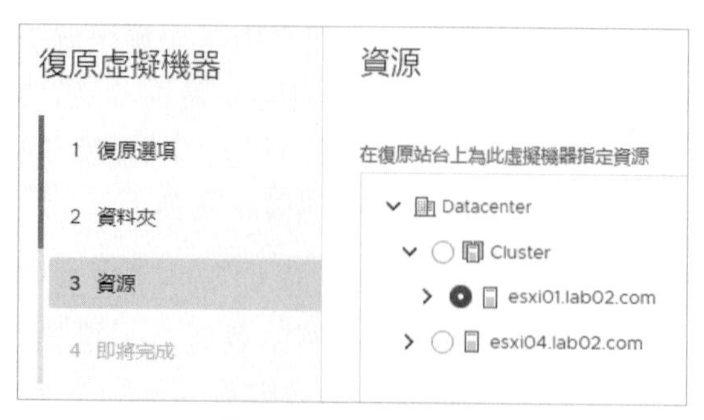

圖 14-34 資源選擇

最後在[即將完成]的頁面中，除了需要確認上述的各項設定是否正確之外，還會看見系統出現了 "已復原虛擬機器的網路裝置將中斷連線" 訊息，這表示即便成功完成復原任務與啟動該虛擬機器，網路部分還必須自行手動讓它恢復連線。點選[完成]。再次回到如圖 14-35 的[複寫]子頁面中，將會發現原先所選定虛擬機器的[狀態]欄位已呈現[已復原]。

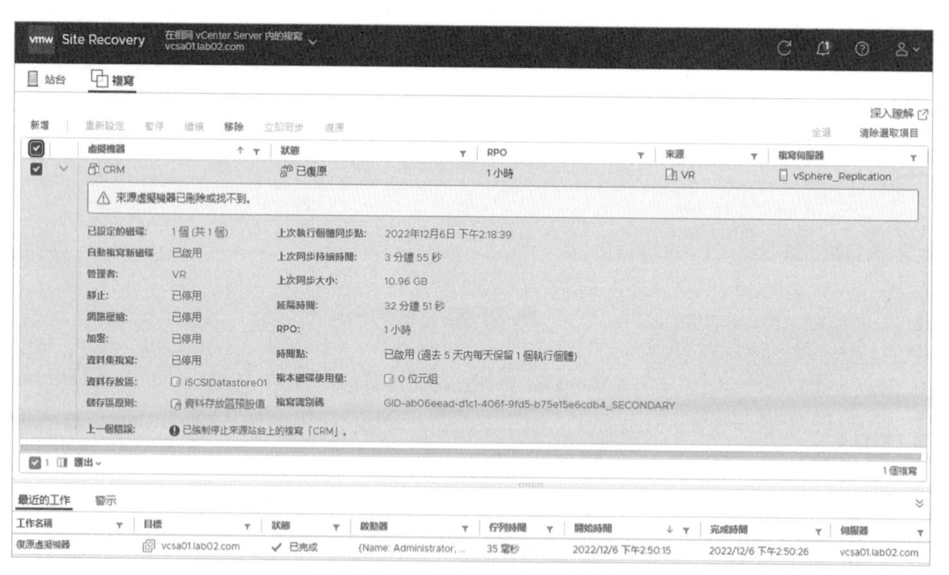

圖 14-35 完成虛擬機器復原

在確認完成了虛擬機器的復原之後，您可能會發現在虛擬機器[摘要]頁面中，有關 IP 位址的資訊顯示是錯誤的，這是因為剛完成復原的虛擬機器尚未啟用網卡連線，此時您可以立即開啟如圖 14-36 的虛擬機器[編輯設定]頁面，來將其中有使用到的網路介面卡勾選[已連線]設定。點選[確定]。如此一來復原後的虛擬機器才算正式完成上線。

編輯設定 | CRM
虛擬硬體 虛擬機器選項 進階參數
新增裝置
CPU
記憶體
硬碟 1
SCSI 控制器 0 LSI Logic SAS
網路介面卡 1 * VM Network 已連線
網路介面卡 2 * VM Network 已連線
CD/DVD 光碟機 1 資料存放區 ISO 檔案 已連線
USB xHCI 控制器 USB 3.1
視訊卡
SATA 控制器 0 AHCI
安全性裝置 未設定
其他 其他硬體
取消 確定

圖 14-36　編輯虛擬機器設定

對於已經從 vSphere Replication 完成復原的虛擬機器，若想要進一步復原系統在不同時間點所自動建立的快照，則可以如圖 14-37 一樣切換到此虛擬機器的[快照]頁面中來自行選定快照後，再點選[還原]即可。

圖 14-37　快照管理

在完成虛擬機器複寫的復原之後，若確認此虛擬機器的運行正常，建議可以立即重新建立新的複寫設定。不過在開始之前，請選取[已復原]的複寫設定並點選[移除]超連結，來開啟如圖 14-38 的[移除]確認頁面。在此除了可以選擇[正常停止複寫]或[強制停止複寫]之外，還可以決定是否要保留副本磁碟。若沒有勾選[保留副本磁碟]，則系統會進一步提示將刪除復原站台中包含種子磁碟的所有磁碟。

圖 14-38 移除複寫

14.7 升級 vSphere Replication

首先請開啟運行中的 vSphere Replication 虛擬機器[編輯設定]頁面。在[虛擬硬體]的子頁面中，請在[CD/DVD 光碟機 1]的欄位選擇[資料存放區 ISO 檔案]，然後點選[CD/DVD 媒體]欄位中的[瀏覽]按鈕，來選定已經下載的最新版本的 ISO 檔案並勾選[已連線]。點選[確定]。

完成了最新版本 ISO 檔案的掛載之後，請開啟[VRMS 應用裝置管理]網站。在如圖 14-39 的[更新]頁面中可點選[編輯]超連結，來載入剛剛所掛載的 ISO 檔案。一旦成功載入了更新的安裝映像之後，即可查看到此映像的版本、類型、發行日期等資訊並開且開始安裝更新。

圖 14-39　更新管理

待成功完成更新任務之後，將會出現系統需要重新啟動的提示訊息。請切換至[摘要]頁面中並點選[重新啟動]超連結即可。待重新啟動完成之後，也可以回到此頁面中來查看目前應用裝置的最新版本編號。

14.8 如何解除 vSphere Replication 安裝

關於已部署好的 vSphere Replication 應用裝置若想要徹底移除，必須先在 vSphere Replication 的 VAMI 網站中解除 VRMS 登錄，接著才能到 vSphere Client 網站中將 vSphere Replication 虛擬機器停機與刪除，否則若選擇直接刪除該虛擬機器，將會導致未來如果要部署新 vSphere Replication 應用裝置時，發現有問題的 vSphere Replication 登錄資訊仍殘留在 vSphere 架構之中。

解除 VRMS 登錄的方法很簡單，只要在開啟並登入[VRMS 應用裝置管理]網站之後，點選位在[摘要]頁面中的[解除登錄]按鈕，執行後會出現如圖 14-40 的確認視窗，請輸入 PSC 使用者的名稱與密碼，並且勾選下方的三個確認選項，再點選一次[解除登錄]按鈕即可完成。至於對於此虛擬機器的關機與刪除，都只要在虛擬機器的[動作]選單中就可以看到相關功能選項。

請注意！一旦完成了 vSphere Replication 解除登錄的操作之後，您將會失去所有相關的虛擬機器複寫且無法復原。

解除登錄

所有欄位皆為必填，除非標記為 (可選)

這將會從目前設定的 vCenter Server 解除登錄 vSphere Replication 管理伺服器。

PSC 使用者名稱

密碼

此動作無法復原。接受以下所有警告，即表示確認您已瞭解從 vCenter Server 解除登錄應用裝置的結果:

您將失去所有複寫。

您將會遺失與其他 vSphere Replication 站台的所有連線。

如果您未停止 vSphere Replication 應用裝置管理的所有複寫就刪除此應用裝置，則目標資料存放區將會保留已標記狀態。

取消 解除登錄

圖 14-40 解除登錄

本章結語

相較於 vSphere 7.x 或更舊版本時期的 vSphere Replication 而言，可以發現它在整體的設計上除了有效能、安全以及功能面上的突破之外，在操作介面(UI)的設計上也終於改版了，變成了完全符合 vSphere Client 的樣式設計，讓許多的配置管理變得更加簡單。

未來還有哪一些改善的設計值得我們期待呢？就筆者個人的觀點而言，若能夠在 vSphere Client 的虛擬機器管理頁面之中，添加有關複寫的狀態資訊，相信可以讓負責維護的 IT 人員感受到更加友善。

此外同樣的功能若能夠也添加至 vSphere Mobile Client 的操作介面之中，那肯定是一件更棒的事，因為如此一來 IT 人員便可以在行動之中，透過手機或平板輕鬆掌握虛擬機器的複寫狀態，監視過程之中若有發現異常，則可以使用遠端連線方式，來查看更詳細的事件與狀態資訊。